21世纪普通高校规划教材

机械制造工程训练

主　编　刘俊义
副主编　汪全友　鲜洁宇
主　审　戈晓岚

东南大学出版社
·南京·

图书在版编目(CIP)数据

机械制造工程训练/刘俊义主编．—南京：东南大学出版社，2013.12(2019.1重印)

ISBN 978-7-5641-4652-8

Ⅰ.①机… Ⅱ.①刘… Ⅲ.①机械制造工艺—高等学校—教材 Ⅳ.①TH16

中国版本图书馆CIP数据核字(2013)第274896号

机械制造工程训练

出版发行：东南大学出版社
社　　址：南京市四牌楼2号　邮编：210096
出 版 人：江建中
责任编辑：史建农
网　　址：http://www.seupress.com
电子邮箱：press@seupress.com
经　　销：全国各地新华书店
印　　刷：大丰市科星印刷有限责任公司
开　　本：787mm×1092mm　1/16
印　　张：22.25
字　　数：541千字
版　　次：2013年12月第1版
印　　次：2019年1月第5次印刷
书　　号：ISBN 978-7-5641-4652-8
印　　数：14 001—16 000册
定　　价：49.00元

序

技术是工程的基础，科学是技术的源泉力量，科学技术相互支持，但直接作用于生产实际的是技术。因此，教育开始求新求变，更具有前瞻性；大力推进以工程实践能力和创新能力培养为特征的素质教育已成为国内广大教育工作者的共识，培养大学生的创新精神和能力已成为高等教育改革的重要内容，工科类专业学生工程实践能力和创新能力的培养更显重要。

随着社会和科学技术的发展，工程范围不断扩大，工程手段日益丰富更新，但工程的强烈的实践性未变，工程必须综合以应变，创造出人工物以满足人的需要。工程的实践性、创造性、综合性，已得到广泛认同。工程教育也提出“工程教育工程化”，正在产生由“工程实践”“工程科学”向“工程综合”的演进。强化工程意识、工程背景、工程师素养，培养创新精神、创新人格和实践能力，强调知识创新、技术创新、管理创新和市场开拓型人才的培养。面向经济建设的工科本科人才培养模式中，开展技术创新教育，强化实践能力，培养综合素质，是面向 21 世纪工程教育体系中的重要探索。

另一方面，中国加入世界贸易组织后，对外开放进一步扩大，中国将更加深入地参与国际分工。世界各国的企业和跨国公司纷纷来华投资设厂，越来越多的产品将打上“中国制造”而运往世界各地。要提高“中国制造”的竞争力，培养“中国制造”的技术人才就成为事情的关键。

为此，南京工业大学现代装备制造大学生工程训练中心主任刘俊义高级工程师组织编写了《机械制造工程训练》一书。全书以机械产品制造过程为主线，以“学习工艺知识，增强工程实践能力，提高综合素质，培养创新意识和创新能力”为宗旨，既注意与相应的工程技术基础理论课程相结合，又注重发挥机械制造实习现场直观教学的优势；既注意优化传统基础内容，又强化现代制造技术；既注重操作能力的培养，更强调综合能力和创新能力的提高。

本书的编写适应我国制造业发展形势，在内容上注重实践性、启发性、科学性，做到基本概念清晰，重点突出，简明扼要，注重能力培养，并从当前工程技术人才的素质需求和实际出发，面向生产实际，突出职业性，深入浅出，通俗易懂。在强调应用、注重实际操作技能的同时，反映新技术、新工艺、新材料的应用和发展。

在本书付梓之际，我与编者的心情一样，希望读者能及时指出其中的问题与不足之处，以有助于本书不断改进，编者的水平不断提高。

谨以为序。

戈晓岚

2013 年 10 月

前　言

机械制造工程训练是一门多学科综合的工程实践课程，它贯穿了机械产品制造的全过程，其中包含机械产品设计、零部件的加工以及产品的装配等，在培养学生工程实践能力和创新能力等方面发挥着越来越重要的作用。

本教材是根据教育部工程材料及机械制造基础课程指导组制定的"工程训练教学基本要求"和教育部"高等教育面向 21 世纪教学内容和课程体系改革计划"的基本要求，结合本校《工程训练教学大纲》内容编写。本教材在编写过程中，以机械产品制造过程为主线，以"学习工艺知识，增强工程实践能力，提高综合素质，培养创新意识和创新能力"为宗旨，在各章节的内容编排上，不但能与相应的工程技术基础理论课程相结合，保持知识结构的完整性和系统性，而且能充分发挥机械制造实习现场直观教学的优势，通过项目实训，使学生能非常直观地由浅入深、由易到难、循序渐进地学习各种机械制造工艺知识，并通过适当的工程训练提高学生的各项综合能力。另外，在优化传统内容基础上适当地加大了现代制造技术的教学内容，以满足日益发展的现代制造技术业对具有较高综合素质和工程实践能力的创新型工程技术及工程管理人才的需求，并为后续的工程技术基础理论课程和专业课程的学习以及为将来踏入社会奠定良好的基础。

本教材的第 1～3 章由刘亚文编写，第 4～7 章由刘俊义编写，第 8 章由鲜洁宇编写，第 9 章由毛毛编写，第 10、12、15 章及第 14 章第 2 节由汪全友编写，第 11、13 章及 14 章的第 1 节由马旭编写。

本教材由华东高校工程训练教学学会理事、江苏省高校金属工艺教学研究会常务理事、南京工业大学现代装备制造大学生工程训练中心主任刘俊义高级工程师主编；由南京工业大学现代装备制造大学生工程训练中心汪全友和华东高校工程训练教学学会理事、南京农业大学机械工程综合训练中心实习中心主任鲜洁宇担任副主编；由华东高校金工研究会秘书长、江苏省高校金属工艺教学研究会秘书长戈晓岚教授担任主审。

本教材在编写过程中，得到了教育部高等学校教育机械基础课程教学指导分委员会成员、华东高校金工研究会理事长，江苏省高校金属工艺教学研究会理事长张远明教授的大力支持，给我们提出了很多宝贵建议，在此深表感谢！

由于编者的水平和经验有限，书中难免有错误和不妥之处，敬请广大读者批评指正。

编　者
2013 年 8 月

前　言

目　录

1 机械制造过程基础知识

机械制造业是国民经济的支柱产业，担负着为国民经济建设的各行业提供生产装备及各种生产手段的重任，同时还是高科技产业的重要基础，为高科技产业的发展提供各种研究和生产设备等。机械制造业的主要任务是完成机械产品的决策、设计、制造、装配、售后服务及后续处理等，其中包括对半成品零件的加工技术、加工工艺的研究及其工艺装备的设计制造等。

1.1 项目实训

1.1.1 实训目的和要求

(1) 了解机械产品制造过程。

(2) 了解机械产品加工方法。

(3) 了解零件设计及加工过程中尺寸公差、表面结构、几何公差的含义、符号及标注方法。

(4) 能运用CAD绘图软件绘制零件图，要求图样各项标注合理、准确。

(5) 掌握常用计量器具的特点和使用方法，在实训过程中能熟练使用所需的各种计量器具。

(6) 初步了解机械加工工艺规程的作用、格式及内容。

1.1.2 实训安全守则

(1) 在机房使用计算机绘图时应严格遵守机房管理制度。

(2) 计量器具在使用前、后必须擦干净。

(3) 不用精密量具测量毛坯。

(4) 测量时不能用力过猛，不测量温度过高或运动中的工件。

(5) 量具使用完毕应擦洗干净、涂油后放入专用量具盒内妥善保管。

1.1.3 项目实训内容

(1) 根据待测零件的结构特点，选择合适的计量器具进行测量训练。要求量具选择合理，测量数据准确。

(2) 根据给定的零件结构要素或自行设计，运用CAD绘图软件绘制零件图。要求零件结构合理，图样中尺寸公差、表面粗糙度、几何公差等标注准确。

1.2 机械产品制造过程

机械产品制造过程就是应用各种科学技术理论和生产手段，将原材料或半成品变成机械产品的全部劳动过程。就单一的机械制造过程来讲，它既包括产品的机械设计和工艺设计等技术劳动过程，又包括毛坯的制造、机械加工、热处理、装配、试车、油漆等主要劳动过程，同时还包括产品的包装、储存和运输等辅助劳动过程。具体过程大致如下：

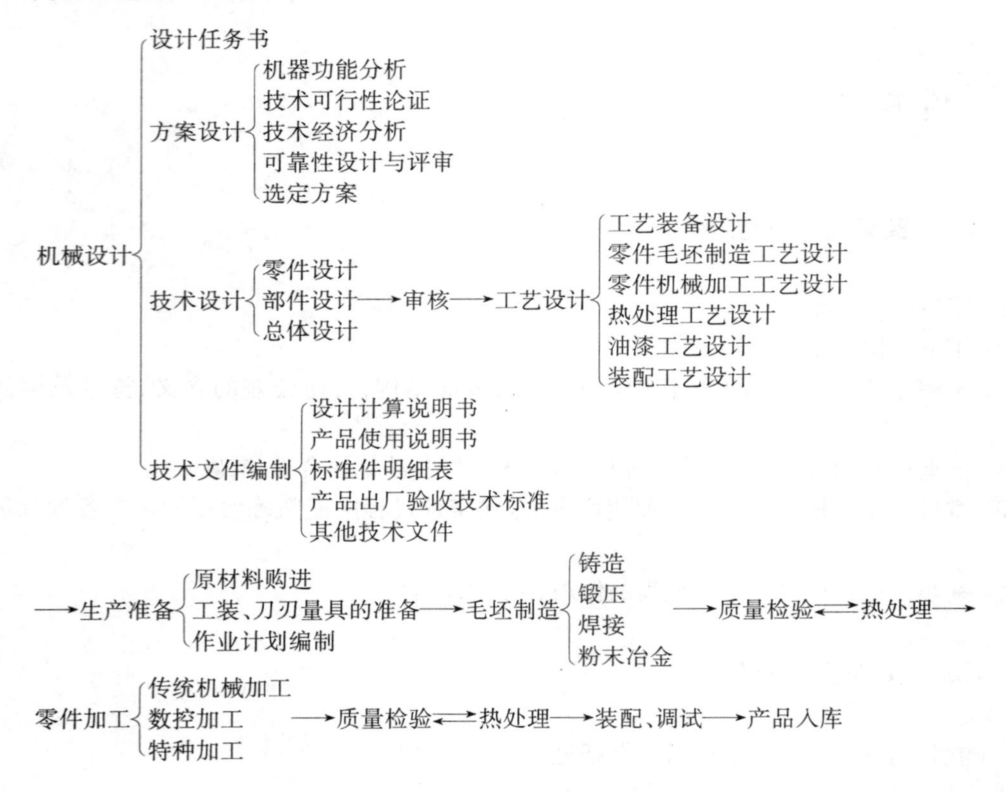

1.2.1 机械产品设计

机械产品设计涉及技术、经济和艺术等许多领域，尤其随着现代制造技术及计算机科学与应用技术的迅速发展，使机械产品的设计方法和手段更加现代化，从总体来讲，现代机械产品设计应具有社会性、系统性、创造性、宜人性、最优化、数字化及绿色和环保化等。机械产品设计从设计和工艺角度，通常分为机械设计和工艺设计两部分。

1）机械设计

机械设计是机械产品生产的第一道工序，也是决定机械产品质量的关键工序，一部机器的质量基本上决定于其设计质量。机械设计是一种创造性工作，从狭义的设计过程来看，机械设计一般分为计划、方案设计、技术设计和编制技术文件四个阶段。

在计划阶段，首先应根据生产或生活的需要提出新机器的设计目标，然后对所设计机器的需求情况作充分的调查研究和分析，最后编写出设计任务书。设计任务书大体上包括机器的功能、经济性及环保性的估计、制造要求方面的大致估计、基本要求以及完成设计任务的预计期限等。

在方案设计阶段，应首先对设计任务书中提出的机器功能进行综合分析，并以此确定出机器的功能参数；功能参数确定后即可提出几套可能采用的设计方案。然后，对这几个可行的方案，从技术、经济、造型及环保等方面进行综合评价，同时还必须对机器的可靠性进行分析，并把可靠性作为一项评价的指标。通过方案评价后，最后选定设计方案，并制定出机器的原理图或机构运动简图。方案设计阶段对机器设计的成败起关键性的作用，要正确处理好借鉴与创新的关系。

在技术设计阶段，应首先设计出总装草图和部件装配草图，然后再根据草图设计确定各部件及其零件的外形及基本尺寸，包括各部件之间的联接零、部件的外形及基本尺寸，最后绘制出零件的工作图、部件装配图和总装图。

技术文件的种类很多，通常有机器的设计计算说明书、产品使用说明书、标准件明细表、外购件明细表、主要零件检验项目及产品验收技术标准等。

2）工艺设计

机械设计完成后，工艺设计所要解决的基本问题，就是如何用最小的工艺成本，生产出一定数量的符合设计质量要求的产品。由于同一种产品或零件的生产，通常可以用几种不同的工艺方案来完成。而不同的工艺方案所取得的经济效益和消耗的成本是不同的，因此，工艺设计过程就是要从众多的工艺方案中选出既符合技术标准要求，又具有较好技术经济效果的最佳工艺方案。

为了获得最佳的工艺方案，工艺设计人员必须根据产品或零、部件的结构特点、技术要求、生产类型及企业生产技术条件等诸多因素，对所要采取的工艺方案逐一进行充分的技术、经济分析后，从中选择一种比较适合的工艺方案。然后，对组成机械产品的所有零、部件分别进行零件毛坯制造工艺设计、零件机械加工工艺设计、热处理工艺设计以及装配工艺设计和油漆工艺设计等，并最终制定出相应的工艺规程。工艺规程种类繁多，例如零件的毛坯制造工艺规程有铸造工艺规程、焊接工艺规程、锻造或冲压工艺规程等。装配工艺规程有套件装配工艺规程、组件装配工艺规程、部件装配工艺规程和产品总装工艺规程等。各种工艺规程一般都设计成表格形式的卡片。本章第5节中详细介绍了零件机械加工工艺规程的格式、内容及制定步骤等，其他工艺规程的格式、内容及制定方法将不再介绍，读者有需要可查阅其他参考资料。

工艺设计还包括必要的生产工艺装备的设计。工艺装备设计主要包括特殊的刀具、夹具、工装设计及机床设备的改装等。

1.2.2 机械产品加工方法

机械产品的加工过程一般分为毛坯加工、零件加工和产品装配、调试三个主要阶段，其中，在零件加工过程中，可根据需要穿插一些热处理工艺，以改变零件的物理、化学性能及工艺性能，满足零件的使用性能要求。

1）毛坯加工方法

毛坯加工通常有利用各种型材直接下料和金属材料成形方法两大类，其中金属材料成形方法主要有铸造、焊接、锻压和粉末冶金等。

2）零件的机械加工

零件的机械加工一般分为传统机械加工和现代制造技术加工两大类。其中传统机械加工主要有车削、铣削、刨削、磨削、镗削、钻削等；现代制造技术加工又可分为数控加工技术和特种加工技术两种。其中数控加工主要有数控车削、数控铣削、数控磨削、数控镗削及利用各种加工中心的加工技术等；特种加工主要有电火花加工、电火花线切割、激光加工、电解加工等。

3）机械产品装配与调试

任何一台机器都是由若干零、部件组成的，将所有零、部件按装配工艺规程要求组装起来，并经过调整、试验等过程使之成为合格产品的全过程即为装配。

1.3 机械产品质量

1.3.1 产品质量的概念

按照ISO 9000标准的定义，产品的质量是顾客对产品和服务的满意程度。产品质量除了包含产品本身所具有的使用价值外，还涉及产品实用性、可维护性和满足用户某些需要等方面。产品质量体现在其所具备的适用性、可靠性和经济性中。

1）适用性

指产品的规格、性能和用途等满足使用目的而具有的技术特征。如物理性能、化学性能、力学性能、运转性能、安全性及外观造型等。

2）可靠性

指产品在规定的年限内和规定的工作条件下，安全正常工作的可能性，包括产品的使用寿命、精度保持性和故障率等。

3）经济性

指产品整个生命周期所发生的总费用，包括开发成本、制造成本、运行成本和维修保养成本等。

影响产品质量的因素很多，其中设计质量是保证产品质量的前提，而制造质量是保证产品质量的关键。制造质量主要包括零件的加工质量和装配质量。

1.3.2 零件的加工质量

零件的加工质量包括零件机械加工精度和加工表面质量两方面。其中加工精度包含尺寸精度和几何精度两种。几何精度分形状精度和位置精度。加工表面质量用表面粗糙度值来衡量。

1）表面粗糙度及其检测方法

（1）表面粗糙度

零件表面经加工后，总会留有加工的痕迹，即使看起来很光滑的表面，经放大后就会发现其表面高低不平，零件表面的这种微观不平度，就叫表面粗糙度。国家标准 GB/T 3505—2009、GB/T 1031—2009、GB/T 131—2006 中详细规定了表面粗糙度的各种参数及其数值、所用代号及标注方法等。在机械零件设计中，常用轮廓算术平均偏差 Ra 值（μm）来标注表面粗糙度。一般情况下，零件尺寸精度越高，其表面粗糙度越低。

（2）表面粗糙度检测方法

表面粗糙度的检测方法有样板比较法、显微镜比较法、电动轮廓仪测量法、光切显微镜测量法、干涉显微镜测量法、激光测微仪测量法等。在实际生产中，常用样板比较法。这是以表面粗糙度比较样块工作面上的粗糙度为标准，利用视觉或触觉与被检测表面进行比较，来判断被检测表面是否符合规定要求。

2）尺寸精度

尺寸精度指零件的实际尺寸与设计理想尺寸的符合程度。尺寸精度用尺寸公差来控制。

在零件的加工过程中，要将零件的尺寸加工得绝对准确是不可能的，也是没有必要的，因此，在保证零件使用性能的前提下，设计零件时将零件尺寸规定在一个适当的变动范围内，即加工零件时，允许零件的实际尺寸在一定的范围内变动，尺寸公差就是允许尺寸的变动量。

零件的公差值与公差等级有关。国家标准 GB/T 1800.2—2009 规定了 20 个公差等级，即 IT01，IT0，IT1，IT2，…，IT18。IT 表示标准公差，从 IT01 到 IT18 公差等级依次降低，而相应的公差值依次增大。一般零件通常只规定尺寸公差，对于要求较高的重要零件，除了尺寸公差外，还需要规定相应的形状公差和位置公差。

3）几何精度

几何精度指零件加工时对零件表面的几何形状和相互位置提出必要的精度要求，其中形状精度指构成零件上的几何要素，如线、平面、圆柱面、曲面等的实际形状相对于理想形状的准确程度，形状精度用形状公差来控制。

位置精度指构成零件上的几何要素，如点、线、面的位置相对于理想位置（基准）的准确程度，位置精度用位置公差来控制。

国家标准 GB/T 1182—2008 规定了形状和位置公差的项目、符号及标注方法。其中形状公差有直线度、平面度、圆度、圆柱度、线轮廓度和面轮廓度等六项；位置公差有平行度、垂直度、倾斜度、同轴度、对称度、位置度、圆跳动和全跳动八项。

表 1-3-1 所列为几何公差项目及符号；表 1-3-2 和表 1-3-3 所列分别为常用形状和位

置公差的标注及说明。

表 1-3-1　几何公差项目及符号

分类	项　目	符　号
形状公差	直线度	⏤
	平面度	▱
	圆　度	○
	圆柱度	⌭
	线轮廓度	⌒
	面轮廓度	⌓

分　类		项　目	符　号
位置公差	定向	平行度	//
		垂直度	⊥
		倾斜度	∠
	定位	同轴度（同心度）	◎
		对称度	⌯
		位置度	⌖
	跳动	圆跳动	↗
		全跳动	⌰

表 1-3-2　常用形状公差的名称、符号、标注及其说明

序号	项目	图　形	说　　明	
1	直线度	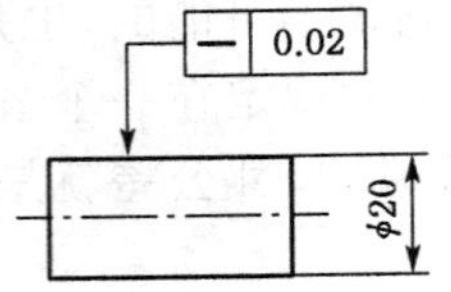 ⏤ 0.02；φ20	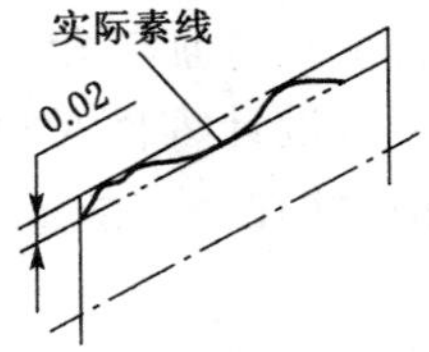 实际素线；0.02	直线度公差为 0.02 mm，任一实际素线必须位于轴向平面内距离为 0.02 mm 的两平行直线之间
2	平面度	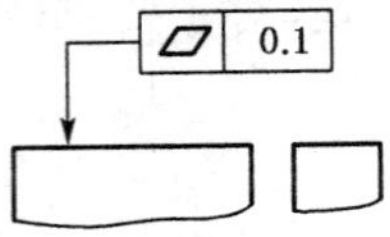 ▱ 0.1	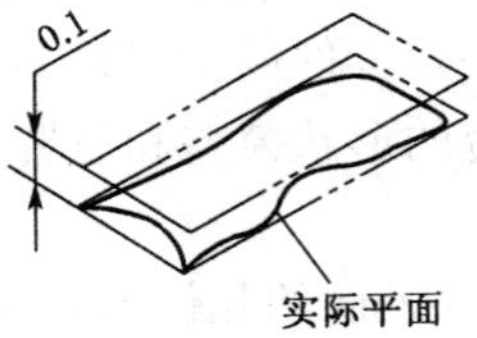 0.1；实际平面	平面度公差为 0.1 mm，实际平面必须位于距离为 0.1 mm 的两平行平面内
3	圆度	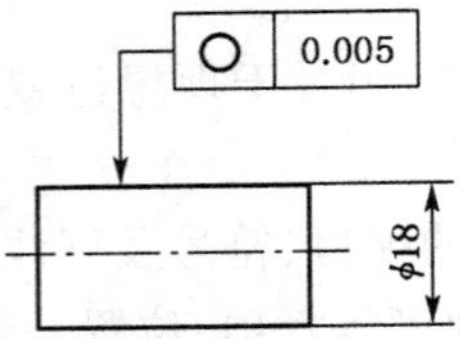 ○ 0.005；φ18	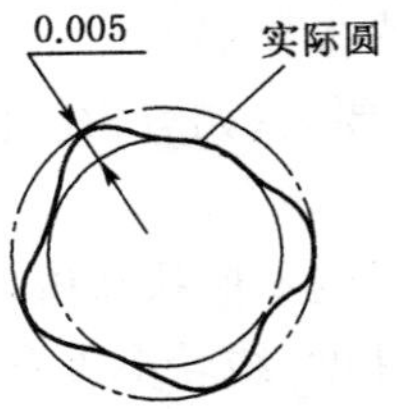 0.005；实际圆	圆度公差为 0.005 mm，在任一横截面内，实际圆必须位于半径差为 0.005 mm 的两同心圆之间

续 表

序号	项目	图形	说明	
4	圆柱度	0.006; $\phi30$	0.006; 实际圆柱	圆柱度公差为 0.006 mm，实际圆柱面必须位于半径差为 0.006 mm 的两同轴圆柱之间

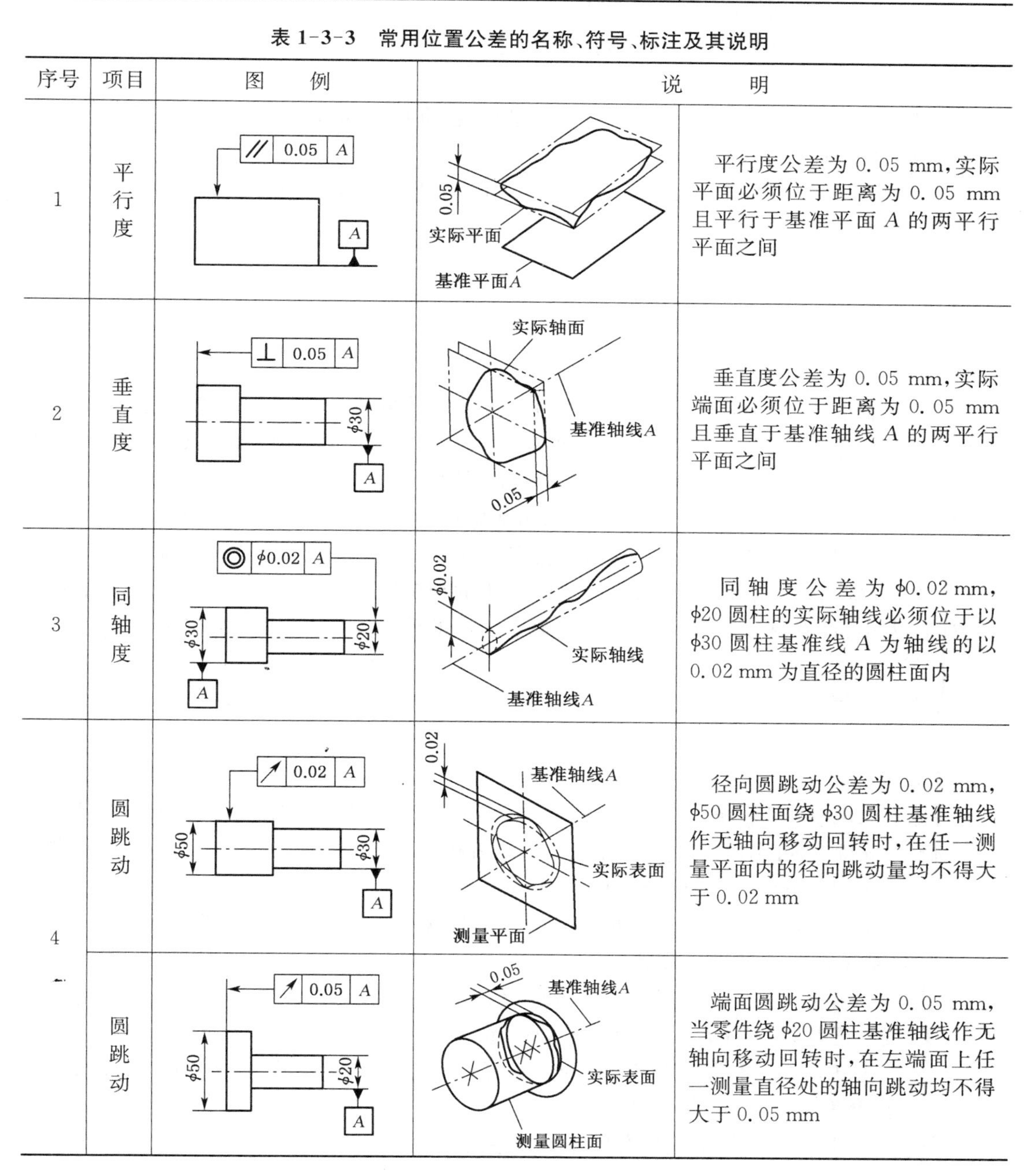

表 1-3-3　常用位置公差的名称、符号、标注及其说明

序号	项目	图例	说明	
1	平行度	// 0.05 A; A	0.05; 实际平面; 基准平面 A	平行度公差为 0.05 mm，实际平面必须位于距离为 0.05 mm 且平行于基准平面 A 的两平行平面之间
2	垂直度	⊥ 0.05 A; $\phi30$; A	实际轴面; 基准轴线 A; 0.05	垂直度公差为 0.05 mm，实际端面必须位于距离为 0.05 mm 且垂直于基准轴线 A 的两平行平面之间
3	同轴度	◎ $\phi0.02$ A; $\phi30$; $\phi20$; A	$\phi0.02$; 实际轴线; 基准轴线 A	同轴度公差为 $\phi0.02$ mm，$\phi20$ 圆柱的实际轴线必须位于以 $\phi30$ 圆柱基准线 A 为轴线的以 0.02 mm 为直径的圆柱面内
4	圆跳动	↗ 0.02 A; $\phi50$; $\phi30$; A	0.02; 基准轴线 A; 实际表面; 测量平面	径向圆跳动公差为 0.02 mm，$\phi50$ 圆柱面绕 $\phi30$ 圆柱基准轴线作无轴向移动回转时，在任一测量平面内的径向跳动量均不得大于 0.02 mm
	圆跳动	↗ 0.05 A; $\phi50$; $\phi20$; A	0.05; 基准轴线 A; 实际表面; 测量圆柱面	端面圆跳动公差为 0.05 mm，当零件绕 $\phi20$ 圆柱基准轴线作无轴向移动回转时，在左端面上任一测量直径处的轴向跳动均不得大于 0.05 mm

1.3.3 装配质量

装配质量直接决定了产品的质量。合格的零件必须通过正确的装配和调试，才能获得良好的装配质量，以使设备正常地工作。装配质量指标主要由装配精度来衡量。装配精度包括以下三种：

1）零、部件间的尺寸精度

包括配合精度和距离精度。配合精度是指配合面间达到规定的间隙或过盈的要求；距离精度指零部件间的轴向距离、轴线间的距离等。

2）零、部件间的位置精度

零、部件间的位置精度包括零、部件间的平行度、垂直度、同轴度和各种跳动等。

3）零、部件间相对运动精度

零、部件间的相对运动精度指具有相对运动的零、部件在运动位置上的精度要求等。

1.4 计量器具

在机械制造中，用来测量和检验零件加工质量的计量器具一般分量具和量仪两大类。其中量具是指那些能直接表示出长度的单位和界限的简单计量器具，如钢尺、游标卡尺、百分尺、千分尺、量块、塞规和卡规等。而量仪是指利用机械、光学、气动、电动等原理将长度放大或细分的测量器具，如百分表、千分表、扭簧测微仪、干涉仪、投影仪、水平仪等。

由于计量器具的种类、结构、用途和特点各有不同，因此选择计量器具时，通常根据零件的结构类型、待测几何量的种类（如尺寸、角度、表面粗糙度、形位公差等）及测量对象的特点（如精度、大小、轻重、材质、数量等）来综合确定所用的计量器具，以保证测量的精确度。

1.4.1 量具

1）游标卡尺

游标卡尺是一种比较精密的量具，如图 1-4-1 所示。其具有结构简单、使用方便、测量尺寸范围较大等特点，可用来直接测量工件的内径、外径、长度、深度和孔距等。游标卡尺按测量尺寸范围有 0～125 mm、0～150 mm、0～200 mm、0～300 mm 等多种规格；按其测量精度可分为 0.1 mm、0.05 mm 和 0.02 mm 三种。具体使用时可根据零件大小和尺寸精度来选择。

（1）游标卡尺刻线原理及读数方法

游标卡尺由主尺和副尺（游标）两部分组成，当固定卡爪与活动卡爪贴合时，主尺与副尺上的零刻度线正好对齐，主尺上的分度值为 1 mm，副尺上的分度值根据卡尺的测量精度，每小格分别为 0.9 mm（精度为 0.1 mm，共 10 格）、0.95 mm（精度为 0.05 mm，共 20 格）和 0.98 mm（精度为 0.02 mm、共 50 格）。

测量读数时，先从主尺上读出游标零线以左的最大整毫米数；然后从游标上读出零线到

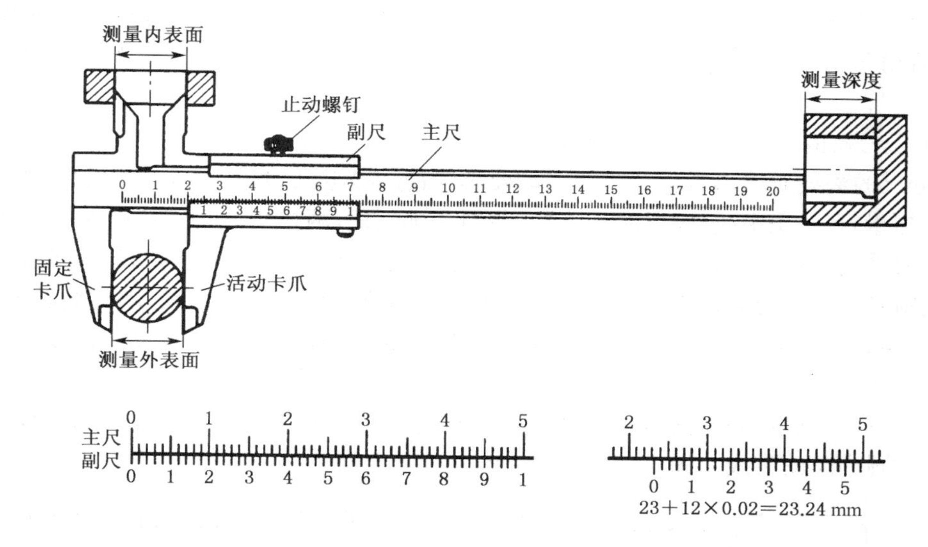

图 1-4-1　游标卡尺

与主尺上刻度线对齐的刻度线的格数，并将格数与卡尺测量精度相乘得到小数，最后将主尺上读出的整数与游标上得到的小数相加就得到实际测量的尺寸。

（2）使用游标卡尺的注意事项

① 校对卡尺　使用前应先擦净卡尺，然后合拢卡爪，检查主尺与副尺的零线是否对齐，如不对齐，应送计量部门检修，以确保卡尺的测量精度。

② 测量操作　放正卡尺，卡爪与测量面接触时，用力不宜过大，以免卡爪变形或损坏；测量内、外圆时，卡尺应垂直于工件轴线，应使两卡爪处于工件直径位置，以保证测量的准确度。

③ 读取数据　未读出数据前，游标卡尺离开工件表面时，必须先将止动螺钉拧紧，防止活动卡爪移动；读取数据时视线要对准所读刻线并垂直尺面，否则读数不准。

④ 适用范围　游标卡尺属精密量具，不得用其测量毛坯表面和正在运动的工件。

2）千分尺

千分尺是比游标卡尺更为精密的量具，其测量的准确度为 0.001 或 0.01（又叫百分尺），可分为外径千分尺、内径千分尺、深度千分尺、公法线千分尺、螺杆千分尺和杠杆千分尺等。外径千分尺按测量范围有 0～25 mm、25～50 mm、50～75 mm、75～100 mm 等多种规格。图 1-4-2 所示为测量范围为 0～25 mm，测量精度为 0.01 mm 的外径千分尺。千分尺

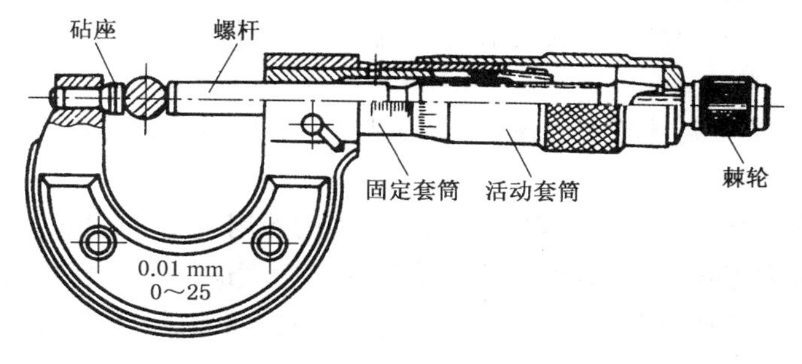

图 1-4-2　千分尺（百分尺）

左端为固定砧座，右端为固定套筒，活动套筒与测量螺杆连在一起，当转动活动套筒时，测量螺杆与活动套筒一起向左或向右移动，则螺杆和砧座之间的距离即为零件的外径或长度尺寸。

(1) 千分尺的刻线原理及读数方法

千分尺的刻线机构由固定套筒和活动套筒(微分筒)组成，如图 1-4-3 所示。固定套筒在轴线方向刻有一条中线，中线的上、下方各刻一排刻线，两排刻线每小格间距均为 1 mm，且上、下两排刻线相互错开 0.5 mm 形成主尺；活动套筒的左端圆周上刻有 50 等分的刻度线，形成副尺。由于与活动套筒相连的测量螺杆的螺距为 0.5 mm，当活动套筒转动一周，带动测量螺杆轴向移动 0.5 mm；微分套筒转过一格，测量螺杆轴向移动的距离为 0.5 ÷ 50 = 0.01。

当千分尺的测量螺杆与砧座接触时，活动套筒边缘与固定套筒上的轴向刻度线的零线重合；同时圆周上的零线与固定套筒中心重合。

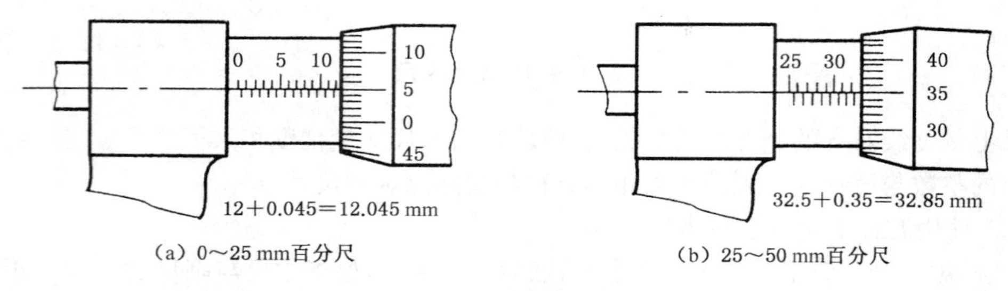

(a) 0～25 mm百分尺　　(b) 25～50 mm百分尺

图 1-4-3　千分尺的读数

读数时，先从固定套筒(主尺)读出露出活动套筒外的毫米数及 0.5 毫米数；然后再读出活动套筒上小于 0.5 mm 的小数值；最后将上述两部分数值相加，即为千分尺获得的测量尺寸。图 1-4-3a 的测量尺寸为 12 + 0.045 = 12.045 mm；图 1-4-3b 的测量尺寸为 32.5 + 0.35 = 32.85 mm。

(2) 使用千分尺的注意事项

① 校对千分尺　测量前，将测量螺杆、砧座的测量面擦净并使其合拢，仔细校对各零点位置，若零点位置不准，则需将千分尺送计量部门检修。

② 测量操作　用左手握住弓架，右手旋转活动套筒，当测量螺杆接近工件时，严禁再拧活动套筒而必须使用右端的棘轮，以较慢的速度使测量螺杆与工件接触。当棘轮发出“嘎嘎”声时，表示压力合适，应停止拧动。

③ 读取数据　从千分尺上读取数值时，可在工件上直接读取，亦可将千分尺锁紧后与工件分开读取。

④ 适用范围　千分尺是精密量具，不得用其测量毛坯件或运动中的工件。

3) 极限量规

极限量规是在大批量生产中使用的一种无刻度的专用量具，如图 1-4-4 所示。用于检验孔径或槽宽的极限量规叫做塞规；用于检验轴径或厚度的极限量规叫做环规或卡规。使用极限量规操作极为方便，用它只能确定工件是否在允许的极限尺寸范围内，而不能测量出工件的实际尺寸。

(1) 塞规

塞规的两端直径与被测孔径的关系见图 1-4-4a。其一端按被测孔径的最小极限尺寸制造,叫塞规的“通规”(或“通端”);另一端按被测孔径的最大极限尺寸制造,叫塞规的“止规”(或“止端”)。检测时,塞规的通规通过检验孔,表示被测孔径大于最小极限尺寸;塞规的止规塞不进检验孔,表示被测孔径小于最大极限尺寸,即可证明孔的实际尺寸在规定的极限尺寸范围内,被检验孔合格。否则,工件尺寸不合格。

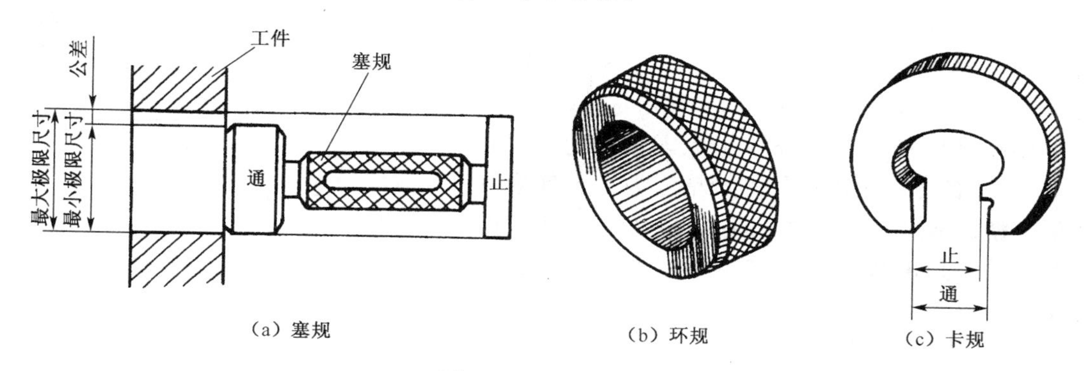

(a) 塞规　(b) 环规　(c) 卡规

图 1-4-4　极限量规

(2) 卡规

卡规的两端也分别按被测轴径的最大和最小极限尺寸制造,分别称为卡规的“通规”和“止规”(见图 1-4-4c)。检测时,卡规的通规能顺利滑过检验轴而止规滑不过去,则说明被测轴的实际尺寸在规定的极限尺寸范围内,确定工件尺寸合格,否则,工件尺寸不合格。

使用极限量规检验工件时,量规位置必须放正,不得歪斜,禁止用通规硬塞或硬卡,只能稍加压力轻轻推入,或在量规自身重力的作用下自行通过,如图 1-4-5 所示。

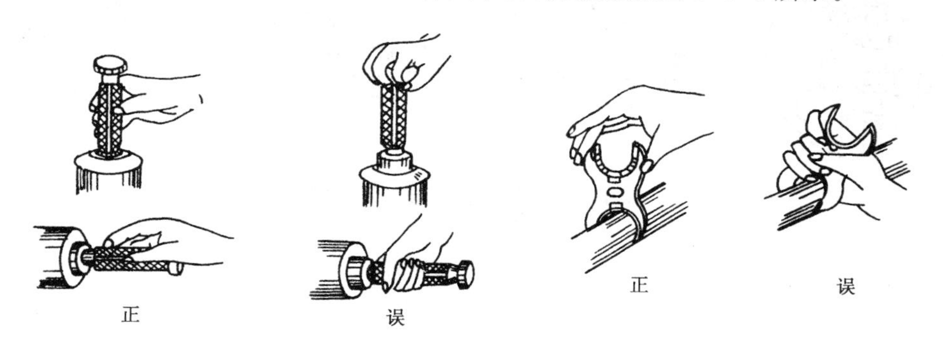

图 1-4-5　极限量规的使用

4) 万能角度尺

万能角度尺是用于测量精度要求较高或非直角工件的内、外角度的量具,如图 1-4-6 所示,它采用游标读数,可测量 0～320°范围内的任意角度。

(1) 万能角度尺的结构、刻线原理及读数方法

万能角度尺的结构主要由主尺、基尺、角尺、直尺、游标和扇形板等组成。其中基尺与主尺连在一起;直尺利用一卡块固定在角尺上,松开卡块上的螺母,直尺可沿角尺移动;角尺通过另一卡块固定在扇形板上,转动卡块上的螺母时,即可紧固或放松角尺。另外,在扇形板

的后面，有一与小齿轮相连接的握手，因该小齿轮与固定在主尺上的扇形齿轮板相啮合，因此，当转动握手时就能使主尺和游标尺作细微的相对移动，从而可精确地调整测量值。当把制动器上的螺母拧紧后，扇形板与主尺即被紧固在一起，而不能作任何相对移动。

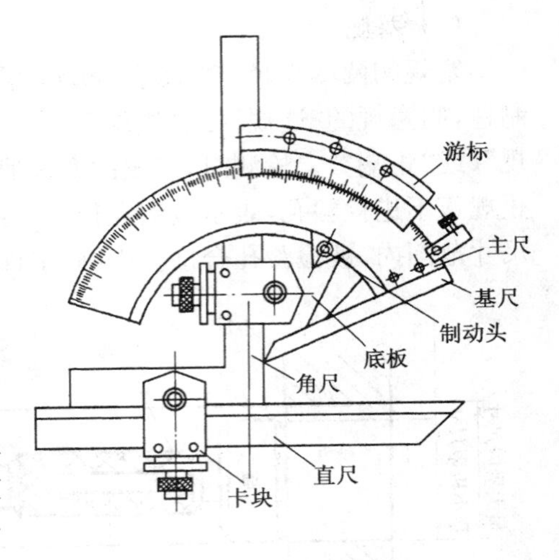

图 1-4-6　万能角度尺

万能角度尺的刻线原理、读数方法与游标卡尺相同。其主尺上分度值为 1°，游标上的分度值定为主尺上的 29°正好与游标上的 30 格相对应，即游标上的刻度值为 29°÷30=58′。主尺与游标的分度值相差 2′，因此万能角度尺的测量精度为 2′。其读数方法与游标卡尺完全相同。即读数=游标零线所指主尺上的整角度数+游标与主尺上的对齐格数×精度。

(2) 万能角度尺的应用及注意事项

使用万能角度尺测量工件时，应首先校对零位。其零位是当角尺与直尺均装上，且角尺、基尺的底边均与直尺无间隙接触时，主尺与游标的零线对齐。测量时，转动背面的握手，使基尺改变角度，带动主尺沿游标转动。根据工件所测角度的大致范围组合量尺，通过改变基尺、角尺、直尺的相互位置，就可测量 0～320°范围内的任意角度，同时角尺和直尺既可以配合使用，也可以单独使用，如图 1-4-7 所示。

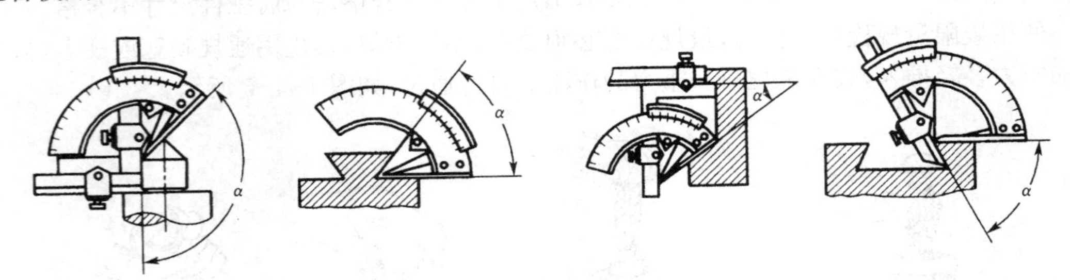

图 1-4-7　万能角度尺应用实例

1.4.2　量仪

1) 百分表

百分表是一种进行读数比较的计量仪器，其测量精度为 0.01 mm，使用百分表只能测出相对数值，不能测出绝对值。百分表主要用于检验零件的形状误差(圆度、锥度、直线度、平面度)和位置误差(平行度、垂直度、同轴度、跳动等)，也常常用于工件装夹时的精密找正及用相对法测量工件的尺寸。

(1) 百分表的结构原理和读数方法

百分表的结构原理如图 1-4-8 所示，其主要由测量头、测量杆、大小指针、表盘、传动齿轮和弹簧等组成。表盘上刻有 100 等分的刻度线，其分度值为 0.01 mm；小指针刻盘上刻有

10 等分刻度线，其分度值为 1 mm 当测量头 1 向上或向下移动 1 mm 时，通过测量杆上的齿条和齿轮 2、3、4、6 带动大指针 5 转一周、小指针 7 转一格。测量时大、小指针所示读数变化值之和即为测量尺寸的变化量。

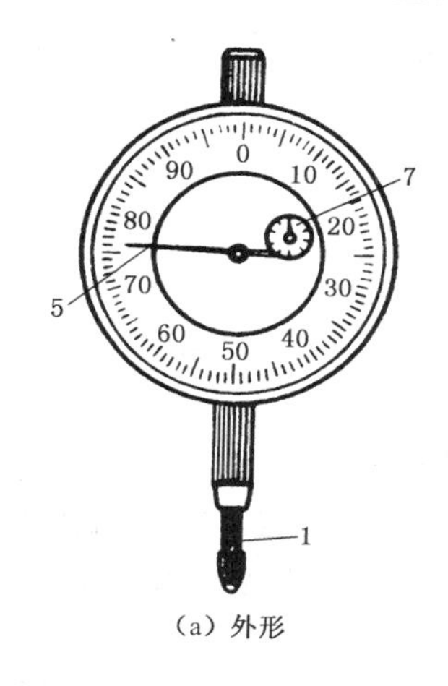

（a）外形

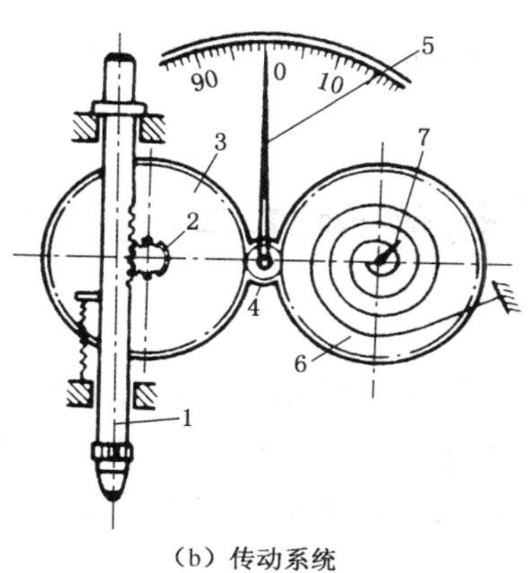

（b）传动系统

图 1-4-8　百分表及其传动系统

图 1-4-9　用百分表检查工件外圆面对其轴线的径向圆跳动

百分表使用时应牢固地装在表架上。测量时百分表需固定位置的，应将其装在磁性表架上；需要移动的，则装在普通表架上，图 1-4-9 所示为使用百分表测量工件外圆面对其轴线的径向圆跳动实例。

（2）使用百分表时注意事项

① 使用前应首先检查测量杆的灵活性：轻轻推动或拉动测量杆，看其能否在套筒内灵活移动，每次松手后，指针都应回到原来的位置。其次，将百分表固定在表架后，必须检查其是否被夹牢，以免测量时因百分表松动而影响其测量精度。

② 测量时应使测量杆与工件被测表面垂直，并且测量头与工件接触时应有 0.3～0.5 mm 的压缩量；然后转动表盘，使表盘的零位刻线对准指针，轻轻提起测量杆上端，再放下测量杆与工件接触，重复几次并观察指针所指零位是否有变化。当指针零位稳定后，再开始移动或转动工件，观察指针的摆动情况，最终确定被测要素的精确度。

③ 使用百分表时，测量杆的升降范围不能过大，以减少由于机械传动所产生的误差。

④ 百分表使用后应擦拭干净放入盒内，注意测量杆上不要加油，以免油污进入表内影响百分表的灵敏度，另外测量杆应处于自由状态，以防止表内弹簧过早失效。

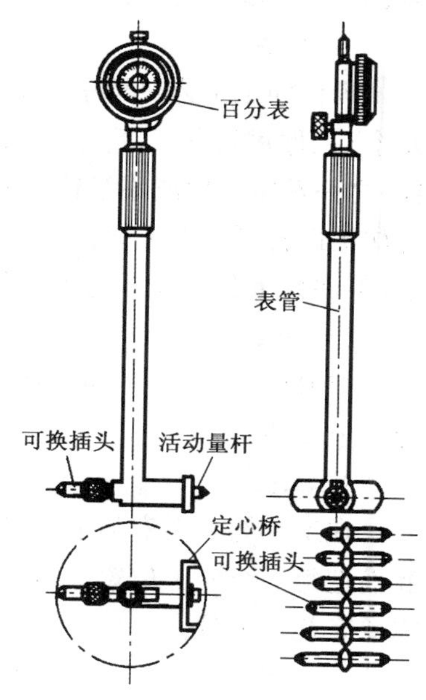

图 1-4-10　内径百分表

2）内径百分表

内径百分表也是百分表的一种，用来测量孔径及其形状精度，测量精度为 0.01 mm。内径百分表配有成套的可换测量插头及附件，供测量不同孔径时选用，如图 1-4-10 所示。测量范围有 6～10 mm、10～18 mm、18～35 mm 等多种。测量时百分表接管应与被测孔的轴线重合，以保证可换插头与孔壁垂直，最终保证测量精度。

1.5 机械加工工艺规程

规定产品或零件制造工艺过程和操作方法的工艺文件称为工艺规程。其中规定零件机械加工工艺过程和操作方法等的工艺文件即为机械加工工艺规程。生产规模的大小、工艺水平的高低以及解决各种工艺问题的方法和手段都必须通过机械加工工艺规程来体现。

机械加工工艺过程是机械产品生产过程的一部分，是对机械产品中的零件采用各种加工方法（例如切削加工、磨削加工、电加工、电子束及离子束加工等）并按一定的加工工艺路线来直接改变毛坯的形状、尺寸、表面粗糙度以及力学、物理性能，使之成为合格零件的全部劳动过程。

1.5.1 机械加工工艺过程的组成

机械加工工艺过程由若干个工序组成。机械加工中的每一个工序又可依次细分为安装、工位、工步和走刀。

1）工序

机械加工工艺过程中的工序是指一个（或一组）工人在一个工作地点对一个（或同时对几个）工件进行加工所连续完成的那一部分工艺过程。只要工人、工作地点、工作对象（工件）之一发生变化或不是连续完成，则应视为另一个工序。在实际生产中，同一个零件、同样的加工内容可以有不同的工序安排。一般工序的安排和工序数目的确定与零件的技术要求、零件数量和现有工艺条件等有关。

2）安装

如果在一个工序中需要对工件进行几次装夹，则每次装夹下完成的那部分工序内容称为一个安装。

3）工位

在工件的一次安装中，通过分度（或移位）装置，使工件相对于机床床身变换加工位置，我们把每一个加工位置上的安装内容称为工位。在一个安装中，可能只有一个工位，也可能需要有几个工位。

4）工步

加工表面、切削刀具、切削速度和进给量都不变的情况下所完成的工位内容即为工步。

5）走刀

切削刀具在加工表面上切削一次所完成的工步内容，称为一次走刀。一个工步可包括一次或数次走刀。当加工余量很大，不能在一次走刀下切完，则需分几次走刀，走刀次数又称行程次数。

1.5.2 工件加工时的定位、基准及机床夹具

1）工件的定位

（1）工件的装夹

要对工件进行切削加工，首先必须将工件装夹在机床上或夹具中，以使其与刀具之间保持正确的相对运动关系。工件的装夹过程由定位和夹紧两个步骤组成。定位是指确定工件在机床或夹具中占有正确位置的过程。夹紧是指工件定位后将其固定，使其在加工过程中保持定位位置不变的操作。工件在机床或夹具中装夹主要有以下三种方法：

① 直接找正装夹　工件的定位过程由操作工人直接在机床上利用百分表（千分表）、划针盘等工具，找正某些有相互位置要求的表面，然后夹紧工件，这种装夹方法称之为直接找正装夹，如图 1-5-1 所示。

直接找正装夹效率低，但找正精度可以达到很高，适合于单件小批量生产或精度要求特别高的生产中使用。

② 划线找正装夹　划线找正装夹是指按图纸要求在工件相应的表面上划出位置线、加工线及找正线，装夹工件时，先在机床上按找正线找正工件的位置，然后夹紧工件。例如，要在图 1-5-2 所示的长方形工件上镗孔时，可先在划线平台上划出孔的十字中心线，再划出加工线和找正线，然后将工件安放在四爪单动卡盘上轻轻夹住，转动四爪单动卡盘，用划针检查找正线，找正后夹紧工件。

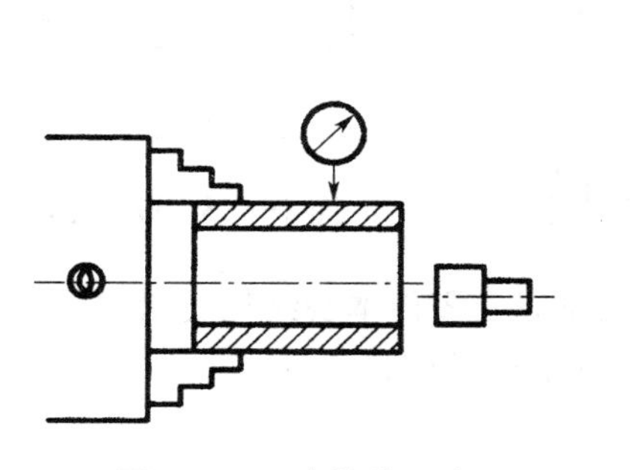

图 1-5-1　直接找正法

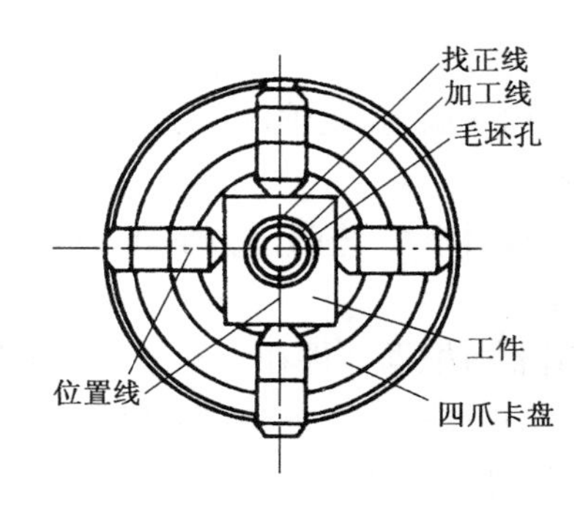

图 1-5-2　按划线找正装夹

划线装夹不需要其他设备，通用性好，但生产效率低，找正精度不高，适用于单件、中小批量生产中的复杂铸件或铸件精度较低的粗加工工序。

③ 夹具装夹　夹具装夹指不需要划线和找正，直接用夹具装夹工件，并利用夹具来保证工件在机床上的正确位置，并在夹具上直接夹紧工件。

夹具装夹操作比较简单，且装夹效率高，精度也较高，在各种生产类型中都有应用。

（2）工件的定位

一个物体在空间可以有六个自由度，如图 1-5-3 所示。这六个自由度分别是沿三个坐

标轴的平移运动即$\vec{x}$、$\vec{y}$、$\vec{z}$和绕三个坐标轴的转动即$\overset{\frown}{x}$、$\overset{\frown}{y}$、$\overset{\frown}{z}$。如果采取一定的约束措施，消除这六个自由度，则物体被完全定位。所谓六点定位原理，就是采用 6 个按一定规则布置的约束点，可以限制工件的六个自由度，实现完全定位。例如在图 1-5-4 所示中，长方体工件在夹具中定位时，工件的底面 A 放置在三个支承上，限制了$\overset{\frown}{x}$、$\overset{\frown}{y}$、$\vec{z}$三个自由度；侧面 B 靠在两个支承上，限制了$\vec{x}$、$\overset{\frown}{z}$两个自由度；端面 C 与一个支承点接触，限制了$\vec{y}$的自由度，实现了完全定位。

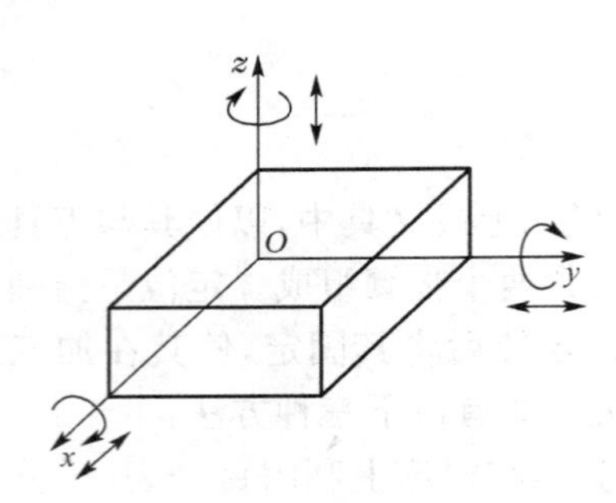

图 1-5-3　自由度示意图

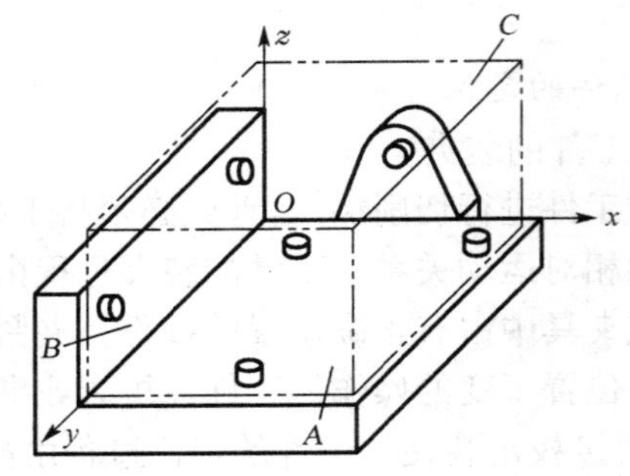

图 1-5-4　工作的六点定位

2）基准

在机械制造过程中经常涉及基准的选择问题，例如机械设计时零件尺寸的标注、零件加工时的定位、零件检验时尺寸的测量以及装配时零、部件装配位置的确定等都要选择相应的基准。

（1）基准的概念

机械零件可以看作是由若干点、线、面等几何要素所构成的几何体，其中某些被指定用以确定其他几何要素之间几何关系的点、线、面就是基准。有时基准还可以是实际存在，但又无法具体体现出来的几何要素，如零件上的对称平面、孔或轴的中心线等。

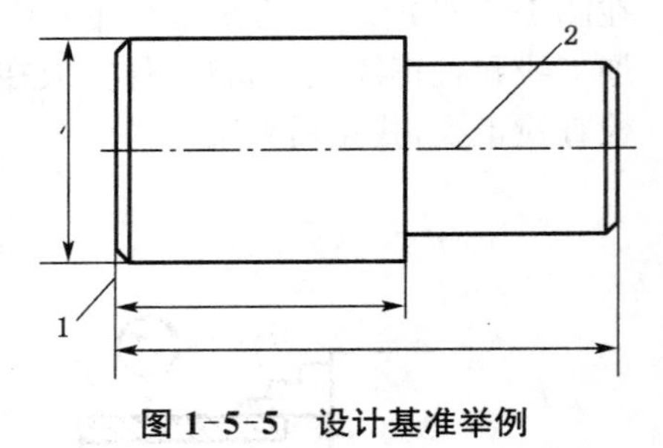

图 1-5-5　设计基准举例

（2）基准的分类

一般从设计和工艺两个方面将基准分成设计基准和工艺基准。

设计基准指根据零件在装配结构中的装配关系以及零件本身结构要素之间的相互位置关系所确定的标注尺寸（或角度）的起始位置，也就是设计图样上所使用的基准。设计基准可以是点，也可以是线或面，如图 1-5-5 所示。

工艺基准指零件在加工工艺过程中所使用的基准，工艺基准可进一步细分为工序基准、定位基准、测量基准和装配基准。

工序基准指在工序图上用来确定本工序所要加工的表面加工后的尺寸、形状位置的基准。

定位基准指加工时用于工件定位的基准。定位基准是保证工件在机床上占有正确的位置，是获得零件尺寸的直接基准。

测量基准指在加工或加工后用来测量零件的尺寸、形状和位置时所用的基准。

装配基准指在装配时用来确定零件或部件在产品中的相对位置所使用的基准。

3）机床夹具

在机床上加工工件时，为了保证加工精度，首先要使工件在机床上占有正确的位置并使工件夹紧的过程就是工件的安装，而用于安装工件的工艺装备就是机床夹具。机床夹具通常按机床种类进行分类，如车床夹具、铣床夹具、磨床夹具、镗床夹具及钻床夹具等。

各类机床夹具一般又分为通用夹具、专用夹具、通用可调整夹具和成组夹具、组合夹具以及随行夹具五类。其中通用类夹具指已经规格化的可装夹多种工件的夹具，一般作为机床附件供应。如车床上常用的三爪自动定心卡盘、顶尖、中心架等，铣床上的万能铣头、分度头、圆形工作台等；专用夹具指针对某一工件特定工序要求而专门设计制造的夹具；通用可调整夹具和成组夹具中的部分元件可以更换，部分装置可以调整，以适应不同零件的加工；组合夹具指由一套完全标准化的元件，根据零件的加工要求组装成的专用夹具；随行夹具供在自动线和柔性制造系统中使用，工件安装在随行夹具中，除完成对工件的定位和夹紧外，还载着工件由运输装置送往各机床，并在各机床上被定位和夹紧。

1.5.3 机械加工工艺规程的制定

1）机械加工工艺规程的作用

(1) 机械加工工艺规程是机械加工工艺过程的主要技术文件，是组织现场生产的依据。机械加工工艺规程不但能可靠地保证零件的全部加工要求，获得高质量和高生产率，而且还能节约原材料、减少工时消耗和降低生产成本。

(2) 机械加工工艺规程是新产品投产前的有关技术准备和生产准备的依据。如刀、夹、量具的设计、制造和采购；安排原材料、半成品、外购件的供应；确定零件投料的时间和批量，调整设备负荷等都必须以机械加工工艺规程为依据。

(3) 机械加工工艺规程是新建、扩建或改建厂房（车间）的依据。在新建、扩建厂房时，要根据产品的全套工艺规程来确定所需设备的种类和数量、人员配备、车间面积及其布置等。

2）机械加工工艺规程的格式及内容

机械加工工艺规程的格式通常为制成各种表格形式的卡片，除了主要有工艺过程卡片和工序卡片两种基本形式外，还有机床调整卡片（半自动及自动车床）和检验工序卡片等。我国各机械制造厂使用的机械加工工艺规程的格式不尽一致，但其基本内容是相同的。

(1) 机械加工工艺过程卡片的格式及内容

工艺过程卡片（又称工艺路线卡片）是以工序为单位简要表示零件加工工艺过程的一种工艺文件，其格式见表 1-5-1 所示。卡片内容包括零件加工工艺过程所经过的各车间、工段；按零件加工工艺过程列出的各个工序，并在每个工序中明确所使用的机床、工艺装备（包括工、夹、量、刃具）及时间定额等。

表 1-5-1　机械加工工艺过程卡片

	工艺过程卡片		产品型号		零部件图号					
			产品名称		零部件名称			共　页	第　页	
材料牌号				材料规格		每台件数		送来单位		送往单位
工序号	工序名称	工序内容			设备编号	工作编号	工夹量刃具名称规格及编号	工时定额(分)		
								准结	单件	
							设计/日期	审核/日期	标准化/日期	会签/日期
标记	处数	更改文件号	签字	日期	标记	处数				

对于单件小批量生产，一般只编制机械加工工艺过程卡片。但对于产品中的关键零件或复杂零件，即使是单件小批量生产，也应制订较详细的机械加工工序卡片，以确保产品质量。

(2) 机械加工工序卡片的格式及内容

工序卡片是为每一道工序编制的一种工艺文件，其格式见表 1-5-2 所示。在工序卡片上应绘制工序简图，并且简图上除应用规定的符号表示本工序的定位情况、用粗黑实线表示本工序的加工表面，还应注明各加工表面的工序尺寸及公差、表面粗糙度和其他技术要求等。工序卡片上还需注明各工步的顺序和内容、所用设备及工艺装备(包括工、夹、量、刃具)规定的切削用量和时间定额等内容。

表 1-5-2　机械加工工序卡片

工厂名	机械加工工序卡片	产品型号		零部件图号		共　页
		产品名称		零部件名称		第　页
			车间	工序号	工序名称	材料牌号
			毛坯种类	毛坯外形尺寸	每料件数	每台件数
			设备名称	设备型号	设备编号	同时加工件数
			夹具名称	夹具编号	工作液	工序工时/min

续 表

工步号	工步内容	工艺装备	主轴转速(r/min)	切削速度(m/s)	进给量(mm/r)	背吃刀量(mm)	工作行程次数	工时定额	
								机动	辅助
					设计/日期	审核/日期	标准化/日期	会签/日期	
标记	处数	更改文件号	签字	日期					

工序卡片主要用于大批量生产中的机械加工各道工序和单件小批量生产中关键零件或关键加工工序中。

3）制定机械加工工艺规程的步骤

机械加工工艺规程的制定包括拟定工艺路线和各道工序的具体内容两部分。拟定工艺路线就是确定各工序的加工方法及顺序，而各工序的具体内容就是规定每道工序的操作内容。最后按照规定的格式编制成工艺文件，具体步骤如下：

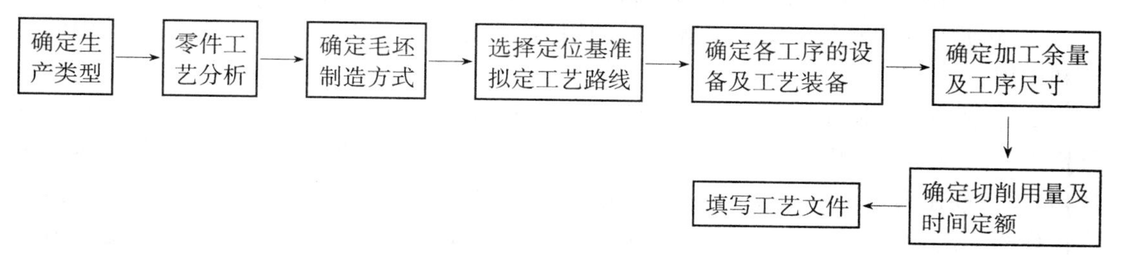

（1）确定生产类型

机械加工工艺规程的详细内容与生产类型有关，不同的生产类型是由年生产纲领即年产量来区别，因此制定工艺规程时，必须首先根据零件的年生产纲领确定生产类型，这样才能使制定的工艺规程与生产类型相适应，以取得良好的经济效益。

① 年生产纲领　企业是根据市场需求和自身的生产能力来决定生产计划的，在计划期内，应当生产的产品产量和进度计划称为生产纲领。计划期为一年的生产纲领即为年生产纲领。年生产纲领是设计或修改工艺规程的重要依据，是车间（或工段）设计的基本文件。

② 生产类型　一次投入或产出的同一产品（或零件）的数量即为生产批量。一般根据工厂（或车间、工段、班组、工作地）生产专业化程度的不同，可将生产批量按大量生产、成批生产和单件生产三种生产类型进行分类，其中成批生产可分为大批生产、中批生产和小批生产。生产类型的划分规范见表1-5-3。

表 1-5-3　各种生产类型的规范

生产类型	零件的年生产纲领(件/年)		
	重型机械	中型机械	轻型机械
单件生产	≤5	≤20	≤100
小批生产	>5～100	>20～200	>100～500
中批生产	>100～300	>200～500	>500～5 000
大批生产	>300～1 000	>500～5 000	>5 000～50 000
大量生产	>1 000	>5 000	>50 000

随着技术进步和市场需求的变化，生产类型的划分正发生着深刻的变化，传统的大批量生产往往不能适应产品及时更新换代的需要，而单件小批量生产的能力又跟不上市场急需，因此各种生产类型都朝着生产过程柔性化的方向发展。

成组技术(包括成组工艺、成组夹具)为柔性化生产提供了重要的基础。例如，当零件的产量较小时，可将那些工艺特征相似的零件归并成组来进行加工，目的在于将各种零件较小的生产量汇集成较大的成组生产量，以求用大批量生产的高效工艺方法和设备来进行小批量生产。

(2) 对零件进行工艺分析

工艺分析包括分析零件图以及该零件所在部件或总成的装配图，并进行工艺性审查。

① 分析零件图及装配图　了解产品的用途、性能和工作条件，熟悉零件在产品中的位置和作用。

② 工艺审查　除审查零件图纸上的视图尺寸、技术要求是否完整、合理、统一及找出并分析关键的技术要求及技术问题外，主要是审查零件的结构工艺性。所谓零件的结构工艺性，是指零件在满足使用要求的前提下，制造的可行性和经济性。零件的结构工艺性好，是指在现有工艺条件下既能方便制造，又有较低的制造成本。因此，零件的结构设计必须考虑到加工时的装夹、对刀、测量和切削效率。结构工艺性不好将使加工困难，浪费工时，增加制造成本，有时甚至无法加工。零件的结构工艺性是否可行，同生产类型密切相关。如果经过工艺审查，发现零件的结构工艺性较差，工艺人员应与有关设计人员经过共同分析、研究后，再由设计人员对零件的结构进行必要的修改。

(3) 熟悉或确定毛坯

常用的毛坯种类有型材、锻压件、铸件和焊接件等，选定的毛坯种类是否合理，对零件的质量、材料消耗、加工工时等都有很大的影响。毛坯种类的选择通常由产品设计人员根据零件在产品中的作用、生产纲领、零件本身的结构和现有的生产技术条件等因素进行综合考虑。而工艺人员在制定机械加工工艺规程时，要熟悉各类毛坯的制造方法及工艺特点，以确保零件的加工质量，提高劳动生产率和降低机械加工工艺成本。

(4) 拟定机械加工工艺路线

工艺路线是零件生产过程中，由毛坯到零件所经过的所有工序的先后顺序。拟定机械加工工艺路线是制定机械加工工艺规程的核心内容，其主要包括选择定位基准、定位夹紧方案、确定各表面加工方法、安排加工顺序以及安排热处理、检验和其他工序等。

拟定机械加工工艺路线，一般需要提出几个方案，通过对几条工艺路线的分析与比较，最终选择一条适合本厂生产工艺条件并确保零件加工质量、高效和低成本的最佳工艺路线。

（5）确定各工序所用的设备和工艺装备

除包括现有机床、夹具、刀具和量具外，对需要改装或重新设计的专用工艺装备应提出具体的设计任务书。

（6）确定各主要工序的技术要求和检验方法

（7）确定各工序的加工余量、计算工序尺寸和公差

（8）确定切削用量及工时定额

为了简化工艺文件及生产管理，在单件小批生产中，机械加工工艺过程卡中常不规定切削用量，而由操作者自行决定。在中批或大批量生产中，尤其是自动生产或流水线生产时，为了保证生产的合理性和节奏均衡，各工序、工步必须规定切削用量，并不得随意更改。

（9）填写工艺文件

将相关工艺内容按规定格式填入工艺卡片。

复习思考题

1. 机械产品制造的过程主要包括哪些方面？
2. 什么是形状精度？其主要包括哪些项目？
3. 什么是位置精度？其主要包括哪些项目？
4. 如何使用游标卡尺和千分尺并正确读出其测量值？
5. 什么是工序、安装、工位、工步及走刀？
6. 简述机械加工工艺规程的制定原则。

2 工程材料及钢的热处理与项目实训

2.1 项目实训

2.1.1 实训目的和要求

(1) 了解工程材料的分类及应用。
(2) 了解金属材料的性能。
(3) 了解常用碳素钢、铸铁的牌号及用途。
(4) 了解热处理的作用及应用。
(5) 掌握钢的热处理的工艺方法、目的及应用范围。
(6) 能按照实训要求,独立完成常用的热处理工艺操作。

2.1.2 实训安全守则

(1) 按实训要求穿戴好工作服及防护用品。
(2) 熟悉设备使用方法,严格按照热处理工艺规程进行规范操作。
(3) 使用电加热炉时,工件进、出炉前应先切断电源,避免发生触电危险。
(4) 热处理后的工件不要立即用手触摸,以防烫伤。
(5) 工件放入盐浴炉前必须要烘干。

2.1.3 项目实训内容

手锤头(钳工实训作业件)火焰加热表面淬火操作训练。

2.2 工程材料分类及应用

工程材料是指在各种工程领域中使用的材料。由于工程材料品种繁多,其性能、结构及应用范围各不相同,因此,工程材料有多种分类方法。

工程材料按化学成分、生产过程、结构及性能特点，可将其分为金属材料、无机非金属材料、有机高分子材料和复合材料四大类。其中金属材料又包括钢铁材料和非铁(有色)金属材料两大类，这是目前应用最广泛的材料，除钢铁材料以外的金属材料一般统称为非铁金属材料，主要有铝、铜、钛、镍及其合金等；无机非金属材料主要包括陶瓷、水泥、玻璃及非金属矿物材料；有机高分子材料又称高分子聚合物，按用途可分为塑料、合成纤维和橡胶三大类；复合材料就是由两种以上不同原料组成，使原材料的性能得到充分发挥，并通过复合化而得到单一材料所不具备的性能的材料。

工程材料按使用性能分类，又可分为结构材料和功能材料。按物理性质分类，可分为导电材料、绝缘材料、半导体材料、磁性材料等。按用途分类又可分为电子材料、研磨材料、电工材料、光学材料、建筑材料、包装材料等。

2.2.1　金属材料

1）金属材料的性能

金属材料的性能分使用性能和工艺性能。使用性能是指机械零件在使用条件下，金属材料表现出来的性质，主要包括物理、化学和力学性能等。金属材料的使用性能决定了机械零件的使用范围和寿命。工艺性能指金属材料在加工过程中表面出来的难易程度，它决定了金属材料在加工过程中成形的适应能力。金属材料的各种性能见表 2-2-1。

表 2-2-1　金属材料的性能

<table>
<tr><th colspan="3">性能名称</th><th>性　能　内　容</th></tr>
<tr><td rowspan="7">使用性能</td><td colspan="2">物理性能</td><td>包括密度、熔点、导电性、导热性、热膨胀性及磁性等</td></tr>
<tr><td colspan="2">化学性能</td><td>金属材料抵抗各种介质的侵蚀能力，如抗腐蚀性能等</td></tr>
<tr><td rowspan="5">力学性能</td><td>强度</td><td>在外力作用下材料抵抗变形和破坏的能力，分为抗拉强度 σ_b、抗压强度 σ_{bc}、抗弯强度 σ_{bb} 及抗剪强度 τ_b，单位均为 MPa</td></tr>
<tr><td>硬度</td><td>衡量材料软硬程度的指标，较常用的硬度测定方法有布氏硬度(HBS、HBW)、洛氏硬度(HR)和维氏硬度(HV)等</td></tr>
<tr><td>塑性</td><td>在外力作用下材料产生永久变形而不发生破坏的能力。常用指标是断后伸长率 δ_5、δ_{10}(10%)和断面收缩率 ψ(%)，δ 和 ψ 越大，材料塑性越好</td></tr>
<tr><td>冲击韧度</td><td>材料抵抗冲击力的能力。常把各种材料受到冲击破坏时，消耗能量的数值作为冲击韧度的指标，用 α_k(J/cm^2)表示。冲击韧度值主要取决于塑性、硬度，尤其是温度对冲击韧度值的影响更具有重要意义</td></tr>
<tr><td>疲劳强度</td><td>材料在多次交变载荷作用下而不致引起断裂的最大应力</td></tr>
<tr><td colspan="3">工艺性能</td><td>包括热处理工艺性能、铸造性能、焊接性能及切削加工性能等</td></tr>
</table>

2）钢铁材料

钢铁材料实质上是以铁为基体的铁碳合金，铁碳合金按碳的质量分数分为碳素钢和铸铁两类。为了提高和改善钢的性能，在碳钢中特意加入一种或多种合金元素，便形成了合金钢。

（1）碳素钢

碳素钢是指碳的质量分数小于2.11%并含有少量硅、锰、硫、磷等杂质组成的铁碳合金，简称碳钢。碳钢按碳的质量分数分为低碳钢[$w(\mathrm{C})\leqslant 0.25\%$]、中碳钢[$0.25\%<w(\mathrm{C})\leqslant 0.6\%$]、高碳钢[$w(\mathrm{C})>0.6\%$]；按钢的质量(杂质硫、磷的质量分数)分为普通碳素钢、优质碳素钢、高级优质碳素钢；按用途分为碳素结构钢和碳素工具钢。

① 碳素结构钢　碳素结构钢牌号表示方法是由代表屈服点的字母(Q)、屈服点数值、质量等级符号(A、B、C、D)及脱氧方法符号(F、b、Z、TZ)等四个部分按顺序组成。如Q235－AF表示屈服点为235 MPa、质量等级为A级的沸腾钢。

② 优质碳素结构钢　优质碳素结构钢的钢号用两位数字表示。即表示钢中平均含碳量的万分之几，如45号钢表示含碳量为0.45%左右的优质碳素钢。若钢中含锰较高，则在钢号后面附以锰的元素符号，如45 Mn。

③ 碳素工具钢　碳素工具钢的钢号由“T＋数字”组成，其中拼音“T”表示碳，其后面的数字表示含碳量的千分之几，如T8表示含碳量为0.8%的碳素工具钢。含硫、磷量各小于0.03%的高级优质碳素工具钢，在数字后面加“A”表示，如T7A。

常用碳素钢牌号及用途见表2-2-2。

表2-2-2　常用碳素钢牌号及用途

种类	牌号	性能	用途
碳素结构钢	Q195、Q215A、Q215B	塑性好、强度一般	板料、型材等、制造钢结构、普通螺钉、螺帽、铆钉等
	Q235A、Q235B、Q235C、Q235D	强度较高	拉杆、心轴、链条、焊接件等
	Q255A、Q255B、Q275	强度更高	工具、主轴、制动件、轧辊等
优质碳素结构钢	08	含碳量低、塑性好、强度低、可焊接好	垫片、冲压件和强度要求不高的焊接件等
	10、15、20、25	含碳量低、塑性好、可焊性好	薄钢板、各种容器、冲压件和焊接结构件、螺钉、螺母、垫圈等
	30、35、40、45、50	含碳量中等、强度较高，韧性、加工性好	经淬火、回火等处理后，用于制成轴类、齿轮、丝杠、连杆、套筒等
	55、60、70	含碳量较高、较高的弹性	经淬火处理后，用于制造各种弹簧、轧辊和钢丝等
碳素工具钢	T7、T8	硬度中等、韧性较高	冲头、錾子等
	T9、T10、T11	硬度高、韧性中等	丝锥、钻头等
	T12、T13	硬度高、耐磨性、韧性差	量具、锉刀等

（2）合金钢

合金钢钢种繁多，有多种分类方法。按所含合金元素的多少，分为低合金钢、中合金钢和高合金钢；按所含合金元素种类，可分为铬钢、铬镍钢、锰钢和硅锰钢等；按用途可分为合金结构钢、合金工具钢和特殊性能合金钢三大类。

① 合金结构钢　其钢号由“数字＋化学元素＋数字”组成。前面数字表示含碳量的万分之

几，后面数字表示合金元素含量的百分之几。若合金元素含量小于1.5%时，钢号中只标明合金元素而不标含量。合金结构钢可分为普通低合金结构钢、渗碳钢、调质钢、弹簧钢、滚动轴承钢等。

② 合金工具钢　合金工具钢的钢号与合金结构钢相同，只是含碳量的表示方法有所不同。若含碳量在1%以下，则钢号前用一位数字表示，如9SiCr(平均含碳量为0.9%)，若含碳量在1.0%以上或接近1%，则钢号前不用数字表示如W18Cr4V。合金工具钢可分为刃具钢、模具钢和量具钢。

③ 特殊性能合金钢　特殊性能合金钢有不锈钢、耐热钢和耐磨钢等。

常用合金钢的牌号、性能及用途见表2-2-3

表2-2-3　常用合金钢的牌号、性能及用途

种　类	牌　号	性能及用途
普通低合金结构钢	9Mn2，10MnSiCu，16Mn，15MnTi	强度较高，塑性良好，具有焊接性和耐蚀性，用于建造桥梁、车辆、船舶、锅炉、高压容器、电视塔等
渗碳钢	20CrMnTi，20Mn2V，20Mn2TiB	心部的强度较高，用于制造重要的或承爱重载荷的大型渗碳零件
调质钢	40Cr，40Mn2，30CrMo，40CrMnSi	具有良好的综合力学性能(高的强度和足够的韧性)，用于制造一些复杂的重要机器零件
弹簧钢	65Mn，60Si2Mn，60Si2CrVA	淬透性较好，热处理后组织可得到强化，用于制造承受重载荷的弹簧
滚动轴承钢	GCr4，GCr15，GCr15SiMn	用于制造滚动轴承的滚珠、套圈

(3) 铸铁

铸铁是指碳的质量分数大于2.11%(通常为2.8%～3.5%)的铁碳合金，通常含有较多的硅、锰、硫、磷等元素。根据铸铁中碳的存在形态，可分为白口铸铁、灰口铸铁、可锻铸铁、球墨铸铁和蠕墨铸铁等。其中白口铸铁中碳是以化合物的形式存在，断口呈白亮色，性能硬而脆，一般不直接使用；灰口铸铁通常是指具有片状石墨的铸铁，在机械制造中应用最为广泛；可锻铸铁中碳以团絮状石墨的形式存在；球墨铸铁中碳以球状石墨的形式存在；蠕墨铸铁中碳是以蠕虫状石墨的形式存在。常用铸铁的牌号及用途见表2-2-4。

表2-2-4　常用铸铁的牌号、应用及说明

名称	牌号	应用举例	说明
灰铸铁	HT150	用于制造端盖、泵体、轴承座、阀壳、管子及管路附件、手轮；一般机床底座、床身、滑座、工作台等	“HT”为“灰铁”两字汉语的字头，后面的一组数字表示ϕ30试样的最低抗拉强度。如HT200表示灰口铸铁的抗拉强度为200MPa
	HT200	承受较大载荷和较重要的零件，如汽缸、齿轮、底座、飞轮、床身等	
球墨铸铁	QT400-18 QT450-10 QT500-7 QT800-2	广泛用于机械制造业中受磨损和受冲击的零件，如曲轴(一般用QT500-7)、齿轮(一般用QT450-10)、汽缸套、活塞环、摩擦片、中低压阀门、千斤顶座、轴承座等	“QT”是球墨铸铁的代号，它后面的数字表示最低抗拉强度和最低伸长率。如QT500-7即表示球墨铸铁的抗拉强度为500 MPa；伸长率为7%
可锻铸铁	KTH300-06 KTH330-08 KTZ450-06	用于受冲击、振动等零件，如汽车零件、机床附件(如扳手)、各种管接头、低压阀门、农具等	“KTH”、“KTZ”分别是黑心和珠光体可锻铸铁的代号，它们后面的数字分别代表最低抗拉强度和最低伸长率

3）非铁金属材料及其合金

非铁金属材料又称有色金属材料，由于非铁金属材料的某些物理、化学性能比钢铁材料优良，在工业生产中也得到了广泛应用。

常用非铁金属材料及其合金的牌号及应用见表 2-2-5。

表 2-2-5　常用非铁金属材料及其合金的牌号举例、应用及说明

名　称	牌　号	应用举例	说　明
纯铜	T1	电线、导电螺钉、贮藏器及各种管道等	纯铜分 T1～T4 四种。如 T1（一号铜）铜的质量分数为 99.95%；T4 含铜量为 99.50%
黄铜	H62	散热器、垫圈、弹簧、各种网、螺钉及其他零件等	“H”表示黄铜，后面的数字表示铜的质量分数，如 62 表示铜的质量分数 60.5%～63.5%
纯铝	1070A 1060 1050A	电缆、电器零件、装饰件及日常生活用品等	铝的质量分数为 98%～99.7%
铸铝合金	ZL102	耐磨性中上等，用于制造载荷不大的薄壁零件等	“Z”表示铸，“L”表示铝，后面数字表示顺序号。如 ZL102 表示 Al－Si 系 02 号合金

2.2.2　有机高分子材料

有机高分子材料包括木材、棉花、皮革等天然高分子材料和塑料、合成纤维及合成橡胶等有机聚合物合成材料。有机高分子材料质地轻、原料丰富、加工方便、性能优良、用途广泛，因而发展速度很快。塑料、橡胶和合成纤维以及涂料、黏合剂等都是典型的高分子材料，其应用领域极广。

1）塑料

塑料是指以合成树脂为主要成分，加入各种添加剂后，在一定的条件下塑制成形的材料。

（1）塑料分类

塑料按使用性能可分为通用塑料、工程塑料和耐热塑料三类。通用塑料价格低、产量高、应用广泛，如聚乙烯、聚氯乙烯等；工程塑料是指用来制造工程结构件的塑料，具有强度大、刚度高、韧度好等优点，如聚酰胺、聚甲醛、聚碳酸酯等；耐热塑料的工作温度高于150～200℃，但成本高，典型的耐热塑料有聚四氟乙烯、有机硅树脂、芳香尼龙及环氧树脂等。

塑料按受热后的性能，可分为热塑性塑料和热固性塑料。热塑性塑料加热时可熔融，并可多次反复加热使用，热固性塑料经一次成形后，受热不变形、不软化，但只能塑压一次，不能回用。

（2）塑料应用举例

常用的塑料有聚氯乙烯（PVC）、聚酰胺（PA）和酚醛塑料（PF）等。

① 聚氯乙烯（PVC）　聚氯乙烯（PVC）是典型的热塑性塑料，分硬质和软质两种。硬质 PVC 机械强度高、电绝缘性能良好，对酸、碱的抵抗力极强，化学稳定性好，常用作管、棒、

板、管件和离心泵等；软质 PVC 常用于薄膜、人造革、电线、电缆包覆及软管等。

② 聚酰胺(PA)　聚酰胺(PA)又称尼龙或锦纶，具有较高的强度和韧度，较好的耐磨性、自润性以及良好的成形工艺性，广泛用于制作各种机器零件，如轴承、齿轮、轴套、螺母和垫圈等。

③ 酚醛塑料(PF)　酚醛塑料具有良好的电绝缘性能及耐磨、耐腐蚀等优良性能，被广泛用作各种电信器材及电气元件，如灯头、开关、电话耳机等以及汽车刹车片、齿轮、凸轮等，但不宜作食品器皿。

2）橡胶

橡胶按原料来源分为天然橡胶和合成橡胶。合成橡胶按应用分为通用橡胶和特种橡胶。通用橡胶指用于制造轮胎、工业用品、日常生活用品的橡胶；特种橡胶指用于制造在特殊条件(如高温、低温、酸、碱、油、辐射)下使用的零件的橡胶。工业上常用的通用合成橡胶有丁苯橡胶、顺丁橡胶、丁基橡胶和氯丁橡胶等；特种合成橡胶有丁腈橡胶、硅橡胶和氟橡胶等。

3）合成纤维

合成纤维是指呈黏流态的高分子材料，经喷丝工艺制成的。合成纤维一般都具有强度高、密度小、耐磨、耐蚀等特点，不仅广泛用于制作衣料等生活用品，在工农业、交通、国防等部门也有重要用途。常用的合成纤维有涤纶、锦纶和腈纶等。

2.2.3　无机非金属材料

有机高分子材料和金属材料以外的固体材料都属于无机非金属材料，无机非金属材料主要包括陶瓷、水泥、玻璃及非金属矿物材料等。无机非金属材料大都具有耐高温、耐磨损、耐氧化、耐腐蚀、弹性模量大、强度高等优点。其中陶瓷材料是应用历史最久、使用范围最广的一种无机非金属材料。

陶瓷大体可分为普通陶瓷和特种陶瓷(又称现代陶瓷)两大类。

1）普通陶瓷

普通陶瓷主要指黏土制品，以天然的硅酸盐矿物为原料，经粉碎、成形、烧结制成的产品均属普通陶瓷，普通陶瓷又可分为日用陶瓷和普通工业陶瓷，普通工业陶瓷包括建筑陶瓷、卫生陶瓷、电器陶瓷、化工陶瓷等。

2）特种陶瓷

特种陶瓷又称现代陶瓷，是以高纯化工原料和合成矿物为原料，沿用普通陶瓷的工艺流程制备的陶瓷，特种陶瓷具有各种特殊力学、物理或化学性能。按性能特点和应用，可分为电子陶瓷、光学陶瓷、高硬陶瓷等；按化学成分又可分为氧化物陶瓷和非氧化物陶瓷。

特种陶瓷还可分为结构陶瓷材料(或工程陶瓷材料)和功能陶瓷材料。结构陶瓷材料是指具有机械功能、热功能和部分化学功能的陶瓷材料；功能陶瓷材料指具有电、光、磁、化学和生物特征，且具有相互转换功能的陶瓷。

2.2.4 复合材料

复合材料指由两种或更多种物理性能、化学性能、力学性能和加工性能不同的物质，经人工组合而成的多相固体材料。复合材料的基本组分可划分为基体相（基体材料）和增强相（增强材料）两种。由于复合材料保留了组成材料各自的优点，能获得单一材料无法具备的优良综合性能，如具有较高的比强度（抗拉强度与密度之比）和比模量（弹性模量与密度之比）、较高的抗疲劳强度、良好的减振性和较好的耐高温性等，是能按照性能要求而设计的一种新型材料，因此，复合材料已成为当前结构材料发展的一个重要趋势。

复合材料种类繁多，若按基体材料分类，可分为树脂基、金属基、陶瓷基等复合材料，目前使用最多的是树脂基复合材料；若按增强材料的种类和形态分类，可分为纤维增强复合材料、颗粒增强复合材料和层叠增强复合材料等，其中纤维增强复合材料应用最为广泛；若按复合材料的使用性能分类，可分为结构复合材料和功能复合材料两大类。前者主要用于工程结构和机械结构，主要利用材料的力学性能；后者具有某种特殊的物理性能或化学性能等，目前应用最广的是结构复合材料。

1）树脂基复合材料

树脂基复合材料又称聚合物基复合材料，根据增强体的种类，可分为纤维增强树脂基复合材料、碳纤维增强树脂基复合材料、硼纤维增强树脂基复合材料、碳化硅增强树脂基复合材料、芳纶纤维增强树脂基复合材料、晶须增强树脂基复合材料和颗粒（粉体）增强树脂基复合材料等；根据树脂的性质，可分为热固性树脂基复合材料和热塑性树脂基复合材料两种。

树脂基复合材料的比强度、比模量大，耐疲劳、耐腐蚀、减振性、电绝缘性好。

2）金属基复合材料

金属基复合材料与树脂基复合材料相比，具有较高的力学性能和高温强度，不吸湿且导电、导热、无老化现象。

2.3 钢的热处理技术

热处理是将金属或合金材料（零件）在固态下进行不同的加热、保温和冷却，通过改变合金内部（或表面）组织结构，从而获得所需性能的一种工艺方法。

2.3.1 钢的热处理基本原理

热处理工艺是一种重要而独立的金属加工工艺，它与其他的机械加工工艺有所不同，它的目的不是使零件最终成形，只在于提高零件的某些或综合机械性能，或改善零件的切削加工性（变性）。钢的热处理基本原理就是依据钢在加热和冷却时，当达到其实际相变温度（又称临界温度）时，通过钢的组织转变，以获得所需要的组织结构，满足零件的各项性能要求。

图 2-3-1 为铁碳合金相图，利用铁碳合金相图来分析各种热处理的加热温度比较直观，因为铁碳合金相图提供了钢在不同温度时的组织转变过程，是确定热处理工艺的理论依据。由于钢在热处理过程中，加热和冷却时间都比较快，因此一般钢的实际相变温度会略高于(加热时)或低于(冷却时)铁碳合金相图中的相变温度，如何确定加热温度，主要根据材料的种类、成分和热处理的目的来确定。

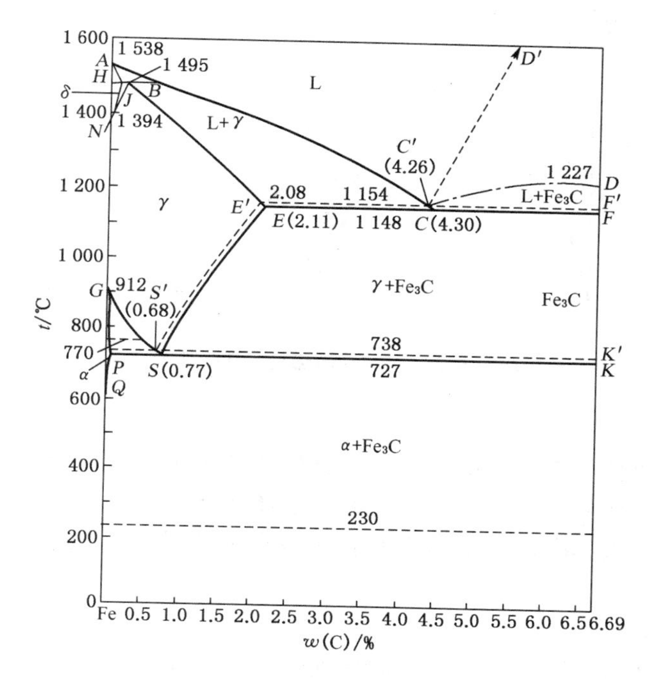

图 2-3-1　铁碳合金相图

各种热处理方法主要有加热、保温和冷却三个阶段，根据这三个阶段工艺参数的变化，将热处理方法分为普通热处理、表面热处理和特殊热处理等。由于热处理目的不同，因此，热处理工序常穿插在毛坯制造和切削加工的某些工序之间进行。例如，为了消除原材料毛坯或半成品在上一道工序中产生的组织缺陷并改善切削加工条件而需要进行预先热处理，又如，为了使材料的机械性能提高并达到零件的最终使用要求而需要进行最终热处理。

2.3.2 钢的普通热处理

普通热处理是将工件整体进行加热、保温和冷却，以使其获得均匀组织和性能的一种工艺方法(又称整体热处理)。它包括退火、正火、淬火和回火四种。图 2-3-2 所示为钢的普通热处理工艺曲线。

1) 钢的退火

退火是将钢件加热到临界温度以上或临界温度以下某一温度，保温一定时间后随炉冷却或埋入导热性较差的介质中缓慢冷却的一种工艺方法。根据钢的成分和热处理目的不同，退火分完全退火、球化退火和去应力退火。

(1) 完全退火

完全退火是将钢件加热到临界温度 Ac_3(铁碳相图中 *GS* 线)以上 30～50℃,在炉中缓慢冷却到 500～600℃时出炉空冷,以获得接近平衡组织的热处理工艺。其目的是细化晶粒、降低硬度和改善切削加工性。一般常作为一些不重要零件的最终热处理或作为某些重要零件的预先热处理,如消除中、低碳钢和合金钢的锻、铸件的缺陷。

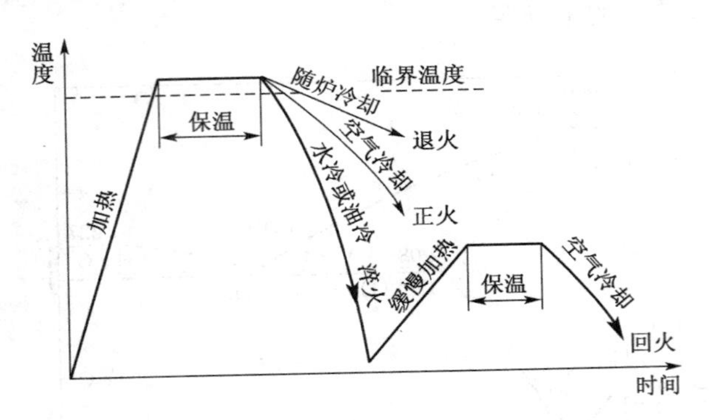

图 2-3-2　钢的普通热处理工艺曲线

(2) 球化退火

球化退火是将钢件加热到临界温度 Ac_1(铁碳相图中 *PSK* 线)以上 20～40℃,在炉中缓慢冷却到 500～600℃时出炉空冷。其目的在于降低硬度、改善切削加工性、改善组织和提高塑性并为以后淬火作准备,以防止工件淬火变形和开裂。球化退火主要用于高碳钢和合金工具钢。

(3) 去应力退火

去应力退火又称低温退火,将工件加热到 500～650℃,保温一定时间后随炉冷却到 200℃出炉空冷。其目的主要是消除铸件、锻件、焊接件、冷冲压件(或冷拉件)及机加工件的残余应力。

2) 钢的正火

正火是将钢件加热到临界温度 Ac_3 以上 30～50℃,保温一定时间,从炉中取出在空气中冷却。正火的目的是细化组织,消除组织缺陷和内应力及改善低碳钢的切削加工性。由于正火的冷却速度稍快于退火,经正火后的零件,其强度和硬度比退火时高,而塑性和韧度略有下降,消除内应力不如退火彻底。因此,正火主要有以下几方面的应用:

① 用于普通结构件的最终热处理,可细化晶粒,提高机械性能。

② 用于低、中碳钢的预先热处理,可获得合适的硬度,便于切削加工。

③ 用于过共析钢,以消除网状渗碳体,有利于球化退火的进行。

3) 钢的淬火

淬火是将钢件加热到临界温度 Ac_3 以上 30～50℃(亚共析钢)或 Ac_1 以上 30～50℃(过共析钢),保温适当时间,然后快速冷却(一般为油冷或水冷),从而获得高硬度(马氏体)组织的一种工艺方法。淬火的主要目的是提高零件的硬度,增加耐磨性。各种工具、模具、量具和滚动轴承及重要的零部件都需要进行淬火处理。淬火后必须进行回火,才能使零件获得优良的综合机械性能。

淬火是一种复杂的热处理工艺，是决定产品质量的关键工序，选择淬火工艺参数（如淬火温度、淬火冷却速度及零件浸入淬火介质中的方式等）时，必须根据钢的成分、零件的形状、大小，结合临界温度曲线来综合确定。

淬火温度主要取决于钢中碳含量，淬火时冷却速度是淬火质量的关键，淬火冷却速度过快，工件会产生很大内应力，容易引起工件变形和开裂；冷却速度过慢，不易使碳钢组织淬火成马氏体。目前最常用的冷却介质是水和油，水的冷却速度较快，油的冷却速度较低，一般碳钢件的淬火用水冷却，合金钢淬火用油冷却。此外还有某些盐浴及碱浴也常被用作淬火冷却介质，其冷却能力介于水和油之间，适用于油淬不硬、水淬开裂的碳钢。

4）钢的回火

将淬火后的钢件，加热到 Ac_1 以下的某一温度，保温一定时间，然后冷却到室温的热处理工艺即为回火。

淬火钢一般不直接使用，因为淬火后得到很脆的不稳定马氏体组织，并存在内应力，工件容易变形、开裂、零件尺寸也会有变化，淬火后零件的塑性和韧度会降低，不能满足零件的最终使用要求。因此，钢件淬火后必须进行回火，以获得要求的强度、塑性、韧度和硬度。钢淬火回火后的力学性能决定于淬火的质量和回火的温度，按照回火温度和工件所要求的性能，一般将回火分为低温回火、中温回火和高温回火。

（1）低温回火（150～200℃）

低温回火的目的是降低淬火应力，提高工件韧度，保证淬火后的高硬度和高耐磨度，主要用于处理各种高碳钢工具、模具、滚动轴承以及渗碳和表面淬火的零件。回火后硬度可达HRC55～64。

（2）中温回火（350～500℃）

中温回火的目的是为了获得高的弹性极限和屈服强度，同时具有一定的韧度，主要用于处理各种弹簧。回火后硬度一般为 HRC35～45。

（3）高温回火（500～650℃）

高温回火的目的是为了获得强度、硬度、塑性、韧度等都较好的综合力学性能，通常将淬火加高温回火称为调质处理。广泛用于各种重要的机器结构件，特别是受交变载荷的零件，如连杆、各种轴、齿轮、螺栓等。

2.3.3　钢的表面热处理

表面热处理是指仅对工件表面进行热处理以改变其表面组织和性能，而其心部基本上保持处理前的组织和性能。例如，在动载荷和强烈摩擦条件下工作的齿轮、凸轮轴、机床床身导轨等，都要进行表面热处理以保证其使用性能要求。常用的表面热处理有表面淬火和化学热处理两种。

1）表面淬火

表面淬火是将工件表面快速加热到淬火温度，然后迅速冷却，仅使表面层获得淬火组织的热处理工艺。表面淬火方法很多，工业上广泛应用的有火焰加热表面淬火和感应加热表面淬火两种，此外还有真空热处理、激光热处理、离子轰击热处理等。

(1) 火焰加热表面淬火

火焰加热表面淬火是指用氧—乙炔焰(或其他可燃气体火焰)对零件表面进行快速加热至淬火温度,此时立即喷水或乳化液冷却。火焰表面淬火常用于处理中碳钢、中碳合金钢的零件。

火焰表面淬火淬硬层的深度一般为 2～6 mm,由于该法操作简单,无需特殊设备,可适于单件或小批量生产的大型零件和需要局部淬火的工具及零件(锤子)。但由于其加热不均匀,易造成工件表面过热,淬火质量不稳定,因而限制了其在机械制造中的广泛应用。

(2) 感应加热表面淬火

感应加热表面淬火是指利用工件在交变磁场产生的感应电流,在极短的时间内将工件表面加热到所需的淬火温度,而后向其喷水冷却的淬火方法。此法淬火质量稳定,淬硬层容易控制,且生产率高,便于实现机械化和自动化,但由于高频感应设备复杂、成本高,只适用于形状简单、大批量生产的零件。

必须注意,工件在感应加热之前需进行预先热处理,一般为调质或正火,以保证零件表面在淬火后获得均匀细小的马氏体和改善工件的心部硬度、强度和韧度及切削加工件并减小淬火变形;零件在感应加热表面淬火后需要进行低温回火(180～200℃),以降低内应力和脆性。在实际生产中,当淬火冷却至 200℃时即停止喷水,利用工件中的余热传到表面而达到自行回火的目的。

2) 化学热处理

化学热处理是将工件置于某种化学介质中,通过加热、保温和冷却使介质中某些元素渗入工件表面,以达到改变工件表面层的化学成分和组织,从而使零件表面具有与心部不同的特殊性能的一种热处理工艺。

化学热处理方法较多、根据渗入元素的不同,可使零件表面具有不同的性能。其中渗碳、碳氮共渗可提高钢的硬度、耐磨性和疲劳强度;氮化、渗硼、渗铬可显著提高零件表面的耐磨性和耐腐蚀性;渗铝可提高耐热抗氧化性;渗硅可提高耐酸性。在一般机械制造中,最常用的渗碳、氮化和气体碳氮共渗。

2.3.4 热处理常用设备

热处理炉是热处理的主要设备,常用的热处理炉有箱式电阻炉、井式电阻炉、气体渗碳炉和盐浴炉等。

1) 箱式电阻炉

如图 2-3-3 所示,箱式电阻炉利用布置在炉膛内的电热元件(电阻丝)发热,再通过对流和辐射将工件进行加热至热处理要求的温度。箱式电阻炉适用于中、小型工件的普通热处理及固体渗碳处理,具有操作简便、控温准确,并可通入保护性气体以防止工件加热时的氧化,而且劳动条件比较好。

2) 井式电阻炉

如图 2-3-4 所示,井式电阻炉的工作原理与箱式电阻炉相同,因其炉口向上、形如井状而得名。井式电阻炉适于长轴工件的垂直悬挂、加热,并可用吊车起吊工件,劳动强度低,应用比较广泛。

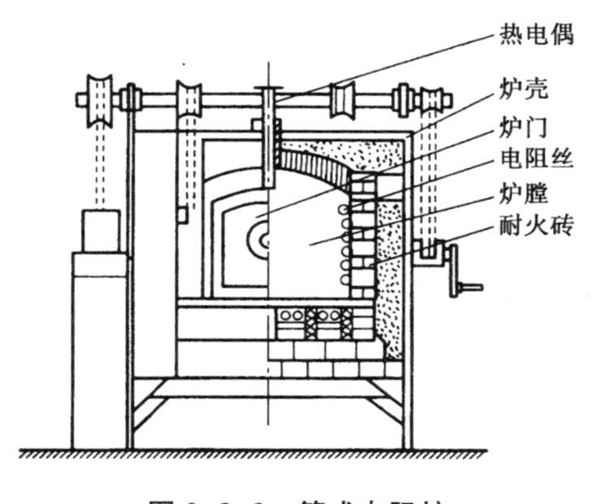

图 2-3-3 箱式电阻炉

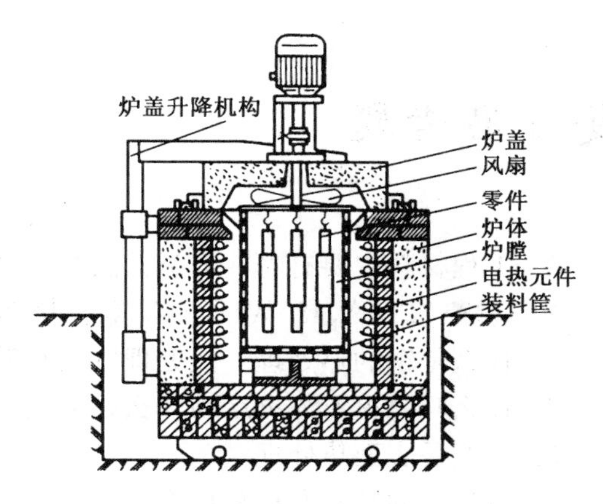

图 2-3-4 井式电阻炉

2.3.5 热处理常见缺陷及防止方法

钢的热处理是通过加热、保温和冷却过程实现的，在此过程中，如果操作不当，很容易产生各种热处理缺陷，如加热时的氧化、脱碳、过热以及淬火后的变形、开裂、硬度不够等。分析热处理缺陷产生的原因并采取有效的措施加以防范，也是保证零件质量的关键。

1) 过热、氧化和脱碳等缺陷产生的原因及防止方法

过热、氧化和脱碳等缺陷，都是由于工件加热不当造成的。钢在加热过程中，如果温度过高，使零件的塑性、韧度显著降低，冷却时将产生裂纹，过热可通过正火消除。为防止过热缺陷的产生，热处理时必须严格控制加热温度和保温时间。另外，钢在高温加热过程，由于炉内的高氧化性可造成钢的氧化和脱碳。氧化使金属消耗且零件表面硬度不均；脱碳使零件淬火后硬度、耐磨性和疲劳强度严重下降。为防止氧化与脱碳，工件在加热过程中常向炉中通入保护性气体或用盐浴炉加热等。

2) 变形与开裂产生的原因及防止方法

热处理时的变形与开裂主要是由淬火时的热应力和组织应力综合引起的。其中热应力是由冷却时产生的，组织应力是由钢的内部组织转变时引起的。为防止热处理时工件的变形与开裂，设计人员应合理设计零件的外形结构、技术要求并合理选材；工艺人员应合理制定热处理工艺，对于形状复杂或比较重要的零件，在最终热处理前应增加消除内应力的热处理工序，热处理后再增加一道时效工序，热处理时应避免加热温度过高或冷却速度过快，并在淬火后及时回火，以便有效降低内应力，减少工件变形和防止开裂。

3) 淬火硬度不足产生的原因及防止方法

热处理时，由于加热温度过高，引起工件表面严重氧化脱碳，或者由于加热温度过低和保温时间不足以及冷却速度不够等原因，常会使工件淬火后硬度不足。只要按照热处理工艺规范正确操作并采用合适的冷却介质，以及在加热时采取适当的保护措施防止工件表面氧化、脱碳，就能有效地防止淬火硬度不足。

复习思考题

1. 工程材料主要有哪些分类方法?
2. Q235、T10A、45、W18Cr4V 等材料牌号表示什么意义?
3. 什么是钢的热处理? 热处理方法有哪些?
4. 什么叫淬火? 淬火后为什么要回火?
5. 什么是表面热处理?
6. 电阻炉的基本原理是什么?
7. 常见热处理缺陷有哪些? 试分析各自产生的原因。

3 铸造技术与项目实训

铸造是指熔炼金属、制造铸型，并将熔融金属浇入铸型，冷却凝固后获得具有一定形状和性能铸件的成形方法。铸造是生产零件或毛坯的主要工艺方法之一。铸造最适合生产形状复杂、特别是内腔复杂，且承受静载荷或压应力的零件或毛坯，如各种箱体、支架及机床床身等。

铸造方法分砂型铸造和特种铸造两大类，其中砂型铸造应用最为广泛，是生产零件毛坯的最主要工艺方法；特种铸造作为一种实现少余量、无余量加工的精密成形技术，包含了除砂型铸造以外的任何一种铸造方法，主要有金属型铸造、陶瓷型铸造、压力铸造、熔模铸造、低压铸造及实型铸造等。

与其他材料成形方法比较，铸造生产具有以下特点：

① 适应性强

铸造几乎不受铸件大小、厚薄及形状复杂程度的限制；适合铸造的合金比较多，几乎能熔化成液态的合金材料均可用于铸造，其中应用最多的铸造合金有铸铁、铸钢及各种铝合金、铜合金、镁合金等。

② 成本低廉，综合经济性好

铸造使用的原材料来源广泛，可大量利用废旧的金属材料和再生资源；铸件具有一定的尺寸精度，使加工余量小，可节约原材料和加工工时。

③ 生产方式灵活，生产准备周期短

铸造基本不受生产批量的限制，生产方式比较灵活，生产准备过程简单，周期短，而且批量生产时可组织机械化生产。

④ 铸件力学性能较差、废品率较高

由于铸造工艺过程复杂，工序比较多，在生产中某些工序难以控制，铸件易产生铸造缺陷，如气孔、缩孔、砂眼、裂纹等；而且铸件内部组织粗大，成分不均匀，所以铸件的力学性能较差，废品率相对较高。

3.1 铸造项目实训

3.1.1 实训目的和要求

(1) 掌握铸造基本定义及基本生产工艺过程。

(2) 了解铸造分类方法、特点和应用范围。

(3) 熟悉砂型铸造生产工艺过程。

(4) 掌握型(芯)砂的性能及其主要组成成分。

(5) 熟悉典型浇注系统的组成及其作用。

(6) 了解砂型铸造造型、造芯方法。

(7) 掌握手工造型基本操作技能,能熟练使用各种常用的手工造型及修型工具,并独立完成整模造型、两箱分模造型和挖砂造型操作过程。

(8) 熟悉砂型铸造生产工艺过程中的浇注、落砂及清理等操作过程。

(9) 熟悉整模造型、分模造型和挖砂造型的特点及应用范围。

(10) 了解浇注系统的设计原则。

(11) 了解分型面的概念及选择原则。

(12) 了解常见铸造缺陷及其产生的原因。

(13) 了解铸造生产中熔炼设备的构造、特点及应用。

3.1.2 实训安全守则

1) 手工造型

(1) 自己所用的造型、修型工具应放在工具箱内,砂箱不得随意乱放,以免损坏或妨碍他人工作。

(2) 舂砂时不要将手放在砂箱上边缘,以免砸伤手指。

(3) 不要用嘴吹分型砂或型腔中的散砂,避免砂砾迷入眼睛。

(4) 在造型场地内行走时要注意脚下,避免碰坏砂型或被铸件等碰伤。

2) 开炉与浇注

(1) 在熔炉间及浇注场地观看开炉与浇注时,应站在划定的安全区域内,不要影响浇注工作。

(2) 浇注人员必须戴好防护眼镜、护脚套等防护用具方可进行开炉和浇注等操作。

(3) 所有开炉与浇注操作,未经指导教师许可,学生不得私自动手。

(4) 不得用冷工具进行除渣、挡渣或在剩余金属液内敲打,以免暴溅。

(5) 浇注后不得用手触碰外露的外浇道,避免烫伤。

3) 落砂与清理

(1) 按示范要求进行落砂操作,不要用锤头直接敲打铸件,避免铸件损坏。

(2) 敲打浇冒口时应注意观察周围,以免发生击伤事故。

(3) 必须将芯骨、毛刺等杂物从型砂中清除后方可将型砂推入砂堆,避免造型时发生伤手事故。

3.1.3 项目实训内容

在铸造实训中,除依次进行整模造型、分模造型(两箱)及挖砂造型操作训练外,并将学生采用挖砂造型方法制作的铸型(小飞机)由指导教师进行浇注,学生观看浇注全过程后,再进行落砂、清理操作,最后针对每个学生制作的小飞机铸件质量进行评定,并对铸件上的缺陷进行分析。

(1) 整模造型操作训练。

(2) 分模造型(两箱)操作训练。

(3) 挖砂造型操作训练及浇注(观看)落砂、清理操作训练。

造型操作具体步骤及方法详见 3.2.3 造型方法中的介绍。

3.2 砂型铸造

3.2.1 砂型铸造工艺过程

砂型铸造是指用型(芯)砂制造铸型的铸造方法,砂型铸造生产工艺过程主要包括配制型(芯)砂、制造模样和芯盒、造型(包括制芯和合型)、熔炼金属、浇注、落砂、清理及铸件检验等。

3.2.2 铸型结构和型(芯)砂种类

1) 铸型(砂型)结构

砂型铸造的铸型通常也称为砂型。砂型的基本结构如图 3-2-1 所示,主要由上砂型、下砂型、型腔,砂芯、分型面、浇注系统等组成。铸件的某些铸造缺陷如砂眼、气孔、裂纹等,主要由砂型的质量引起的,而型(芯)砂的种类和质量对砂型的质量影响很大,因此,高质量的型(芯)砂应具有为铸造出高质量铸件所必备的各种性能。

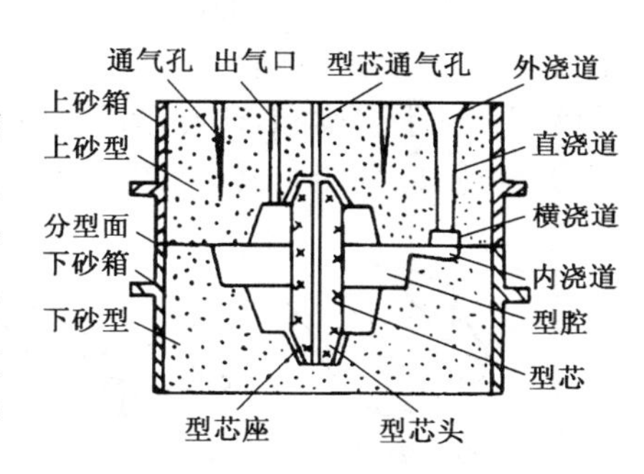

图 3-2-1 铸型(砂型)的结构组成

2) 常用型(芯)砂的种类

将原砂或再生砂、粘结剂、水及其他附加材料按一定的质量百分比混制均匀后所形成的混合材料称型砂或芯砂。在实际生产中,通常按粘结剂的种类将型(芯)砂进行分类。最常用的粘结剂是黏土,此外,桐油、水玻璃、树脂、纸浆等都可以做粘结剂。

(1) 黏土砂

黏土砂指用黏土(包括膨润土和普通黏土)做粘结剂的型(芯)砂,根据黏土砂型在合型和浇注时的状态不同可分为湿型、干型和表面烘干型,相应的型(芯)砂分为湿型砂、干型砂和表面干型砂。其中,湿型砂使用最为广泛,但湿型砂容易产生一些铸造缺陷,多用于中、小铸件生产。

湿型砂按造型时的状况不同,可分为面砂、背砂和单一砂。面砂指特殊配制、造型时覆盖在模样表面上构成型腔表面层的型砂。在浇注过程中,面砂直接与高温金属液接触,它对铸件质量有重要影响。背砂指附在面砂背后、填充砂箱用的型砂。一般中小铸件的手工造型及机器造型时,为提高生产率,不分面砂和背砂而只用一种型砂,称单一砂。

(2) 水玻璃砂

水玻璃砂指用水玻璃(水玻璃是各种聚硅酸盐水溶液的通称)做粘结剂的型(芯)砂。铸造上最常用的是钠水玻璃粘结剂。水玻璃砂型在浇注前需进行硬化,以提高其强度。生产中常用CO_2气体硬化法和加热砂型表面烘干及在型砂中加入粉状或液体固化剂,起模后靠砂型自行硬化。

水玻璃砂的流动性较好,易于紧实,造型时劳动强度低;另外,由于取消或缩短了烘烤时间,硬化快,简化了造型工艺,缩短了生产周期,生产率高。但由于水玻璃砂溃散性差,落砂、清砂及旧砂回用比较困难。水玻璃砂主要用在铸钢生产中。

(3) 树脂砂

树脂砂指用合成树脂(酚醛树脂和呋喃树脂)为粘结剂的型砂。树脂砂加热 1～2 min 可快速硬化,其干强度很高,铸出的铸件尺寸精确,表面光洁。树脂砂溃散性好,落砂容易,劳动强度低,造型过程易于实现机械化和自动化,是一种比较有发展前途的造型材料,适于成批量生产。

型(芯)砂的种类很多,这里不再详述。

3) 湿型型(芯)砂性能要求

(1) 湿度

为了得到所需要的湿态强度和韧性,黏土砂必须含有适量水分,判断型(芯)砂湿度时,对于有实际操作经验的混砂或造型工人,常用手捏一把型(芯)砂,根据型(芯)砂是否容易成团和是否沾手来判断型(芯)砂的干湿度。如果用手捏型(芯)砂时,只有潮湿的感觉但不觉得沾手,且手感柔和,印在砂团上的手指痕迹清晰;砂团掰断时断面不粉碎,说明型(芯)砂的干湿度适宜,性能合格,如图 3-2-2 所示。

型砂湿度适当时
可用手捏成砂团

手放开后可看出
清晰的手纹

折断时断面没有碎裂状同时有足够的强度

图 3-2-2　手感法检验型砂

(2) 强度

强度指型(芯)砂抵抗外力破坏的能力。如强度不足,在起模、搬动砂型、下芯、合型等过程中,铸型有可能破损、塌落;浇注时,可能承受不住金属液的冲刷和冲击,冲坏砂型而造成砂眼、胀砂或跑火(漏金属液)等缺陷。如果强度过高,因要加入更多的黏土和水分,而使透气性和退让性降低,同时给混砂、紧实和落砂等工序带来困难。

(3) 可塑性

可塑性指型(芯)砂在外力作用下变形,外力去除后仍保持变形的能力。可塑性好的型(芯)砂,造型、起模、修型方便,铸件表面质量较高。手工起模时,在模样周围砂型上刷水的作用就是增加局部型砂中的水分,以增加可塑性。

(4) 透气性

透气性指紧实的型砂能让气体通过而逸出的能力。因为在液体金属的热作用下,铸型内产生大量的气体，如果型(芯)砂不具有良好的排气能力，浇注过程中可能发生呛火，使铸件产生气孔、浇不到等缺陷。型(芯)砂的排气能力一方面靠冒口和穿透或不穿透的出气孔来提高；另一方面决定于型(芯)砂的透气性。

(5) 退让性

退让性指铸件在凝固和冷却过程中产生收缩时，型(芯)砂能被压缩、退让的性能。型(芯)砂退让性不足，会使铸件收缩受阻，使铸件内部产生内应力、变形和裂纹等缺陷。对于中小型铸件，为了提高退让性，砂型不要舂得过紧；对于大型铸件，可在型(芯)砂中加入附加物，如锯末、焦炭等以增加退让性。

(6) 耐火度

耐火度指型(芯)砂抵抗高温热作用的能力。耐火度主要取决于型(芯)砂中原砂的含量和型(芯)砂颗粒的大小。对于铸铁件，型(芯)砂中原砂的含量大于 85%以上就能满足耐火度的要求。

(7) 溃散性

溃散性指型(芯)砂在浇注后容易溃散的性能。溃散性好，型(芯)砂容易从铸件上清除，可以节省落砂和清砂的劳动强度。溃散性与型(芯)砂配比和粘结剂种类有关。

(8) 流动性

流动性指型(芯)砂在外力或重力作用下，沿模样与砂粒间相对移动的能力。流动性好的型(芯)砂，可以形成紧实均匀、无局部疏松、轮廓清晰、表面光洁的型腔，造型时减轻了紧砂劳动强度，提高生产率和便于造型、制芯过程的机械化。

4) 湿型型(芯)砂的配制

湿型型(芯)砂是由原砂或再生砂(旧砂)、黏土、水及附加物按一定配比混合而成。其中，原砂是骨料，黏土是粘结剂。经过一定工艺混碾后，黏土、附加物(煤粉、锯末)和水混合成浆，包覆在砂粒表面形成一层粘结膜，如图 3-2-3 所示。粘结膜的结构力决定型(芯)砂的强度、流动性，而砂粒间的孔隙，决定了型(芯)砂的透气性。型(芯)砂的性能主要与型(芯)砂所用的原材料种类、型(芯)砂的配方及混制工艺有关。

图 3-2-3　湿型砂结构

在配制型(芯)砂时，首先必须根据浇注合金的种类、铸件的结构和技术要求、造型方法及清理方法等因素，确定型(芯)砂应具有的各种性能范围，拟定型(芯)砂的配方。不同的铸造合金，不同的铸件的结构，不同的造型方法，对型(芯)砂的性能要求也不同。采用手工造型和震压式机器造型的铸铁件原砂含量在 80%～85%以上，附加物(煤粉)含量 5%～8%，水含量在 4.5%～6%左右。

型(芯)砂的混制在混砂机中进行。生产中常用的混砂机有碾轮式，摆轮式及叶片式等。型(芯)砂的混制过程为：先将旧砂和新砂、黏土、煤粉等进行干混使其均匀，再加水使其达到型(芯)砂的性能要求即可。

3.2.3　造型方法

用型(芯)砂、模样等工艺装备制造铸型的过程就是砂型铸造的造型。造型是砂型铸造最基本的工序，造型方法对铸件质量、生产率和生产成本有着重要影响。造型方法分手工造型和机器造型两类。

1）手工造型

手工造型方法很多，通常按造型时使用的砂箱特征或模样的结构进行分类。若按砂箱特征分有：二箱造型、三箱造型、多箱造型、脱箱造型及地坑造型等；若按模样结构分有：整模造型、分模造型、挖砂造型、假箱造型、成型底板造型、活块模造型和刮板造型等。

(1) 整模造型

采用整体模样造型时，铸型的分型面一定是平面且模样全部在下砂型内，取模时能一次性将其从铸型中取出；合型时不会因为上下型错位而产生错箱缺陷。适用于铸造形状简单的盘、盖类铸件，如齿轮坯、轴承压盖等。

整体模样结构特征为：模样的一端必须是平面而且是模样上的最大截面，模样的截面变化规律必须由最大的截面一端向另一端逐渐缩小或不变。图 3-2-4 为压盖的整模造型的过程，其具体操作步骤如下：

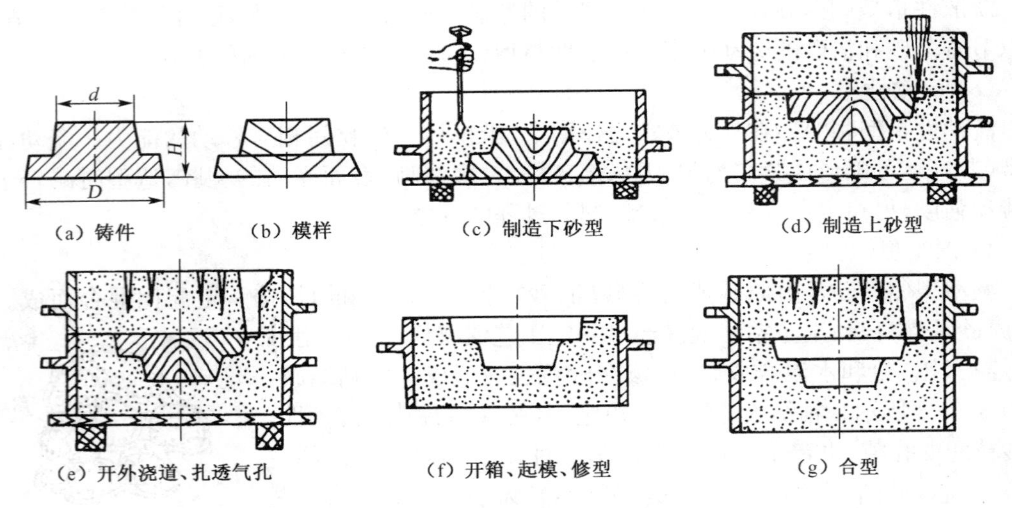

图 3-2-4　压盖整模造型过程

a) 制造下砂型

① 安放模样、内浇道模样和下砂箱　正确选择并安放下砂箱，注意模样在砂箱中的摆放位置要求。

② 逐层填砂、舂实　注意填砂厚度和次数的要求，采用适当的方法和工具舂实型砂，最后用刮板刮去高出砂箱口的型砂。

③ 翻转下砂箱、修光分型面、撒分型砂　翻转前应先错动下砂箱，以防止分型面处的型砂粘在底板上；翻转后，正确使用刮刀修光分型面，保证分型面平整、光滑；然后在分型面上均匀地撒一薄层分型砂，用毛刷刷掉模样上的分型砂。

b) 制造上砂型

① 安放上砂箱、横浇道和直浇道模样　注意横浇道、直浇道的安放位置要求，力求使浇注系统设置合理。

② 逐层填砂、舂实上砂型　注意上砂型与下砂型在制造上的不同，正确操作。

c) 开设外浇道、扎透气孔

注意透气孔的深度及外浇道的开设方法。

d) 开箱、起模及修型

① 开箱　注意开箱操作要领及开箱后上砂型的摆放要求。若上、下砂箱之间没有装配定位装置，开箱前应先做合箱记号再开箱。

② 起模　起模前先将分型面清理干净，用吹风器吹掉分型砂，然后用水笔润湿模样周围的型砂，松动模样后起模。注意松模间隙要求及松模和起模操作要领。

③ 修型　型腔如有破损，可以用修型工具修复型腔。

e) 合型

将上砂型和下砂型装配在一起组成完整的铸型即为合型。注意合型操作要领，禁止在下砂型的正上方翻转上砂型，以免散砂落入型腔而最终影响铸件质量。

(2) 分模造型

采用分体模样造时，模样上的分开面叫分模面。制造模样时，通常将模样在最大截面处分开，使其能在不同的铸型或分型面上顺利取出。根据铸件结构的不同，分模造型可分为二箱分模造型、三箱分模造型等。

① 二箱分模造型　二箱分模造型适于铸造回转体铸件或中间截面大，两端截面小的铸件。制造模样时，将模样沿最大截面处分开而形成上、下两个半模，通常情况下，两个半模之间用销钉、销孔定位，且分模面与分型面为同一截面。其造型过程与整模造型过程相似，所不同的只是在造上砂型时，增加了安放上半模样和取上半模样的操作。图 3-2-5 为滚筒的二箱分模造型过程，其中有关制芯的工艺方法将在后面详细介绍。

两箱分模造型时，铸型的分型面一般为平面，同时因两半模高度相对降低，起模、修型比较方便，但在分型面处容易产生错箱缺陷，适于铸造套类、管类、曲轴、箱体等零件。

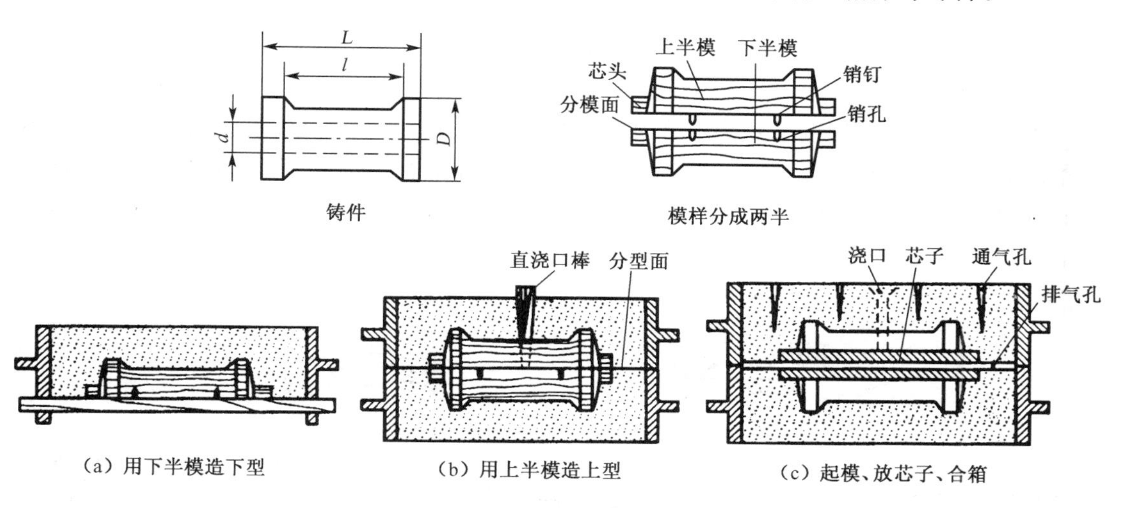

图 3-2-5　滚筒二箱分模造型

②三箱分模造型　三箱分模造型适于铸造两端截面比中间部分大的铸件。根据铸件结构，必须选择两个最大截面作为铸型分型面，图 3-2-6 为带轮的三箱分模造型基本过程。

三箱分模造型，要求中箱的高度与中箱中的模样高度一致，中箱的通用性较差。造型过程复杂、生产率低，且容易产生错箱缺陷，只适于单件、小批量生产。在成批生产中，为提高生产率，可采用带外砂芯的两箱分模造型，图 3-2-7 所示为带轮的二箱分模造型。

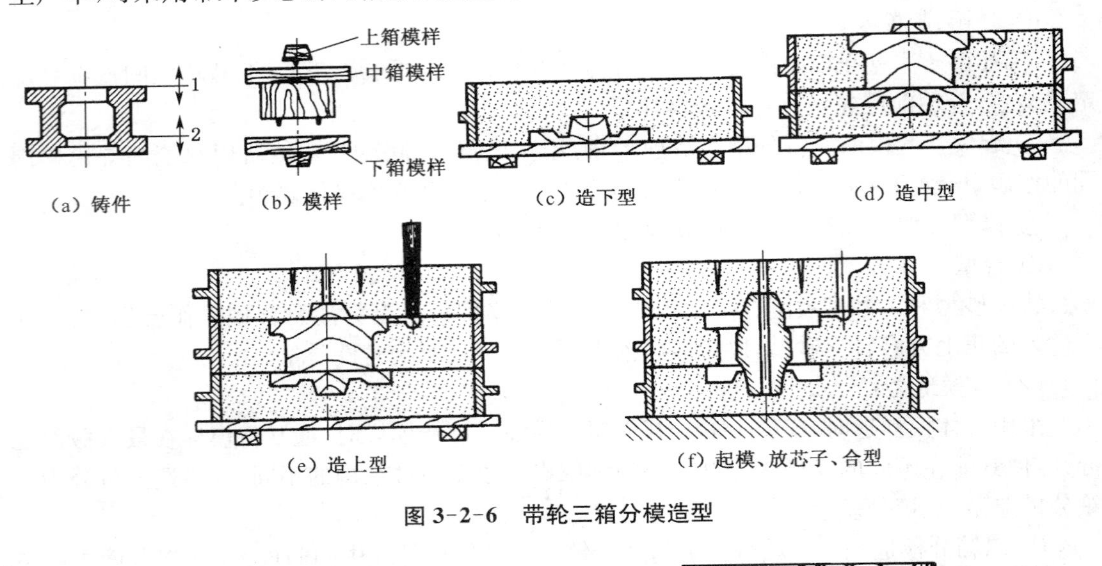

图 3-2-6　带轮三箱分模造型

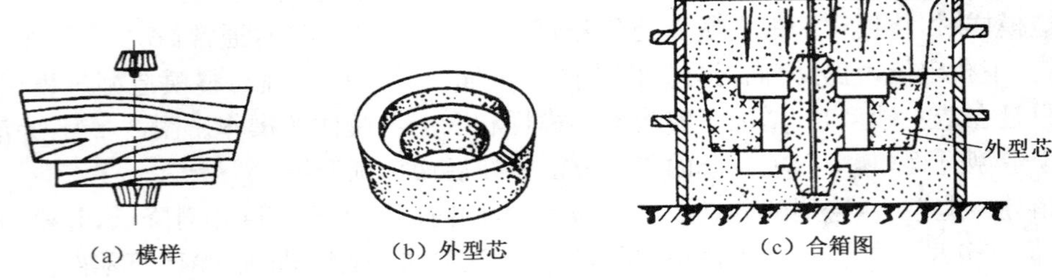

图 3-2-7　带轮二箱分模造型

(3) 挖砂造型

当铸件按其结构特点需要采用分模造型时，由于在制造模样和造型过程中可能受到各种条件的限制，如模样太薄，加工或造型时很容易损坏或变形；或分模面为曲面、斜面、阶梯面而难以加工等，通常将模样做成整体结构，取模时，为了使模样能从砂型中顺利取出来，在造下砂型时，需用手工工具将分型面修挖出来，这种造型方法称挖砂造型。图 3-2-8 为手

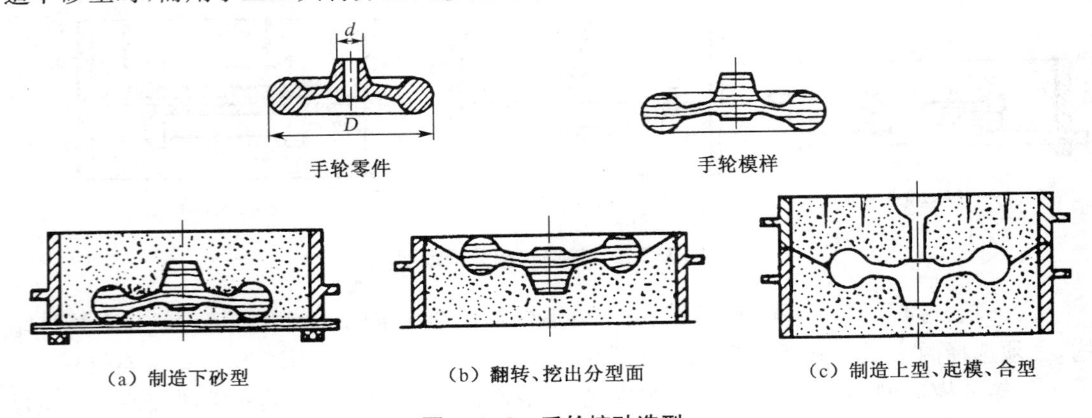

图 3-2-8　手轮挖砂造型

轮的挖砂造型基本过程。挖砂造型的分型面一般为斜面、曲面或阶梯面，在挖修分型面时一定要挖到模样的最大截面处，且分型面的坡度应尽量小些，并修光分型面，以便于顺利进行开箱、起模及合型等操作。

挖砂造型要求工人操作水平较高，且操作过程比较麻烦、生产率低，只适用于单件、小批量生产，如果批量生产时，则采用假箱或成型底板造型。

(4) 假箱造型及成型底板造型

所谓假箱造型就是利用预先制备好的半个砂型(不带浇注口的上砂型)当假箱，如图 3-2-9a 所示，在其上承托模样后用来制造下砂型，这样制造出的下砂型，其分型面直接形成了，无需再挖砂；然后，在下砂型的基础上制造上砂型。实际上，预制的半型只起底板的作用，不用来组成铸型，故称其为假箱。

当铸件的生产批量很大时，可用木料制成成型底板来代替假箱进行造型，如图 3-2-9b 所示，这种造型方法称为成型底板造型，图 3-2-9c 即为手轮的成型底板造型的合型图。

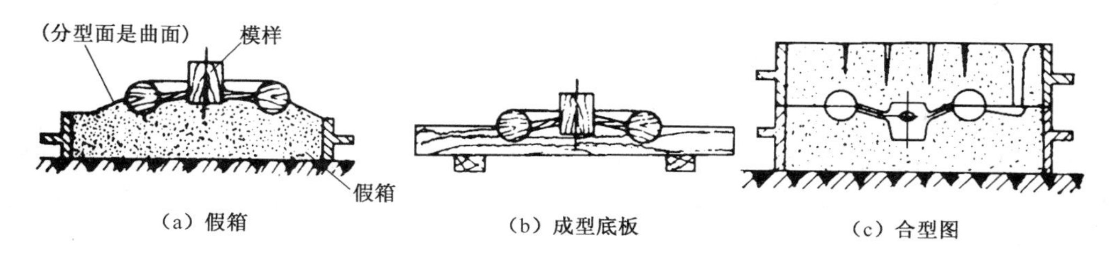

图 3-2-9　手轮假箱和成型底板造型

(5) 活块模造型

模样或芯盒上可拆卸或能活动的部分叫活块。通常将模样或芯盒侧面伸出部分(如小凸台等)做成活块，而模样或芯盒的其他部分称为主体模样或主体芯盒，起模时，先将主体部分取出，再将活块取出，这种造型方法称为活块模造型。活块部分一般用销钉或燕尾榫与模样主体相连接，而主体模样可以是整体的，也可是分开的。图 3-2-10 所示为底座的活块模造型过程。

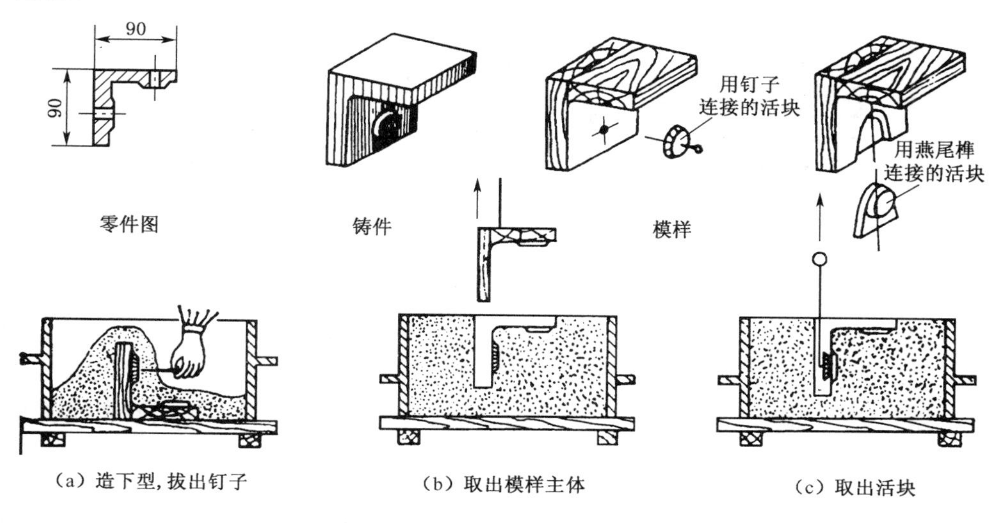

图 3-2-10　活块模造型过程

造型时应注意先将活块四周的型砂塞紧，然后将销钉拔出；舂砂时要防止舂坏活块及活块移动；起模时要细心，用恰当的方法取出活块，否则，一旦活块部分的砂型损坏，修型比较困难，因此，活块模造型时，要求工人操作水平较高，只适于单件、小批量生产，成批生产时，可用外砂芯取代活块，以便提高生产率，如图 3-2-11 所示。

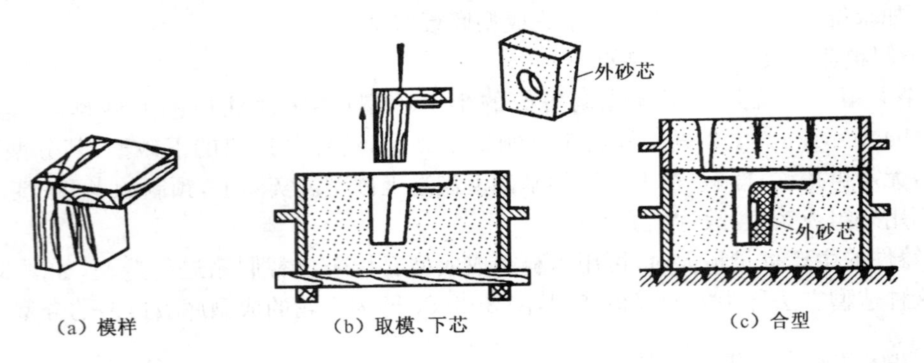

图 3-2-11　用外砂芯取代活块的造型过程

(6) 刮板造型

对于尺寸大于 500 mm 的旋转体铸件，如带轮、齿轮、飞轮等单件生产时，为节省制造模样的材料和加工工时，可采用刮板造型。刮板是一块与铸件截面形状相适应的木板。图 3-2-12 所示为大带轮的刮板造型过程。

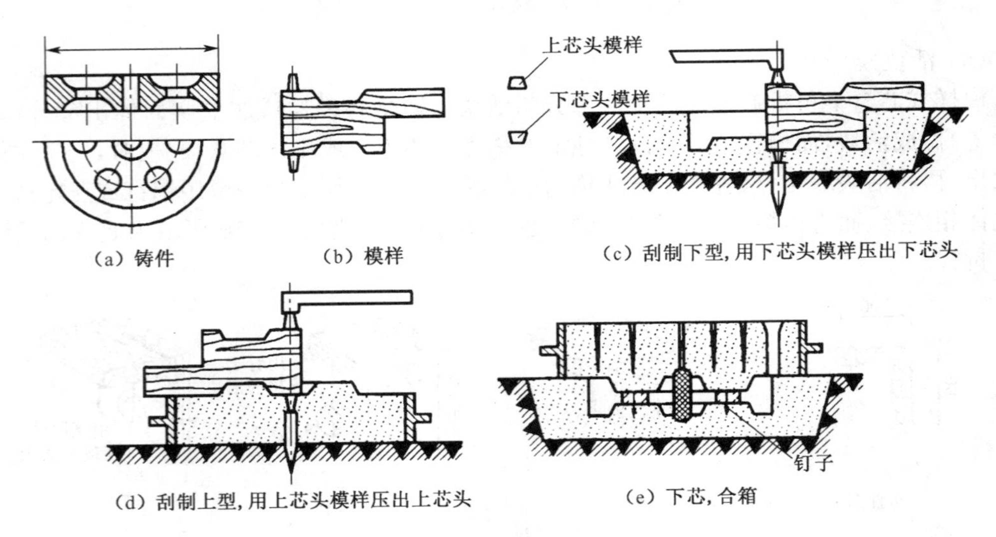

图 3-2-12　大带轮的刮板造型过程

2) 机器造型

机器造型的实质是用机器设备来完成紧砂和起模的机械化操作。型砂的紧实方法通常分为压实紧实、震击紧实、射砂紧实、气冲紧实和抛砂紧实等五大类，根据紧砂和起模方式不同，有各种不同种类的造型设备及方法。

(1) 震压式造型机

震压紧实综合利用了震击和压实紧砂的优点，型砂紧实均匀，是目前应用较多的一种方法。图 3-2-13 所示为震压式造型机工作过程示意图,其主要过程有填砂、震击、压实、起模等工序。

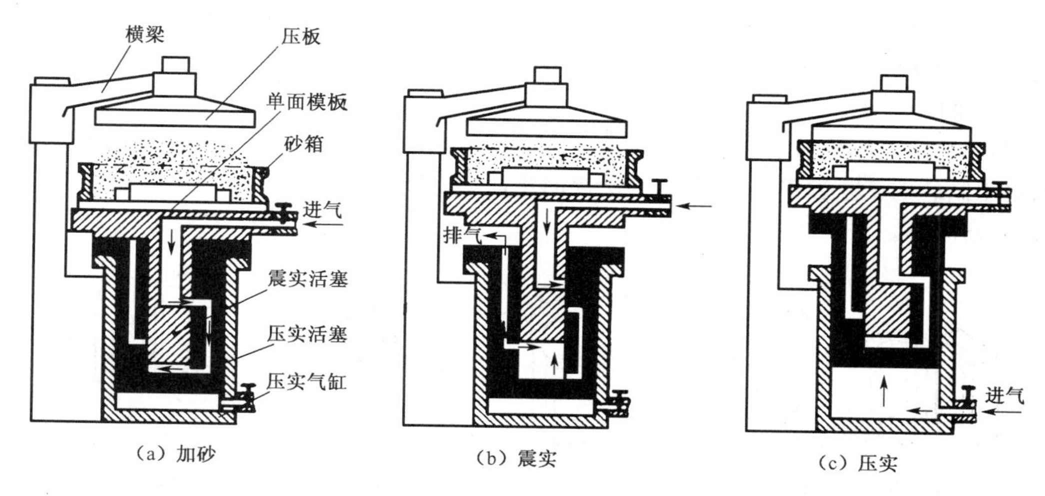

图 3-2-13 震压式造型机紧砂过程

(2) 多触头高压造型机

多触头由许多可单独动作的触头组成,可分为主动伸缩的主动式触头和浮动式触头,使用较多的是弹簧复位浮动式多触头,如图 3-2-14 所示。当压实活塞向上推动时,触头将型砂从余砂框压入砂箱内,而自身在多触头箱体的相互连通的油腔内浮动,以适应不同形状的模样,使整个型砂得到均匀的紧实度。多触头高压造型适用于各种形状,中小型铸件的大批量生产。

(3) 射砂紧实造型机

射砂紧实是利用压缩空气将型砂以高速度射入型腔或芯盒内而得到紧实。射砂机构如图 3-2-15 所示。射砂紧实过程包括加砂、射砂、排气紧实三个工序。射砂紧实广泛用于造芯和造型的填砂和预紧实,是一种高效率的造芯、造型方法。

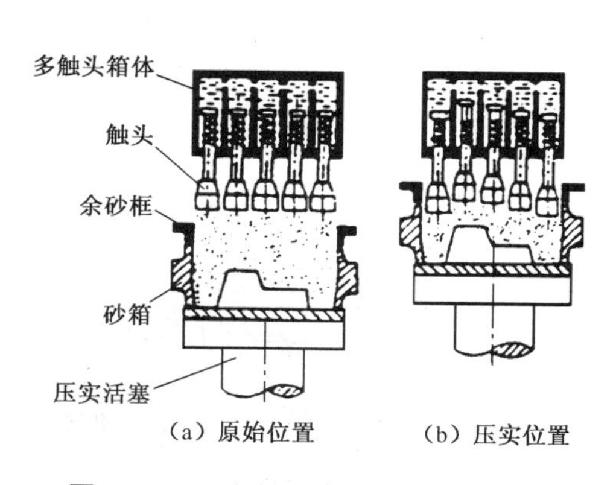

图 3-2-14 多触头高压造型工作原理

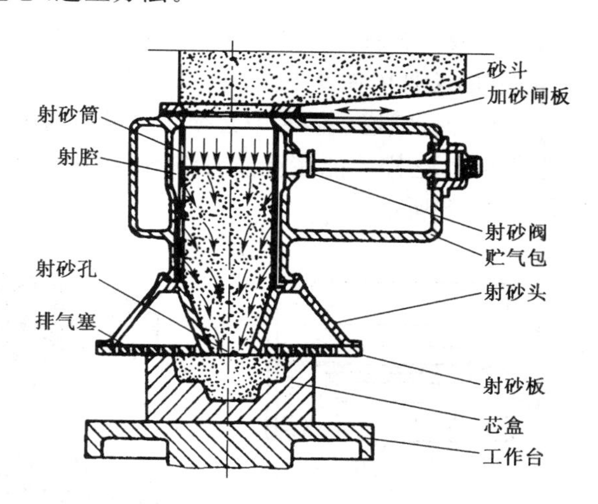

图 3-2-15 射砂机机构示意图

3）芯子

芯子主要用来形成铸件的内腔或局部外形。绝大部分芯子都是用芯砂制成的，称为砂芯。在浇注过程中，由于砂芯表面直接受到高温金属液冲刷和烘烤，因此，要求芯砂比型砂具有更高的强度、透气性、耐火度及退让性等。

（1）制芯方法

制芯方法一般分为手工制芯和机器制芯两类。图 3-2-16 所示为采用垂直对开式芯盒、手工制芯的工艺过程，此砂芯即为滚筒两箱造型（见图 3-2-5）中的砂芯；图 3-2-17 为整体式芯盒制芯。

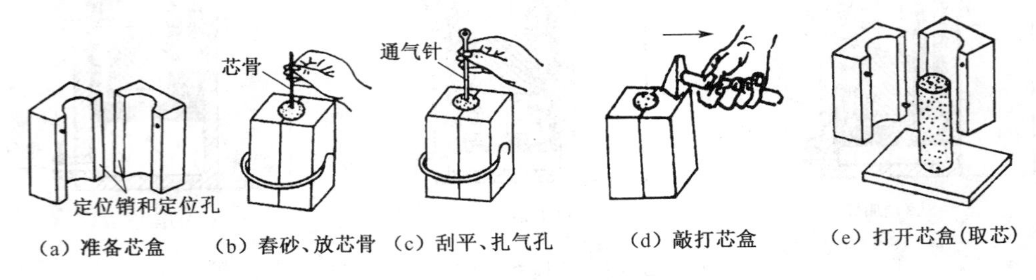

图 3-2-16　对开式芯盒制芯

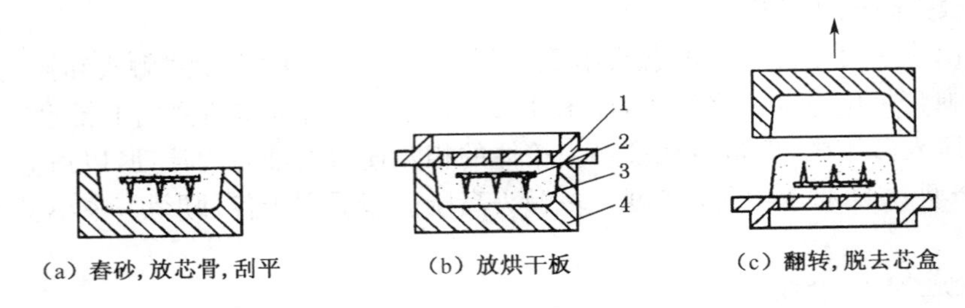

图 3-2-17　整体式芯盒制芯

为了保证砂芯的尺寸精度、形状精度、强度、透气性和装配稳定性等，制芯时必须采用如下措施：

① 放置芯骨　砂芯中应放置芯骨以提高其强度，防止砂芯在制芯、搬运过程中被损坏。小砂芯的芯骨用铁丝来做；中、大砂芯的芯骨要用铸铁浇注而成。

② 开排气道　砂芯中必须作出贯通的排气道，而且砂芯中的排气道一定要与砂型中排气道连通，这样才能在浇注时将砂芯中的气体迅速通畅地排出铸型，芯骨及芯子排气道如图 3-2-18 所示。

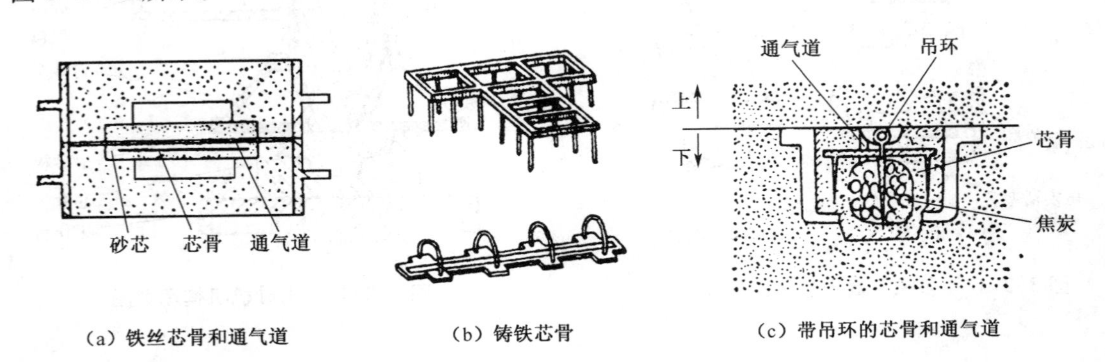

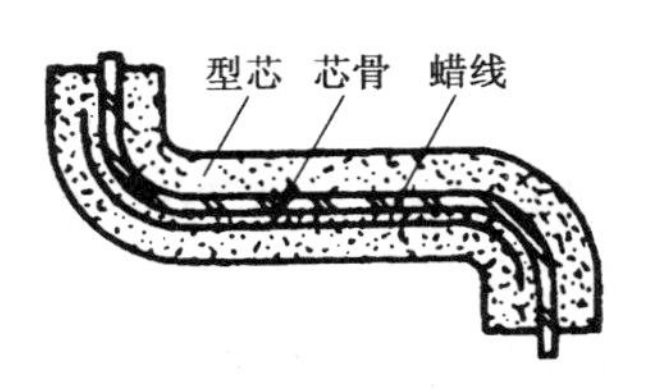

(d) 埋蜡线做通气孔

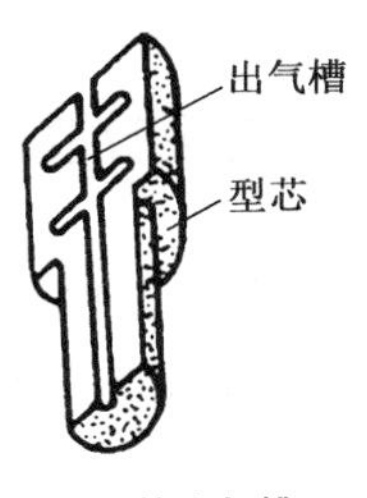

(e) 挖出气槽

图 3-2-18 芯骨及排气道

③ 刷涂料　为了降低铸件内腔表面粗糙度及防止粘砂，砂芯表面通常要刷一层耐火涂料。一般铸铁件刷石墨粉涂料，铸钢件刷石英粉涂料，有色金属铸件刷滑石粉涂料。

④ 烘干砂芯　烘干砂芯以提高砂芯的强度和透气性，减少砂芯在浇注时的发气量。

(2) 砂芯结构

砂芯一般由芯体和芯头两部分组成。芯体形成铸件的空腔或局部外形，其形状与铸件上相应部分一致。芯头是砂芯的外伸部分，落入铸型中的芯座内，起定位和支承芯子的作用。芯头的形状取决于芯子的形式，芯头必须有足够的高度(h)或长度(l)及合适的斜度，才能使砂芯方便、准确和牢固地固定在铸型中，对于靠芯头固定的砂芯，按其在铸型中所处的位置关系，可分为水平砂芯和垂直砂芯。对于某些特殊结构的砂芯，单靠芯头不能牢固固定时，需要采取特殊的固定措施，如悬臂芯用芯撑来帮助支撑，吊芯则需要用钢板、螺栓等吊具将芯子固定在上箱上。图 3-2-19 所示为几种砂芯的结构形式。

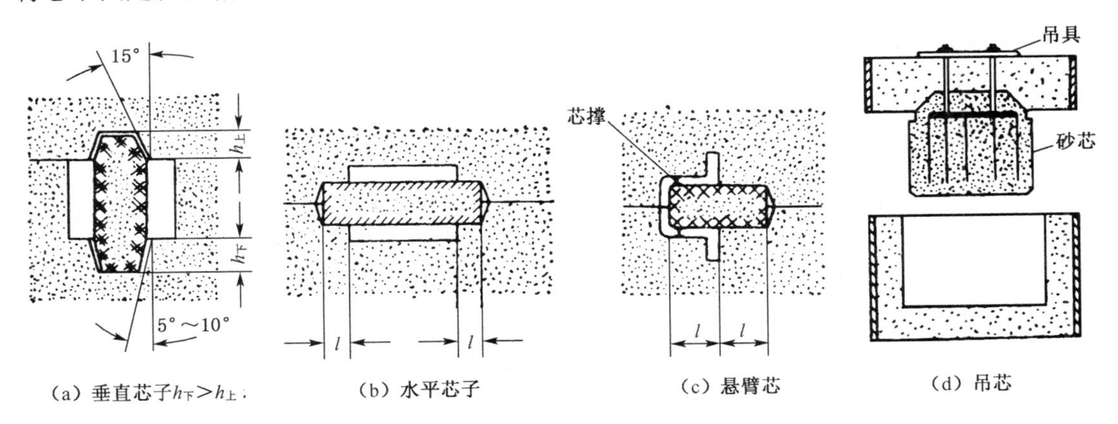

(a) 垂直芯子$h_下>h_上$　(b) 水平芯子　(c) 悬臂芯　(d) 吊芯

图 3-2-19 几种砂芯结构

芯撑多用低碳钢制造，浇注时芯撑和金属液体熔焊在一起，由于熔焊处易形成气孔，使铸件致密性差。常用的芯撑形状如图 3-2-20 所示。

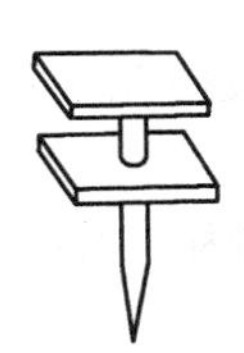
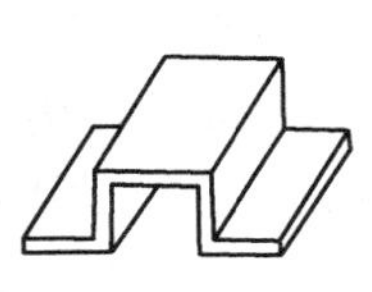
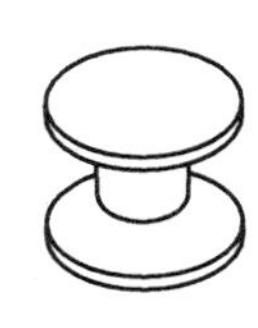

图 3-2-20 常用的芯撑形状

3.2.4 铸造工艺设计基础

在铸造生产前，首先由工程技术人员根据零件的结构特点、技术要求、生产批量及车间生产技术条件等进行铸造工艺设计。铸造工艺设计主要包括选择和确定铸型分型面、砂芯结构、浇注系统结构组成、铸造工艺参数及绘制铸造工艺图、编制铸造工艺卡片等。铸造工艺一经确定，模样、芯盒、铸型的结构及造型、造芯方法就随之确定下来。铸造工艺合理与否，直接影响铸件质量及生产率。

1）选择铸型的分型面

分型面是指相邻铸型之间的结合面。分型面位置选择是否合理，直接影响造型的难易程度及铸件质量的好坏，选择分型面时应遵循如下原则：

（1）分型面应选择在铸件或模样的最大截面处，以便于取模。

（2）要尽量选择平直的分型面，尽量避免挖砂和活块。

（3）应使铸型有最少的分型面，以使造型过程简单。

（4）要尽量使铸件的全部或绝大部分处在同一铸型内，以免产生错箱缺陷。尤其要使加工基准面与大部分加工面在同一砂型内，以使铸件加工精度得到保证。

（5）应使铸件中重要机加面朝下或与分型面垂直，以保证铸件质量。因为浇注时液体金属中的渣子、气泡总是浮在上面，铸件的上表面缺陷较多，而铸件的下面和侧面的质量较好。

2）确定砂芯结构

对于铸件上需要铸出的孔，在确定砂芯结构时，应充分考虑造型、造芯方法以及芯子在铸型中如何固定等问题，并尽量简化造芯、下芯等过程。

3）浇注系统及冒口设计

浇注系统是砂型中引导液态金属进入型腔的通道。合理的浇注系统设计，应根据铸件的结构特点、技术条件、合金种类，选择浇注系统的结构类型，确定引入位置、计算截面尺寸等。

（1）浇注系统设计原则

① 引导金属液平稳、连续地充型，防止强烈冲击砂型。

② 充型过程中流动方向和速度可以控制，保证铸件轮廓清晰、完整。

③ 在合适的时间内充满型腔，避免形成夹砂、冷隔、皱皮等缺陷。

④ 调节铸型内温度的分布，有利于强化铸件补缩，减少铸造应力，防止铸件出现变形、裂纹等缺陷。有时为增加铸件局部冷却速度，可采取在型腔内或某工作表面安放冷铁的措施。

⑤ 具有挡渣、溢渣能力以净化金属液。

⑥ 浇注系统结构应简单、可靠，减少金属液损耗，便于清理。

（2）典型浇注系统的结构组成及作用

典型浇注系统由外浇道、直浇道、横浇道和内浇道组成，如图 3-2-21 所示。

① 外浇道　其作用是容纳注入的金属液，缓解金属液体对铸型的冲击，并有可能溢出部分熔渣。一般小铸件采用漏斗形外浇道，大铸件采用盆式外浇道。

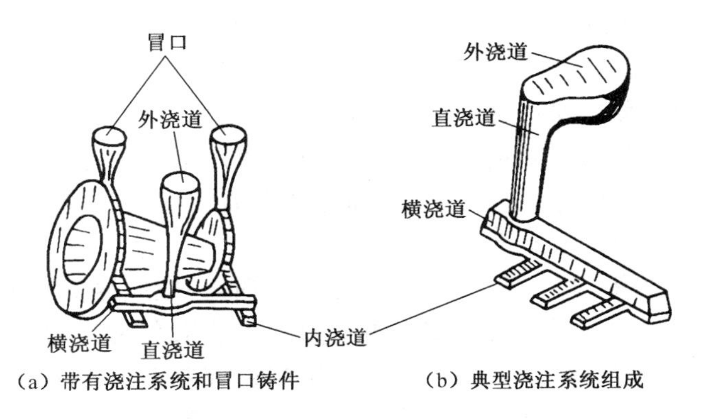

（a）带有浇注系统和冒口铸件　　（b）典型浇注系统组成

图 3-2-21　浇注系统和冒口

② 直浇道　直浇道是浇注系统中的垂直通道，通常带有一定的锥度，其截面多为圆形。其作用是使金属液产生一定的静压力后保证金属液能迅速地充满铸型。

③ 横浇道　横浇道是将直绕道的金属液引入内浇道的水平通道，其截面多为高梯形，且必须位于内浇道上面，同时，它的末端要超出内浇道一定距离，其作用是将金属液体分配给各个内浇道并能有效地起到阻挡熔渣的作用。

④ 内浇道　内浇道是直接引导金属液进入型腔的通道，其截面形状一般为扁梯形或三角形。其作用是控制金属液流入型腔的速度和方向。内浇道与型腔（铸件）的结合处常带有缩颈，以便于清理。

（3）冒口

冒口指在铸型内特设的空腔及注入该空腔的金属。主要作用是防止缩孔和缩松。冒口一般开设在铸件顶部或厚实部位。冒口除起补缩作用外，还有排气和集渣作用。

（4）浇注系统的类型

浇注系统常用的分类方法有两种：根据浇注系统各单元截面的比例关系，可分为封闭式、半封闭式、开放式和封闭开放式等四等类型；根据内浇道在铸件上引入位置，可分为顶注式、中注式、底注式和阶梯注入式等四种类型，如图 3-2-22 所示。

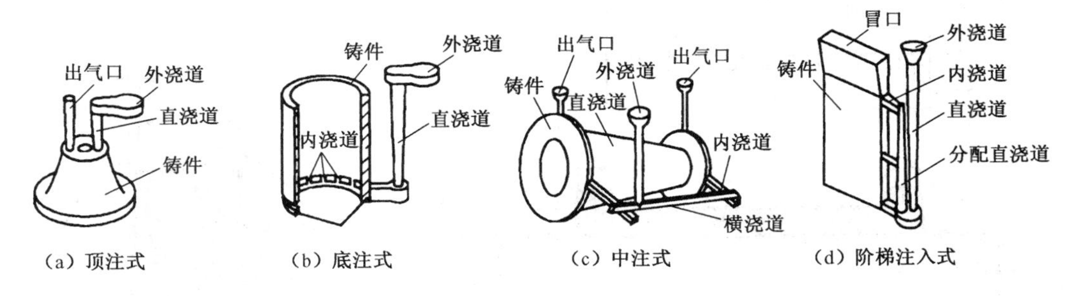

（a）顶注式　　（b）底注式　　（c）中注式　　（d）阶梯注入式

图 3-2-22　浇注系统的类型

4）铸造工艺参数的确定

决定铸件、模样的形状与尺寸的某些工艺参数称为铸造工艺参数，由于影响铸件结构和尺寸精度的因素很多，因此铸造工艺及具体的工艺参数的确定需要一定的专业知识和丰富的实践经验，这里只对几个主要的工艺参数作一简单介绍。

砂型铸造是用模样来直接形成铸型空腔的，模样的尺寸也是直接影响铸件尺寸精度的一个因素，同时模样的结构又决定了采用了何种造型方法及造型难易程度，因此，制造模样时，除了选择分型面的位置和确定砂芯结构外，还要确定下列工艺参数：

① 机械加工余量　指铸件上预先增加而在机械加工时切去的金属层的厚度。加工余量值与铸件大小、合金种类及造型方法等有关。

② 最小铸出孔和槽　机械零件上的孔、槽和台阶，一般应尽量铸出。而对于过小的孔和槽，由于铸造困难一般不予铸出，最终由机械加工方法来实现零件图纸要求。

③ 起模斜度　当铸件本身没有足够的结构斜度，在制造模样时在平行于起模方向，模样上相应部位要给出足够的起模斜度以保证起模顺利。起模斜度值原则上不应超出铸件的壁厚公差值。

④ 铸造圆角　一般情况下，铸件转角处应设计成合适的圆角，可以减少该处产生缩孔、缩松及裂纹等缺陷。

⑤ 铸件收缩率与模样放大率　铸件收缩率又称铸造收缩率。铸件由于凝固、冷却后的体积收缩，其各部分尺寸均小于模样尺寸，为保证铸件尺寸要求，在模样上必须相应增加一个收缩量，收缩量一般由铸造收缩率来定。铸造收缩率主要取决于合金的种类，同时与铸件的结构、大小、壁厚及收缩时受阻情况有关。

5）绘制铸造工艺图

在铸造工艺设计时，为表达设计意图与要求，需要将一些代表铸造工艺要求的符号及工艺参数标注在铸造工艺图中。铸造工艺图分两类：一类为在蓝图（零件图）上绘制的铸造工艺图，其表示颜色规定为红、蓝两色；另一类用墨线绘制的铸造工艺图，为方便起见，通常在蓝图上直接绘制铸造工艺图。

图 3-2-23 所示为滚筒（见图 3-2-5）的铸造工艺简图（节省了浇注系统），供读者参考。

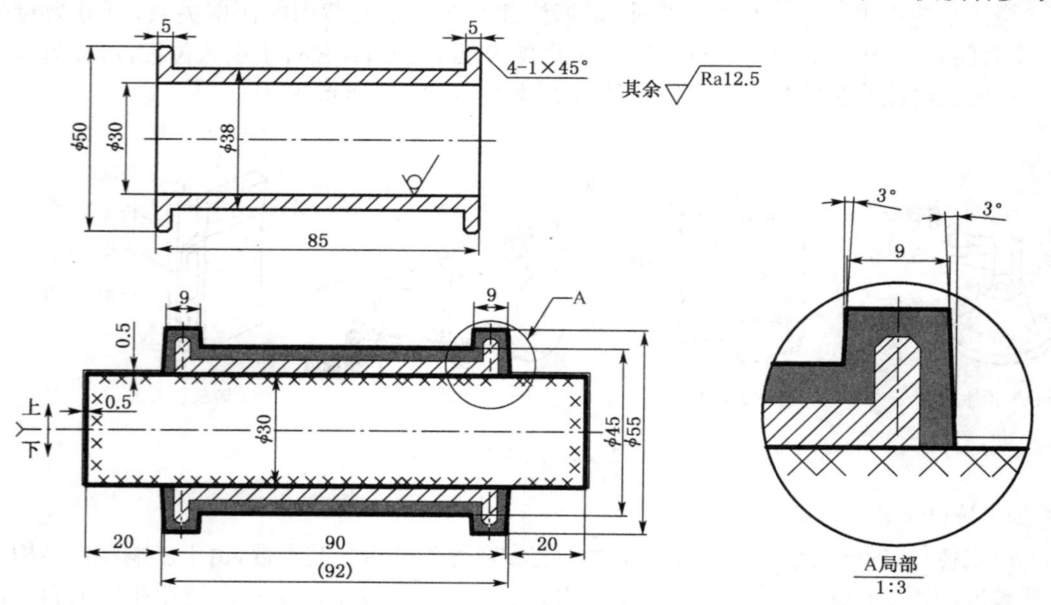

图 3-2-23　滚筒零件图及铸造工艺简图

3.3 特种铸造

3.3.1 熔模铸造

熔模铸造就是用易熔材料(如蜡料)制成模样(熔模),并在模样表面涂覆多层耐火材料,待硬化干燥后,加热将熔模熔出而获得具有与熔模形状相适应空腔的型壳,再经焙烧之后进行浇注的铸造方法。

1) 熔模铸造工艺流程

熔模铸造工艺过程如图 3-3-1 所示,主要包括熔模的制造、型壳的制备及浇注等。

(1) 熔模的制造

熔模的制造包括制造压型、压制蜡模及焊蜡模组,见图 3-3-1a。

(2) 型壳的制备

型壳的制备过程主要包括上涂料和撒砂(见图 3-3-1b)型壳的干燥、硬化、脱蜡和型壳的焙烧(见图 3-3-1c)

(3) 浇注

为了提高液态合金的充型能力,防止浇不足,常在焙烧后趁热(铸钢件浇注时,保持700℃左右)浇注(见图 3-3-1d)。

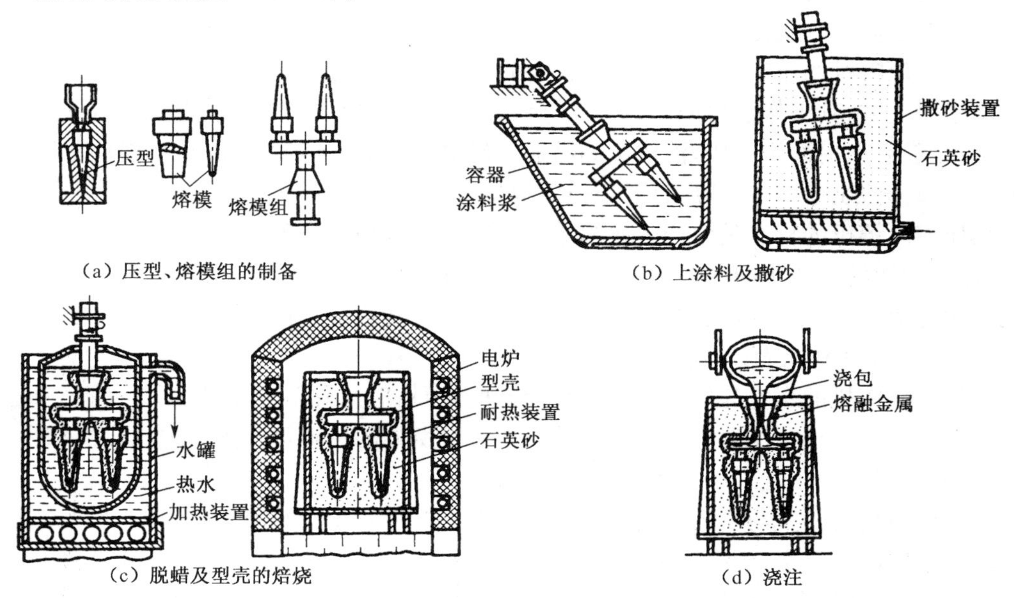

(a) 压型、熔模组的制备

(b) 上涂料及撒砂

(c) 脱蜡及型壳的焙烧

(d) 浇注

图 3-3-1 熔模铸造工艺过程

2) 熔模制造的特点及应用

(1) 熔模铸造没有分型面,可实现少切削和无切削加工,铸件尺寸精度可达 CT4～CT7,表面粗糙度值为 Ra1.6～Ra12.5 μm。

(2) 能铸出各种合金铸件，尤其适合铸造高熔点、难切削加工和用别的方法难以成形的合金，如耐热合金、磁钢、不锈钢等。

(3) 可铸出形状复杂、轮廓清晰的薄壁铸件，最小壁厚可达 0.3 mm，最小铸出孔径达 0.5 mm。

(4) 熔模铸造工艺过程复杂，生产周期长，铸件质量不易过大，一般限制在 25 kg 以下。

3.3.2 压力铸造

压力铸造（简称压铸）的实质是将液态或半液态金属在高压的作用下，以极高的速度充填压型，并在压力作用下凝固而获得铸件的一种铸造方法。

高压力和高速度是液体金属充填成型过程的两大特点，也是与其他铸造方法最根本的区别所在。压铸时常用的压射比压在几兆帕至几十兆帕范围内，甚至高达 500 MPa；充填速度为 0.5～120 m/s；充填时间为 0.01～0.2s 之间，压铸是在专用的压铸机上进行的，压型一般采用耐热合金钢制成，并且具有很高的尺寸精度和极低的表面粗糙度。随着压铸生产技术不断发展，压铸机正朝着大型化、系列化、自动化的方向发展。

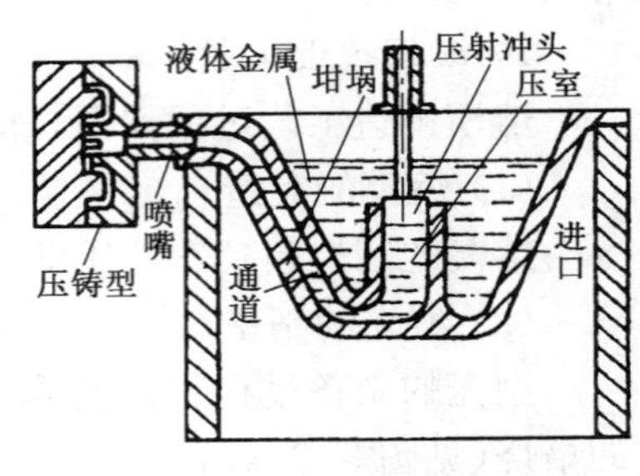

图 3-3-2 热压室压铸机工作过程示意图

1) 压铸机的种类及其工作过程

压铸机一般分为热压室压铸机和冷压室压铸机两大类。

(1) 热压室压铸机及工作过程

热压室压铸机的压室与坩埚连成一体，因压室浸于金属液体中而得名，其压射机构安置在保温坩埚上方，其工作过程如图 3-3-2 所示。当压射冲头上升时，液体金属通过进口进入压室中，随后压射冲头下压，液体金属沿通道经喷嘴充填压铸型，冷凝后压射冲头回升，多余液体金属回流至压室中，然后打开压铸型取出铸件。

热压室压铸机的特点是生产工序简单，生产效率高，易于实现自动化，金属消耗少，工艺稳定，压入型腔的金属干净无氧化夹杂，铸件质量好，但由于压室和冲头长时间浸在液体中，影响使用寿命，常用于锌合金的压铸，现已扩大到压铸镁合金及铝合金铸件。

(2) 冷压室压铸机及工作过程

冷压室压铸机的压室与保温坩埚炉是分开的，压铸时从保温坩埚中舀取液体金属倒入压铸机上的压室后进行压射。冷压室压铸机按压室所处的位置可分为立式压铸机和卧式压铸机两种，这里只介绍立式压铸机。

立式压铸机的压室与压射机构处于垂直位置，其工作过程如图 3-3-3 所示。合型后，舀取液体金属浇入压室，因喷嘴被反料冲头封闭，液体金属停留在压室中（图 3-3-3a），当压射冲头下压时，液体金属受冲头压力的作用，迫使反料冲头下降，打开喷嘴，液体金属被压入型腔中去，待冷凝成形后，压射冲头回升退回压室，反料冲头因下部液压缸的作用而上升，切断直浇道与余料的连接处将余料顶出（图 3-3-3b）。取出余料后，使反料冲头复位，然后开腔取出铸件（图 3-3-3c）。

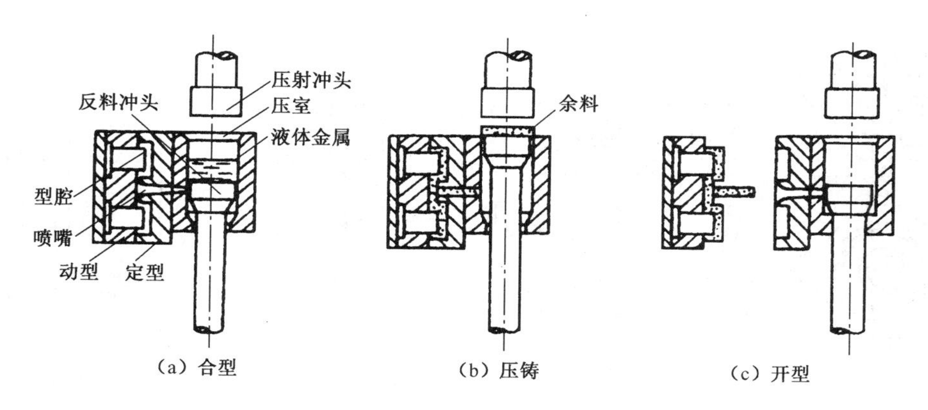

图 3-3-3 立式压铸机压铸过程示意图

2) 压力铸造特点及其应用

(1) 由于金属液在高压下成形,可以铸出形状复杂、壁厚很薄的铸件,且铸件的尺寸精度很高,而表面粗糙度值却很低。

(2) 由于是在高压下结晶凝固,内部组织细密,铸件机械性能比砂型铸件提高 20%～40%左右。

(3) 压铸设备投资大,制造压铸型费用高且周期长,只适于大批量生产。压铸不适于铸钢、铸铁等高熔点合金的铸造,多用于有色合金铸件的生产。

3.3.3 低压铸造

低压铸造是指液体金属在较低压力(一般为 20～60 MPa)作用下,完成充型及凝固过程而获得铸件的一种铸造方法,低压铸造装置如图 3-3-4 所示。

低压铸造所用的铸型可以是金属型、砂型(干型或湿型)、石膏型、石墨型及熔模壳型等。

低压铸造的铸件形成过程的基本特点:根据铸件的结构特点,铸型的种类及形成过程各个阶段的要求、充填速度及压力可以在一定范围内进行调整。

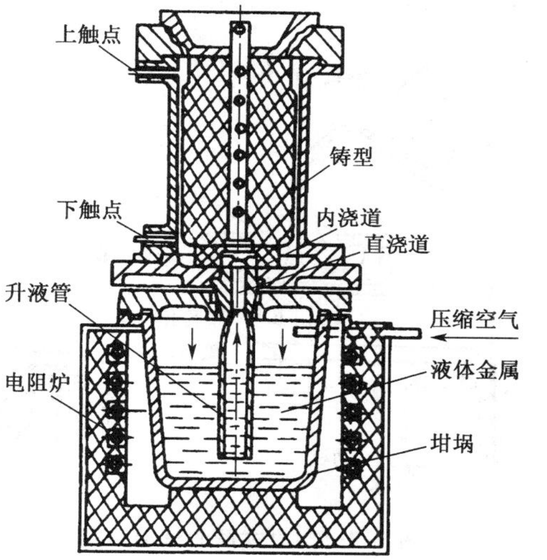

图 3-3-4 低压铸造装置简图

3.3.4 金属型铸造

金属型铸造是在重力作用下,将液体金属浇入金属铸型内以获得铸件的铸造方法。金属型常用铸铁、铸钢或其他合金制成。

金属型结构一般有整体式、垂直分型式、水平分型式和复合分型式四种,如图 3-3-5 所示。

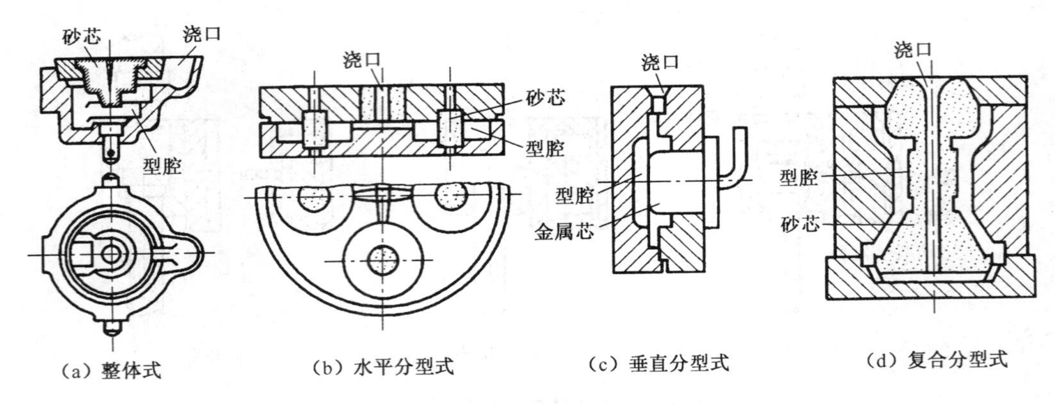

图 3-3-5　金属型的种类

金属型铸造常用于大批量生产有色金属铸件，也可浇注铸铁件。

3.3.5　离心铸造

离心铸造是指将金属液浇入高速旋转的铸型中，并在离心力的作用下完成充填和凝固成形的一种铸造方法。离心铸造必须在离心铸造机上进行，其铸型多采用金属型也可为砂型，一般适合铸造回转体铸件。常用的离心铸造机分立式离心铸造机（图 3-3-6）和卧式离心铸造机（图 3-3-7）两种。

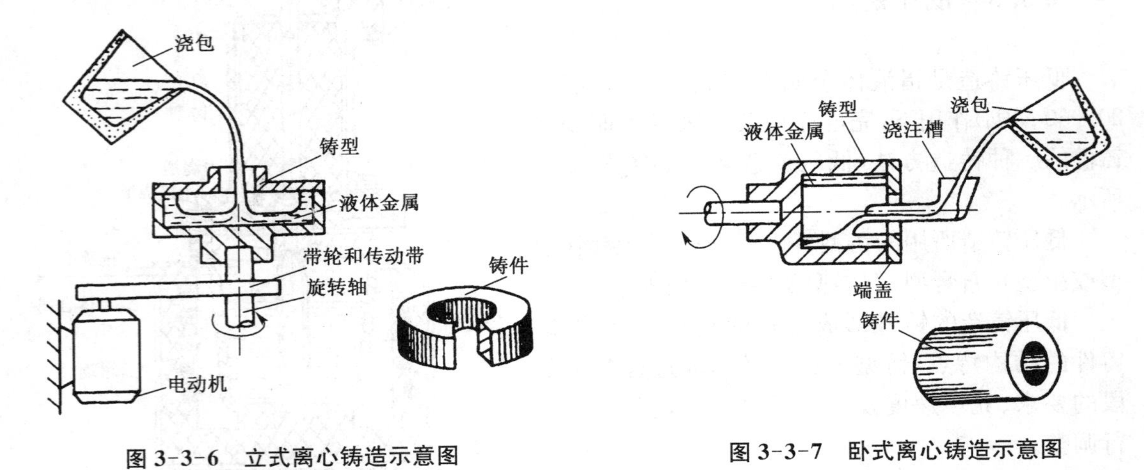

图 3-3-6　立式离心铸造示意图

图 3-3-7　卧式离心铸造示意图

离心铸造可生产各种铜合金套、环类铸件、铸铁水管、辊筒铸件、汽车和拖拉机的汽缸套、轴瓦等铸件。

3.4 金属的熔炼、浇注及铸件的落砂、清理

3.4.1 金属的熔炼

为获得优质铸件，除了要有良好的造型材料和合理的造型工艺外，提高合金的熔炼质量，也是铸造生产的重要环节。熔炼金属就是为了获得预定的化学成分和一定温度的金属液体，并尽量减少金属中的气体和杂质。铸件的性能主要取决于合金的化学成分，大多数铸造方法中，铸件在浇注时靠液态合金的流动性充满铸型，而合金的流动性主要受其化学成分和温度的影响。如果合金的浇注温度过低，会使合金的充型能力下降，铸件容易产生冷隔、浇不足、气孔和夹渣等缺陷。

合金的熔炼设备主要有冲天炉、平炉、转炉、电弧炉和坩埚炉等。合金的种类不同，采用的熔炼设备也不同。

1）铸铁的熔炼

在实际生产中，铸铁件应用最广，铸铁的熔炼设备有冲天炉、电弧炉和感应电炉等。由于冲天炉操作方便、可连续熔炼，生产率高、成本低，目前仍是熔炼铸铁的主要设备。

（1）冲天炉的构造

冲天炉的构造如图 3-4-1 所示，主要由以下五个部分组成：

① 炉体　外形是一个直立的圆筒，包括烟囱、加料口、炉身、炉缸、炉底和支撑等部分组成。它的主要作用是完成炉料的预热、熔化和铁水的过热。

自加料口下沿至第一排风口中心线之间炉体高度称为有效高度，即炉身的高度，是冲天炉的主要工作区域。炉身的内腔称为炉膛，炉膛内砌有耐火炉衬。

② 前炉　起贮存铁水的作用，有过道与炉缸连通。上面有出铁水口、出渣口和窥视口。

③ 火花除尘装置为炉顶部分，起

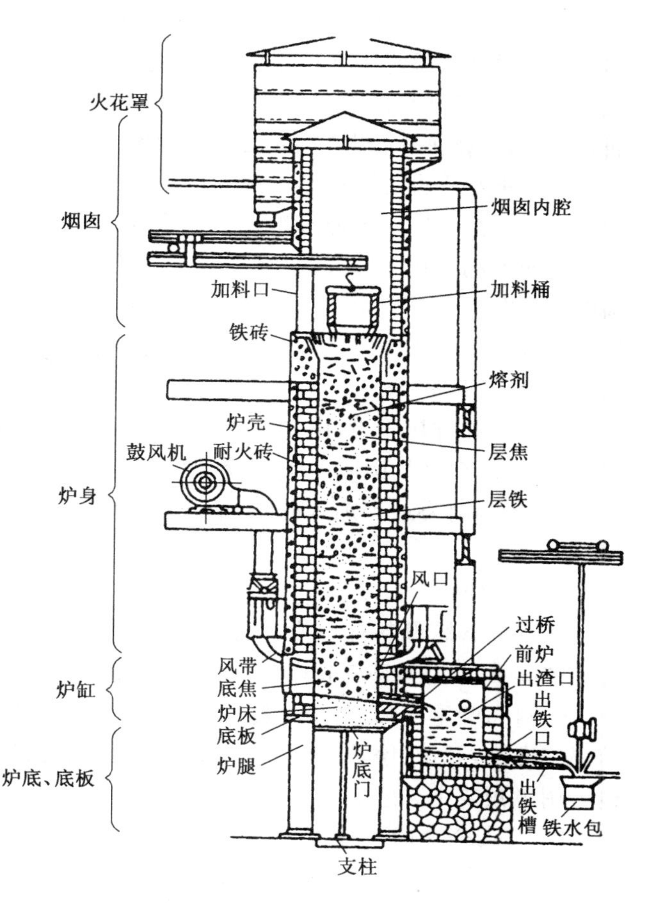

图 3-4-1　冲天炉构造

除尘作用。

④ 加料系统　包括加料机和加料筒。它的作用是把炉料按配比、依次、分批地从加料口送进炉口。

⑤ 送风系统　包括进风管、风带、风口及鼓风机的输出管道，其作用是将一定量的空气送入炉内，供底焦燃烧用，风带的作用是使空气均匀、平衡地进入各个风口。

(2) 冲天炉熔炼的炉料

冲天炉熔炼的炉料包括金属料、燃料和熔剂三部分。

① 金属料　金属料包括新生铁、回炉料（浇冒口、废铸件等）废钢和铁合金（硅铁、锰铁和铬铁等）。新生铁是金属炉料的主要成分，是高炉冶炼的产品，利用回炉料可降低铸造成本。加入废钢可降低铁水中的含碳量。各种铁合金的作用是调整铁水化学成分或配制合金铸铁。各种金属炉料的加入量是根据铸件化学成分的要求和熔炼时各元素的烧损量计算出来的。

② 燃料　主要是焦炭。焦炭燃烧的程度直接影响铁水的温度和成分。要求焦炭中含挥发物、灰分及硫量少，发热量高，块度适中。在熔炼过程中，为了保持底焦高度一定，每批炉料中都要加入焦炭（层焦）来补偿底焦的烧损。

③ 熔剂　在熔炼过程中，金属炉料表面中的泥沙、焦炭中的灰分等会形成一种黏滞的熔渣，如不排除，将粘附在焦炭上，影响焦炭燃烧。因此，必须加入一定量的熔剂，如石灰石（$CaCO_3$）和萤石（CaF_2）等形成熔点较低、比重较轻、流动性较好的熔渣，使之漂浮在铁水上面，从出渣口排掉，熔剂的加入量一般为焦炭的25%～30%。

(3) 冲天炉的工作原理

冲天炉是利用对流原理熔炼的。熔炼时，热炉气自下而上运动，冷炉料自上而下运动。两股逆向流动的物、气之间进行着热量交换和冶金反应，使金属炉料在熔化区（在底焦顶部，温度约1 200℃）开始熔化。铁水在下落过程中又被高温炉气和炽热的焦炭进一步加热（称过热），温度高达1 600℃左右，并经过过桥进入前炉。此时，温度稍有下降。铁水出炉温度约为1 360～1 420℃。

在熔化和过热阶段，由于炉气和炉渣的氧化作用，会使铁水中的硅、锰被烧损。由于铁水和焦炭直接接触，吸收了碳和硫，使铁水含碳量增加，磷基本不变。因此，为保证铁水的化学成分，备料时要适当加入硅铁、锰铁。必要时，可采用优质焦炭和铁料，以获得低硫、磷含量的铁水。

2) 铸钢的熔炼

铸钢的熔炼设备有平炉、转炉、电弧炉及感应电炉等。铸钢车间多采用三相电弧炉。

图3-4-2为典型三相电弧炉。从上面垂直地装入三根石墨电极，通入三相电流后，电极与炉料间产生电弧，对炉料进行熔化、精炼。电弧炉熔炼时，温度容易控制，熔炼质量好，熔炼速度快，开炉、停炉方便。电弧炉既可以熔炼碳素钢，也可以熔炼合金钢。小型铸钢件也可用工频或中频感应电炉熔炼。

3) 有色合金的熔炼

有色合金主要有铝、铜、镁等合金。有色合金在熔炼时有一个共同特点：易氧化。所以熔化时金属料要与燃料隔离，一般采用坩埚炉、煤气炉和油炉等。坩埚炉主要用于熔炼铝合金，图3-4-3所示为电阻坩埚炉。

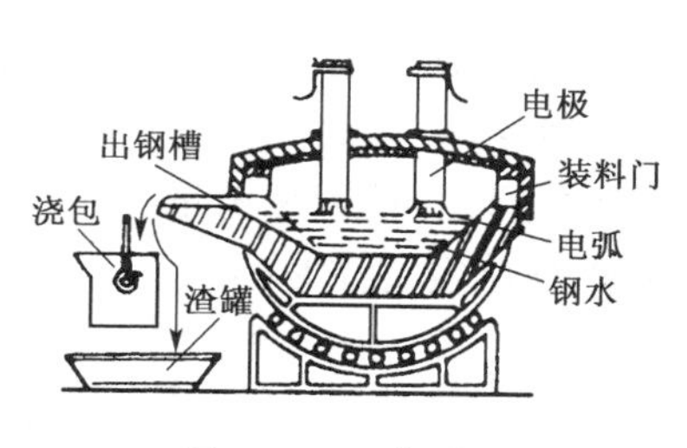

图 3-4-2 电弧炉

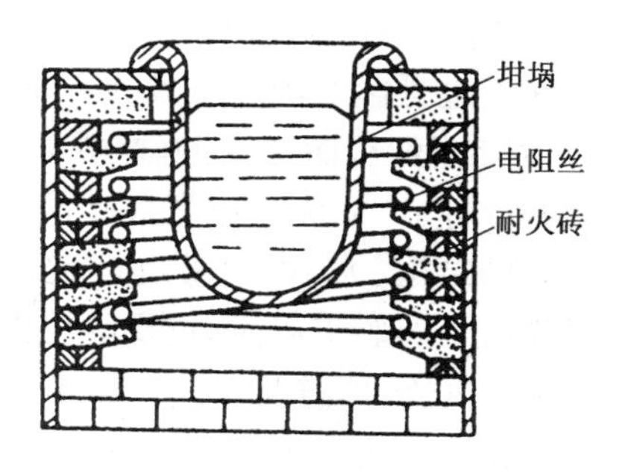

图 3-4-3 电阻坩埚炉

铝合金在高温下极易氧化，且吸气（氢气等）能力很强。铝的氧化物 Al_2O_3 呈固态夹杂物悬浮在铝液中，在铝液表面形成致密的 Al_2O_3 薄膜，使液态合金中吸收的气体被其阻碍而不易排出，便在铸件中产生非金属夹杂物和分散的小气孔，降低其力学性能。

为避免铝合金的氧化物和吸气，熔炼时必须加入熔剂（KCl、NaCl、NaF 等），使铝合金液体在熔剂层覆盖下进行熔炼。当铝合金被加热到 700～730℃时，再加入精炼剂（C_2Cl_6，$ZnCl_2$ 等）进行去气精炼，将铝液中溶解的气体和夹杂物带到液面去除，以净化金属液，提高金属的力学性能。

3.4.2 浇注

将熔融金属液浇入铸型的过程称为浇注。浇注也是铸造生产的主要工艺过程之一。浇注过程对铸件质量影响很大，若浇注工艺不合理，或浇注时操作不当，将会使铸件产生浇不到、冷隔、气孔夹渣、缩孔等缺陷；同时还会给操作者带来安全隐患。因此，在进行浇注时，首先必须根据浇注工艺的要求，做好浇注前的准备工作，在浇注过程中要严格按照安全操作规程进行规范操作，以确保铸件质量和人员安全。

1）浇注前的准备工作

（1）准备浇包

浇注前要准备足够数量的浇包，浇包的种类由铸件的大小决定，一般中小铸件用抬包，大铸件用吊包，浇包内衬及包嘴要修理光滑、平整并烘干。

（2）清理现场

浇注场地应进行清理，浇注场地应有便于浇注的通道，要求畅通无杂物和积水。

（3）烘干用具

所有浇注用具必须烘干，以免降低金属液温度及引起金属液体飞溅。

2）浇注工艺要求

（1）严格控制浇注温度

合金的浇注温度，对铸件质量有着重要影响。如果浇注温度过高，铸件收缩大易产生缩孔、胀砂、抬箱等缺陷，且粘砂严重。而浇注温度过低又会使铸件产生冷隔、浇不足等缺陷。适当的浇注温度可避免或减少一些铸造缺陷的产生。浇注温度应根据铸造合金的种类、铸件的结构及大小来确定。一般铸铁件的浇注的温度为 1 250～1 350℃；铸钢件的浇注温度为 1 520～1 620℃；而铝合金的浇注温度为 700～750℃左右。

(2) 选择合适的浇注速度

浇注速度也是影响铸件质量的主要因素。如果浇注速度太快,金属液对铸型的冲击力很大,易冲坏铸型,从而产生冲砂、砂眼等缺陷;又由于型腔中的气体来不及逸出而产生气孔、浇不到等缺陷。而浇注速度太慢,又会使铸件产生夹砂、冷隔等缺陷。合适的浇注速度应根据铸件的结构、大小等来确定。浇注速度一般用浇注时间的长短来衡量。一般铸件根据浇注操作人员经验来确定,重要的铸件必须经过计算严格确定浇注时间。

(3) 注意扒渣、挡渣及引火等操作

除了严格控制浇注温度和选择合适的浇注速度外,在浇注过程中,还要将熔渣变稠扒出或挡住,一般可在浇包内金属液面上撒些干砂或稻草灰。用红热的挡渣钩及时点燃从出气孔或冒口处逸出的气体,以防有害气体污染空气及形成气孔。同时,注意浇注过程中不能断流,并应始终使浇注系统处于充满状态,以使熔渣上浮。

3.4.3 铸件的落砂及清理

铸件清理是铸造生产过程的最后一道工序,铸件落砂、清理的主要任务是清除型(芯)砂,去除浇冒口,铲除表面凸瘤、飞刺,修补表面缺陷及对铸件进行后处理。

1) 落砂除芯

落砂除芯是用手工或机械设备等去除铸件上型、芯砂的操作。为防止铸件在浇注后因冷却过快而产生变形、裂纹等缺陷,保证铸件在落砂时有足够的强度和韧性,铸件在铸型中应有足够的冷却时间。铸铁件在砂型内的冷却时间是根据开箱时的温度确定的。一般铸件为 300~500℃,易产生冷裂及变形的铸件为 200~300℃;易产生热裂的铸件为800~900℃。开箱后立即去除浇冒口及砂芯,再放入热砂坑中或进炉缓慢冷却。对于形状简单,小于 10 kg 的铸铁件,可在浇注后 20~40 min 落砂,10~30 kg 的铸铁件可在浇注后 30~60 min 落砂。

(1) 手工落砂除芯

手工落砂除芯,劳动强度大、生产效率低,只适合单件、小批量生产。

(2) 机械落砂除芯

机械落砂除芯适合于大批量生产,落砂、除芯的机械设备主要有机械振动落砂机、滚筒式落砂机、气动落砂除芯机及气动振砂机等。而选择何种类型及型号的落砂机进行落砂除芯,主要考虑生产量和生产率、铸型尺寸及重量、铸件的合金种类及型砂的种类等。

振动落砂机按振动方式不同,可分为偏心振动式、惯性振动式及电磁振动式三种,其中电磁振动落砂机的结构如图 3-4-4 所示,它由振动台、电磁振动器、弹簧系统和机座等组成,电磁振动落砂机具有结构简单、工作可靠、能量消耗少、生产率高、落砂效果好等优点。

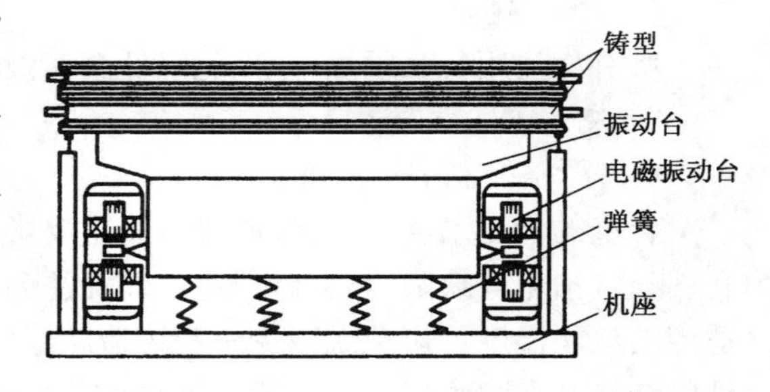

图 3-4-4 电磁振动落砂机

2) 去除浇冒口、飞翅和毛刺

去除铸件的浇冒口,一般根据铸造合金的种类、铸件的大小来选择去除方法。

对于中小型铸铁件,一般用手锤或大锤将其敲断。对于大型铸铁件的浇冒口,先在根部锯槽,再重锤敲断。对于有色金属铸件的浇冒口,一般用锯子锯掉。铸钢件的浇冒口,一般用氧气切割。

3)铸件的表面清理

铸件表面清理包括清除铸件表面粘砂、多余金属(飞刺、凸瘤等)过程的总称。常用的清理方法有手工、气动工具、滚筒、喷丸、抛光等方法。

清理后的铸件应进行缺陷分析,并根据相关技术文件及要求等进行质量检验,对某些有缺陷的铸件可通过适当的修补技术使之成为回用品,对于变形的铸件应进行矫正。

3.5 铸件缺陷分析及铸件质量检验

3.5.1 铸件缺陷分析

铸件缺陷是铸造生产过程中,由于种种原因在铸件表面和内部产生的各种缺陷的总称。铸件缺陷种类繁多,形貌各异。我国国家标准《铸造术语》(GB/T5611—1998)将铸造缺陷分为八类:①多内类缺陷。②孔洞类缺陷。③裂纹、冷隔类缺陷。④表面缺陷。⑤残缺类缺陷。⑥形状及重量差错类缺陷。⑦夹杂类缺陷。⑧性能、成分、组织不合格。

分析铸件缺陷的形貌、特点,产生的原因及其形成过程,目的是防止、减少和消除铸件缺陷。而消除或减少铸件缺陷是控制铸件质量的重要组成部分。表 3-5-1 列出了常见铸件缺陷的形貌特征及产生的原因。

3.5.2 铸件质量检验

铸件质量检验是铸造生产中不可缺少的环节。铸件质量分外观质量和铸件内在质量。铸件外观质量包括:铸件尺寸公差、铸件表面粗糙度、铸件重量公差、浇冒口残留量、铸件焊补质量和铸件表面缺陷等;铸件内在质量包括:铸件力学性能、化学成分、金相组织、内部缺陷,以及有关标准和铸件交货验收技术条件所要求的各种特殊的物理性能和化学性能等进行铸件质量检验,检验方法一般有外观检验、无损探伤检验、金相检验及水压试验等。

表 3-5-1 几种常见铸件缺陷的特征及产生的原因

类别	缺陷名称与特征		主要原因分析
孔洞类缺陷	气孔 铸件内部或表面有大小不等的孔眼,孔的内壁光滑,多呈圆形		(1) 型砂舂得太紧或型砂透气性差 (2) 型砂太湿,起模、修型时刷水太多 (3) 芯子通气孔堵塞或芯子未烘干 (4) 浇筑系统不正确,气体排不出 (5) 金属液中含气太多,浇铸温度太低

续 表

类别	缺陷名称与特征		主要原因分析
孔洞类缺陷	缩孔　铸件厚断面处出现形状不规则的孔眼，孔的内壁粗糙		(1) 冒口设置不正确 (2) 合金成分不合格，收缩过大 (3) 浇铸温度过高 (4) 铸件设计不合理，无法进行补缩
夹杂类缺陷	砂眼　铸件内部或表面有充满砂粒的孔眼，孔形不规则	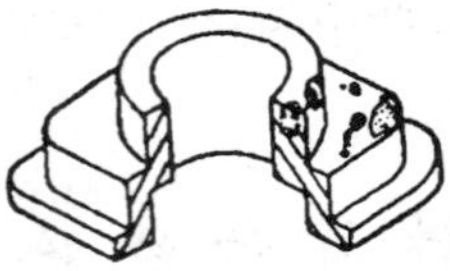	(1) 型砂强度不够或局部没舂紧，掉砂 (2) 型腔、浇口内散砂未吹尽 (3) 合箱时砂型局部损坏，掉砂 (4) 浇铸系统不合理，冲坏砂型(芯) (5) 浇铸结构不合理，无圆角或圆角太小
	渣眼　孔眼内充满熔渣、孔形不规则	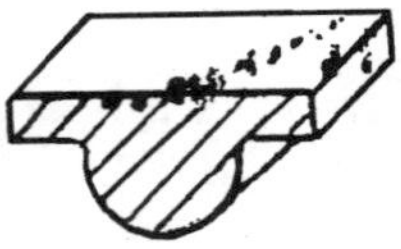	(1) 浇铸温度太低，渣子不易上浮 (2) 浇铸时没挡住渣子 (3) 浇铸系统不正确，挡渣作用差
残缺类缺陷	浇不足　铸件未浇满，形状不完整	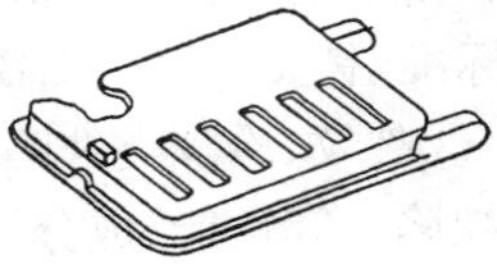	(1) 浇铸温度太低 (2) 浇铸时液体金属量不够 (3) 浇口太小或未开出气口 (4) 铸件结构不合理，局部过薄
形状尺寸不合格	偏心　铸件局部形状和尺寸由于砂芯位置偏移而变动	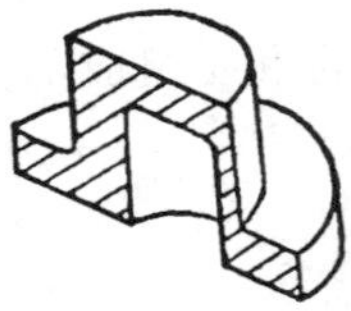	(1) 芯子变形 (2) 下芯时放偏 (3) 芯子没固定好，合箱时碰歪了或者浇铸时被冲偏
	错箱　铸件在分型面处错开		(1) 合箱时上、下型未对准 (2) 定位销不准 (3) 造型时上、下模样未对准
表面缺陷	粘砂　铸件表面粘着一层难以除掉的沙粒，使表面粗糙	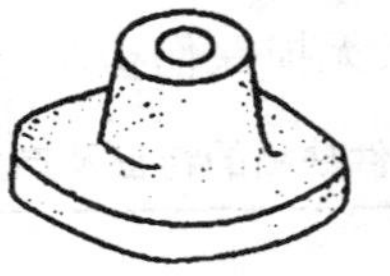	(1) 砂型舂得太紧 (2) 浇铸时温度太高 (3) 型砂耐火性差
	夹砂　铸件表面有一层突起的金属片状物，表面粗糙，在金属片和铸件之间夹有一层型砂	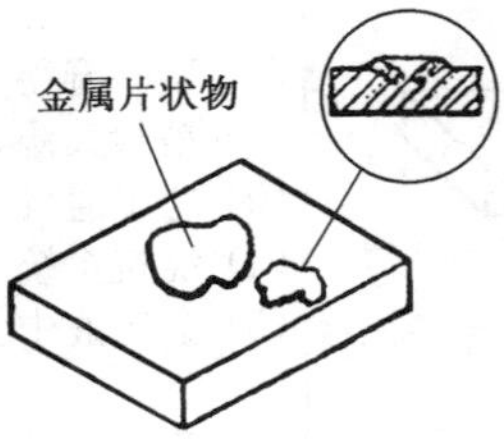 金属片状物	(1) 型砂受热膨胀，表面鼓起或开裂 (2) 型砂湿强度较低 (3) 砂型局部过紧，水分过多 (4) 内浇口过于集中，局部砂型烘烤厉害 (5) 浇铸温度过高，浇铸速度太慢

续 表

类别	缺陷名称与特征		主要原因分析
冷隔裂纹类	冷隔　铸件上有未完全融合的缝隙，接头处边缘圆滑		(1) 浇铸温度过低 (2) 浇铸时断流或浇铸速度太慢 (3) 浇口位置不当或浇口太小 (4) 铸件结构设计不合理，壁厚太小 (5) 合金流动性较差
	热裂　铸件开裂，裂纹处表面氧化，呈蓝色 冷裂　裂纹处表面不氧化，并发亮	裂纹	(1) 铸件设计不合理，薄厚差别大 (2) 合金化学成分不当，收缩大 (3) 砂型(芯)退让性差，阻碍铸件收缩 (4) 浇筑系统开设不当，使铸件各部分冷却及收缩不均匀，造成过大的内应力
其他	铸件的化学成分、组织和性能不合格		(1) 炉料成分、质量不符合要求 (2) 熔化时配料不准或熔化操作不当 (3) 热处理不按规范进行

复习思考题

1. 什么是铸造？铸造包括哪些主要工序？
2. 铸造生产具有哪些特点？
3. 铸造方法分几类？特种铸造主要包括哪些方法？
4. 湿型砂应具备哪些性能？
5. 湿型砂由什么材料组成？各组成材料的作用是什么？
6. 砂型铸造工艺过程是什么？
7. 典型浇注系统由哪几部分组成？各组成部分的作用是什么？
8. 什么是分型面？分型面的选择原则是什么？
9. 试述整模造型、分模造型及挖砂造型的特点及适用范围。
10. 零件、铸件、模样三者在形状和尺寸上有哪些区别？
11. 铸造工艺主要包括哪些内容？
12. 特种铸造都有哪些方法？各具有哪些特点？
13. 如何辨别铸件上的气孔、缩孔、砂眼、渣眼？如何防止？
14. 在砂型铸造中，浇注速度如何影响铸件质量？

4 锻压技术与项目实训

锻压是锻造和冲压的总称。锻造和冲压都是借助外力的作用，使金属产生塑性变形，从而获得具有一定形状、尺寸和机械性能的原材料、毛坯或机械零件的成形加工方法。

金属的锻压性能，以其锻造和冲压时的塑性和变形抗力来综合衡量。其中尤以材料的塑性对锻造性能的影响最为重要。因此，用于锻压的金属必须具有良好的塑性。

4.1 锻压项目实训

4.1.1 实训目的和要求

(1) 了解锻造和冲压生产工艺过程、特点和应用。

(2) 了解锻造时坯料加热的目的及常见加热缺陷。

(3) 了解碳素结构钢锻造温度范围并能够通过火色观察大致鉴别其始锻温度和终锻温度。

(4) 了解空气锤的结构、工作原理。

(5) 熟悉自由锻造工艺特点，掌握自由锻造基本工序的特点及操作要领。

(6) 了解胎模锻的特点和应用。

(7) 了解冲床的结构和工作原理。

(8) 了解冲模的基本结构及使用。

(9) 了解板料冲压基本工序的特点及冲压工艺过程。

(10) 了解常见冲压缺陷及其产生的原因。

4.1.2 实训安全守则

(1) 操作前必须进行设备及工具检查，如空气锤上、下砧铁有无松动，锤把、火钳、垫铁、摔子、冲子等有无裂纹及铆钉是否有松动的现象。

(2) 锻打时，锻件应在下砧铁的中部，锻件及垫铁等工具必须放正、放平，以防飞出伤人。

(3) 选择的火钳口应与锻件的截面形状相适应，以保证夹持牢固。握钳时应握紧火钳的尾部，并把钳把置于体侧，严禁将钳把或其他带把工具的尾部对准身体的正面，或将手指放入钳口间。

（4）踩踏机器自由锻踏杆时，脚跟不许悬空，以保证操作的稳定和准确，非锤击时应随即将脚离开踏杆，以防误踏失事。

（5）严禁用锤头空击下砧铁，严禁将手、头伸入上、下砧铁之间，以防发生设备损坏或人身伤亡事故。

（6）两人或多人配合操作时，必须听掌钳工的统一指挥，锤工在击打前要注意观察周围情况，以免发生伤人事故。

4.1.3 项目实训内容

（1）手工锻造操作训练。

（2）空气锤镦粗操作训练。

4.2 锻造技术

锻造主要用来制造承受重载荷、动载荷、变载荷及高压力等重要机械零件或毛坯，如各种机床主轴、电动机曲轴等。因为锻造能压合铸造组织内部缺陷（如气孔、微小裂纹等）且能细化晶粒，显著提高金属的机械性能。锻件一般用低碳钢、中碳钢制造。因为低碳钢锻造性能很好，高碳钢锻造性能较差，高合金钢锻造性能更差，铸铁没有可锻性。

锻造一般可分为自由锻造、模型锻造（模锻）和特种锻造三类。

4.2.1 锻造工艺基础

锻造通常将坯料加热到再结晶温度以上进行。因为金属材料在常温下变形后，金属的强度和硬度升高，而塑性和韧度下降，这一现象称为加工硬化，加工硬化是一种不稳定的组织状态，常温下恢复到稳定状态极其缓慢，只有将其加热到适当的温度（再结晶温度以上），加工硬化现象才会消失，因此，为了增加金属的塑性并降低变形抗力，改善其锻造性能，通常将金属坯料加热到再结晶温度以上进行锻造。

1）锻造温度范围

虽然坯料加热后能显著提高其锻造性能，但如果加热温度过高或时间过长，则表面金属氧化和脱碳现象比较严重，甚至产生过热、过烧及裂纹等缺陷，因此，锻造必须严格控制在规定允许的温度范围内进行。

坯料的锻造温度范围是根据其化学成分确定的，不同金属的锻造温度范围是不同的，碳钢的锻造温度范围是根据相图来确定的。金属材料的锻造温度范围一般可查阅锻造手册、国家标准或企业标准。

从始锻温度到终锻温度即为锻造温度范围。始锻温度指坯料锻造时所允许的最高温度；终锻温度指坯料停止锻造的温度。在保证不出现加热缺陷的前提下，始锻温度尽量取高些，终锻温度应尽量低些，以便有较充足的时间锻造成形，使坯料在一次加热后完成较大的变形,减少加热次数,降低材料、能源消耗,提高生产率和锻件质量。几种常见材料的锻造温度范围见表 4-2-1 所示。

表 4-2-1　常用材料的锻造温度范围

材料种类	始锻温度(℃)	终锻温度(℃)
低碳钢	1 200～1 250	800
中碳钢	1 150～1 200	800
低合金结构钢	1 100～1 180	850
铝合金	450～500	350～380
铜合金	800～900	650～700

碳钢在加热及锻造过程中的温度变化,可通过观察火色(即坯料的颜色)的变化大致判断。表 4-2-2 为碳钢的加热温度与其火色的对应关系。

表 4-2-2　碳钢的加热温度与其火色的对应关系

加热温度(℃)	1 300	1 200	1 100	900	800	700	600 以下
火色	黄白	淡黄	黄色	淡红	樱红	暗红	赤褐

2) 坯料加热设备

加热设备按其加热过程中所利用的热源不同,可分为火焰式加热炉和电加热炉。

(1) 火焰式加热炉

火焰式加热炉主要有明火炉(手锻炉)、反射炉和室式炉等。

① 明火炉　明火炉即为将坯料直接放置在固体燃料上加热的炉子。又称手锻炉。主要用在手工锻造及小型空气锤上自由锻时的坯料加热。

明火炉结构简单、使用方便。但加热不均匀,燃料消耗大,生产率不高。

② 反射炉　反射炉为燃料(烟煤)在燃烧室中燃烧,高温炉气(火焰)通过炉顶反射到加热室中进行加热坯料的炉子。其结构如图 4-2-1 所示。燃料在燃烧室燃烧,可使加热室的温度达到 1350℃。

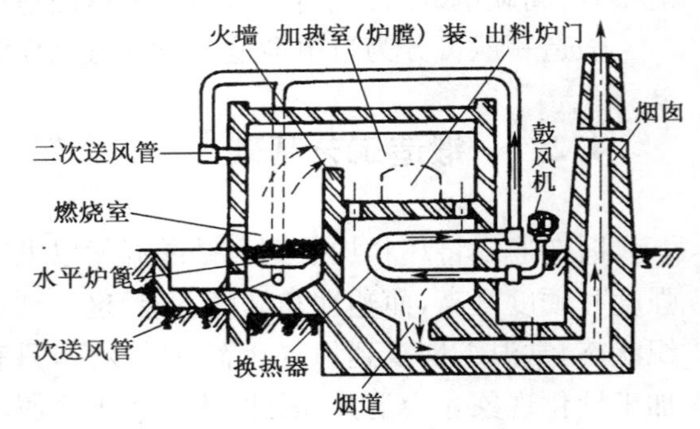

图 4-2-1　反射炉结构示意图

反射炉的结构较复杂、燃料消耗小,热效率高,是目前我国锻造车间广泛使用的加热设备。

(2) 电阻炉

电阻炉是利用电阻加热器通电时所产生的电阻热作为热源,以辐射方式加热坯料。电阻炉分为中温电炉(炉内温度 1 100℃)和高温电炉(炉内最高温度为 1 600℃)两种。图 4-2-2 为箱式电阻丝加热炉。

箱式电阻丝加热炉结构简单,操作方便,主要用于有色金属、高合金钢及精锻坯料的加热。

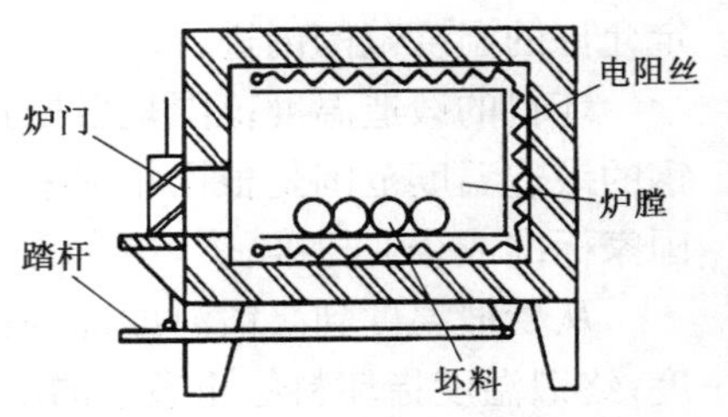

图 4-2-2　电阻炉原理图

3）锻件冷却

锻件的冷却是保证锻件质量的重要环节。为防止锻件表面硬化以及锻件变形和开裂，锻件冷却速度不要太快并尽量使锻件各部分冷却、收缩均匀一致。锻件常用的冷却方法有三种：空冷、坑冷和炉冷。其中空冷是在无风的空气中，将锻件放在干燥的地面上冷却，空冷适用于塑性较好的中、小型低、中碳钢的锻件。坑冷是将锻件放在充填有石棉灰、砂子和炉灰等绝热材料的坑中，以较慢的速度冷却，坑冷适于塑性较差的高碳钢、合金钢锻件。炉冷是将锻件置于500～700℃的加热炉中，随炉缓慢冷却，炉冷适用于高合金钢、特殊钢的大型锻件及形状复杂的锻件。

4.2.2　自由锻造

只采用简单的通用性工具或在锻造设备的上、下砧之间使坯料产生塑性变形而获得锻件的方法称为自由锻造，简称自由锻。自由锻分手工自由锻和机器自由锻两种。

1）自由锻设备

自由锻设备主要有空气锤、蒸汽—空气自由锻锤和自由锻水压机等。其中，空气锤、蒸汽—空气自由锻锤主要用于锻造中、小型锻件；大型、特大型锻件则用自由锻水压机来锻造。

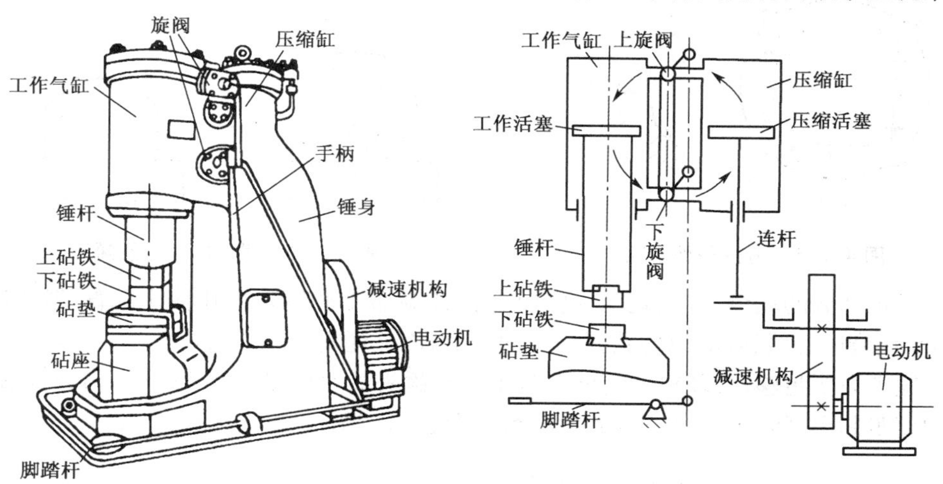

图 4-2-3　空气锤外形结构及工作原理

空气锤既用于自由锻，也用于胎模锻。其外形结构及工作原理如图 4-2-3 所示。电动机经齿轮减速机构带动曲柄转动；连杆推动活塞在压缩缸内做上、下往复运动，把空气压缩；控制上、下旋阀，可使压缩空气交替进入工作气缸的上部或下部空间，推动工作气缸内的活塞连同锤杆和上砧铁一起上下运动，以实现金属坯料的锤打。

通过操作操纵手柄或操作脚踏杆控制旋阀的位置，可使锤头实现上悬、连续打击、单击、下压及空转等动作。锤头的行程和锤击力的大小可通过改变旋阀转角的大小来控制。

2）自由锻基本工序

锻件的自由锻成形过程是通过一系列的变形逐渐形成的。自由锻工序分基本工序、辅助工序和精整工序三类。基本工序包括镦粗、拔长、冲孔、弯曲、扭转、切割等。其中镦粗、拔长和冲孔最为常用。辅助工序有压肩、压痕等。修整工序主要有滚圆、摔圆、平整、校直等。

(1)镦粗

镦粗是使坯料整体或局部高度减小、截面积增大的锻造工序,如图 4-2-4 所示,有完全镦粗和局部镦粗两种。完全镦粗是将坯料直立在下砧上进行锻打,使其沿整个高度产生高度减小。局部镦粗分为端部镦粗和中间镦粗,需要借助于工具如胎模或漏盘(或称垫环)来进行。

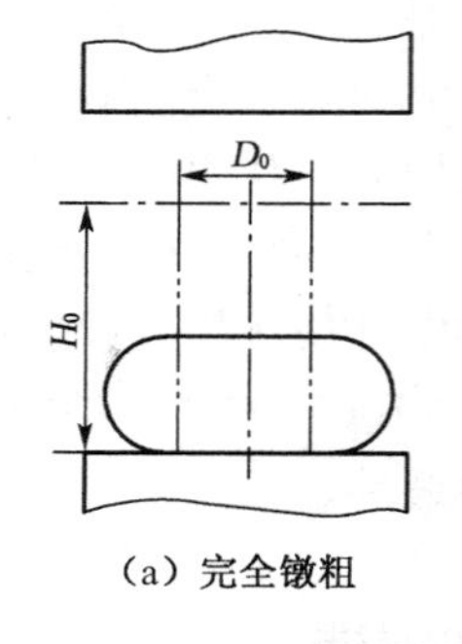

(a) 完全镦粗

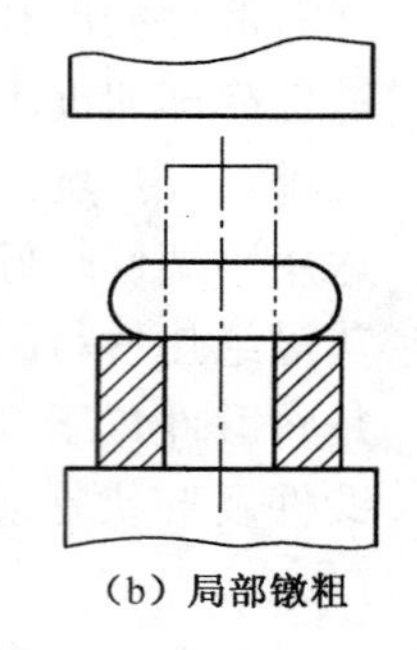
(b) 局部镦粗

图 4-2-4　镦粗

为了保证锻件质量,除坯料要满足一定的工艺要求外,镦粗时必须采取正确的操作方法,才能使镦粗得以顺利进行,具体要求如下:

① 坯料必须是圆形截面,否则,易使锻件表面形成夹层,如图 4-2-5 所示。

② 坯料的高度 h 与其直径 d 的比值应小于 2.5,否则易镦弯,镦弯的坯料要及时校正,如图 4-2-6 所示。

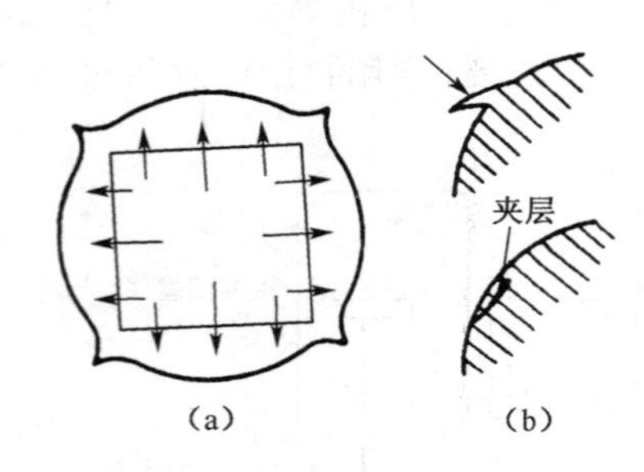

(a)　(b)

图 4-2-5　方形截面镦粗

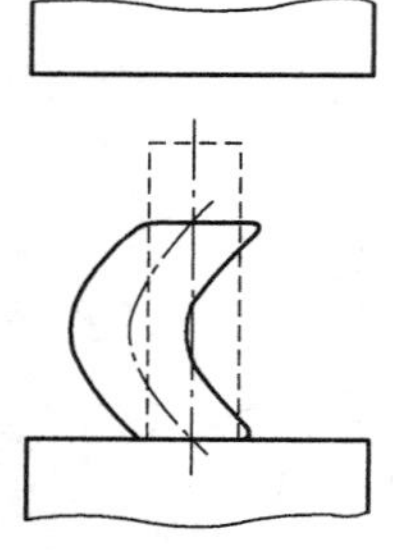
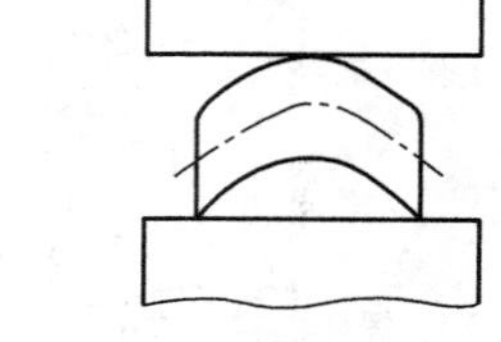

图 4-2-6　镦弯的产生及矫正

③ 镦粗部分的坯料加热温度要高且均匀,其端部要平整并与其轴线垂直,镦粗时要使坯料不断地绕中心线转动,以便获得均匀的变形,以免坯料锻偏或锻弯。

④ 锤击力要足够,且坯料的高度 h 应不大于锤头最大行程的 0.7~0.8 倍,否则坯料将会被镦成细腰形,若不及时纠正,锻件将会出现夹层,如图 4-2-7 所示。

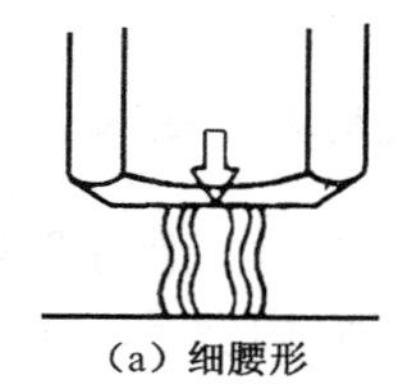
(a) 细腰形

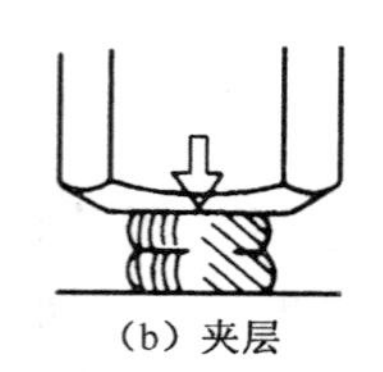
(b) 夹层

图 4-2-7　细腰及夹层

镦粗适用于制造高度小、截面大的盘类锻件,如齿轮坯、圆盘、叶轮等;也可作为冲孔前的准备工序,使锻坯截面增大和平整,并减小冲孔高度;增加某些轴类坯料的拔长锻造比,提高力学性能,减少各向异性。

(2) 拔长

拔长是使坯料长度增加、横截面积减小的锻造工序。拔长分平砧铁拔长、芯棒拔长和马杠（芯棒）扩孔等，如图 4-2-8 所示。其中，芯棒拔长是指在空心毛坯中加芯轴进行的拔长，以减小空心毛坯外径（壁厚）而增加其长度的锻造工序（图 4-2-8b）；马杠扩孔指利用上砧铁和马杠（芯棒）对空心坯料沿圆周依次连续压缩而实现扩孔的锻造工序（图 4-2-8c）。

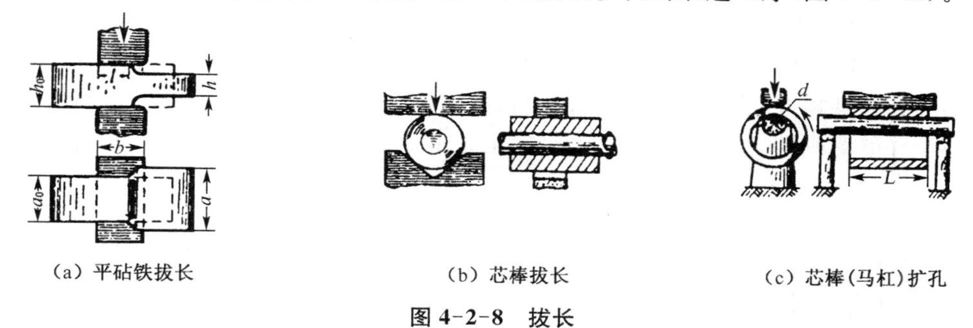

（a）平砧铁拔长　（b）芯棒拔长　（c）芯棒（马杠）扩孔

图 4-2-8　拔长

拔长的工艺要求及操作要点如下：

① 如果坯料在平砧铁上拔长时，应选用适当的送进量，以提高拔长效率。送进量一般为砧铁宽度的 0.3～0.7 倍。

② 拔长过程中，要不断地翻转锻件，圆轴类锻件要逐渐锻成形，最后摔圆，如图 4-2-9 所示。

③ 拔长后的宽高比即 $a/h \leqslant 2.5$，以免翻转 90°后再次锻打会产生夹层。

④ 局部拔长时，必须先压肩，然后再拔长，以使过渡面平直、整齐。

⑤ 拔长后锻件必须进行修整，以使其表面平整。

拔长主要用于制造长轴类的实心或空心零件的毛坯，如轴、拉杆、曲轴、炮筒等。

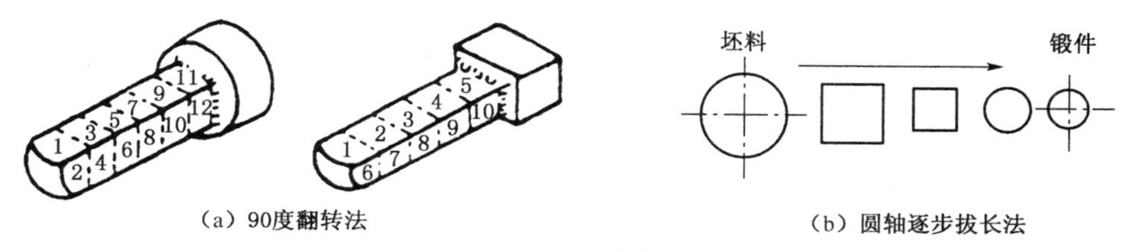

（a）90度翻转法　（b）圆轴逐步拔长法

图 4-2-9　拔长操作法

（3）冲孔

冲孔指在实心坯料上冲出通孔或不通孔的锻造工艺。冲孔主要有实心冲头冲孔、空心冲头冲孔和冲头扩孔等，其中实心冲头冲孔又分为单面冲孔和双面冲孔，如图 4-2-10 所示，其中，单面冲孔又称漏盘冲孔。

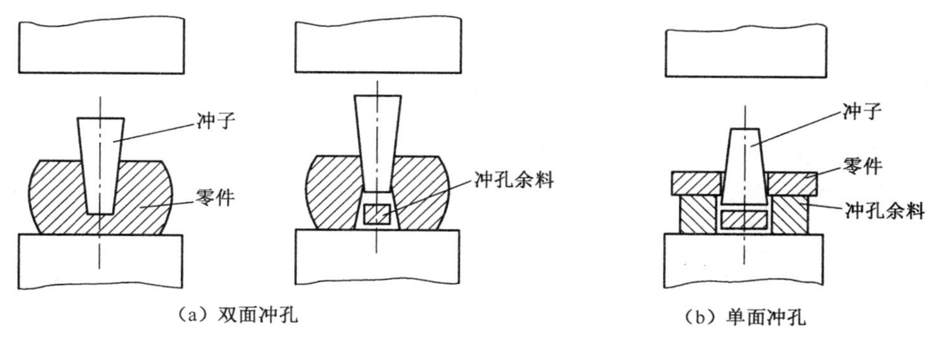

（a）双面冲孔　（b）单面冲孔

图 4-2-10　实心冲头冲孔

4.2.3 模型锻造

模型锻造简称模锻，是将金属坯料放在固定于模锻设备上的上、下锻模的模膛内，施加冲击力或压力，使坯料在模膛所限制的空间内产生塑性变形，从而获得锻件的锻造方法。模锻生产率高，锻件精度高、表面粗糙度低，可以锻出形状复杂的锻件。与自由锻相比，金属消耗大大减少，但模锻设备及锻模费用高，锻件大小受限制，故只适于中、小锻件的大批量生产。

1）模锻设备

模锻设备主要有模锻锤、热模锻压力机、平锻机、螺旋压力机、高速锤、多向模锻水压机和模锻水压机等，其中以模锻锤应用最为广泛。在模锻锤上进行模锻称为锤上模锻，锤上模锻的主要设备为蒸汽—空气模锻锤。蒸汽—空气模锻锤的工作原理与蒸汽—空气自由锻锤基本相同，主要区别在于模锻锤与砧座形成一体，且锤头与导轨的间隙比较小，保证了锤头上、下运动的准确性，锤击时便于对准上、下锻模。

2）锻模及锻件成形过程

锻模是用专用模具钢制造的，由带燕尾的上、下锻模组成，并通过紧固楔铁分别固定在锤头和模座上。根据锻件的形状和模锻工艺的安排，上、下锻模中都设有一定形状的凹腔，称为模膛。

锻造形状简单的锻件时，锻模上一般只开设一个模膛，也称为终锻模膛。单模膛锻模及锻件形成过程如图 4-2-11 所示。终锻模膛四周设有飞边槽，其作用是在保证金属充满模膛的基础上，容纳多余的金属以防止金属溢出模膛。由于飞边槽的存在，会使锻件沿分模面周围形成一圈飞边，最后用压力机将其切除。

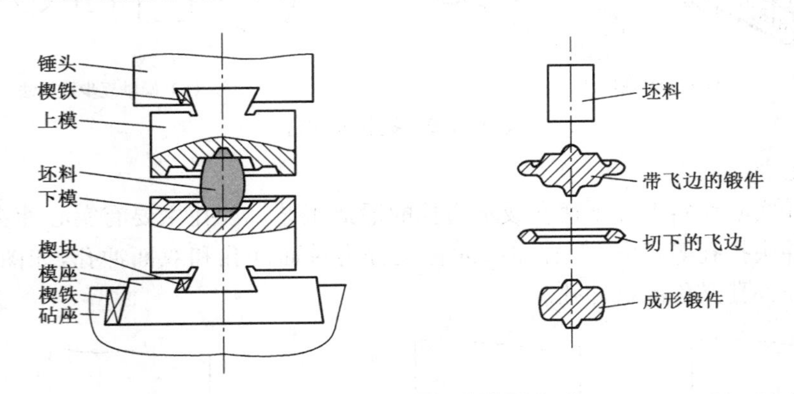

图 4-2-11 单模膛锻模及锻件成形过程

锻造形状复杂的锻件时，锻模上则需要设置多个模膛，根据模膛的功能，将其分为制坯模膛和模锻模膛两大类，其中制坯模膛又分为拔长（即延伸）模膛、滚压模膛、弯曲模膛、成形模膛、镦粗台阶、压肩面和切断模膛等；而模锻模膛又可分为预锻模膛和终锻模膛。

图 4-2-12 所示为弯曲连杆在多模膛锻模中进行锤上模锻时的成形过程。其中延伸模膛、滚压模膛、弯曲模膛均属于制坯模膛，坯料依次在这三个模膛内锻打，使其逐步接近锻件的基本形状，然后再将其分别放入预锻模膛和终锻模膛内进行预锻和终锻，最后放入切边模

内切去毛边，得到所需形状和尺寸的锻件。

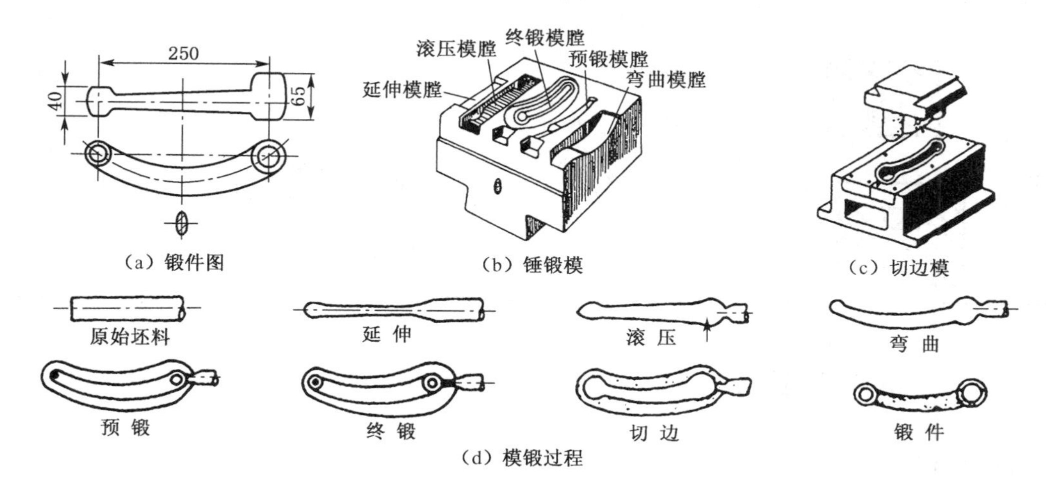

图 4-2-12　弯曲连杆的多模膛锻模及其成形过程

4.2.4　胎膜锻造

胎膜锻造是介于自由锻和模锻之间的一种锻造方法，是在自由锻设备上使用可移动的简单模具（胎膜）生产锻件的一种锻造方法。

与自由锻相比，胎膜锻锻件形状较准确，尺寸精度高，生产率较高。与模锻相比，胎膜结构简单，制造方便，无需昂贵的模锻设备，成本较低，因此，广泛用于中小锻件的中、小批量的生产。

胎模锻造时，一般先用自由锻造方法将坯料预锻成近似锻件的形状，然后将其放入胎膜模膛中，而胎膜不固定在锤头和砧座上，根据需要用工具夹持着自由地放在锤头下方的砧座上。用锻锤打至上、下模紧密接触时，坯料便会在模膛内形成所需要的锻件尺寸和形状。常用胎模的种类和结构及用途见表 4-2-3 所示。

表 4-2-3　胎模的种类、结构和用途

名称	简图	结构和用途	名称	简图	结构和用途
摔模		摔模由上摔、下摔及摔把组成。常用于回转体轴类锻件的成形或精整，或为合模制坯	合模		合模由上模、下模及导向装置组成。多用于连杆、拨叉等形状较复杂的非回转体锻件终锻成形
扣模		扣模由上扣、下扣组成，有时仅有下扣。主要用于非回转体锻件的整体、局部成形，或为合模制坯	弯模		弯模由上模、下模组成，用于钓钩、吊环等弯竿类锻件的成形，或为合模制坯

续 表

名称	简图	结构和用途	名称	简图	结构和用途
套模		套模由模套及上模、下模组成。用于齿轮、法兰盘等盘类零件的成形	冲切模		由冲头、凹模组成，用于锻后切边、冲孔

4.2.5 特种锻造简介

1) 精密模锻

精密模锻是在模锻设备上锻出形状复杂、精度较高锻件的模锻工艺。精密模锻时必须用相应的工艺措施来保证锻件的尺寸精度和表面质量等。如模具的设计与制造必须精确，一般要求锻模模膛的加工精度要高于锻件精度 1～2 级；严格控制坯料的下料尺寸精度；必须采用无氧化或少氧化的加热方法对坯料进行加热等。

2) 粉末锻造

粉末锻造是将各种粉末压制成预制形坯，加热后再进行模锻，从而获得尺寸精度高、表面质量好、内部组织细密的锻件。粉末锻造是粉末冶金和精密模锻相结合的新工艺，其工艺流程为：制粉→混粉→冷压制坯→烧结加热→模锻→机加工→热处理→成品，如图 4-2-13 所示。

粉末锻造特点如下：

① 锻件精度和表面质量均高于一般模锻件，可制造形状复杂的精密锻件，特别适合于热塑性不良材料的锻造，材料利用率高，可实现少或无切削加工。

② 变形过程是压实和塑性变形的有机结合，通过调整预制坯的形状和密度，可得到具有合理流向和各向同性的锻件。

③ 变形力小于普通模锻。

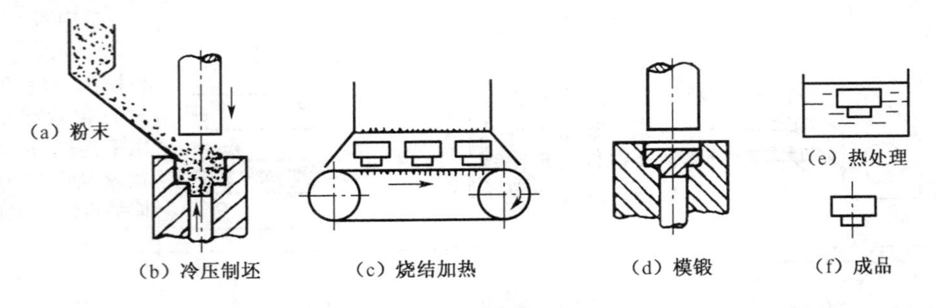

图 4-2-13 粉末锻造的流程图

3) 超塑性模锻

超塑性模锻是超塑性成形方法之一。所谓超塑性是指当材料具有晶粒度为 0.5～5 μm 的超细等轴晶粒，并在 $T=(0.5\sim0.7)T_{熔}$ 的成形温度范围和 $\varepsilon=(10^{-2}\sim10^{-4})$mm/s 的低应变速率下变形时，某些金属或合金呈现出超高的塑性和极低的变形抗力现象。在超塑性状态下使金属或合金成形的工艺方法称为超塑性成形。超塑性成形方法主要有超塑性模锻、超塑性挤压、超塑性板料拉深、超塑性板料气压成形等。这里只介绍超塑性模锻。

超塑性模锻是指将已具备超塑性的毛坯加热到超塑性变形温度，并以超塑性变形允许的应变速率，在压力机上进行等温模锻，最后对锻件进行热处理以恢复其强度的锻造方法。超塑性模锻可对高温合金、钛合金等难成形、难加工材料锻造出精度高、加工余量小，甚至不需加工的零件。

超塑性模锻已成功应用于军工、仪表、模具等行业中，如制造高强合金的飞机起落架、燃汽涡轮零件、注塑模型腔及特种齿轮等，实现了锻件无切削或少切削加工的新途径。

4.3 板料冲压技术

冲压主要用来制造强度高、刚性大、结构轻的板壳类零件，如仪表罩壳、手表齿轮等。冲压件一般用低碳钢板、铜板或铝板等制造。

板料冲压是在压力机（冲床）上，通过冲模使金属或非金属板料产生分离或变形，从而获得所需形状和尺寸制件的加工方法。板料冲压一般在室温下进行，又称冷冲压。

4.3.1 冲压设备

板料冲压的主要设备是压力机，亦称冲床。压力机种类繁多，图 4-3-1 为开式双柱可倾式压力机（冲床）的外观图和传动简图。压力机由电动机驱动，经 V 带减速系统及离合器带动曲轴旋转；再通过曲柄连杆机构，使滑块沿导轨做上下往复运动。冲模的下模板固定在工作台上；上模板安装在滑块下端，随着滑块做上下往复运动，从而完成冲压动作。

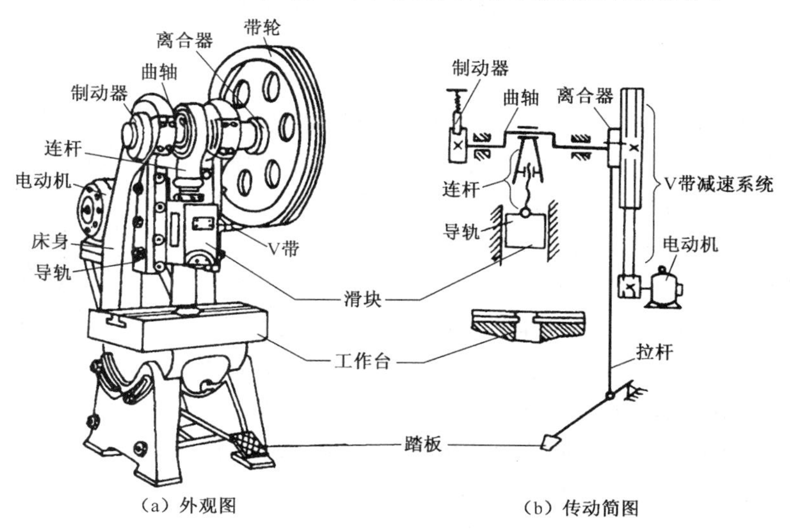

图 4-3-1 开式双柱冲床

4.3.2 冲压基本工序

冲压工艺按其变形性质可分为材料的分离与成形两大类，其中材料的分离主要包括剪切、冲裁(落料和冲孔)、切边、剖切等工序；材料的成形主要包括弯曲、卷圆、扭曲、拉深、翻边、胀形、挤压等工序。下面将简单介绍几种常见冲压工序。

1）剪切

剪切是使板料沿不封闭的轮廓分离的冲压工序，通常在剪床(剪板机)上进行，其目的是将原始板料剪切成一定宽度的长条坯料，以便在下一步的冲压工序中进行送料，因此，剪切工序通常作为其他冲压工序的准备工序。

2）冲裁

冲裁是使板料在冲模刃口作用下，沿封闭轮廓分离的冲压工序，冲裁包括落料和冲孔，如图 4-3-2 所示。落料和冲孔的操作方法和板料分离的过程是相同的，只是其用途不同。

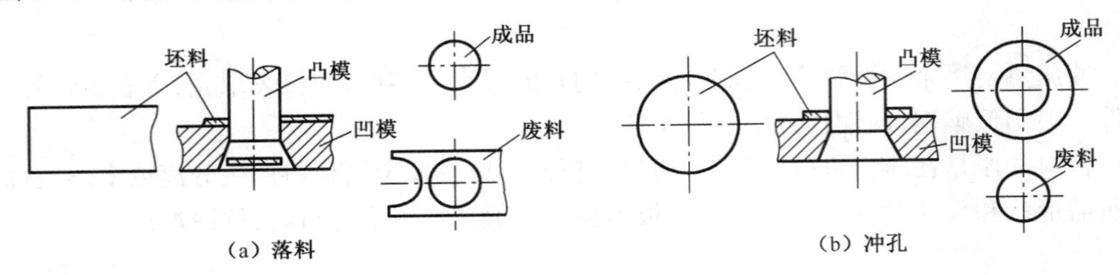

图 4-3-2　落料和冲孔

(1) 落料

落料是用冲裁模从坯料上冲下所需要的块料，(图 4-3-2a)，冲下的部分作为工件或进一步加工的半成品，其余部分则为废料。

(2) 冲孔

冲孔是用冲裁模在半成品工件(或坯料)上冲出所需要的孔洞(图 4-3-2b)。冲下的部分是废料，而冲孔后的板料本身(周边)是工件。

3）弯曲

弯曲是利用弯曲模具将坯料(工件)弯成具有一定曲率和角度的冲压变形工序，如图 4-3-3 所示。金属坯料在凸模的压力作用下，按凸模和凹模的形状发生弯曲变形。弯曲变形不仅可以加工板料，也可加工管子等型材。

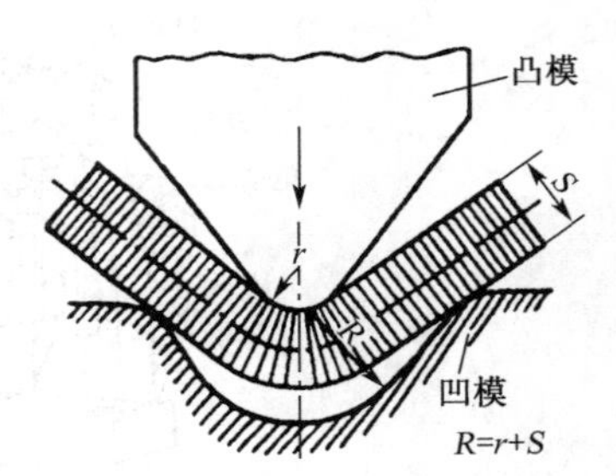

图 4-3-3　弯曲过程简图

弯曲变形时，在弯曲部位，其内侧金属被压缩，容易起皱，外侧金属被拉伸，容易拉裂。而弯曲半径 r 越小，拉伸和压缩变形程度越大。按坯料的材质和厚度不同，对最小弯曲半径应有所限制，一般规定弯曲半径 r 值应大于(0.25～1)S，S 为板厚。

由于在弯曲过程中，受弯部位金属发生弹—塑性变形，因此弯曲件的角度比弯曲模的角度略有增大(一般回弹角度为 0°～10°)。

4）拉深

拉深是利用拉深模具将平直的板料压制成空心工件的冲压成形工序，如图 4-3-4 所示。将平直板料（坯料）放在凸模和凹模之间，并由压边圈适当压紧，其作用是防止坯料在厚度方向变形。在凸模的压力作用下，金属坯料被拉入凹模后变形，最终被拉制成杯形或盒形的空心工件，并且其壁厚基本不变。

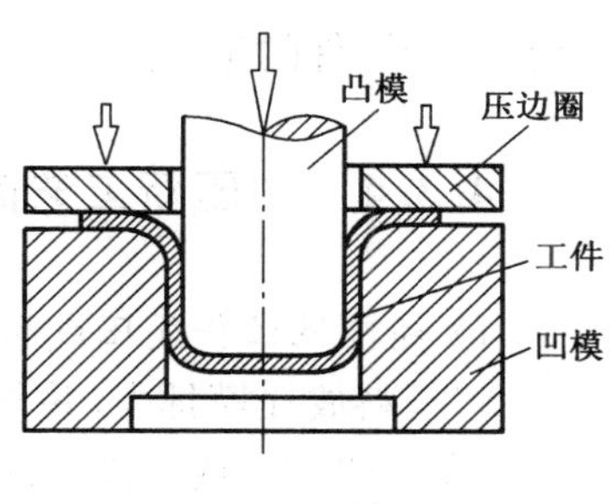

图 4-3-4　拉深

4.3.3　冲压模具

冲压模具（简称冲模）是使坯料分离或变形必不可少的工艺装备，按其功能不同，可分为简单模、连续模和复合模三种。

1）简单模

在冲床的一次行程中只完成一道冲压工序的模具称为简单模，如图 4-3-5 所示。简单模结构简单、制造容易，但其生产率低，只适用于小批量、低精度冲压件的生产。

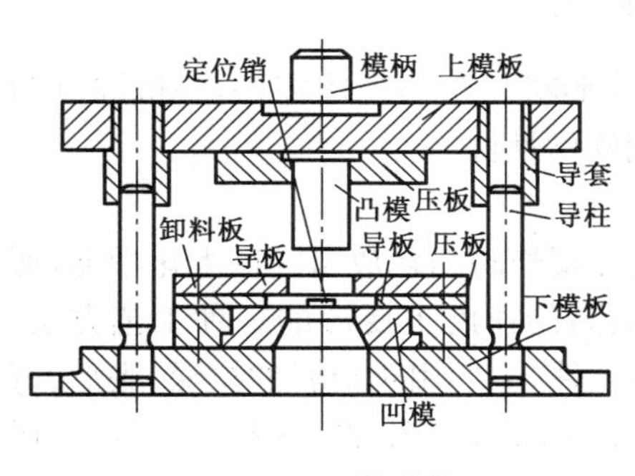

图 4-3-5　简单模

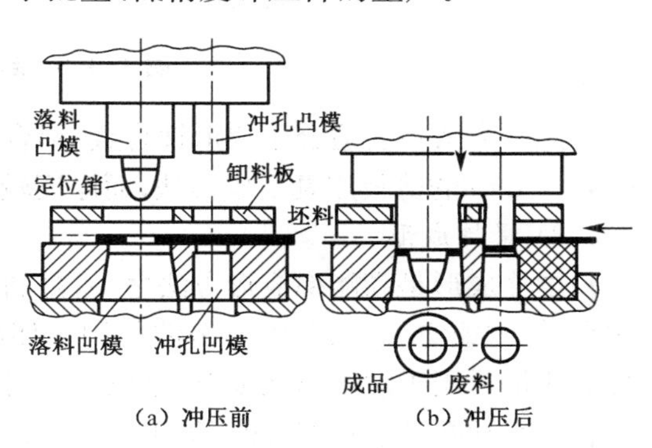

图 4-3-6　落料和冲孔连续冲模

2）连续模

在冲床的一次冲程中，在模具的不同工位上能同时完成两道或两道以上冲压工序的模具，称为连续模，图 4-3-6 为落料和冲孔的连续模，即在一次冲程内，可同时完成落料和冲孔两个工序。连续模生产率较高，适合于大批量、一般精度冲压件的生产。

3）复合模

在冲床的一次冲程中，在模具的同一工位上能完成两道或两道以上冲压工序的模具，图 4-3-7 为落料及拉深复合冲模。复合模结构复杂，但其具有较高的生产率，适于大批量、

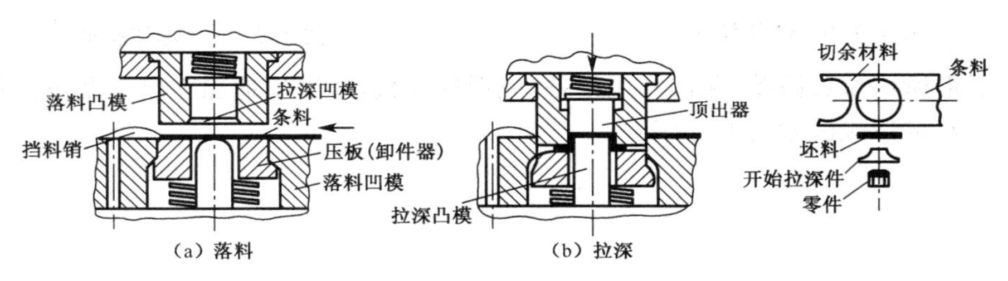

图 4-3-7　落料及拉深复合冲模

高精度冲压件的生产。

4.3.4 冲压新工艺简介

1）超塑性板料气压成形

将板料放在模具中，并与模具一起加热到超塑性温度后，将模具内的空气抽出（真空成形，见图 4-3-8a）或向模具内吹入压缩空气（吹塑成形，见图 4-3-8b），利用气压使板料紧贴在模具上，从而获得所需形状和尺寸的工件。

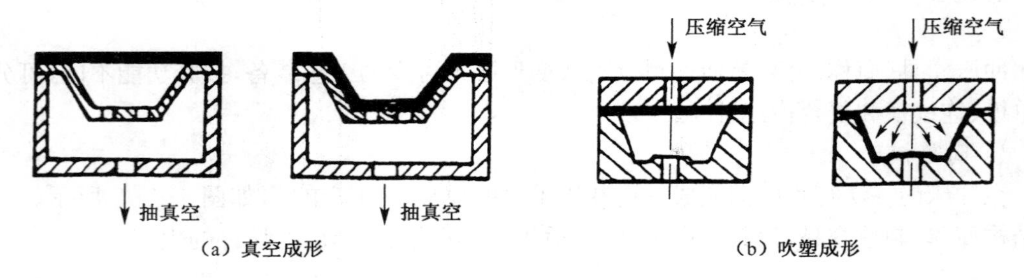

（a）真空成形　　（b）吹塑成形

图 4-3-8　超塑性板料气压形成

此种方法主要适合于成形钛合金、铝合金、锌合金等形状复杂的壳体零件，一般厚度为 0.4～4 mm 的薄板用真空成形法，而厚度较大的板料用吹塑性法。

2）爆炸成形

爆炸成形是高能率成形方法之一，是利用高能炸药在爆炸瞬间释放出的巨大化学能，通过介质（水或空气）以高压冲击波作用于坯料，使其在极高的速度下变形的一种工艺方法。爆炸成形适用于加工形状复杂、难以用成对钢模成形的工件，主要用于板料的拉深、胀形、弯曲、翻边、冲孔、压花纹等冲压加工，图 4-3-9 所示为爆炸拉深示意图，图 4-3-10 所示为爆炸胀形示意图。

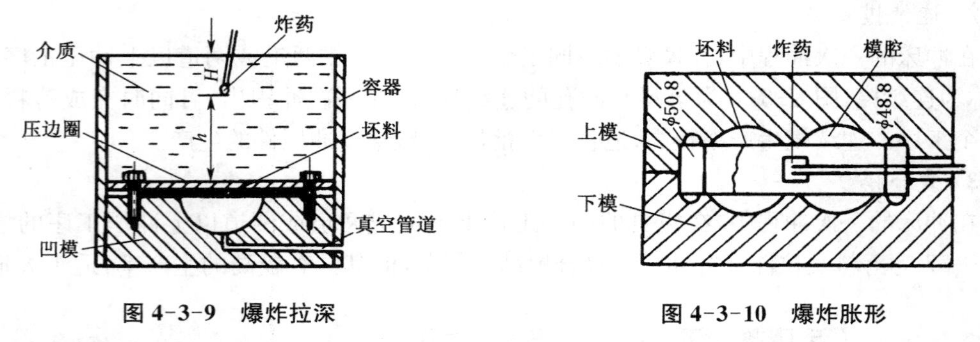

图 4-3-9　爆炸拉深　　图 4-3-10　爆炸胀形

爆炸成形所用模具简单、无需冲压设备、成形速度快，能简单地加工出大型板材零件等，尤其适合于小批量或试制大型冲压件。

复习思考题

1. 锻压成形的实质是什么？与铸造相比，锻压有哪些特点？
2. 什么叫自由锻？试述自由锻的特点及应用？
3. 自由锻件与模锻件在结构上有何不同？为什么？
4. 剪切与冲裁、冲孔与落料各有何不同？
5. 冲裁模与拉深模在结构上有何不同？为什么？
6. 超塑性模锻与普通模锻相比，具有哪些特点？

5 焊接技术与项目实训

焊接是通过加热或加压，或两者并用，用或不用填充材料，使工件达到原子结合的一种工艺方法。焊接作为金属材料连接成形方法之一，具有焊接质量可靠、生产率高、制造成本低等优点。在现代制造技术中已成为必不可少的工艺方法，在能源、交通运输、建筑、尤其在机械制造领域发挥着越来越重要的作用。

焊接方法种类很多，根据焊接过程的特点，可分为熔化焊、压力焊和钎焊三大类。熔化焊是利用局部加热的手段，将工件的焊接处加热到熔化状态并形成熔池，然后冷却结晶，形成焊缝的焊接方法。压力焊是在焊接过程中，对工件加压（加热或不加热）完成焊接的方法。钎焊是利用熔点比母材低的填充金属熔化后填充接头间隙并与固态的母材相互扩散实现连接的焊接方法。

常用焊接方法归纳如下：

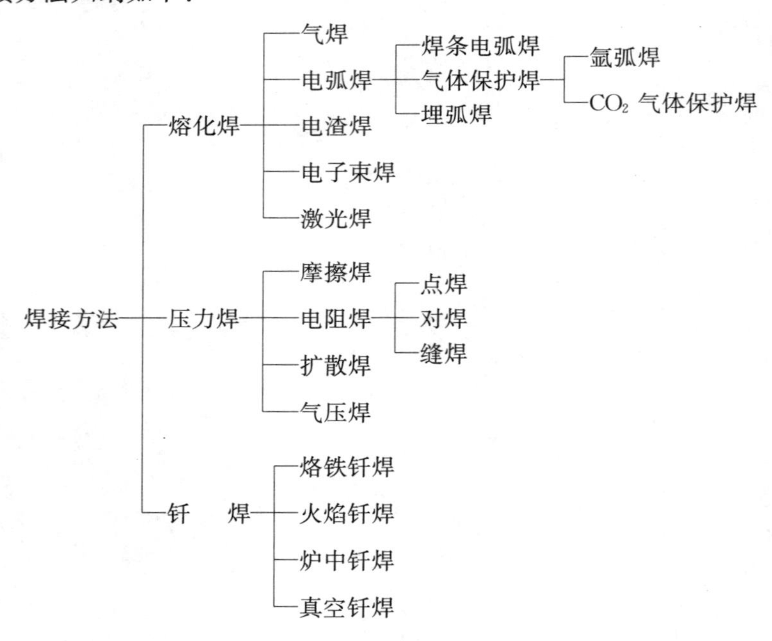

5.1 焊接项目实训

5.1.1 实训目的和要求

(1) 了解焊接生产工艺过程、特点和应用。

(2) 熟悉焊条电弧焊的原理。
(3) 了解焊条电弧焊机的种类、结构、性能和使用方法。
(4) 掌握焊条电弧焊的基本操作要领。
(5) 了解气焊设备、原理、气焊火焰、焊丝及焊剂的作用;掌握气焊基本操作要领。
(6) 熟悉氧气切割的原理、过程和金属气割的条件;掌握气割基本操作要领。
(7) 了解二氧化碳气体保护焊设备、原理;掌握二氧化碳气体保护焊基本操作要领。
(8) 了解其他常用焊接方法及先进的焊接新技术。

5.1.2 实训安全守则

(1) 焊接设备的安装、修理及日常维护应由专业人员进行。
(2) 使用焊接设备前必须检查电器线路及焊接设备机壳接地是否良好,以免触电。
(3) 开动电焊机前应检查电焊钳焊柄是否绝缘良好,防止焊钳与工件直接接触,造成短路烧坏焊机;焊钳不用时应放在绝缘体上。
(4) 焊接时所用照明灯的电压不得超过 36 V。
(5) 焊接时操作人员必须穿焊工工作服、戴焊工专用手套及焊工防护面罩。严防烫伤及灼伤眼睛。
(6) 电焊设备如有故障应立即停止使用,并报告实习指导教师经专业人员检查、修理。
(7) 进行气焊、气割操作前,应检查焊炬、割炬的射吸能力及是否漏气;焊嘴、割嘴是否有堵塞、胶管是否有漏气等。
(8) 在焊、割过程中如遇明火,应迅速关闭氧气阀,然后关闭乙炔气阀,报告实习指导教师后等待处理。

5.1.3 项目实训内容

(1) 焊条电弧焊基本操作训练。
(2) 气焊、气割基本操作训练。
(3) 二氧化碳气体保护焊基本操作训练。

5.2 焊条电弧焊

焊条电弧焊是用手工操纵电焊条进行焊接的一种电弧焊方法。焊条电弧焊设备结构简单、成本低、工艺灵活、安装使用方便,适于各种场合的焊接,因此应用比较广泛。

5.2.1 焊条电弧焊焊接系统

焊条电弧焊焊接系统主要由焊机(电源)、焊接电缆、焊钳、焊条和焊件组成,如图 5-2-1a

所示。焊接前，将焊钳和焊件分别接到焊机输出端的两极，并用焊钳夹持焊条；焊接时，采用接触短路引弧法引燃电弧，然后提起电焊条并保持一定高度，使电弧稳定燃烧，电弧燃烧产生的高温使焊条和焊件局部被加热至熔化状态，焊条端部熔化后的熔滴和焊件局部熔化的母材熔合在一起形成熔池。施焊过程中，随着焊条和电弧的不断移动，新的熔池不断产生，而原先形成的熔池逐步冷却、结晶形成焊缝(见图 5-2-1b)。

在焊接过程中，焊条和药皮熔化后会产生某种气体和熔渣，产生的气体充满电弧和熔池周围的空间，起到隔绝空气的作用；液态熔渣浮在液体金属表面，起保护金属液体的作用；熔化的焊条金属不断向熔池过渡，形成连续的焊缝。熔池中的液态金属、液态熔渣和气体之间进行着复杂的冶金反应，这种反应对焊缝质量影响较大。

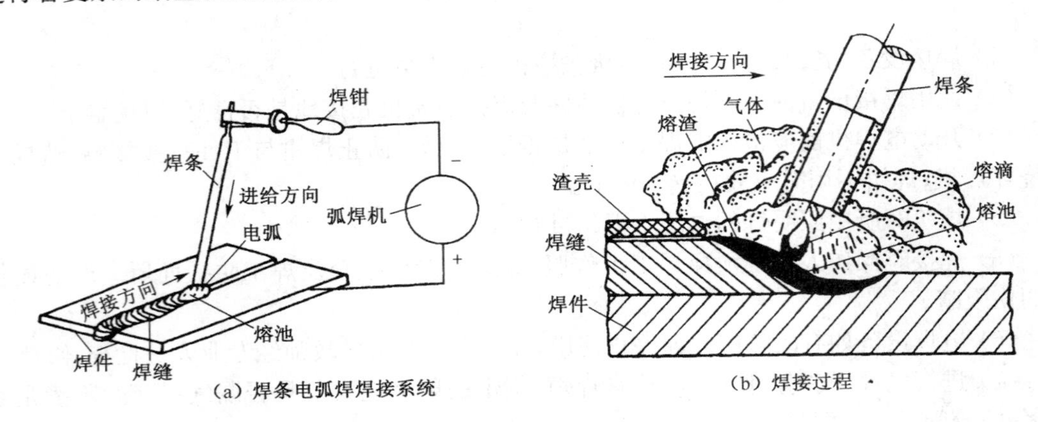

图 5-2-1　焊条电弧焊及其焊接过程

5.2.2　焊条电弧焊设备

1) 电弧焊机

常用的电弧焊机有交流弧焊机和直流弧焊机两大类。

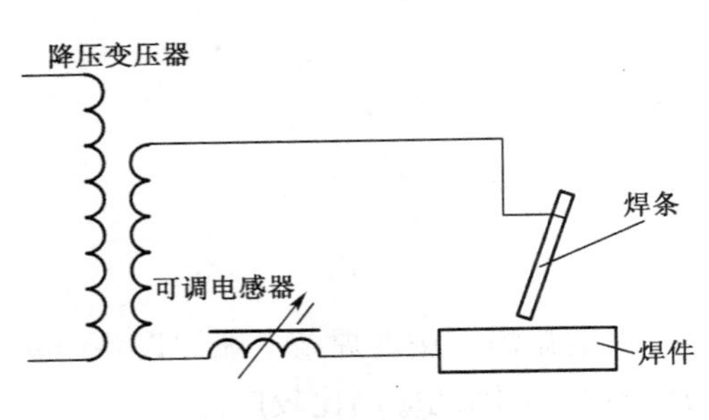

图 5-2-2　弧焊变压器工作原理图

图 5-2-3　BX3 - 300 型弧焊机

(1) 交流弧焊机

交流弧焊机是以弧焊变压器为核心的焊接设备。弧焊变压器的工作原理如图 5-2-2 所示。图中可调电感器用于调节下降外特性、稳定焊弧和调节电流。它可将工业用的

220 V 或 380 V 电压降到 60～90 V(焊机的空载电压)，以满足引弧的需要。焊接时，随着焊接电流的增加，电压自动下降至电弧正常工作时所需的电压，一般为 20～40 V。而在短路时，又能使短路电流不致过大而烧毁电路或变压器本身。

交流弧焊机具有结构简单、噪音小、成本低、使用维修方便等优点，但电弧稳定性不足。焊接时优先选用交流弧焊机。图 5-2-3 所示为 BX3－300 型弧焊机。

(2) 直流弧焊机

直流弧焊机分为整流式直流弧焊机和旋转式直流弧焊机。

① 整流式直流弧焊机　整流式弧焊机是以弧焊整流器为核心的焊接设备。弧焊整流器将交流电经变压器降压并整流成直流电源供焊接使用。常用的直流弧焊机有硅整流式直流弧焊机和晶闸管式整流直流弧焊机。图 5-2-4 所示为 ZXG－300 型硅整流式直流弧焊机。

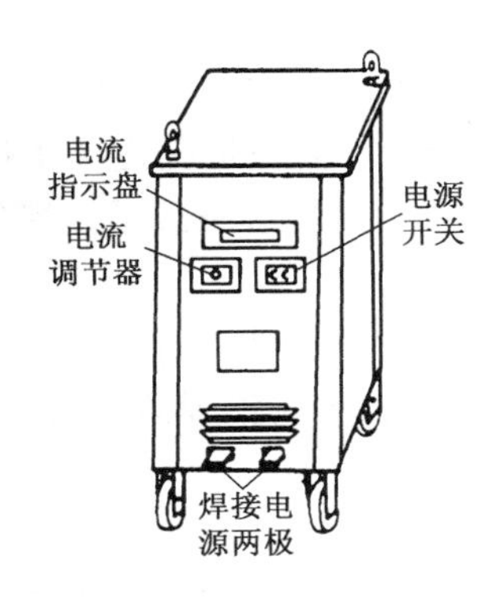

图 5-2-4　硅整流式直流弧焊机

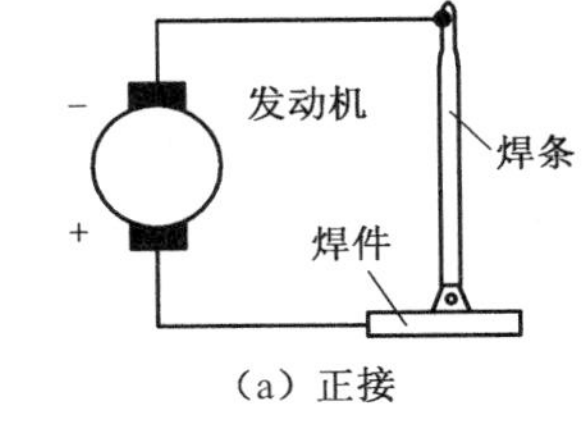

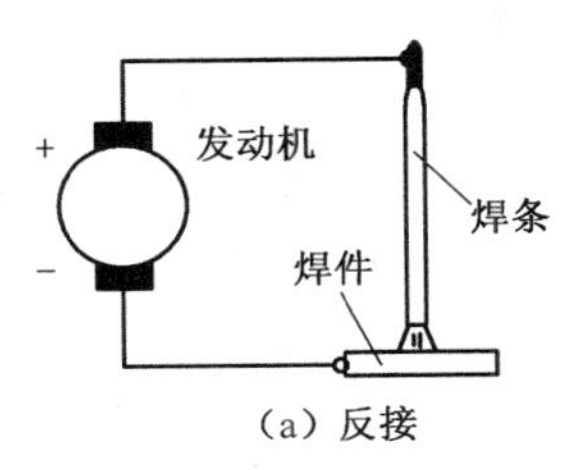

图 5-2-5　直流弧焊机的正反接法

直流弧焊机输出端有正、负极之分，焊接时电弧两端极性不变。弧焊机的正、负两极与焊条、焊件有两种不同的接法，如图 5-2-5 所示。将焊件接弧焊机正极、焊条接负极，这种接法称正接、又称正极性(图 5-2-5a)；反之，将焊条接至弧焊机正极，焊件接至负极称为反接，又称反极性(图 5-2-5b)。在焊接厚板时，一般采用直流正接，因为电弧正极的温度和热量比负极高，采用正接能获得较大的熔深；焊接薄板时一般采用直流反接，以防焊件被烧穿。但在使用碱性焊条时，均采用直流反接。

② 旋转式直流弧焊机　它是由一台三相感应电动机和一台直流弧焊发动机组成，结构比较复杂、价格高、使用噪音大，且维修困难，已逐步被整流式直流弧焊机所取代。

2) 焊条

焊条的基本结构如图 5-2-6 所示，焊条中的金属丝部分称为焊芯。压涂在焊芯表面上的涂料称为药皮；而焊条尾部裸露的金属端部称为夹持端供焊钳夹持用。

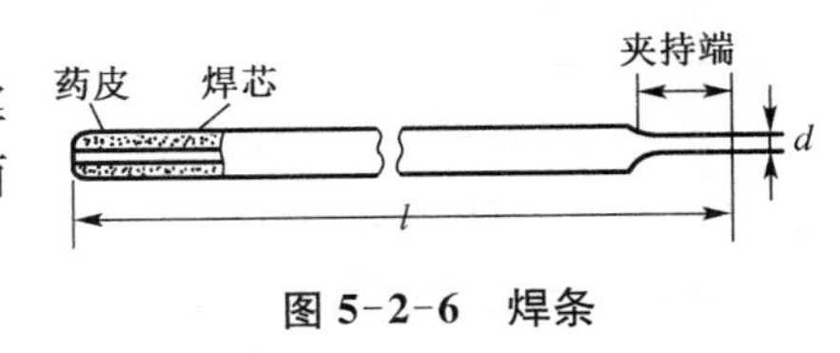

图 5-2-6　焊条

(1) 焊芯

焊芯是具有一定长度和直径的金属丝。焊接时，焊芯一方面传导焊接电流、产生电弧作用，同时焊芯自身熔化后作为填充金属与液体母材金属熔合形成焊缝；另一方面还能调节焊缝中合金元素的成分。常用焊芯材料有碳素钢、合金钢和不锈钢三种。普通电焊条的焊芯都是用碳素钢制成的，其规格见表 5-2-1。

表 5-2-1　碳素钢焊条焊芯尺寸

焊芯直径(mm)	1.6	2.0	2.5	3.2	4.0	5.0	5.6	6.0	6.4	8.0
焊芯长度(mm)	200～250	250～350		350～450			450～700			

常用碳素结构钢焊芯牌号有 H08A、H08MnA、H15Mn 等。

(2) 药皮

① 药皮的作用　能保证电弧的稳定,使焊接正常进行;保护熔池,隔绝空气中的氮、氧等气体对熔池冶金过程的影响,并能生成熔渣盖在焊缝表面,有利于降低焊缝的冷却速度,防止产生气孔,改善焊缝的性能;同时,药皮中的合金元素参与熔池中的冶金过程,可控制焊缝的化学成分,如脱氧、脱硫和脱磷,这些都有利于焊接质量的提高。

② 药皮的组成和类型　药皮是由多种原料按一定的配方组成的。药皮的组成成分中有稳弧剂、造渣剂、脱氧剂等。其中造渣剂是药皮的基本组成成分。

采用不同材料、按不同的配比设计药皮可适用于不同焊接需求的药皮类型。常用药皮类型有碳素钢和低合金钢药皮、不锈钢焊条药皮和铬钼钢焊条药皮。而根据药皮产生熔渣的酸碱性,又将药皮分为酸性药皮和碱性药皮,与之相应的焊条称为酸性焊条或碱性焊条。

(3) 焊条的种类

焊条的种类很多,通常根据焊条的用途和焊条药皮形成熔渣的酸、碱性进行分类。

① 按焊条用途分类　可将焊条分为碳素钢焊条、低合金钢焊条、不锈钢焊条、铸铁焊条等。表 5-2-2 列出了各类焊条、代号及应用范围。

表 5-2-2　焊条的分类、代号及应用范围

类　别	代　号	应用范围
碳素钢焊条	E	用于强度等级较低的碳素钢和低合金钢的焊接
低合金钢焊条	E	用于低合金高强度钢、含合金元素较低的钼和铬耐热钢及低温钢的焊接
不锈钢焊条	E	用于含合金元素较高的钼和铬钼耐热钢及各类不锈钢的焊接
堆焊焊条	ED	用于金属表面堆焊
铸铁焊条	EZ	用于铸铁的焊接和补焊
铜及铜合金焊条	ECu	用于铜及铜合金的焊接、补焊或堆焊
铝及铝合金焊条	TAl	用于铝及铝合金的焊接、补焊或堆焊
特殊用途焊条	TS	用于水下焊接、切割

② 按药皮形成熔渣的化学性质分类　分酸性焊条和碱性焊条。酸性焊条是指熔渣中主要以酸性氧化物为主。酸性焊条能交、直流焊机两用,焊接工艺性较好,但焊缝的力学性能、特别是冲击韧度较差,适于一般的低碳钢和相应强度等级的低合金钢的焊接;碱性焊条是指焊条熔渣中主要以碱性氧化物为主,碱性焊条一般用于直流焊机,只有在药皮中加入较多稳弧剂后,才适于交、直流焊机两用。碱性焊条脱硫、脱磷能力强,焊缝金属具有良好的抗裂性和力学性能,特别是冲击韧度很高,但工艺性能差,主要适用于合金钢及承受动载荷的低碳钢重要结构的焊接。

(4) 焊条的选用

焊条的选用原则除遵循焊缝和母材具有相同等级的力学性能外，还要根据焊件的结构及焊件的工作条件等选择焊条。

① 根据母材的化学成分和性能选用焊条　低碳钢和低合金钢的焊接，一般应按强度等级要求选用焊条，即焊条的抗拉强度不应低于母材。对于某些裂纹敏感性较高的钢种，或刚度较大的焊接结构，焊条的抗拉强度稍低于母材有利于抗裂能力的提高。

② 根据焊件的工作条件选用焊条　在高温条件下工作的焊件，应选用耐热钢焊条；在低温条件下工作的焊件，应选用低温钢焊条；接触腐蚀介质的焊件，选用不锈钢焊条；承受动载荷或冲击载荷的焊件应选用强度足够、塑性、韧性较高的低氢型焊条。

③ 根据焊件结构的复杂程度和刚度选用焊条　形状复杂、结构刚度大且厚度大的焊件，由于焊接过程中产生较大的焊接应力，宜选用抗裂性能好的低氢型焊条。

3) 焊钳、焊接电缆及其他辅助工具

(1) 焊钳

焊钳是用以夹持焊条并传导电流进行焊接的工具。要求其导电性能好、重量轻，能在各个角度夹住各种型号的焊条，长期使用不发热。常用焊钳的构造如图 5-2-7 所示。

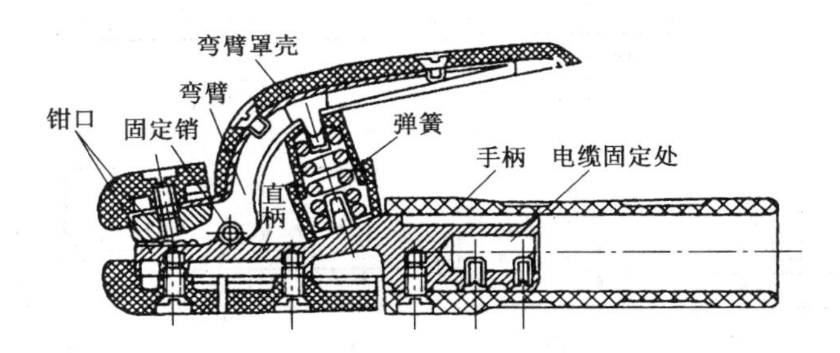

图 5-2-7　焊钳的构造

(2) 焊接电缆

焊接电缆是用多股细铜丝绕制而成的，其截面积应根据焊接电流和导线长度来选用。其作用是用于连接焊机与焊件、焊机与焊钳。

(3) 焊接辅助工具

焊接辅助工具有面罩、电焊手套及焊缝清渣工具等。其中面罩是防止焊接时产生的飞溅、弧光及其他辐射对焊工面部及颈部损伤的一种防护工具，施焊时必须戴好面罩，并通过护目镜观察熔池，掌握并控制焊接过程。电焊手套用皮革制成，焊接时必须戴上电焊手套以保护双手不受弧光及飞溅物的伤害。焊缝的清渣工具主要有敲渣锤、錾子、钢丝刷等，用于清除焊渣，以便检查焊缝质量。

5.2.3　焊条电弧焊焊接工艺

为了满足焊件的结构设计及使用性能要求，必须确定合理的焊接工艺方案，焊接工艺是否合理，直接影响焊接质量和生产率。焊条电弧焊的焊接工艺主要包括确定焊接接头的形式、坡口的形式及尺寸、焊接的空间位置等；选择焊接电源的种类和极性以及重要的焊接参数等。

1）焊接接头的形式、坡口的形式及尺寸

焊条电弧焊常用的接头形式有对接接头、角接接头、T 形接头和搭接接头。焊接接头主要根据焊接结构形式、焊件厚度、焊缝强度及施工条件等情况进行选择。由于对接接头受力比较均匀，焊缝能承受很高的强度，且外形平整、美观，是应用最多的一种接头形式。为使焊件能焊透，当焊接件较薄时，只要在焊接接头外留有一定间隙即可；当焊接件较厚时，常将焊件接头处的边缘加工成一定形状的坡口，以满足焊接要求。

焊接接头、坡口形式及尺寸见表 5-2-3。

表 5-2-3　焊条电弧焊焊接接头的基本形式和尺寸

接头形式	坡口形式及尺寸
对接接头	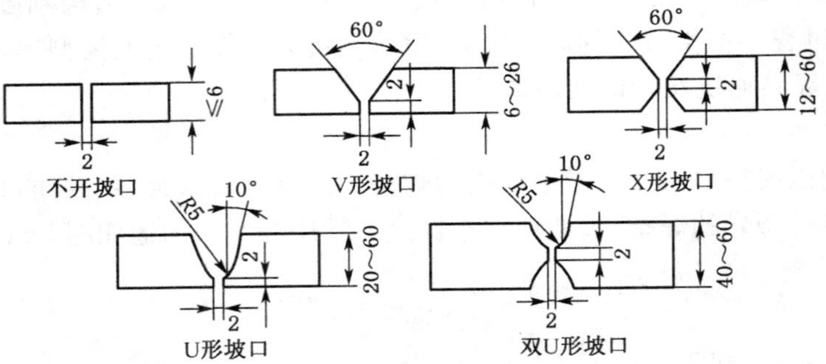 不开坡口（≤6，2）；V形坡口（60°，6~26，2，2）；X形坡口（60°，12~60，2，2）；U形坡口（R5，10°，20~60，2，2）；双U形坡口（R5，10°，40~60，2，2）
T形接头	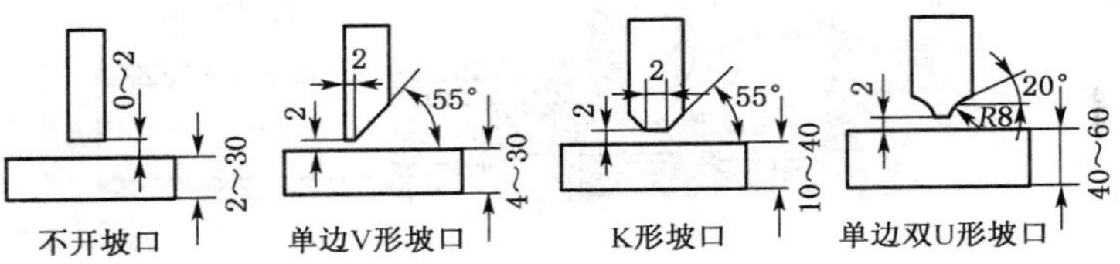 不开坡口（0~2，2~30）；单边V形坡口（2，2，55°，4~30）；K形坡口（2，2，55°，10~40）；单边双U形坡口（2，20°，R8，40~60）
角接接头	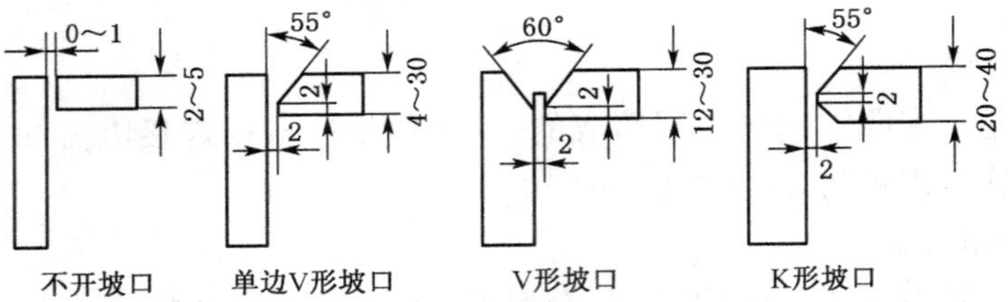 不开坡口（0~1，2~5）；单边V形坡口（55°，2，2，4~30）；V形坡口（60°，2，2，12~30）；K形坡口（55°，2，2，20~40）
搭接接头	 δ，L，L>4δ；塞焊

2）焊接空间位置

在实际生产中，焊缝可以在空间不同的位置施焊，按焊缝在空间的位置，可分为平焊、立焊、横焊和仰焊，如图 5-2-8 所示。

3）焊接电源和极性

焊条电弧的焊接电源有交流和直流两种。使用酸性焊条时，一般采用交流电焊机，只有使用酸性焊条焊接薄板时，才使用直流电焊机且反接。如果使用低氢焊条时也采用直流焊

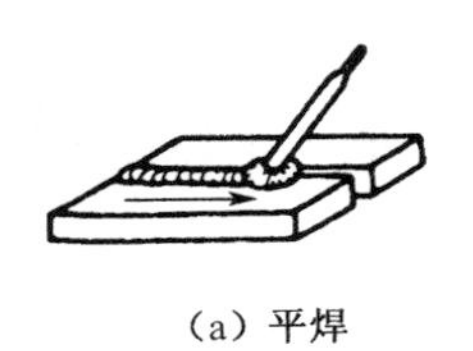
(a) 平焊

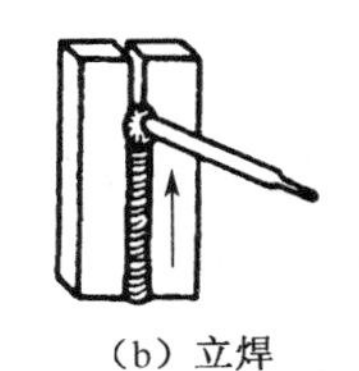
(b) 立焊

(c) 横焊

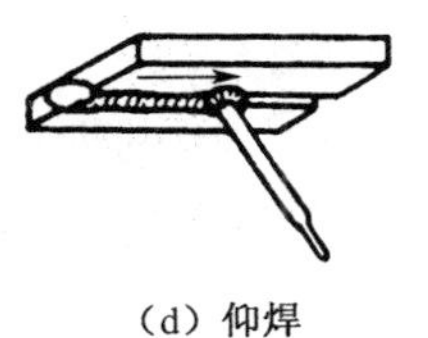
(d) 仰焊

图 5-2-8　焊缝的空间位置

机并反接。

4) 焊接工艺参数

焊条电弧焊的焊接工艺参数主要有焊条直径、焊接电流、电弧电压、焊接速度及焊接层数等。

(1) 焊条直径

焊条直径应根据焊件的厚度、焊缝位置、坡口形式等因素选择。焊件厚度大，选用直径较大焊条；坡口多层焊接时，第一层用直径较小的焊条，其余各层用直径较大焊条；非平焊位置的焊接，宜选用直径较小的焊条。焊条直径的选择参见表 5-2-4。

表 5-2-4　焊条直径选择

焊件厚度(mm)	2	3	4～7	8～12	≥13
焊条直径(mm)	1.6～2.0	2.5～3.2	3.2～4.0	4.0～5.0	4.0～5.8

(2) 焊接电流

焊接电流直接影响焊接过程的稳定性和焊缝质量。一般情况下，焊接电流的大小首先应根据焊条直径来确定。然后再根据焊件厚度、接头形式、焊接位置、焊条种类等因素来进行必要的修正。表 5-2-5 给出了焊接电流与焊条直径的关系。

表 5-2-5　焊接电流与焊条直径的关系

焊条直径(mm)	焊接电流(A)	焊条直径(mm)	焊接电流(A)
1.6	25～40	4.0	150～200
2.0	40～70	5.0	180～260
2.5	50～80	5.8	220～300
3.2	80～120	—	—

(3) 电弧电压

焊接时，电弧两端的电压称为电弧电压，其值取决于电弧长度。电弧长，电弧电压高；电弧短，电弧电压低。电弧过长时，电弧不稳定，焊缝容易产生气孔。一般情况下，尽量采用短弧操作，且弧长一般不超过焊条直径，多为 2～4 mm。使用碱性焊条或在立焊、仰焊时，电弧长度应比平焊时短，有利于熔滴过渡。

(4) 焊接速度

焊接速度是指焊条沿焊接方向移动的速度。焊接速度慢，则焊缝宽而高；焊接速度快，则焊缝窄而低。焊接速度由焊工凭经验而定。施焊时应根据具体情况控制焊接速度，在外观上，达到焊缝表面几何形状均匀一致且符合尺寸要求。

(5) 焊接层数

对于中厚板的焊接，除了两面开坡口之外，还要采取多层焊接才能满足焊接质量要求。具体需要焊接多少层，应根据焊缝的宽度和高度来确定。

5.2.4 焊条电弧焊操作

焊条电弧焊操作过程主要有焊前准备、引弧、运条、焊道连接、焊道收尾及焊后清理和检查等。

1) 焊前准备

焊前准备包括接头清理、组成电焊系统和引弧等操作。焊接前首先将焊件接头处油污、铁锈等清除干净，以便于引弧、稳弧和保证焊缝质量；然后根据焊件结构和焊接工艺要求，将焊机、焊钳及焊件用电缆连接起来组成电焊系统，用焊钳夹持好焊条尾部，准备引弧。

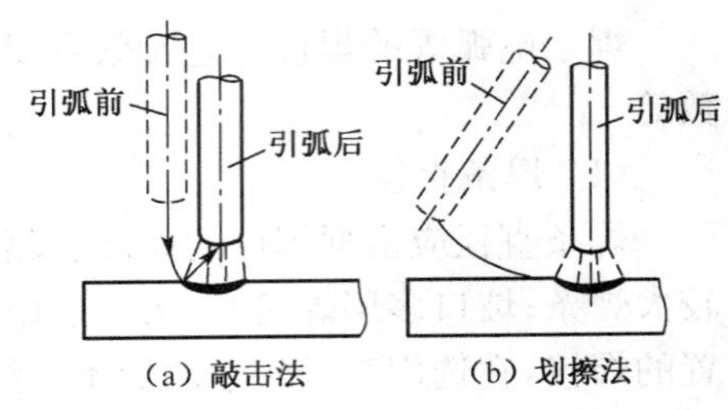

图 5-2-9 引弧方法

2) 引弧

使焊条端部与焊件金属之间产生稳定电弧的操作即为引弧。引弧方法有划擦法和敲击法两种，如图 5-2-9 所示。划擦法引弧是将焊条对准焊件，在其表面上轻微划擦形成短路，然后迅速将焊条向上提起 2～4 mm 的距离，电弧即被引燃；敲击法引弧是将焊条对准焊件并在其表面上轻敲形成短路，然后迅速将焊条向上提起 2～4 mm 的距离，电弧即被引燃。

3) 运条

运条是焊接过程中最重要的环节，它直接影响焊缝的外表成形和内在质量。运条是在引弧后进行的，焊接时焊条要同时完成三种基本运动：向熔池方向逐渐送进；沿焊接方向逐渐移动；沿焊缝横向摆动，如图 5-2-10 所示。运条方法有直线往复式运条、锯齿形运条、月牙形运条和三角形运条等，具体操作时应根据接头形式、坡口形式、焊接位置、焊条直径和性能、焊接工艺要求及焊工的技术水平来选择合适的运条方式。平焊时焊条的角度如图 5-2-11 所示。

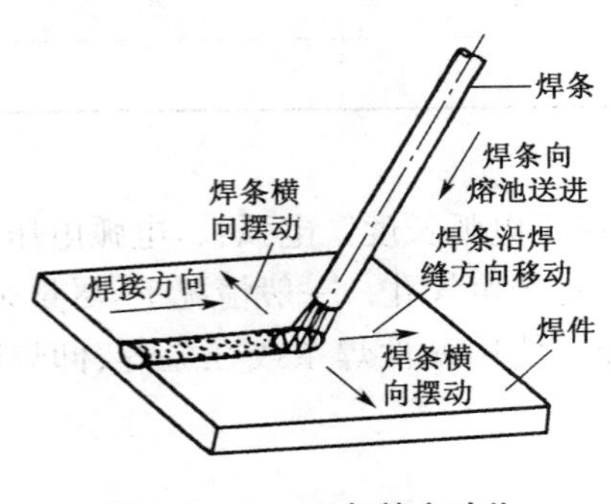

图 5-2-10 运条基本动作

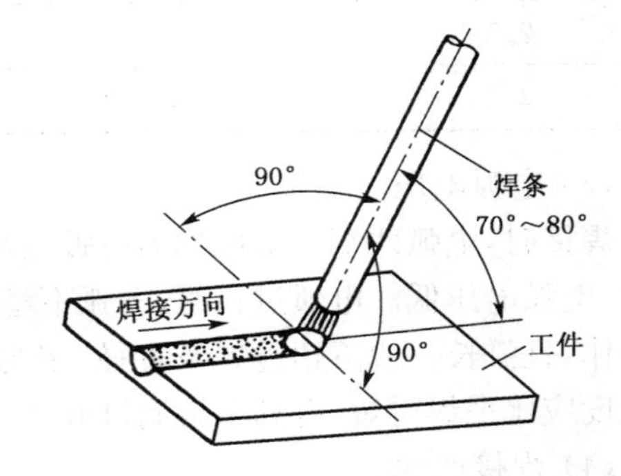

图 5-2-11 平焊时的焊条角度

4）焊道连接

焊接长焊缝时，需要不断更换焊条继续焊接下去，直到形成一道长焊缝。更换焊条后，焊道连接处容易发生夹渣、气孔等缺陷。因此，在焊道连接时必须采取适当的方式以避免产生缺陷，图 5-2-12 所示为常见的焊道接头的四种连接方式。

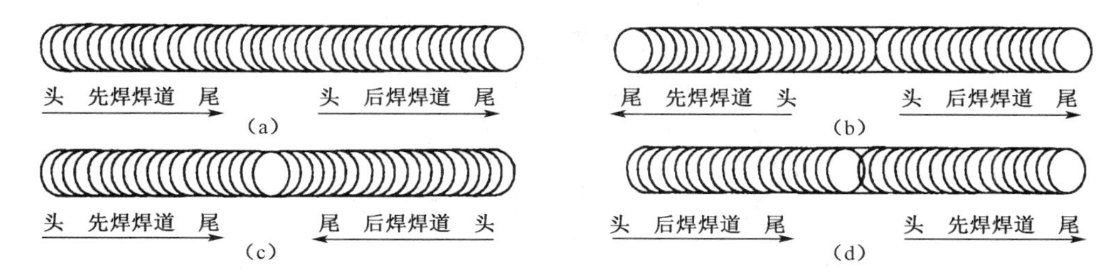

图 5-2-12 焊道接头的连接方式

5）焊道收尾

焊缝焊好后熄灭电弧叫收尾。收尾时要求尽量填满弧坑。收尾的方法有划圈法（在终点做圆圈运动、填满弧坑）、回焊法（到终点后再反方向往回焊一小段）和反复断弧法（在终点处多次熄弧、引弧、把弧坑填满）。回焊法适于碱性焊条，反复断弧法适于薄板或大电流焊接。

6）焊后清理及检查

焊完后用敲渣锤清除焊缝表面的焊渣，用钢丝刷刷干净焊缝表面，然后对焊缝进行检查。一般焊缝先进行目测检查，并用焊缝量尺测量焊角尺寸，焊缝的凹凸度应符合图纸要求；重要焊缝，应作相应的无损伤检测或金相检查。良好的焊缝应与母材金属之间过渡圆滑、均匀、无裂纹、夹渣、气孔及未熔合等缺陷。

5.3 二氧化碳气体保护焊

利用惰性气体将电极、电弧区以及金属熔池与周围空气隔离，并在惰性气体保护下进行的电弧焊称为气体保护焊。用于保护焊的惰性气体主要有二氧化碳和氩气两种，相应的保护焊即为二氧化碳气体保护焊和氩弧焊。

5.3.1 二氧化碳气体保护焊焊接系统

二氧化碳气体保护焊焊接系统主要由焊接电源、焊枪、供气系统、控制系统以及送丝机构、焊件、焊丝和电缆线等组成。其基本工作原理如图 5-3-1 所示。焊接时，金属焊丝通过滚轮的驱动，以一定的速度进入到焊嘴前端燃烧，加热被焊金属并形成熔池。电弧是靠焊接电源产生并维持的。同时，在焊枪的喷嘴出口周围有来自气瓶并具有一定压力的 CO_2 气体做保护，使电弧、熔池与周围空气隔绝，避免熔池被氧化。在此系统中，除焊件外，其余各组成部分均组装或连接在一台可移动的二氧化碳气体保护焊机上，且供气、送丝都由焊机自动控制，焊接时焊工只需持焊枪沿焊缝方向移动即可完成焊接操作，故又称为半自动二氧化碳气体保护焊。图 5-3-2 为 CO_2 气体保护焊示意图。

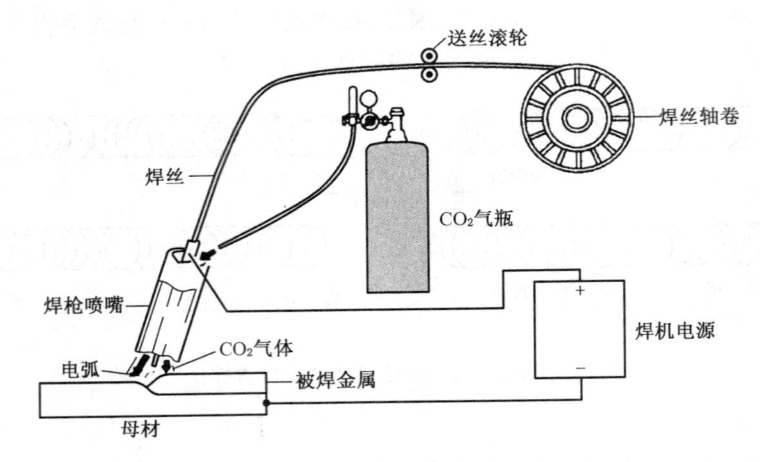

图 5-3-1　CO_2 气体保护焊基本原理

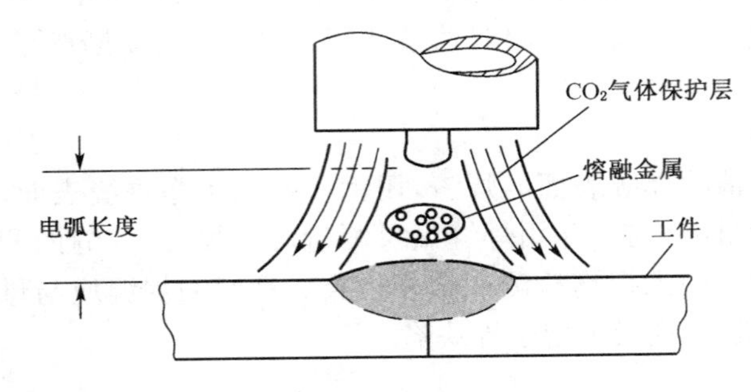

图 5-3-2　CO_2 气体保护焊示意图

5.3.2　二氧化碳气体保护焊焊机

二氧化碳气体保护焊焊机一般由焊接电源、送丝机构、焊枪、供气系统和控制系统组成。其中，焊接电源、焊丝及送丝机构、控制系统通常都安装在焊机的机箱内，因此，焊机结构比较紧凑。

1）焊接电源

气体保护焊对电源电压的稳定性要求较高，较多采用整流式直流电源（弧焊整流器）。当焊接电流变化时，输出电压基本不变。电源与焊件连接时，一般采用反接法。

2）送丝机构

送丝机构由送丝电机、减速装置、送丝滚轮、压紧机构、送丝软管和焊丝轴卷等组成。送丝机构将焊丝以均匀平稳的速度持续不断地送出，送丝速度可在一定范围内进行调节。

3）焊枪

焊枪中重要的组成部分是喷嘴和导电嘴。喷嘴一般是圆柱形的，用纯铜制成。其作用是向熔池和电弧区输送二氧化碳保护气流。导电嘴的作用是将送丝机构送出的焊丝导向熔池并可靠地向焊丝导电，要求其具有良好的导电性和耐磨性，且熔点高，一般也以纯铜制成。

4）供气系统

供气系统由存储二氧化碳气体的钢瓶、预热器、干燥器、减压器、流量计及电磁阀等组成，如图 5-3-3 所示。其作用是使 CO_2 气瓶内的液态 CO_2 变为质量满足要求并具有一定流量的 CO_2 气体，供焊接使用。CO_2 气体能否进入喷嘴由电磁阀控制。

5）控制系统

控制系统是对送丝、供气和焊接电源的有序控制。如控制供气系统引弧时提前供气，焊接时控制气流稳定，结束时滞后停气；控制送丝电机正常送进焊丝与停止送进，焊前可调节焊丝伸出长度等；对焊接电源实现控制，供电可在送丝之前或与送丝同时接通，停电时先停止送丝而后再断电等。

一般按焊机使用说明书，调节各自的控制旋钮，即可得到所需要的控制作用。

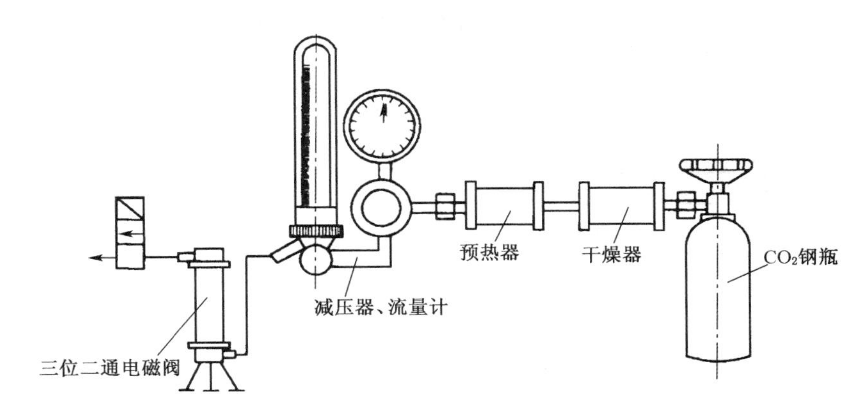

图 5-3-3　CO_2 供气系统

5.3.3　二氧化碳气体保护焊焊接参数

二氧化碳气体保护焊的焊接参数主要有焊丝直径、焊接电流、电弧电压、CO_2 气体流量等。

1）焊丝直径

二氧化碳气体保护焊使用实芯焊丝，常用的焊丝有碳素结构钢焊丝 H08A、合金结构钢焊丝 H08Mn2SiA 等。焊丝直径主要取决于焊件的厚度和焊接位置等因素。例如：厚度为 3 mm 的钢板、水平位置焊接时，焊丝直径取 0.5～0.8 mm 之间，焊接熔滴以颗粒形式过渡。

2）焊接电流

焊接电流的大小主要取决于焊丝直径，焊丝直径大，焊接电流大；焊丝直径小，焊接电流相应小。电流大时，熔深、熔宽都增加，不但会产生飞溅，而且会发生烧穿现象。而电流变小时，容易产生焊不透现象，焊缝成形差。因此，选择合适的焊接电流，不但可以保证焊接质量，还可以提高熔化速率，提高焊接生产率。

3）电弧电压

电弧电压是影响熔滴过渡、飞溅大小、短路频率和焊缝成形的主要因素。一般情况下，电弧电压增加，焊缝的宽度增加，焊缝的余高和熔深减小。当焊接电流较小时，电压过高，飞溅严重；而电压太低，焊丝容易伸入熔池，电弧不稳。通常情况下，细丝焊接时，电弧电压为16～24V；粗丝焊接时，电弧电压为25～36V。

4）气体流量

CO_2气体流量主要影响保护性能。焊丝粗、焊丝伸出的长度越长时，气体流量应大一些。一般情况下，细丝焊接时流量取6～15 L/min，粗丝焊接时流量取20～30 L/min。

5）送丝速度

送丝速度是否合适可凭观察认定。若随着电弧的缩短，稳定的反光亮度开始减弱，则此时的送丝速度合适。送丝太慢，可以听到“啪啪”的声响，反光亮度增强；送丝太快，将堵塞电弧，熔敷速度大于熔池吸收速度，产生飞溅并伴有频闪弧光。

表5-3-1为CO_2气体保护焊焊接参数，供参考。

表5-3-1　为CO_2气体保护焊焊接参数

焊件厚度(mm)	坡口形式	焊丝直径(mm)	焊接电流(A)	电弧电压(V)	气体流量(L/min)
≤1.2	0～3	0.6	30～50	18～19	6～7
1.5		0.7	60～80	10～20	6～7
2.0～2.5	70° 0.5 0～0.5	0.8	80～100	20～21	7～8
3.0～4.0		1.0	90～120	20～22	8～10
≤1.2	0～0.5	0.6	35～55	18～20	6～7
1.5		0.7	65～85	18～20	8～10
2.0		0.9	80～100	19～20	10～11
2.5		1.0	90～110	19～21	10～11
3.0		1.0	95～115	20～22	11～13
4.0		1.2	100～120	21～23	13～15

5.3.4　二氧化碳气体保护焊操作

二氧化碳气体保护焊操作步骤分为引弧、运丝，焊缝的连接和熄弧等。

1）引弧

CO_2气体保护焊采用直接短路引弧法引弧。引弧前需将焊丝伸出的长度调节好，使引燃后焊丝端头与工件表面保持2～3 mm的距离。引弧前应注意：如果焊丝端头有粗大的球形头，应先用钳子剪去再引弧。正常情况下，导电嘴到母材表面的距离约为6～16 mm。

2）运丝

运丝方法有直线移动和横向摆动。直线移动时焊丝只做直线运动而不摆动，其焊道较窄。横向摆动运丝方式是以焊缝中心为基准作两侧交叉摆动，其摆动形式与焊条电弧焊基本相同，有锯齿形、月牙形、正三角形、斜圆圈形等。

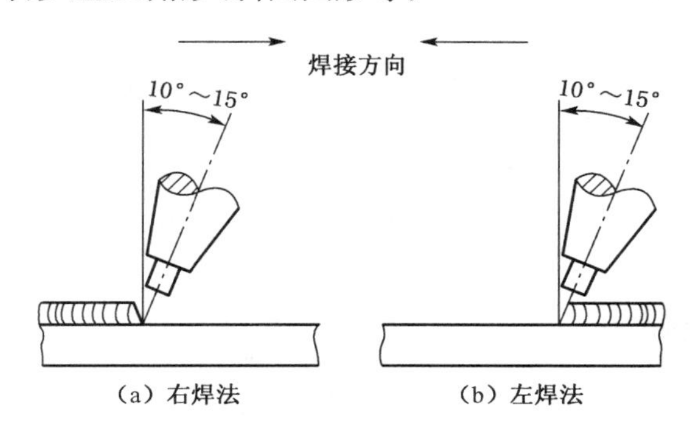

(a) 右焊法　(b) 左焊法

图 5-3-4　CO_2保护焊的两种焊接方法

与其他焊接方法一样，CO_2气体保护焊也有左、右焊法之分。焊枪沿焊接方向从左向右移动的焊接方法为右焊法；反之为左焊法。无论采用何种焊法，焊枪与焊件表面的法向均成10°～15°夹角，如图 5-3-4 所示。采用右焊法熔池不但能得到良好的保护，而且加热集中，电弧的吹力将熔池金属推向后方，从而形成饱满的焊缝。但操作过程中，不容易观察待焊前沿的情况，容易焊偏。采用左焊法，电弧对焊件有预热作用，能得到较大的熔深，改善焊缝的形成，易于掌握待焊区域的情况，不致漏焊。一般情况下，CO_2气体保护焊采用左焊法。

3）焊缝的连接

焊缝接头的连接一般采用退焊法，即在焊道的终点前约 10 mm 处引弧，然后迅速移至焊道终点继续进行焊接。具体操作方法与焊条电弧焊相似。

4）熄弧

在焊接结束时，突然切断电弧，将会留下弧坑，产生裂纹或气孔等缺陷。因此，结束焊接时应在弧坑处稍作停留，等填满弧坑再缓慢抬焊枪熄弧。

5.4　氩弧焊

根据氩弧焊电极种类不同，可分为熔化极氩弧焊和非熔化极（钨极）氩弧焊，如图 5-4-1 所示。

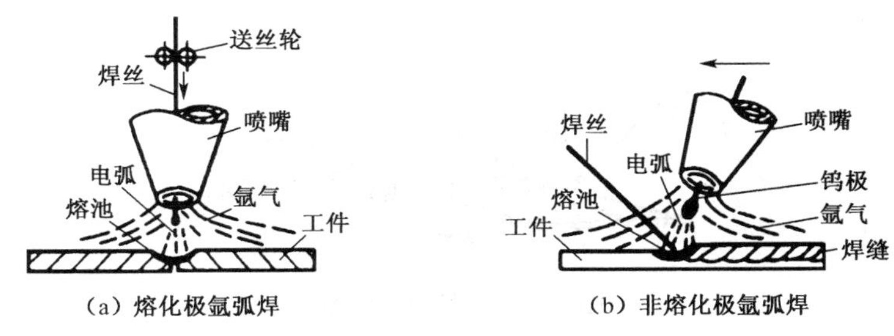

(a) 熔化极氩弧焊　(b) 非熔化极氩弧焊

图 5-4-1　氩弧焊示意图

5.4.1 熔化极氩弧焊

熔化极氩弧焊利用金属焊丝作为电极，焊丝自动送进并熔化。主要适合焊接 3～25 mm 中厚板的不锈钢与有色金属焊接。

熔化极氩弧焊采用直流电源反接法(工件接负极)，且焊丝熔化后，以喷射过渡的形式过渡到熔池。由于喷射过渡不产生焊丝和工件的短路现象，因此电弧燃烧稳定，飞溅小。

5.4.2 钨极氩弧焊

钨极氩弧焊的特点是用熔点比较高的金属材料钨作为电极，焊接时钨极不熔化，仅起产生电弧的作用。为了避免钨极过热，除了焊接铝合金外，钨极氩弧焊都采用直流正接法，即工件接正极。焊接时，填充焊缝的焊丝从一侧进入。钨极氩弧焊一般适合焊接 4 mm 以下的薄板。

手工钨极氩弧焊焊接系统如图 5-4-2 所示，系统中除焊嘴一般采用水冷方式冷却外，其余各组成部分的功能与二氧化碳气体保护焊大致相同，这里不再叙述。

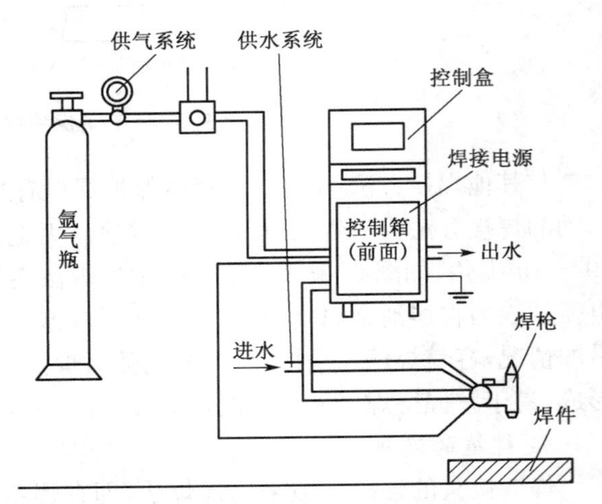

图 5-4-2 手工钨极氩弧焊焊接系统

5.5 气焊与气割

5.5.1 气焊

气焊是利用气体火焰与氧气混合燃烧产生的热量来熔化金属达到焊接目的的一种焊接方法。最常用的是氧—乙炔焊，如图 5-5-1 所示，氧气与乙炔气在焊炬中混合，点燃后产生高温火焰，熔化焊件连接处的金属和焊丝形成熔池，经冷却凝固后形成焊缝，从而将焊件连接在一起。

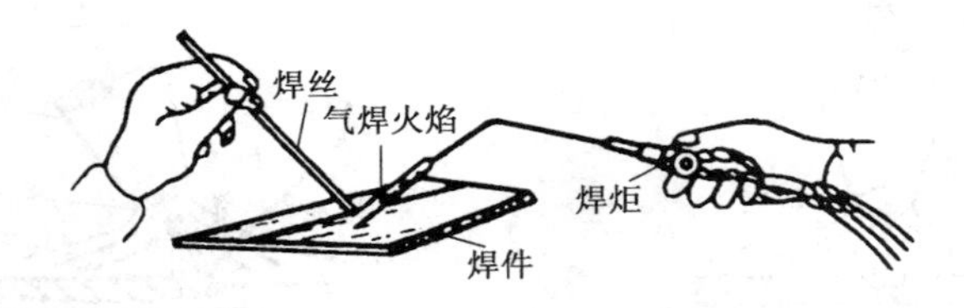

图 5-5-1 气焊工作图

1）气焊设备与材料

（1）气焊设备

气焊设备主要由氧气瓶、乙炔发生器（或乙炔瓶）、减压器、回火保险器、焊炬（割炬）、输气管等组成，如图 5-5-2 所示。

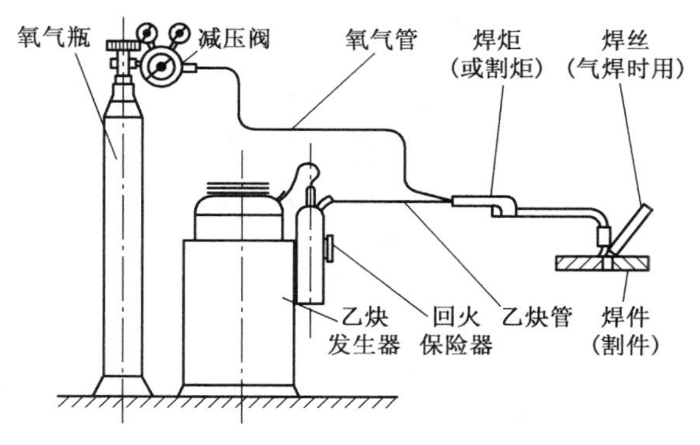

图 5-5-2　气焊（气割）装置示意图

① 氧气瓶　氧气瓶是贮存和运输氧气的钢瓶。常用的氧气钢瓶外表漆成蓝色以示识别。其容积为 40 L，最高压力为 15 MPa，由于瓶内压力很高，使用时必须经过减压阀减压之后才能接到焊炬上。氧气瓶贮存、运输和保管要严格遵守安全操作规程，以免发生意外事故。

② 乙炔瓶　乙炔瓶是贮存、溶解乙炔的钢瓶，其外形与氧气瓶相似，外表漆成白色，并用红漆写上“乙炔”字样。乙炔瓶内装有浸满丙酮的多孔性复合材料，由于丙酮有很高的溶解乙炔的能力，可使乙炔稳定而又安全地贮存在瓶内。

③ 减压器　气焊使用的氧气和乙炔气一般都是瓶装的高压气体，必须经过减压器减压后才能接入焊炬（割炬）供焊接（气割）用，同时减压器要保持焊接过程中气体压力基本稳定。减压器构造如图 5-5-3 所示。使用时先缓慢打开氧气瓶（或乙炔瓶）阀门，然后旋转减压器调压手柄，待压力达到所需要的压力（氧气压力为 0.1～0.4 MPa）时为止。停止工作时先松开调压螺钉，再关闭氧气瓶（或乙炔瓶）阀门。

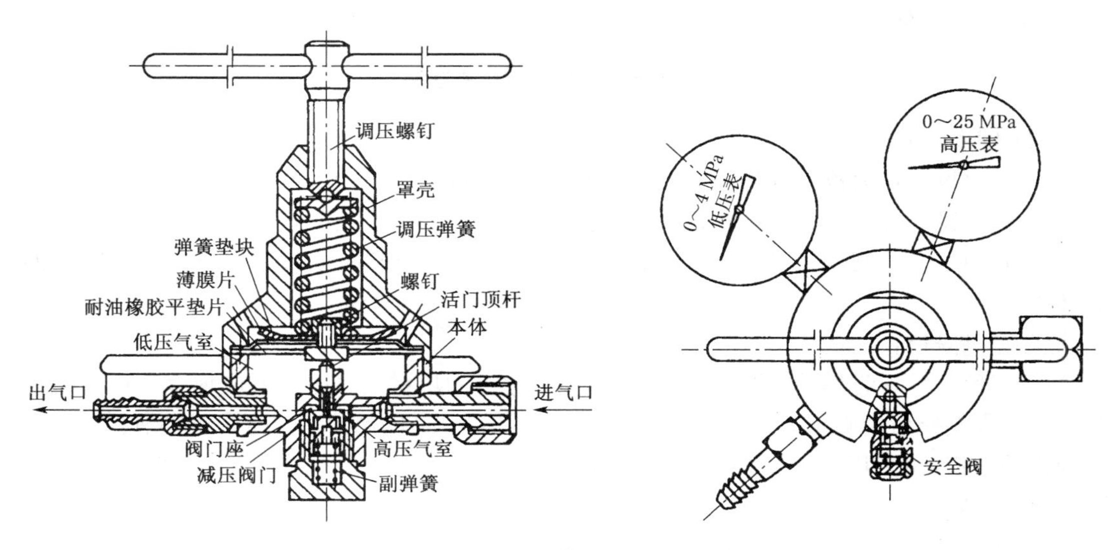

图 5-5-3　QD—1 型氧气减压器的构造

④ 回火保险器　回火保险器装在乙炔减压器和焊炬之间，其作用是防止火焰沿乙炔管路往回燃烧（回火现象）。如果回火蔓延到乙炔瓶内将引起爆炸，因此，必须安装回火保险器。回火保险器工作原理如图 5-5-4 所示。

⑤ 焊炬　焊炬又称焊枪，是进行气焊的主要工具。其作用是将可燃气体和氧气按一定

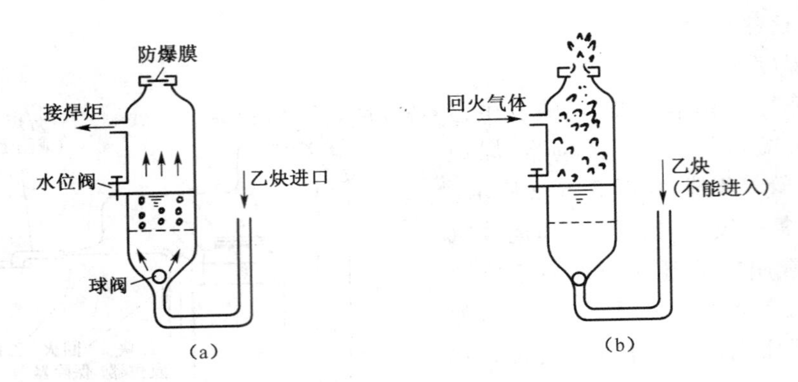

图 5-5-4　回火保险器工作原理

比例均匀混合后，以一定速度从喷嘴喷出，燃烧后形成火焰作为热源供焊接使用。

按可燃气体和氧气混合方式不同，焊炬分为射吸式和等压式两种。图 5-5-5 所示为射吸式焊炬，其常用型号有 H01－2 和 H01－6 等，其中"H"表示焊炬，"0"表示手工，"1"表示射吸式，"2"和"6"表示可焊低碳钢板的最大厚度分别为 2 mm 和 6 mm。各种型号焊炬均配有3～5 个大小不等的喷嘴，供焊接不同厚度的钢板时选用。

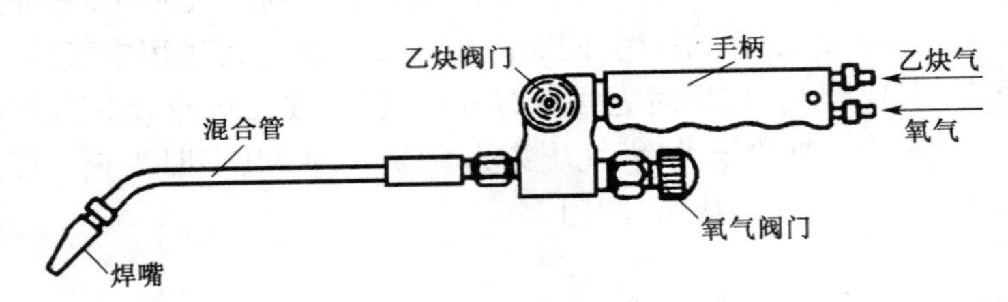

图 5-5-5　H01－6 焊炬构造图

(2) 辅助工具

① 点火枪　点火枪是气焊点火时的工具，使用手枪式点火枪点火最为方便。

② 护目镜　气焊时必须戴护目镜，以免眼睛受强光的刺激及防止飞溅物溅入眼中。

③ 其他工具　其他工具有钢丝刷、錾子、锤子、锉刀、克丝钳、活扳手、卡子、各种粗细的通针等。

(3) 气焊材料

① 焊丝　气焊时焊丝不断送入熔池内，与熔化了的母材金属熔合形成焊缝。焊丝的化学成分对焊缝质量影响很大。一般低碳钢焊件采用 H08，H08A 焊丝；优质碳素钢和低合金结构钢的焊接，可采用 H08Mn、H08MnH，H10Mn2 等，补焊灰铸铁时可采用 RZC－1 型或 RZC－2 型焊丝。

② 气焊熔剂　气焊过程中，为了防止金属被氧化，在焊接有色金属、铸铁和不锈钢等材料时，必须使用气焊熔剂。熔剂可直接加入到熔池中，也可在焊前涂于待焊部位与焊丝上。

2)气焊火焰

气焊火焰是可燃气体(乙炔)与氧气混合燃烧形成的，氧—乙炔焰是应用最普通、最广泛的气焊火焰。按氧气和乙炔气的不同比例，将氧—乙炔焰分为中性焰、碳化焰和氧化焰，如图 5-5-6 所示。

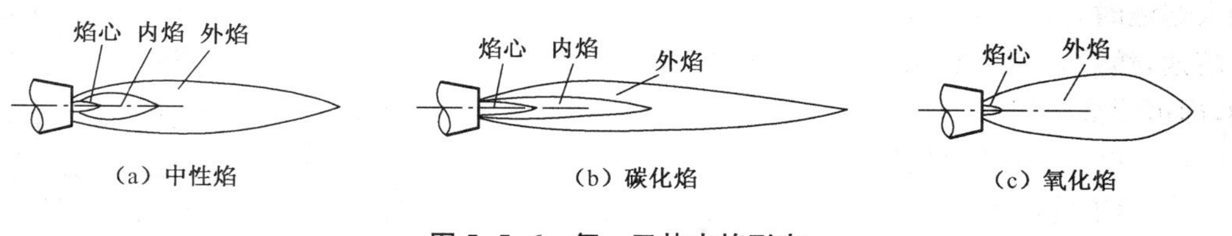

图 5-5-6 氧—乙炔火焰形态

(1) 中性焰

当氧气与乙炔气的混合比为 1.1～1.2 时,燃烧所形成的火焰为中性焰又称正常焰(图 5-5-6a)。中性焰由焰芯、内焰和外焰组成。焰芯呈尖锥形,白色明亮,轮廓清晰。焰芯温度仅为 800～1 200℃。内焰呈蓝白色,位于距焰芯前端约 2～4 mm 处的内焰温度,最高可达 3 100～3 150℃。焊接时应用此区火焰加热焊件和焊丝。外焰与内焰并无明显界限。只能从颜色上加以区分。外焰的焰色从里向外由淡紫色变为橙黄色,外焰温度在 1 200～2 500℃。

大多数金属的焊接都采用中性焰,如低碳钢、中碳钢、合金钢、紫铜及铝合金的焊接。

(2) 碳化焰

当氧气与乙炔气的混合比小于 1.1 时,燃烧所形成的火焰为碳化焰(图 5-5-6b)。由于氧气较少,燃烧不完全,整体火焰比中性焰长。当乙炔过多时会冒黑烟(碳素颗粒),碳化焰最高温度为 2 700～3 000℃。

碳化焰用于焊接高碳钢、铸铁和硬质合金等材料。

(3) 氧化焰

当氧气与乙炔气的混合比大于 1.2 时,燃烧所形成的火焰为氧化焰(图 5-5-6c)。由于氧气充足、燃烧剧烈,火焰明显缩短,且火焰挺直并有较强的“嘶嘶”声。氧化焰最高温度为 3 100～3 300℃。由于具有氧化性,焊接一般碳钢时会造成金属氧化和合金元素烧损,降低焊缝质量,一般只用来焊接黄铜或青锡铜。

3) 气焊基本操作

气焊基本操作包括正确引燃和使用焊炬、起焊、焊缝接头及收尾等。

(1) 焊炬火焰点燃及调节

点燃氧—乙炔焊炬时,先将氧气调节阀开启少许,然后再开启乙炔调节阀,使两种气体混合后从喷嘴喷出,随后用点火枪点燃。在点燃过程中,如连续发出“叭叭”声或火焰熄灭,应立即关小氧气调节阀或放掉不纯的乙炔,直至正常点燃即可。

刚点燃的火焰一般为碳化焰,不适于直接气焊。点燃后调节氧气调节阀使火焰加大,同时调节乙炔调节阀,直至获得所需要的火焰类型和能率,即可进行焊接。熄灭火焰时,应先关闭乙炔调节阀,后关闭氧气调节阀,否则会出现大量的炭灰,并且容易发生回火。

(2) 起焊及焊丝的填充

① 起焊　焊接时,右手握焊炬、左手拿焊丝。起焊时,焊炬倾角可稍大些,采取往复移动法对起焊周围的金属进行预热,然后将焊点加热使之成为白亮清晰的熔池,即可加入焊丝并继续向前移动焊炬进行连续焊接。如果采用左焊法进行平焊时,焊炬倾角为 40°～50°,焊丝的倾角也为 40°～50°,如图 5-5-7 所示。

② 焊丝的填充　正常焊接时,应将焊丝末端置于外焰火焰下进行预热,当焊丝的熔滴

滴入熔池时，要将焊丝抬起，并移动火焰以形成新的熔池，然后，再继续不断地向熔池中加入焊丝熔滴，即可形成一道焊缝。

(3) 焊炬与焊丝的摆动

① 焊炬的摆动　焊炬的摆动有三种形式：一是沿焊缝方向做前后摆动，以便不断熔化焊件和焊丝形成连续焊缝；二是在垂直于焊缝方向做上下跳动，以调节熔池温度；三是在焊缝宽度方向做横向摆动(或打圆圈运动)，便于坡口边缘充分熔合。在实际操作中，焊炬可同时存在三种运动，也可仅有两种或一种运动形式，具体根据焊缝结构形式与要求而定。

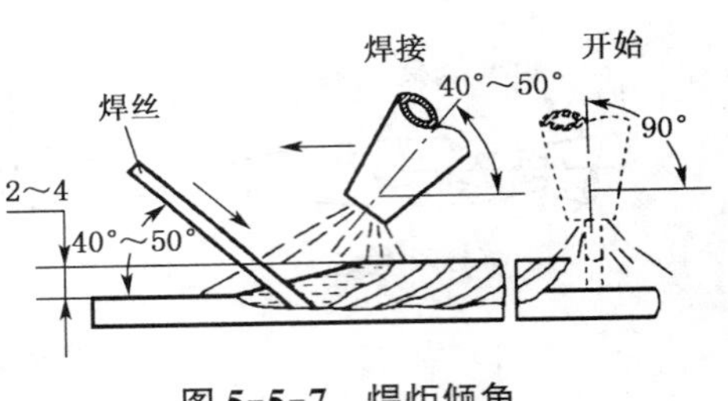

图 5-5-7　焊炬倾角

② 焊丝的摆动　焊丝的摆动也有三种方式，即沿焊缝前进方向的摆动，上下和左右摆动。焊丝的摆动与焊炬的摆动相配合，才能形成良好的焊缝。

(4) 接头和收尾

① 焊缝接头　接头指在已经凝固的熔池处重新起焊(例如更换焊丝时)。接头时应用火焰将原熔池周围充分加热，使已固化的熔池重新熔化而形成新的熔池之后，方可加入焊丝继续焊接。对于重要的焊缝，接头至少要与原焊缝重叠 8～10 mm。

② 焊缝收尾　到达焊缝终点收尾时，由于温度较高，散热条件差，此时，减小焊炬倾角，加快焊接速度并多加一些焊丝使熔池面积扩大，避免烧穿。

5.5.2　气割

气割是利用气体火焰的热能将工件待切割处加热到一定温度后，喷出高速切割氧气流，使待切割处金属燃烧实现切割的方法，如图 5-5-8 所示。气割实质上是金属在氧气中燃烧的过程，又称氧气切割，是应用广泛的一种下料方法。

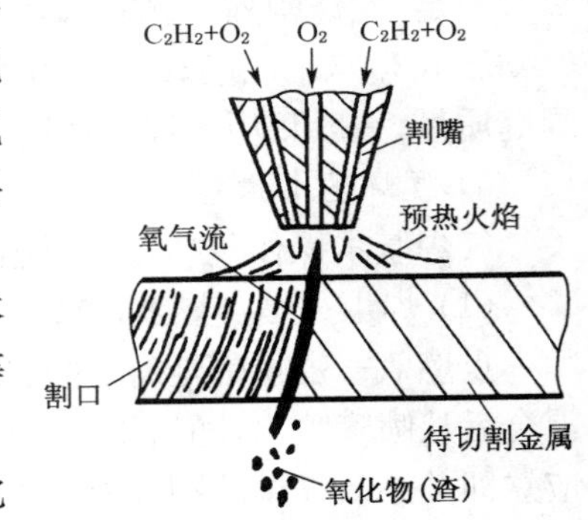

图 5-5-8　氧气切割示意图

氧—乙炔气割与机械切割相比，具有设备简单、成本低、操作灵活方便、机动性高，生产效率高、应用范围广等特点。

手工气割的割炬如图 5-5-9 所示，其结构和焊炬相比增加了切割氧气的管路和控制切割氧气的阀门，割嘴的结构与焊嘴也不同。但割炬和焊炬的原理和使用方法基本相同。气割时，先稍微开启预热氧阀门，再打开乙炔阀门并立即点火。然后加大预热氧流量，形成环形的预热火焰，对割件进行预热。待起割处被预热至燃点时，立即打开切割氧阀门，此时，氧气流将切口的熔渣吹除，并按切割线路不断缓慢移动割炬，即可在割件上形成切割口。

尽管气割应用比较广泛，但不是所有的金属都可以被气割。可以被气割的材料必须满足下列条件：

① 金属在氧气中燃烧时放出大量的热量，这些放出的热量足以使下层金属具有足够的

预热温度，气割因此得以连续进行。

② 金属的燃点低于金属的熔点，这样金属才可以在固态时被燃烧并被切割。

③ 熔渣的熔点低于金属的熔点，否则，固态熔渣将阻碍氧气与下一层金属接触。

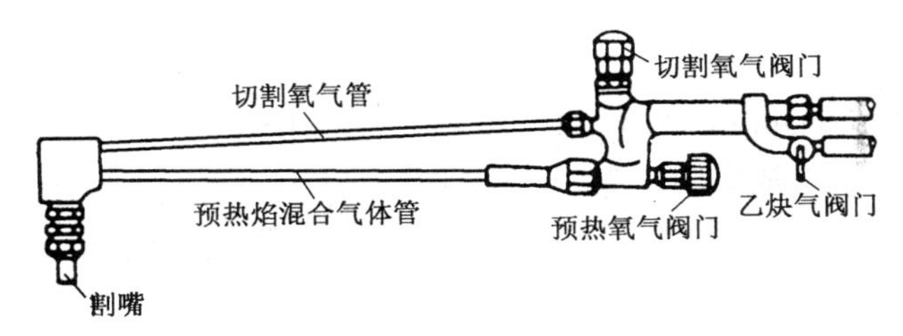

图 5-5-9 割炬的构造

5.6 其他焊接方法

5.6.1 电阻焊

电阻焊是利用电流通过焊件接头的接触面及邻近区域产生的电阻热，将焊件加热到塑性状态或局部熔化状态，再通过电极施加压力，从而形成牢固接头的一种焊接方法。

电阻焊不需要填充金属，焊接电压很低(1～12 V)，焊接电流很大(几千～几万安培)，完成一个焊接接头的时间很短(0.01～几秒)，故其生产率很高，且操作简单，易于实现自动化和机械化。

电阻焊的基本形式有点焊、对焊和缝焊三种，如图 5-6-1 所示。

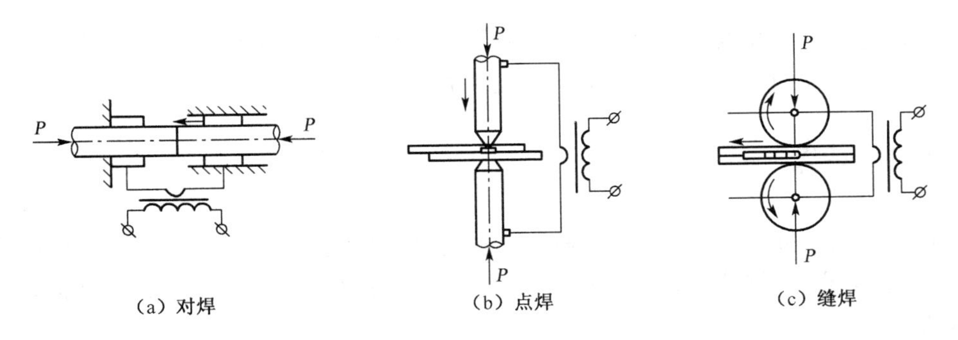

图 5-6-1 电阻焊基本形式

1) 点焊

点焊主要用于焊接搭接接头，焊件厚度一般为 0.05～6 mm，可以焊接碳钢、不锈钢、铝合金等。点焊广泛用于汽车、航空航天、电子等工业。

点焊时，首先将焊件叠合，放置在上下电极之间压紧(图 5-6-1b)。然后通电，产生电阻热，使工件接触处的金属被加热到熔化状态形成熔核，而熔核周围的金属则被加热到塑性状态，并在压力作用下形成一个封闭的包围熔核的塑性金属环。电流切断后，熔核金属在压力作用下冷却和结晶成为组织致密的焊点。最后，去除压力，取出焊件。

2）对焊

对焊的特点是使两个被焊工件的接触面连接。对焊分电阻对焊和闪光对焊，如图 5-6-2 所示。

(1)电阻对焊

电阻对焊焊接过程(图 5-6-2a)如下：

① 将焊件装在电极夹具中夹紧并施加压力，使两端面紧密接触。

② 接通电流，接触电阻热将接触面加热至塑性状态(黄白色，1 300℃左右)。

③ 切断电流，同时施加顶锻压力，形成焊接接头。

④ 去除电压。

电阻对焊操作简单，接头表面光滑，但内部质量不高，接头强度相对较低。

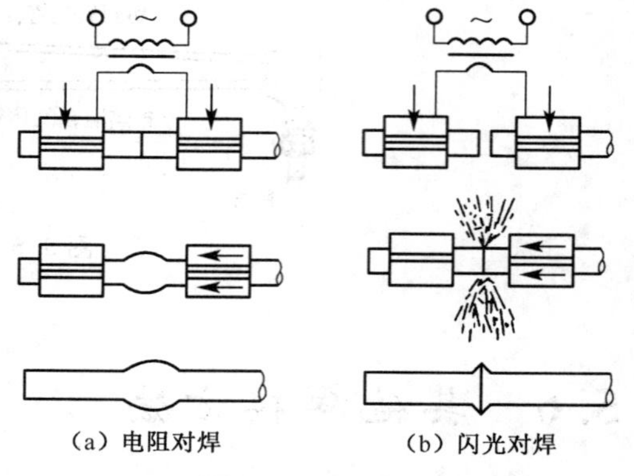

图 5-6-2　对焊

(2) 闪光对焊

闪光对焊的焊接过程(图 5-6-2b)如下：

① 将焊件装在电极夹具中夹紧，使两端面不接触。

② 接通电源，并逐渐移动工件，使接触面形成局部接触点，接触点受电阻热熔化及气化，使液体金属发生爆裂，从而产生火花与闪光；继续移动工件，连续不断产生闪光，直至端面全部熔化。

③ 迅速施加顶锻压力并切断电流，工件在压力下产生塑性变形，从而形成焊接接头。

④ 去除压力。

3）缝焊

缝焊的焊接过程和点焊相似，只是用转动的圆盘形状电极来代替点焊时所用的圆柱形电极。使被焊工件的接触面之间形成多个连续的焊点(图 5-6-1c)。

5.6.2　钎焊

钎焊是采用比母材熔点低的金属材料作钎料，将焊件加热到高于钎料熔点、低于母材熔点的温度，利用液态钎料润湿母材，填充接头间隙并与母材相互扩散，冷却后形成接头的一种焊接方法。

钎焊的接头形式一般采用搭接，以便于钎料的流布。钎料通常放在焊接的间隙内或接头附近。钎焊时一般要用钎剂。钎剂的作用是去除母材和钎料表面的氧化膜。使用时将其覆盖在母材和钎料表面，隔绝空气，保护母材连接表面和钎料在钎焊过程中不被氧化，并改善钎料的润湿性能。

按钎焊过程中加热方式不同，钎焊可分为火焰钎焊、烙铁钎焊、电子钎焊、感应钎焊、真空钎焊和炉中钎焊等。

钎焊广泛用于制造硬质合金刀具、钻探钻头、自行车架、仪表、导线、电器部件等。其中，火焰钎焊硬质合金刀具时，采用黄铜作钎料，硼砂、硼酸等作钎剂；焊接电器部件时，使用焊锡作钎料，松香作钎剂。

5.6.3 埋弧自动焊

埋弧自动焊是电弧在焊剂层下燃烧，引弧、送丝及电弧沿焊接方向移动等过程均由焊机自动控制完成。

埋弧自动焊机一般由焊接电源、控制箱和焊车三部分组成，如图 5-6-3 所示。

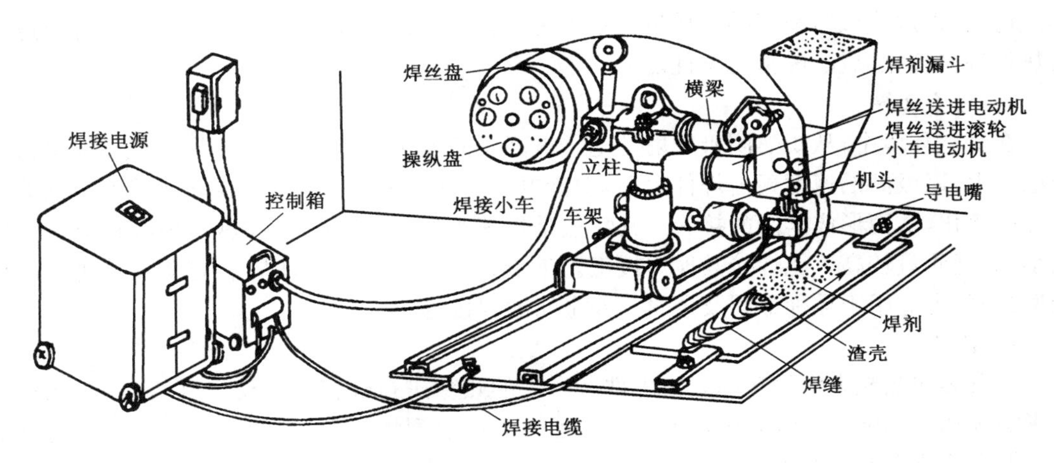

图 5-6-3 埋弧焊示意图

埋弧自动焊焊接过程如图 5-6-4 所示，工件被焊处覆盖着一层 30～50 mm 厚的颗粒状焊剂，焊丝连续送进，并在焊剂层下与焊件间产生电弧，电弧的热量使焊丝、工件熔化，形成金属熔池；电弧周围的焊剂被电弧熔化成液态熔渣，而液态熔渣构成的弹性膜包围着电弧和熔池，使它们与空气隔绝。随着电弧向前移动，电弧不断熔化前方的母材金属、焊丝及熔剂，而熔池后面的金属冷却形成焊缝。液态熔渣浮在熔池表面随后也冷却形成渣壳。

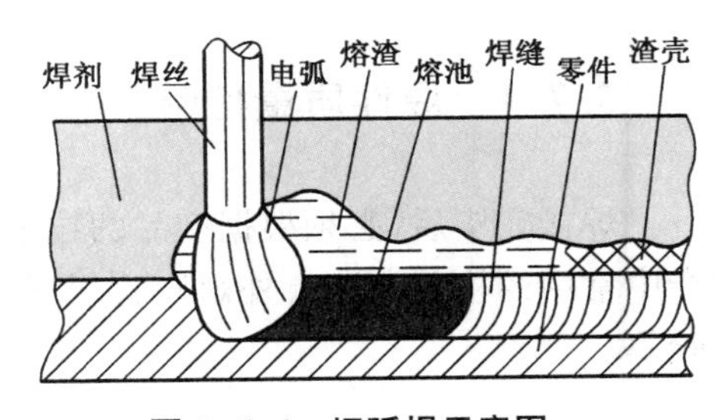

图 5-6-4 埋弧焊示意图

埋弧自动焊与焊条电弧焊相比具有如下特点：

① 对焊接熔池保护可靠，焊接质量高。

② 焊接电流大(比焊条电弧焊大 5～10 倍)，熔深大，生产率高。

③ 劳动条件好，实现焊接过程机械化、自动化。

④ 设备较复杂且适应性差，只能平焊较长的直缝和直径较大的环缝。

5.6.4 爆炸焊、电渣焊、电子束焊及激光焊简介

1) 爆炸焊

利用炸药爆炸产生的冲击压力造成焊件的迅速碰撞，实现连接焊件的一种压焊方法。

任何具有足够强度和塑性并能承受工艺过程所要求的快速变形的金属，均可以进行爆炸焊。主要用于材料性能差异大而且其他方法难焊的场合，如铝—钢、钛—不锈钢、钽、锆等的焊接，也可以用于制造复合板。爆炸焊无需专用设备，工件形状、尺寸不限，但以平板、圆柱、圆锥形为宜。

2）电渣焊

电渣焊是利用电流通过液体熔渣所产生的电阻热进行熔焊的方法。可用于焊接大厚度工件（通常用于板厚 36 mm 以上的工件，最大厚度可达 2 m），生产效率比电弧焊高，不开坡口，只在接缝处保持 20～40 mm 的间隙，节省钢材和焊接材料，因此经济效益好。可以"以焊代铸"、"以焊代锻"，减轻结构质量。缺点是焊接接头晶粒粗大，对于重要结构，可通过焊后热处理来细化晶粒，改善力学性能。

3）电子束焊

在真空环境中，从炽热阴极发射的电子被高压静电场加速，并经磁场聚集成高能量密度的电子束，以极高的速度轰击焊件表面，由于电子运动受阻而被制动。遂将动能变为热能而使焊件熔化，从而形成牢固的接头。其特点是焊速很快，焊缝深而窄，热影响区和焊接变形极小，焊缝质量较高。能焊接其他焊接工艺难于焊接的形状复杂的焊件，能焊接特种金属和难熔金属，也适用于异种金属及金属与非金属的焊接等。

4）激光焊

以聚集的激光束作为热源轰击焊件所产生的热量进行焊接的方法。其特点是焊缝窄，热影响区和变形极小。激光束在大气中能远距离传射到焊件上，不像电子束那样需要真空室。但穿透能力不及电子束焊。激光焊可进行同种金属或异种金属间的焊接，其中包括铝、铜、银、钼、锆、铌以及难熔金属材料等，甚至还可以焊接玻璃钢等非金属材料。

5.7 焊接质量检验与焊接缺陷分析

5.7.1 焊件质量检验

焊接完毕后，必须根据产品的技术要求及本产品检验技术标准进行焊接质量检验。生产中常用的检验方法有外观检验、着色检验、无损探伤、致密性检验、力学性能和其他性能试验等。

5.7.2 焊接缺陷分析

焊件常见的缺陷有夹渣、气孔、裂纹、未焊透、咬边和焊瘤等，其中未焊透和裂纹是最危险的缺陷，在重要的焊接结构中是绝对不允许出现的，焊接缺陷将直接影响产品的安全运行，必须加以防范，常见的焊接缺陷产生的原因及防止措施见表 5-7-1。

表 5-7-1 常见的焊件缺陷及其分析

序号	缺陷名称	缺陷特征	示意图	缺陷形成原因	主要防止措施
1	焊缝表面尺寸不符合要求	焊缝宽，焊角高度尺寸不足，焊缝表面高低不平，宽窄不一，余高过大		坡口尺寸不当，装配质量不高，工艺参数不合理	提高装配质量，正确选用电流，提高操作技术
2	夹渣	焊接熔渣残留在焊缝金属中	点状夹渣 条状夹渣	焊接电流太小，多层焊时，层间清理不干净，焊接速度过快	正确选用电流，正确掌握焊接速度及焊接角度；多层焊时认真清理层间渣
3	咬边	焊件边缘熔化后没有补充而留下的缺口	咬边	电流过大，运条不当，角焊缝焊接时焊条角度或电弧长度不正确	正确选用电流，改进操作技术
4	未焊透	焊缝根部未完全熔透	未焊透	装配间隙太小，坡口角度太小，焊接电流太小，焊速过快，焊条角度偏移	正确设计坡口尺寸，提高装配质量正确选用电流，正确掌握焊接速度和焊条角度
5	未熔合	焊道与母材或焊道与焊道之间未完全熔化结合	未熔合	层间清渣不净，焊接电流太小，焊条药皮偏心，焊条摆幅太小	加强层间清渣，改进运条技术

复习思考题

1. 交流弧焊机与整流式直流弧焊机的结构有何不同？各在什么场合使用？

2. 焊条由哪两部分组成？各部分的作用是什么？

3. 常用的焊条电弧焊接头形式有哪些？对接接头常见的坡口形式有哪几种？坡口的作用是什么？

4. 焊条弧焊的焊接工艺参数有哪些？各种工艺参数如何确定？

5. 焊炬与割炬在结构上有何不同？为什么？

6. 气焊时点火操作顺序是什么？灭火时操作顺序如何？

7. 氧气切割原理是什么？金属材料氧气切割条件主要有哪些？哪些金属可用氧气

切割?

8. CO_2气体保护焊焊接设备由哪几部分组成?

9. CO_2气体保护焊焊接工艺参数有哪些? 如何选择?

10. 什么是埋弧自动焊? 与焊条电弧焊比较,埋弧自动焊有哪些特点?

11. 简述电阻焊的主要方法、特点及应用范围?

12. 简述钎焊的主要方法、特点及应用范围?

13. 常见的焊条电弧焊焊接缺陷有哪些? 产生的主要原因是什么?

6 车削加工技术与项目实训

车削加工是指在车床上使用车刀或其他刀具对工件进行切削的方法。车削加工范围很广，所用的刀具除车刀外，还有钻头、扩孔钻、铰刀等各种孔加工的刀具，以及丝锥、板牙等螺纹加工工具。

在车削加工中，工件的旋转运动为主运动，刀具的移动为进给运动。进给运动既可以是直线运动，也可以是曲线运动；不同的进给方式，配备相应的刀具，就可以加工形成各种回转表面，如内外圆柱面，内外圆锥面、内外螺旋面、沟槽、端面及成形面等。车削加工的经济精度为IT11～IT6，表面粗糙度Ra值为12.5～0.8 μm。

6.1 车削加工项目实训

6.1.1 实训目的和要求

(1) 了解车削加工基本知识。

(2) 熟悉卧式车床的基本结构及传动系统的组成。

(3) 熟悉常用车刀的种类、结构、刀具材料及使用方法。

(4) 熟悉车削加工方法、特点和工、夹、量具的使用。

(5) 了解切削运动、切削(车削)用量及其选择原则。

(6) 了解常用车床附件的结构及其应用；熟悉轴类、盘类零件的装夹方法。

(7) 掌握车削端面、车削外圆与台阶、车削圆锥面、切槽、滚花等操作技能。

6.1.2 实训安全守则

(1) 实训时必须穿好工作服，戴好工作帽，长发必须压入工作帽内，严禁戴手套操作，夏天不得穿凉鞋进入车间。

(2) 开车床前，车床应注好润滑油，检查车床运转及安全设施是否正常，操纵手柄是否灵活等。

(3) 工件和车刀必须装夹牢固；卡盘扳手应及时取下，以免启动车床时飞出造成安全事故。

(4) 车床启动后精力要集中，头部不可离工件太近，同时也不要将头部正对工件旋转方向，以免切屑飞出伤人；清除切屑时应用钩子，不得直接用手清除。

（5）车削过程中严禁用手触摸工件、车床运转部分及测量工件，不得用棉纱擦拭工件和刀具；需要变换转速时，必须停车，应在车床静止状态下进行变速。

（6）车床运转过程中出现异常情况时，应立即关闭车床电源并及时报告实习指导教师，等待处理。

（7）操作结束后，应关闭车床电源，清除切屑，擦净车床，整理工、夹、量具，加注润滑油，打扫工作场地卫生，保持良好的工作环境。

6.1.3 项目实训内容

在车削加工项目实训过程中，要求学生严格遵守车工安全操作规程，能够根据给出的图纸及工艺卡片要求，完成各个零件的加工任务。

（1）短轴类零件车削加工训练。

（2）盘、套类零件车削加工训练。

（3）手锤柄车削加工训练。

6.2 车床

车床是金属切削类机床中数量最多的一种，车床的种类很多，有卧式车床、立式车床、转塔车床、仿形车床、多刀车床、自动车床、数控车床等，其中，卧式车床所占比例最大，应用最为普遍，本节主要介绍卧式车床。

6.2.1 卧式车床型号及主要技术参数

车床型号应符合 GB/T 15375—2008《金属切削机床型号编制方法》中的规定，由于车床型号很多，现以 CA6136 型卧式车床为例加以说明

1）CA6136 型卧式车床型号及含义

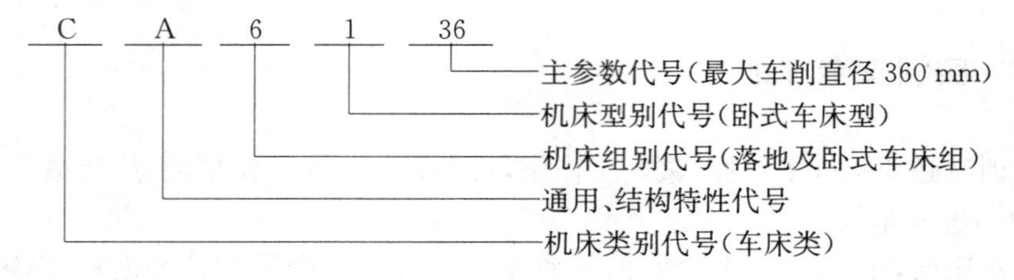

2）CA6136 型卧式车床主要技术参数

CA6136 卧式车床主要技术参数如下：

床身上最大工件回转直径	360	mm
最大工件长度	750	mm
最大车削长度	650	mm

主轴中心至床身表面导轨距离	190	mm
主轴正转时转速的种数	12 种	
主轴孔径	53	mm
主轴正转时转速范围	102～1570	r/min
主轴反转时转速的种数	6 种	
主轴每转刀架的纵向进给量范围	0.05～1.6	mm/r
主轴每转刀架的横向进给量范围	0.04～1.28	mm/r
公制螺纹种数	19 种	
刀架转盘回转角度	±90°	
顶尖套筒的最大行程	140	mm

6.2.2 卧式车床的组成

不同型号的卧式车床,其组成结构略有不同,但主要都由床身、主轴箱、进给箱、溜板箱、光杠和丝杠、刀架及尾座等组成,如图 6-2-1 所示。

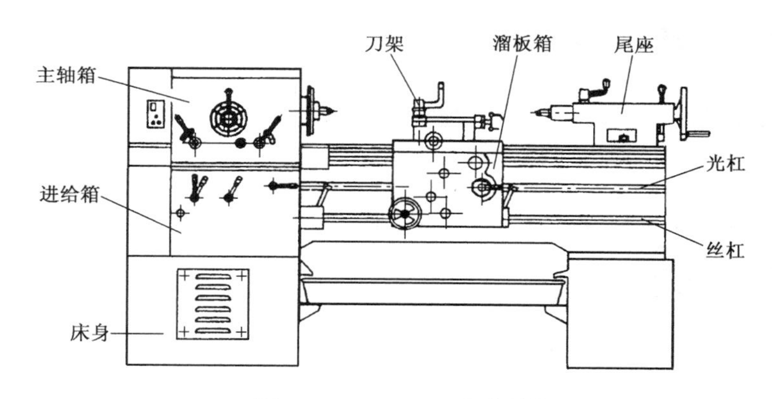

图 6-2-1 CA6136 车床结构

① 床身　床身是用于支承和连接车床上各主要部件并保证各部件之间有准确的相对位置,床身上面有内、外两组平行的纵向导轨,分别用以安装刀架和尾座。

② 主轴箱　主轴箱内装有一根空心的主轴和主轴变速机构,通过改变变速机构手柄的位置,可使主轴获得各档转速,空心主轴前端的内锥面可插入顶尖,外锥面用以安装卡盘等车床附件。车削过程中,由主轴直接带动工件旋转(主运动),同时通过传动齿轮带动挂轮旋转,从而将运动传给进给箱。

③ 进给箱　进给箱内装有进给运动的变速机构,进给箱的作用是将主轴的旋转运动传给光杠和丝杠。通过改变进给箱变速手柄的位置,就可改变箱内变速机构的齿轮啮合关系,使光杠和丝杠获得不同的旋转速度。

④光杠和丝杠　光杠和丝杠将进给箱的运动传给溜板箱,车外圆和端面时用光杠传动,实现刀具自动进给运动;车螺纹时用丝杠传动,使车刀按要求做纵向移动,光杠和丝杠不得同时使用。

⑤ 溜板箱　溜板箱为车床进给运动的操纵箱。其内装有纵、横两向进给传动机构,通

过箱内的齿轮变换，将光杠传来的旋转运动传给刀架，使刀架（车刀）做纵向或横向进给的直线运动，操纵开合螺母可由旋转的丝杠直接带动刀架，做纵向移动，车削螺纹。

⑥ 刀架　刀架用来夹持车刀并使其做纵向、横向或斜向进给运动，其由大拖板、中拖板、小拖板、转盘和方刀架组成，如图 6-2-2 所示。大拖板可带动车刀沿床身导轨做纵向移动；中拖板可以带动车刀沿大拖板上导轨做横向移动。转盘与中拖板通过螺栓连接，松开螺母，转盘便可在水平面内扳转任意角度；小拖板可沿转盘上面的导轨做短距离移动。当转盘扳转某一角度后，小拖板便可以带动车刀做相应的斜向移动。

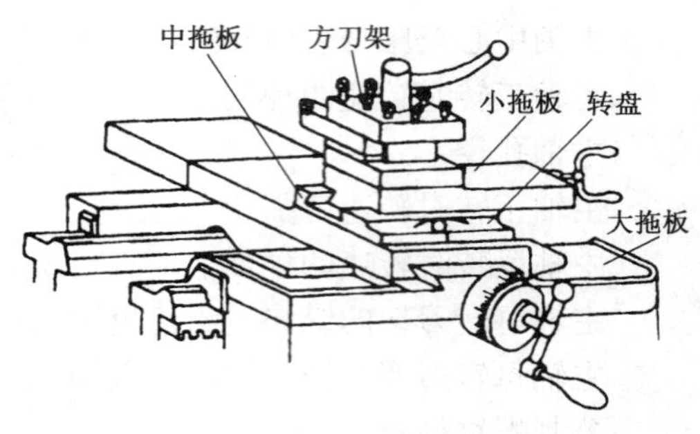

图 6-2-2　刀架的组成

⑦ 尾座　尾座安装在车身内侧导轨上，用来支撑工件或安装孔加工工具（如钻头、中心钻等），尾座可在导轨上做纵向移动并能固定在所需要的位置上。

6.2.3　卧式车床的传动系统

卧式车床传动系统由主运动传动系统和进给运动传动系统两部分组成，图 6-2-3 为 CA6136 卧式车床传动系统示意图。

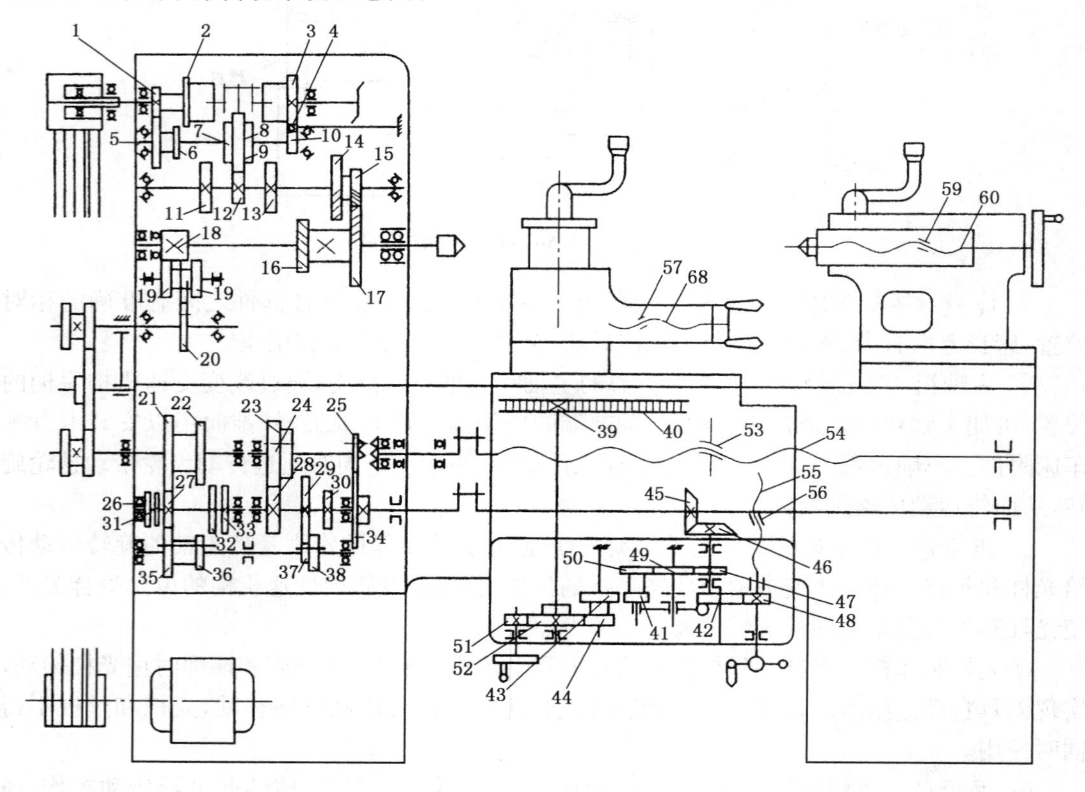
图 6-2-3　CA6136 车床传动系统图

1) 主运动传动系统

主运动传动系统是指从电动机到主轴之间的传动系统。车削加工的主运动指主轴带动工件所做的旋转运动，主轴的转速常用 $n_{主}$ 来表示，单位 r/min。

主运动为集中运动，位于前床腿内的主电机，通过五根三角胶带带动主轴箱(床头箱)中的Ⅰ轴，经过摩擦离合器控制主轴正反转，通过主轴高低挡手柄和主轴变速手柄改变主轴转速，使齿轮 2、6；8、12；14、16 分别啮合，此时主轴为高速传动，再经过齿轮 1、5；9、13；15、17 分别啮合，则主轴为低速传动，主轴正转可得 12 种转速，反转可得 6 种转速。

2) 进给运动传动系统

进给运动传动系统指从主轴到刀架之间的传动系统。车削加工的进给运动指刀具相对于工件的移动，进给运动用进给量 f 表示，进给量能反映刀具运动与主运动的关系，指主轴旋转一周，刀具相对工件沿纵向(或横向)移动的距离，其中纵向和横向分别有 40 种进给量，其计算公式如下：

$$S_{纵}=\frac{67}{90}\cdot\frac{45}{67}\cdot i_{基}\cdot i_{扩}\cdot\frac{17}{38}\cdot\frac{21}{45}\cdot\frac{15}{30}\cdot\frac{21}{60}\cdot\frac{15}{64}\cdot 14\cdot 2\cdot\pi$$

$$S_{横}=\frac{45}{90}\cdot i_{基}\cdot i_{扩}\cdot\frac{17}{38}\cdot\frac{21}{45}\cdot\frac{15}{30}\cdot\frac{21}{56}\cdot\frac{56}{18}\cdot 5$$

式中的 $i_{基}$ 分别为$\frac{21}{36}$、$\frac{22}{33}$、$\frac{33}{36}$、1、$\frac{35}{21}$、$\frac{33}{22}$

式中的 $i_{扩}$ 分别为$\frac{1}{4}$、$\frac{1}{2}$、1、2

6.2.4 其他类型车床简介

1) 立式车床

立式车床一般用来加工直径大、高度与直径之比 $H/D=0.32\sim0.8$、形状复杂而且笨重的中型、大型或重型工件，如盘、轮和套类零件的外圆柱面、端面、圆锥面、圆柱孔或圆锥孔等；还可以借助附加装置进行车削螺纹、车球面、仿形、铣削和磨削等加工。

立式车床的外形如图 6-2-4 所示，工件装夹在工作台上，并由工作台带动绕垂直轴线做旋转主运动。进给运动由立刀架和横刀架来实现，横刀架可在立柱的导轨上移动即做垂直进给；还可以沿刀架滑座的导轨做横向进给。立刀架可在横梁的导轨上移动即横向进给；另外，立刀架溜板还可沿其刀架滑座的导轨上做垂直进给。两个刀架都有独立的进给箱，可以分别或同时切削。中小型立式车床的立刀架上通常带有转位刀架，在转位刀架上可以装夹几组刀具(一般为 5 组)，供轮流使用。利用立刀架可以进行车内外圆柱面、内外圆锥面，车端面、切槽以及钻孔、扩孔、铰孔等。利用横刀架可完成车

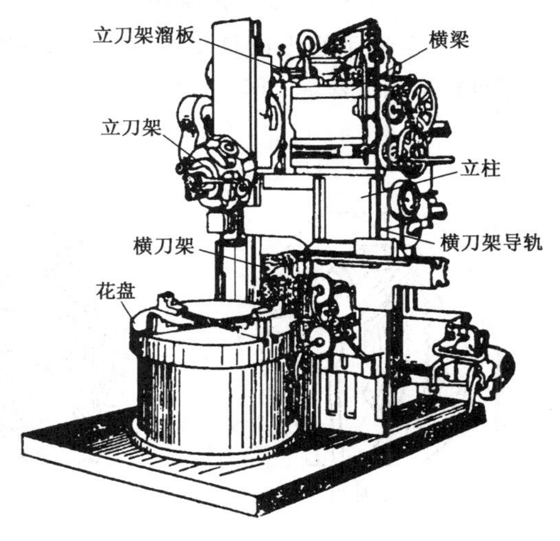

图 6-2-4 立式车床

外圆、端面、切外沟槽及倒角等。

由于立式车床的工作台面处于水平位置，因此，工件装夹及校正比较方便。另外，由于工件和工作台重量均匀地作用在工作台导轨或推力轴承上，因此，立式车床能较长期地保持工作精度。

2）转塔式六角车床

转塔式六角车床外形如图 6-2-5 所示，其结构与卧式车床相似，但其没有丝杠，并且用可转动的六角刀架代替尾座，在六角刀架上可同时安装六组刀具，如钻头、铰刀、板牙以及装在特殊刀夹中的各种车刀等。这些刀具是按零件加工顺序安装的，且六角刀架每转 60°就可以更换一组刀具，以便进行多刀加工。四方刀架上也可安装刀具进行切削，并且可以和六角刀架上的刀具同时对工件进行切削。另外，车床上设有定程挡块以控制刀具的行程，操作方便迅速。

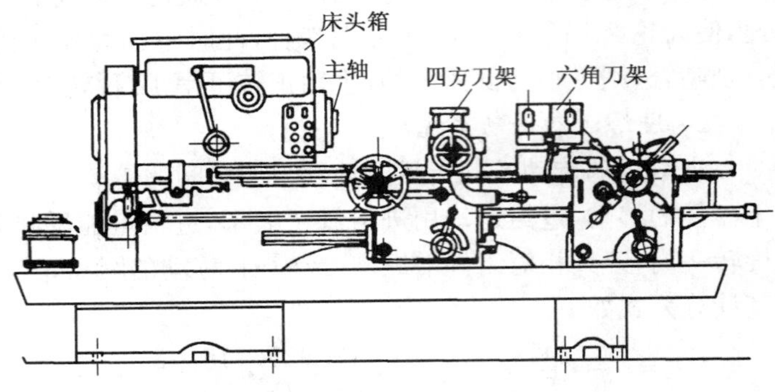

图 6-2-5　转塔车床

对于外形复杂而且多具有内孔的成批零件，用转塔式六角车床加工较为合适。

6.3　车床附件及其应用

6.3.1　三爪自动定心卡盘

1）三爪自动定心卡盘结构

三爪自动定心卡盘是车床上最常用的附件，其结构如图 6-3-1 所示。由一个大锥齿轮（背面有平面螺纹）、三个小锥齿轮及三个卡爪等组成的锥齿轮传动机构。

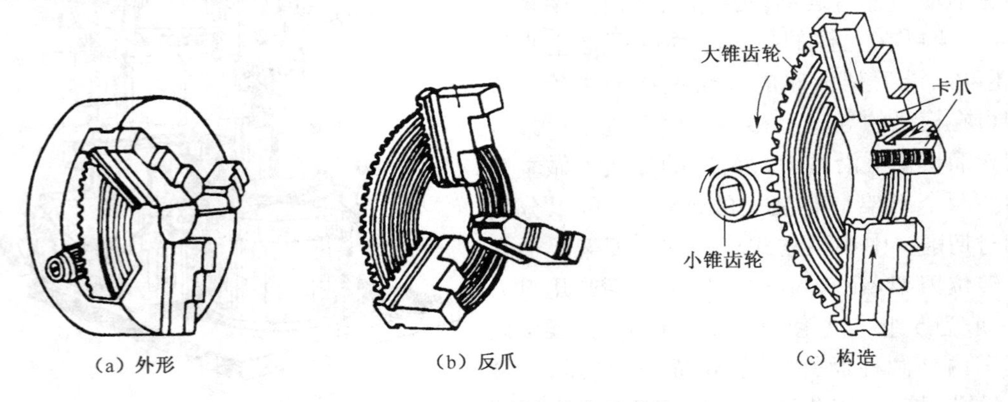

（a）外形　（b）反爪　（c）构造

图 6-3-1　三爪自动定心卡盘

当用卡盘钥匙转动小锥齿轮时，三个卡爪沿卡盘体上的径向槽同时向卡盘中心缩进或离散，从而实现夹紧或松开不同直径的工件。三爪自动定心卡盘还附带三个“反爪”用来夹持直径较大的工件，夹持范围大。无论正、反爪，均适于夹持圆形、正三角形或正六边形等工件而无需找正，应用比较广泛。

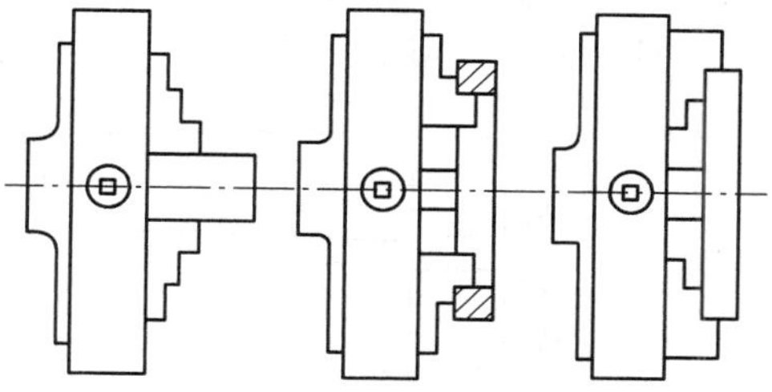

(a) 夹外圆　(b) 夹内孔　(c) 反爪夹紧

图 6-3-2　用三爪卡盘安装工件

2) 用三爪自动定心卡盘装夹工件的方法

用三爪自动定心卡盘装夹工件时，必须将工件装正、夹牢，工件被夹持长度一般不小于 10 mm，当机床开动时，工件不能有明显的摆动、跳动，否则，必须重新找正工件的位置，夹紧后方可进行加工。图 6-3-2 所示为用三爪自动定心卡盘装夹工件的几种方法。

6.3.2　四爪单动卡盘

四爪单动卡盘的外形如图 6-3-3a 所示，与三爪自动定心卡盘不同，它的四个卡爪分别由四个径向螺杆单独控制其移动。装夹工件时，四个卡爪只能用卡盘钥匙逐一调节，不能自动定心，使用时一般要与划针盘、百分表配合进行工件找正，如图 6-3-3b 和图 6-3-3c 所示。装夹工件比较费时，但通过找正后的工件，其安装精密较高，夹紧可靠。主要用来夹持方形、椭圆形、长方形及其他各种不规则形状的工件，有时也可用来夹持尺寸较大的圆形工件。

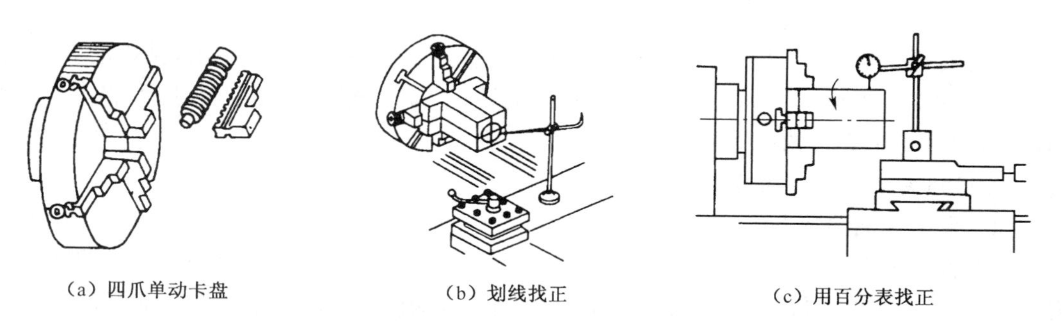

(a) 四爪单动卡盘　(b) 划线找正　(c) 用百分表找正

图 6-3-3　四爪单动卡盘及其找正

6.3.3　顶尖

顶尖是车削较长或工序较多的轴类零件常用的夹具，根据车削的目的(粗车或精车)不同，可采用不同的装夹方法。

1) 顶尖结构与安装方法

常用的顶尖有死顶尖和活顶尖两种结构，如图 6-3-4 所示。顶尖头部是带有 60°锥角的尖端，靠其顶入工件的中心孔内支承工件；顶尖的尾部是莫氏锥体，安装在主轴孔内(一般称其为前顶尖)或尾座套筒的锥孔内(后顶尖)。前顶尖采用死顶尖,后顶尖易磨损,在高速切削时常采用活顶尖。

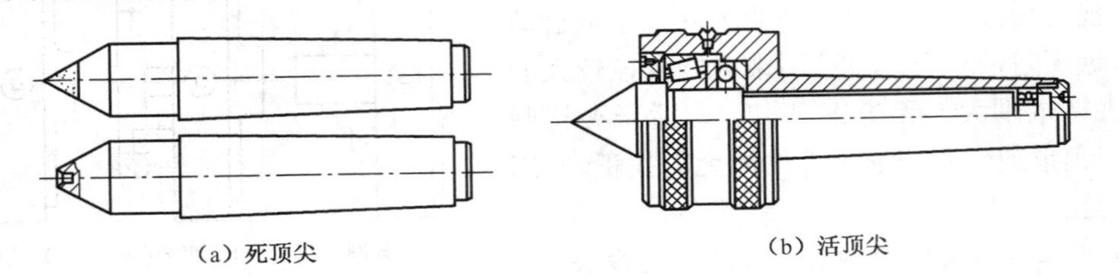

(a) 死顶尖　　(b) 活顶尖

图 6-3-4　顶尖

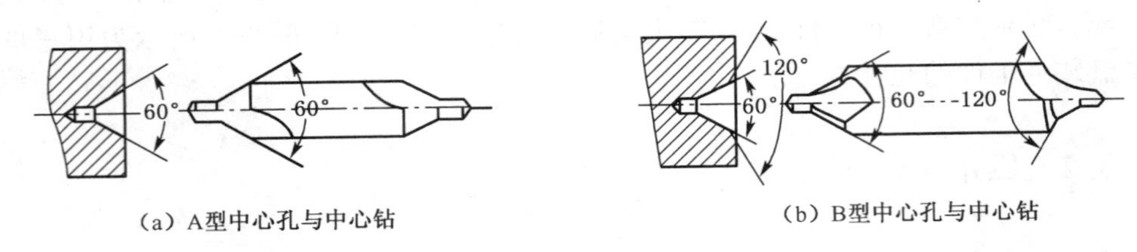

(a) A型中心孔与中心钻　　(b) B型中心孔与中心钻

图 6-3-5　中心孔类型及中心钻

2) 中心孔类型及加工方法。

用顶尖装夹轴类工件时,首先必须用中心钻在工件的两端或一端钻中心孔,作为安装工件时的定位基准,常用的中心孔类型有 A、B 两种,如图 6-3-5 所示。通常在完工的零件上不允许保留中心孔时,采用 A 型中心孔;当要求在完工的零件上必须保留中心孔时,采用 B 型中心孔。

中心孔通常用相应的中心钻在车床上钻出,也可在相应的机床上钻出,钻中心孔之前,首先将轴端加工平整,钻中心孔时应选用较高的转速、缓慢进给,待钻到尺寸后,将中心钻稍作停留,以降低中心孔的表面粗糙度。

3) 用顶尖装夹工件的方法

(1) 采用双顶尖装夹工件

用双顶尖装夹工件的方法如图 6-3-6 所示。零件装夹在前、后顶尖之间,由拨盘带动鸡心夹头(卡箍),鸡心夹头带动工件旋转,前顶尖随主轴一起旋转,后顶尖在尾座内固定不转。

用双顶尖安装工件的步骤如图 6-3-7 所示。

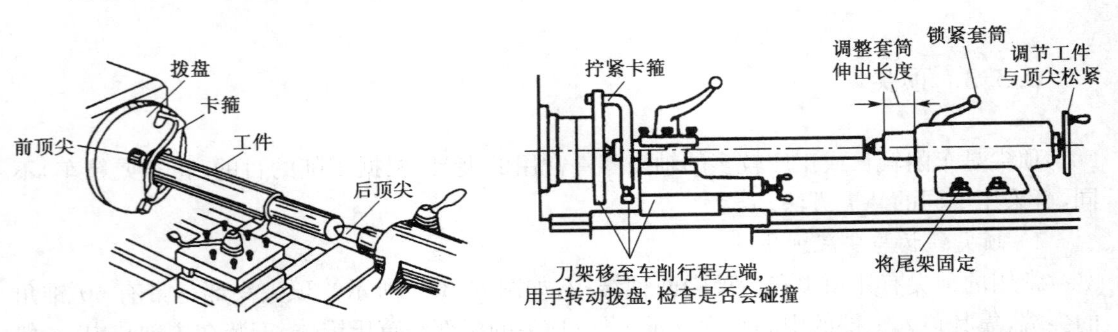

图 6-3-6　双顶尖装夹工件　　图 6-3-7　用双顶尖安装工件的步骤

(2) 用卡盘(三爪或四爪)和顶尖装夹工件

将工件一端用三爪自动定心卡盘或四爪单动卡盘夹持,另一端靠尾座上的顶尖支承,这种装夹方法夹紧力较大,比较适于轴类零件的粗加工和半精加工;但当工件调头安装时,此法不能保证同轴度的精度要求,因此,精加工时还需改用双顶尖装夹。

6.3.4 中心架与跟刀架

在车床上加工细长轴时,为防止工件振动或防止工件被车刀顶弯,除利用顶尖装夹工件外,还需使用中心架或跟刀架,作为辅助支承以提高工件刚性,减小变形。

1) 中心架的应用

用压板和压板螺栓将中心架固定在车床导轨上,通过调整中心架上的三个可调支承爪,使它们分别与工件上已预先加工过的一段光滑外圆接触,就能达到固定和支承工件的作用,然后再分段进行车削。图 6-3-8 所示为利用中心架车削细长轴的端面或轴端孔的方法。中心架多用于加工阶梯轴或细长轴的端面、中心孔及内孔等。

2) 跟刀架的应用

将跟刀架固定在刀架大拖板上,使其随跟刀架一起做纵向移动。使用跟刀架时,应首先在工件上靠后顶尖的一端车削出一小段外圆,并以此来调节跟刀架支承爪的位置和松紧程度,然后再车削工件的全长。跟刀架多用于车削细长光轴或丝杠时起辅助支承的作用,跟刀架的应用如图 6-3-9 所示。

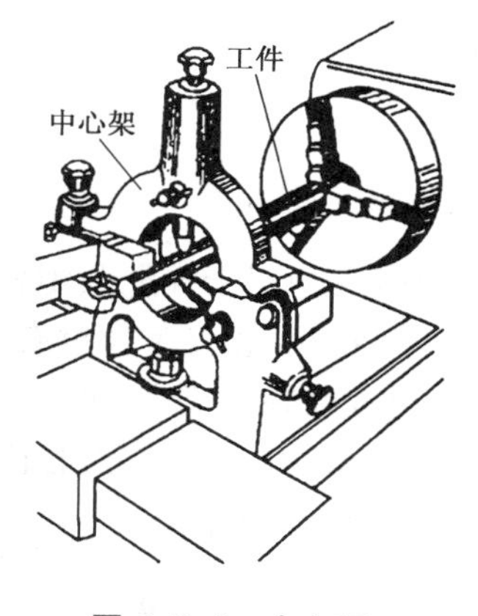

图 6-3-8 中心架

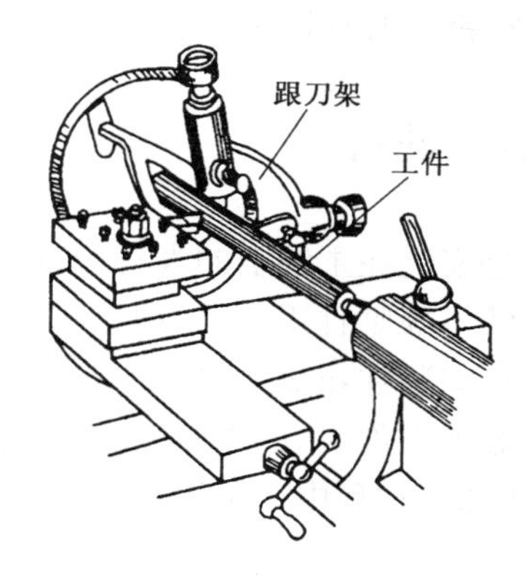

图 6-3-9 跟刀架

6.3.5 心轴

对于有些形状复杂或位置精度要求较高的盘套类零件,可采用心轴装夹工件。此种装夹方法能保证零件的外圆与内孔的同轴度以及端面对于孔的垂直度等要求。用心轴装夹工件时,必须首先将工件的内孔精加工(IT7～IT9)出来并达到零件的技术要求,然后再以孔作为定位基准将工件安装在心轴上,最后将心轴安装在前、后顶尖之间,完成后续加工。

心轴的种类很多，有圆柱心轴、小锥度心轴、胀力心轴、伞形心轴等，一般可根据工件的形状、尺寸、精度要求以及加工数量的不同而选择不同结构的心轴，其中圆柱心轴和小锥度心轴应用比较多。

1）圆柱心轴

当工件的长度尺寸小于其孔径时，通常采用圆柱心轴装夹工件。圆柱心轴的结构及装夹方法如图 6-3-10 所示。工件左端紧靠心轴轴肩，右端用螺母压紧。工件与轴之间一般采用 H7/h6 配合，其对中性较差，加工精度受到限制。

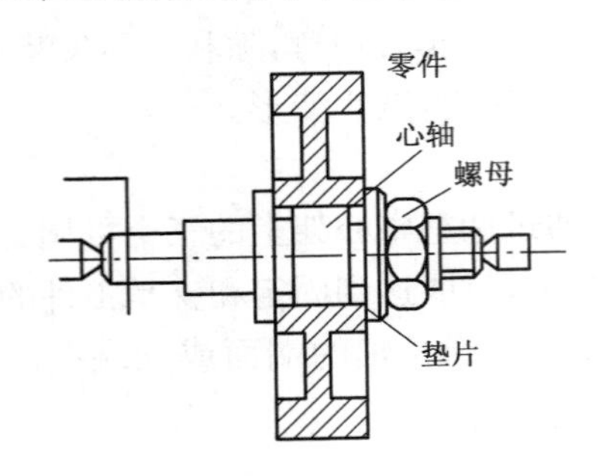

图 6-3-10 圆柱心轴安装零件

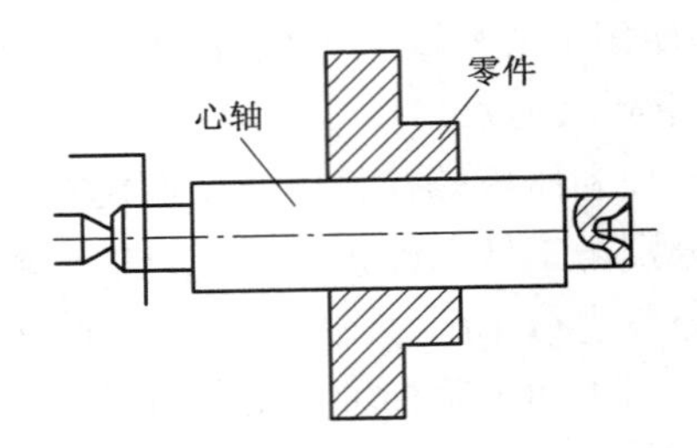

图 6-3-11 圆锥心轴安装零件

2）小锥度心轴

当工件的长度尺寸大于其孔径时，通常采用小锥度心轴装夹工件，如图 6-3-11 所示。小锥度心轴的锥度一般为 1：1 000～1：5 000，小锥度心轴靠其与工件接触面之间的过盈配合夹紧工件，其对中准确，拆卸方便，但切削力不能太大，以防工件在心轴上滑动而影响正常切削。小锥度心轴适于盘套类零件的精车外圆和端面。

6.3.6 花盘

花盘是安装在主轴上的大直径铸铁圆盘，其端面有很多长槽用于穿压紧螺栓。花盘用于装夹形状不规则且用三爪或四爪卡盘无法装夹的工件。用花盘装夹工件时有两种形式：直接将工件安装在花盘上（见图 6-3-12a）；利用弯板将工件安装在花盘上（见图 6-3-12b）。

花盘装夹工件时，必须利用划针盘等对工件进行找正，同时由于工件重心往往偏向一边，为防止加工过程中产生振动，需在花盘的另一边加上平衡铁进行平衡。

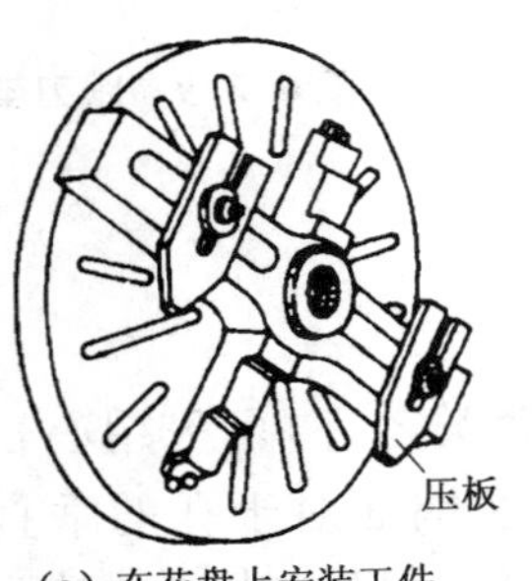

(a) 在花盘上安装工件

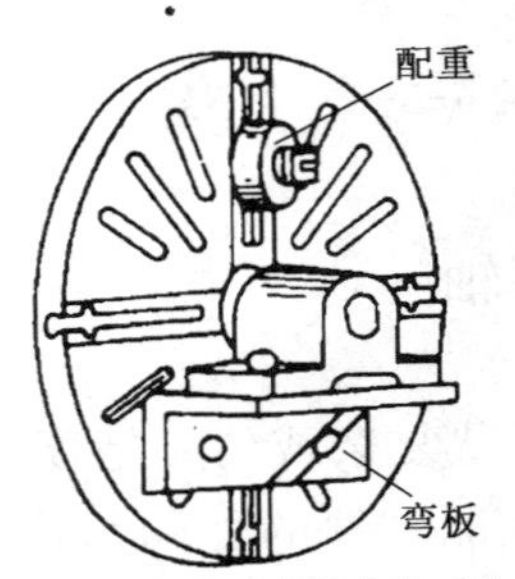

(b) 在花盘上用弯板安装工件

图 6-3-12 用花盘或花盘弯板安装工件

6.4 车刀及其应用

车刀种类很多,其结构各有不同,因此,在特定条件下,选择一把较合适的车刀进行切削加工,可以达到保证加工质量,提高生产率,降低生产成本,延长车刀使用寿命等作用。在实际生产中,一般根据生产批量、机床形式、工件形状、加工精度及表面粗糙度、工件材料等因素来合理选择车刀类型。

6.4.1 车刀构造

1)车刀的组成

车刀由切削部分和刀杆组成。其中切削部分是由切削刃和刀面、刀尖形成的车刀工作部分,用于完成切削工作。刀杆是车刀的夹持部分,用以将车刀夹持在刀架上。图 6-4-1 所示为外圆车刀的组成,其切削部分的名称及定义如下:

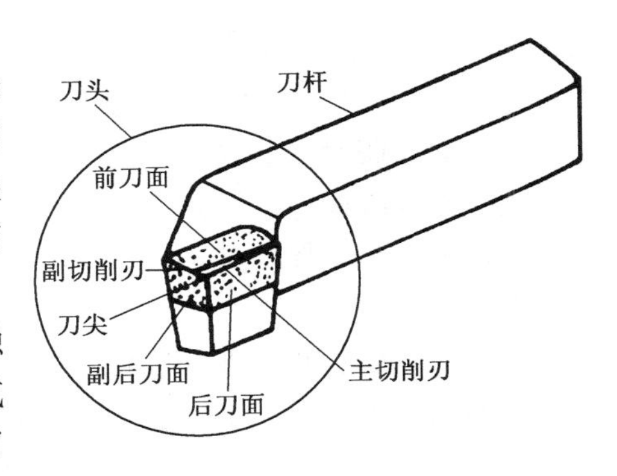

图 6-4-1 车刀的组成

① 前刀面 刀具切削部分上与切屑直接相接触的表面。前刀面有主副之分。与后刀面相交而形成主切削刃的那部分前刀面称为主前刀面,简称为前刀面;与后刀面相交而形成副切削刃的那部分前刀面称为副前刀面。

② 后刀面 刀具切削部分上与工件上被切成的表面相对的表面。后刀面也有主副之分。与前刀面相交而形成主切削刃的那部分后刀面称为主后刀面,简称后刀面;与前刀面相交而形成副切削刃的那部分后刀面称为副后刀面。

③ 主切削刃 用来进行切削工作的前刀面的边缘,即为刀具的切削刃。由主偏角为零的一点开始的一段切削刃,它至少有一部分是用来切成工件过渡表面的称为主切削刃。

④ 副切削刃 除主切削刃之外的其余部分切削刃,它不参与工件过渡表面的切成工作。

⑤ 刀尖 位于主切削刃与副切削刃交接处的相当小的一部分刃口。它可能是主切削刃与副切削刃的实际交点,也可能是圆弧形或直线形的过渡切削刃。

车刀的结构是由车刀切削部分的连接形式决定的。如果车刀切削部分与刀杆是整体结构,则此类车刀即为整体式车刀。通常高速钢车刀都是整体式车刀,如果车刀切削部分是由刀片连接形成的,则按刀片的夹固形式,有焊接式车刀和机械夹固式车刀。其中机械夹固式车刀又分为重磨式和不重磨式(又称可转位式)两种。车刀的结构形式如图 6-4-2 所示。

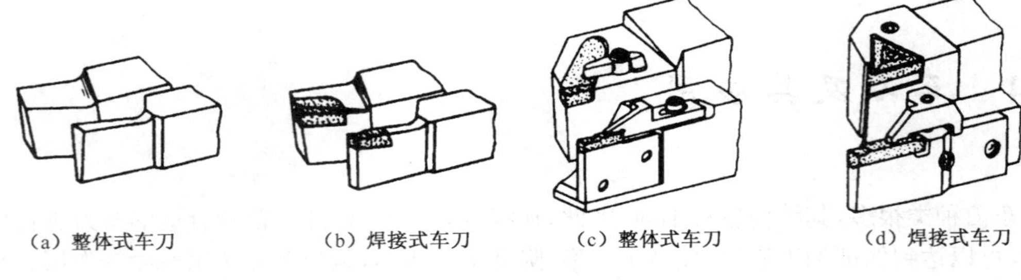

图 6-4-2　车刀的结构形式

2) 车刀切削部分的主要几何角度

(1) 静止参考系

刀具要从工件上切除多余的金属,其切削部分就必须具有一定的几何角度,因刀具的几何形状、切削刃及前、后刀面的空间位置都是由刀具的几何角度决定的。为了适应刀具在设计、制造、刃磨和测量时的需要,选取一组几何参数作为参考系,称其为静止参考系。选取刀具静止参考系时,必须满足两条假设条件:

① 运动假设　假设刀具的进给速度为零。

② 安装假设　假设刀具安装时,刀尖与工件轴线等高,刀杆与工件轴线垂直。

如图 6-4-3 所示,静止参考系由基面 p_r、主切削平面 p_s 和正交平面 p_o 三个相互垂直的辅助平面构成。

基面 p_r 通过主切削刃选定点的平面,它平行或垂直于刀具在制造、刃磨及测量时适于装夹或定位的一个平面或轴线,其方位垂直于假定的主运动方向。

主切削面 p_s 通过主切削刃选定的点与主切削刃相切并垂直于基面的平面。

正交平面 p_o 通过主切削刃选定点并同时垂直于基面和主切削平面的面。

(2) 车刀的静态几何角度及作用

在静止参考系中,车刀切削部分在辅助平面中的位置关系就形成了车刀的几何角度。车刀的几何角度主要有前角 γ_0、后角 α_0、主偏角 k_r、副偏角 k_r' 和刃倾角 λ_s,如图 6-4-4 所示。

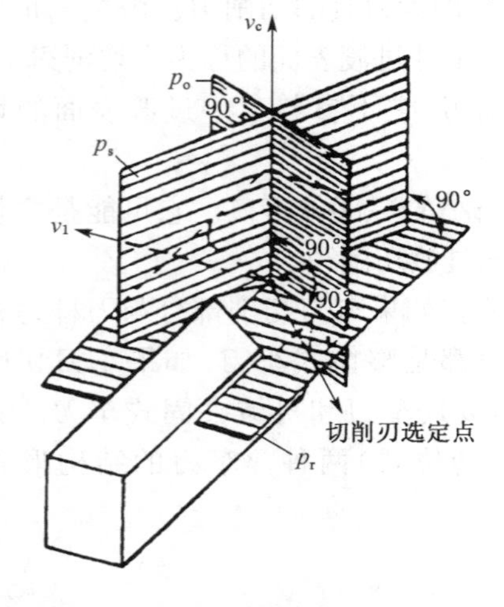

图 6-4-3　刀具静止参考系 $p_r-p_s-p_o$ 平面

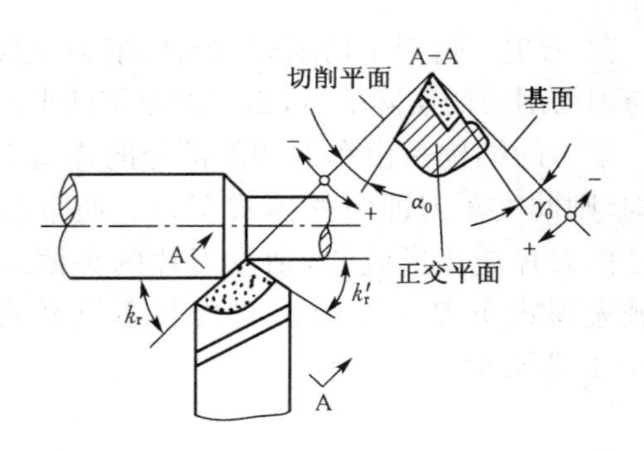

图 6-4-4　车刀的主要几何角度及辅助平面

① 前角 γ_0 它是在正交平面中测量的角度，是前刀面与基面的夹角。其作用是使刀刃锋利，便于切削。前角越大，刀具越锋利，切削力越小，有利于切削，且工件的表面质量好。但前角过大会降低切削刃的强度，容易崩刀，前角一般为 5°～20°。一般情况下，当工件材料的强度、硬度较低、塑性好时应取较大的前角，加工硬性材料时应取较小的前角，当刀具材料的抗弯强度和冲击韧度较高时，取较大的前角；粗加工、断续切削时取较小的前角。

② 后角 α_0 后角也是在正交面中测量的刀具角度，是主后刀面与切削平面间的夹角，后角影响主后刀面与工件过渡表面的摩擦，影响刀刃的强度，后角 α_0 一般取 6°～12°。粗加工、强力切削、承受冲击载荷刀具，要求刀刃强度较高，应取较小的后角。工件材料强度、硬度较高时，为保证刀具强度，也应取较小的后角。对于较软的工件材料，后刀面摩擦严重应取较大的后角。精车刀也应取较大的后角。

③ 主偏角 k_r 主偏角是在基面中测量的角度，是主切削平面与假定工作平面间的夹角。主偏角的大小影响主切削刃实际参与切削的长度及切削力的分解，即主偏角减小，主切削刃参与切削的长度增加，刀尖强度增加，切削条件得到改善，但主偏角减小，切削时径向力增大，故切削细长轴时，常用 $k_r = 75°$ 或 $k_r = 90°$ 的车刀。车刀常使用的主偏角有 45°、60°、75°和 90°几种。

④ 副偏角 k_r' 副偏角也是在基面中测量的角度，是副切削平面与假定工作平面间的夹角。副偏角影响副后刀面与工件已加工表面之间的摩擦及已加工表面粗糙度。较小的副偏角可减小工件表面粗糙度，提高刀刃强度，增加散热体积。但是过小的副偏角会增加径向力，切削过程中会引起振动，加重副后刀面与已加工表面之间的摩擦，一般副偏角 k_r' 取值范围为 5°～15°，精加工时取较小值。

⑤ 刃倾角 λ_s 刃倾角是在主切削面中测量的角度，指主切削刃与基面之间的夹角。刃倾角主要影响切屑的流向和刀尖的强度。

3) 车刀切削部分材料

刀具的切削部分不但要承受切削过程中的高温、高压及冲击载荷，而且还要受到切屑及工件的强烈摩擦，因此作为刀具切削部分的材料必须具有较高的硬度、耐磨性、耐热性及足够的强度、韧性，此外还必须有较好的冷热加工性能。对于车刀而言，当前使用的车刀材料有高速钢、硬质合金、硬质合金涂层、陶瓷及立方氮化硼等，其中，以高速钢和硬质合金材料的车刀应用最广。

(1) 高速钢车刀

高速钢是一种加入了较多金属(如 W、Cr、Mo、V 等)碳化物且含碳量也较高的合金工具钢，高速钢除具有足够的硬度(62～69 HRA)、耐磨性和耐热性(500℃～600℃)外，还具有较高的强度和韧度，在热处理前，高速钢可以像一般中碳钢一样进行各种加工，热处理后，变形较小，而且可以获得较高的常温硬度，制成刀具可以磨出锋利的切削刃，高速钢车刀通常为整体式结构，可以制造成各种类型的车刀，尤其是螺纹精车刀、成形车刀等，俗称白钢刀，适于加工从有色金属到高温合金的范围广泛的金属材料，但高速钢车刀的切削速度不能太高。车刀通常采用的高速钢牌号为 W18Cr4V1 和 W6Mo5Cr4V2。

(2) 硬质合金车刀

硬质合金是由高硬度的难熔金属碳化物如(WC、TiC、TaC、NbC 等)和金属粘结剂(如 Co、Ni 等)用粉末冶金方法制成的一种刀具材料。常用硬质合金的硬度(89～93HRA)和耐热性(800℃～1000℃)都比高速钢高,但硬质合金的强度和韧度却比高速钢差得多,硬质合金刀具不能承受大的振动和冲击。

硬质合金的冷加工和热加工性能都很差,一般通过粉末冶金方法制成具有特定形状的刀片,然后将刀片用焊接或机械夹固方法固定在刀体上。因此,硬质合金车刀通常制成焊接式或机械夹固式车刀。常用的硬质合金有两类:钨钴类和钨钴钛类

① 钨钴类　常用的牌号有 YG3、YG6、YG8 等,牌号中的"Y"代表硬质合金,"G"代表钴,后面的数字表示合金中钴含量,如 YG6 表示含 6%Co、94%WC 的钨钴类硬质合金。钴含量高,其抗弯强度和冲击韧性相应提高。

② 钨钛钴类　常用的牌号有 YT5、YT15、YT30 等。牌号中"Y"代表硬质合金,"T"代表碳化钛,后面的数字表示合金中 TiC 的含量,如 YT15 表示含 15%TiC,其余为含 79% WC 和含"Y"6%Co 的钨钴钛类硬质合金。

YG 类硬质合金比 YT 类硬质合金硬度略低,韧度稍好一些,一般用于加工铸铁类工件,其中 YG8 用于铸铁件的粗车,YG6 用于半精车,而 YG3 用于精车;YT 类硬质合金车刀一般用于钢件的车削,如 YT5 用于钢件的粗车,YT15 用于半精车,YT30 用于钢件的精车。

(3) 其他材料车刀

除上述材料外,还有涂层硬质合金刀片、陶瓷刀片、立方氮化硼车刀及金刚石车刀等。

(4) 车刀的种类和用途

图 6-4-5 所示为常用的车刀种类。各种车刀的用途如下所述:

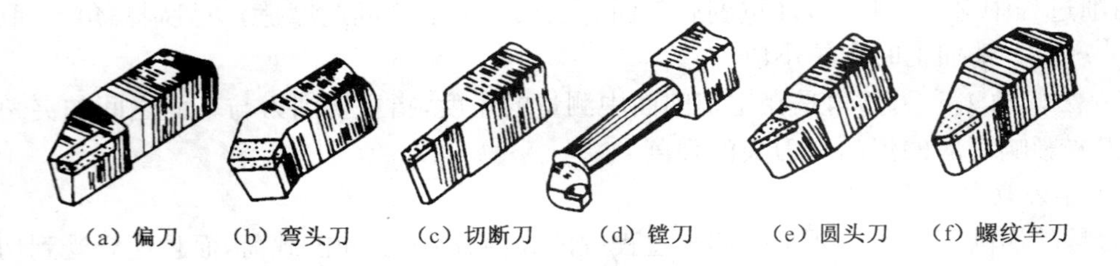

(a) 偏刀　(b) 弯头刀　(c) 切断刀　(d) 镗刀　(e) 圆头刀　(f) 螺纹车刀

图 6-4-5　常用车刀的种类

① 偏刀　用来车削外圆、台阶及端面,偏刀通常有 45°、60°、75°和 90°几种。

② 弯头刀　用来车削外圆、端面及倒角。弯头刀通常有 45°、60°、75°和 90°几种。

③ 切断刀(切槽刀)　用来切断工件或在工件上加工沟槽。

④ 镗刀　用来加工内孔。

⑤ 圆头刀　用来车削工件台阶处的圆角和圆弧槽,或车削工件上的特形表面。

⑥ 螺纹车刀　用来车削螺纹。

6.4.2 车刀刃磨

对于整体车刀和焊接车刀而言,未经使用的新车刀或用钝的车刀,必须经过刃磨方能保证车刀应具有的几何形状和角度要求,以便顺利完成车削工作。车刀的刃磨质量直接影响加工质量和刀具的耐用度。单件和成批生产时,一般由刀具的使用者在砂轮机上刃磨,此种刃磨方法简单易行,应用比较广泛,但刃磨质量不易保证,大批量生产时,一般由刃磨工在专

用刃磨机床上进行集中刃磨，专用刃磨机床有车刀磨床、万能工具磨床、研磨机、电解车刀磨床、电解工具磨床等。这里只简单介绍用砂轮机刃磨车刀的工艺方法。

1）砂轮的选择

目前广泛使用的砂轮有白色的氧化铝砂轮（白刚玉砂轮）和绿色的碳化硅砂轮，当刃磨高速钢车刀或刃磨硬质合金车刀刀体时，使用氧化铝砂轮；刃磨硬质合金车刀刀头时用碳化硅砂轮。

2）刃磨工艺过程

因车刀的几何形状相似，只是几何参数（车刀角度）不同，故各种车刀的刃磨工艺过程基本相同，车刀的刃磨一般分粗磨和精磨，刃磨时砂轮与车刀的相对运动方向为砂轮的旋转方向应从刀刃向刀体旋转，而且粗磨和精磨的顺序也有所不同。粗磨：前刀面→副后刀面→主后刀面；精磨：前刀面（包括断屑槽）→主后刀面→副后刀面→刀尖圆弧。车刀的各标注角度就是通过磨削车刀的三个面而获得的，图 6-4-6 所示为精磨外圆车刀的一般工艺过程。

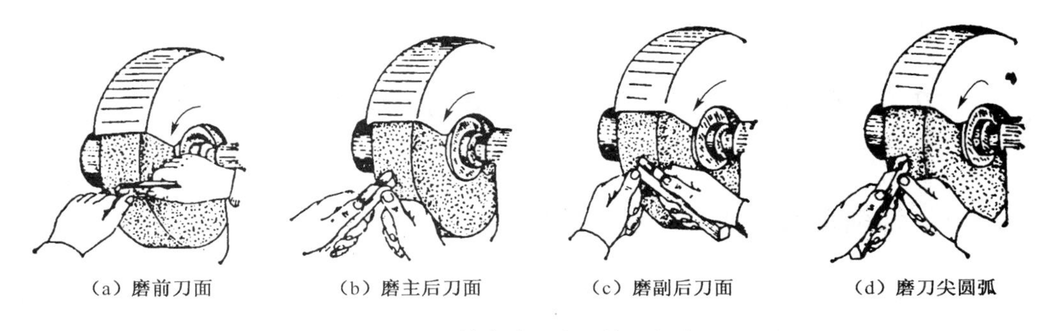

(a) 磨前刀面　(b) 磨主后刀面　(c) 磨副后刀面　(d) 磨刀尖圆弧

图 6-4-6　精磨外圆车刀的一般步骤

① 磨前刀面　为了磨出车刀的前角 γ_0 及刃倾角 λ_s。

② 磨主后刀面　为了磨出主偏角 k_r 及主后角 α_0。

③ 磨副后刀面　为了磨出副偏角 k_r' 及副后角 α_0'。

④ 磨刀尖圆弧　为了提高刀尖强度和散热条件，并为了减小加工面的粗糙度，一般在刀尖处磨出半径为 0.2～0.3 mm 的刀尖圆弧。

车刀在砂轮机上磨好后，还应用油石修光各刀面，进一步降低切削刃和各刀面的粗糙度，从而提高车刀的耐用度和加工表面的质量。

3）刃磨注意事项

(1) 启动砂轮或刃磨时，操作者应站在砂轮侧面，砂轮机上应有防护罩，以防砂轮伤人。

(2) 刃磨时，双手应拿稳车刀，使车刀轻轻接触砂轮，用力要均匀，禁止车刀猛撞砂轮，以防砂轮破碎或手拿车刀不稳车刀飞出伤人。

(3) 刃磨时，车刀应在砂轮中间部位磨削，车刀各部位倾斜角度要合适，并左右移动车刀，使砂轮磨耗均匀，不出现沟槽，以保持砂轮圆周面的平整。

(4) 刃磨高速钢车刀时，常用水冷却，以防车刀升温过高而回火软化；刃磨硬质合金车刀时，严禁用水冷却，以防因车刀刀头过热遇水急冷而产生裂纹，影响车刀的使用寿命。

6.4.3 车刀的安装

车刀应正确地安装在方刀架上，这样才能使车刀在切削过程中具有合理的几何角度，从而保证车削加工的质量及车刀的耐用度。车刀安装基本要求如下：

① 刀尖应与车床主轴轴线等高且与尾座顶尖对齐，刀杆应与零件的轴线垂直，其底面应平放在方刀架上。

② 刀头伸出长度应小于刀杆厚度的1.5～2倍，以防切削时产生振动，影响加工质量。

③ 刀具应垫平、放正、夹牢。垫片的数量不宜过多，以1～3片为宜，一般用两个螺钉交替锁紧车刀。

④ 锁紧方刀架。

⑤ 装好零件和刀具后，检查加工极限位置是否会干涉、碰撞。

6.5 切削运动、切削用量三要素及其选择原则

6.5.1 切削运动与切削用量三要素

在切削过程中，为了切除多余金属，刀具和工件间必须有相对运动即切削运动。切削运动包括主运动和进给运动，一般主运动只有一个，而进给运动可能有一个或数个。

切削用量是指切削速度、进给量及背吃刀量等三个切削要素。它们表示切削过程中切削运动的大小及刀具切入工件的程度。

1）主运动与切削速度 v_c(m/min 或 m/s)

主运动是使工件与刀具产生相对运动以进行切削的最基本的运动。其特点是运动速度最高、消耗功率最大。主运动的速度就是切削速度 v_c。

车削加工时，工件随车床主轴的旋转运动是主运动。其他加工方法中，如牛头刨床上刨刀的移动及铣床上铣刀、钻床上的钻头、磨床上的砂轮的旋转等都是主运动。

外圆切削加工时，切削速度的计算公式为：

$$v_c = \pi Dn/1\,000 (\text{m/min}) \text{ 或 } \quad v_c = \pi Dn/60\,000 (\text{m/s})$$

式中：D——工件直径，单位为mm；

n——工件转速(r/min)。

2）进给运动与进给量 f(mm/r)

进给运动指不断地将被切削层投入切削，以便逐渐切削出所需工件表面的运动。进给运动的大小用进给量 f(mm/r)表示，指在工件或刀具的每一转或每一往复行程的时间内，刀具与工件之间沿进给运动方向的相对位移。单位时间内的进给量称为进给速度，用 v_f 表示，单位为mm/s 或mm/min。

车削加工时，车刀沿车床纵向或横向的移动就是进给运动。而铣削和牛头刨削时工件

的移动以及磨削外圆时工件的旋转和轴向移动(此时进给运动为两个)都是进给运动。外圆及端面切削时,进给量指工件的每转行程中,刀具沿工件轴向或径向移动的距离。

3) 背吃刀量 a_p(mm)

在通过切削刃基点并垂直于工作表面方向上测量的吃刀量称背吃刀量,用 a_p(mm)表示。

背吃刀量即为工件上待加工表面和已加工表面之间的垂直距离,如图 6-5-1 所示。习惯上也将背吃刀量称为切削深度。

6.5.2　车削用量三要素选择原则

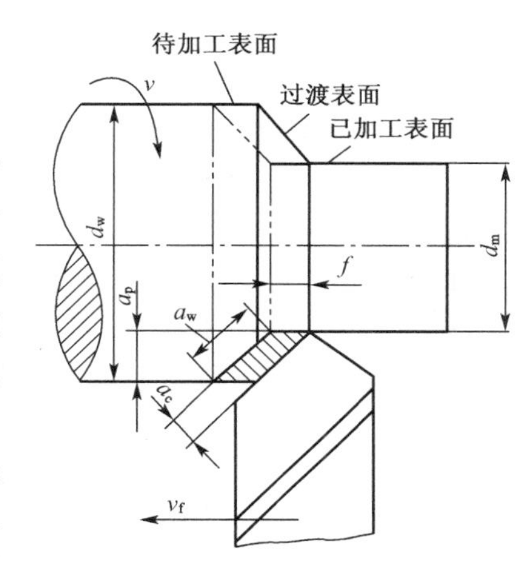

图 6-5-1　车削时的切削要素

切削用量三要素对切削加工质量、生产率、机床的动力消耗及刀具的磨损有着很大的影响,选择切削用量时要综合考虑切削生产率,加工质量和加工成本,所谓合理的切削用量是指在充分利用刀具的切削性能和机床性能以及保证加工质量的前提下,能获得高生产率和低加工成本的切削用量。

切削用量三要素对已加工表面粗糙度影响最大的是进给量 f。进给量增大,表面粗糙度相应增大。对于半精加工和精加工,进给量是限制切削生产率提高的主要因素;对刀具寿命影响最大的是切削速度 v_c,其次是进给量 f,影响最小的是背吃刀量 a_p。因此,选择切削用量的原则是:在机床、刀具和工件的强度以及工艺系统刚性允许的条件下,首先选择尽可能大的背吃量 a_p,其次选择在加工条件和加工要求限制下允许的进给量,最后再按刀具寿命的要求确定一个合适的切削速度 v_c。

1) 粗车时切削用量的选择

粗车时,应首先考虑采用较大的背吃刀量,其次考虑采用较大的进给量,最后再根据刀具耐用度的要求选用合理的切削速度。

(1) 合理选择背吃刀量

选择背吃刀量时,应根据工件的加工余量和工艺系统的刚性来确定。在保留半精车和精车的余量后,应尽可能将粗车余量一次性切除。只有当加工余量太大、一次切除所有余量会产生明显的振动、刀具强度不够、机床功率不够或断续切削时才考虑分两次或几次走刀,且每次走刀的背吃刀量应逐渐递减。

当粗车铸件和锻件毛坯时,由于毛坯表皮硬度较高,而且由于其上可能有砂眼、气孔等缺陷而造成断续切削,为了保护刀刃,第一次走刀的背吃刀量应取较大值。

(2) 合理选择进给量

选择进给量时主要根据工艺系统的刚性和强度来确定。选择进给量时,不考虑进给量对已加工表面粗糙度的影响,只考虑机床进给机构的强度、刀杆尺寸、刀片厚度、工件的直径和长度以及工件装夹的刚度等。在工艺系统刚性和强度好的情况下,可选用大一些的进给量,否则应适当减小进给量。

在实际生产中，进给量常常是按实际经验确定的，一般根据工件材料、车刀刀杆尺寸、工件直径及已选定的背吃刀量，按表6-5-1选取。

表6-5-1　用硬质合金车刀粗车外圆及端面时的进给量（经验值）（单位：mm）

工件材料	车刀刀杆尺寸	工件直径	背吃刀量 a_p				
			≤3	>3～5	>5～8	>8～12	>12
			进给量 $f(mm \cdot r^{-1})$				
碳素钢 合金钢 耐热钢	16×25	20	0.3～0.4	—	—	—	—
		40	0.4～0.5	0.3～0.4	—	—	—
		60	0.5～0.7	0.4～0.6	0.3～0.5	—	—
		100	0.6～0.9	0.5～0.7	0.5～0.6	0.4～0.5	—
		400	0.8～1.2	0.7～1.0	0.6～0.8	0.5～0.6	—
	20×30 25×25	20	0.3～0.4	—	—	—	—
		40	0.4～0.5	0.3～0.4	—	—	—
		60	0.6～0.7	0.5～0.7	0.4～0.6	—	—
		100	0.8～1.0	0.7～0.9	0.5～0.7	0.4～0.7	—
		400	1.2～1.4	1.0～1.2	0.8～1.0	0.6～0.9	0.4～0.6
铸铁 铜合金	16×25	40	0.4～0.5	—	—	—	—
		60	0.6～0.8	0.5～0.8	0.4～0.6	—	—
		100	0.8～1.2	0.7～1.0	0.6～0.8	0.5～0.7	—
		400	1.2～1.4	1.0～1.2	0.8～1.0	0.6～0.8	—
	20×30 25×25	40	0.4～0.5	—	—	—	—
		60	0.6～0.9	0.5～0.8	0.4～0.7	—	—
		100	0.9～1.3	0.8～1.2	0.7～1.0	0.5～0.8	—
		400	1.2～1.8	1.2～1.6	1.0～1.3	0.9～1.1	0.7～0.9

（3）合理选择切削速度

在背吃刀量和进给量选定以后，则可在保证合理的刀具耐用度的前提下，确定合理的切削速度，合理的耐用度和切削速度可根据生产实践经验和有关资料确定，一般不需经过精确计算，背吃刀量、进给量和切削速度三者决定了切削功率，在确定切削速度时，必须考虑到机床的许用功率。具体选择时可查阅机械加工切削手册。

2）半精车、精车时切削用量的选择

半精车、精车时，首先要保证加工精度和表面粗糙度，同时还要兼顾必要的刀具耐用度和切削效率。

半精车和精车时的背吃刀量是根据加工精度和表面粗糙度的要求，由粗加工留下的余量确定的。但必须注意，当用硬质合金车刀切削时，由于其刃口在砂轮上不易磨得很锋利（刃口圆弧半径 γ_ε 较大），最后一刀的背吃刀量不易太小，否则加工表面的粗糙度达不到要求。

半精车和精车时限制进给量提高的主要因素是表面粗糙度,因此半精车尤其是精车时一般多用较小的背吃刀量和进给量。一般精车(Ra1.25～2.5 μm)时,可取 $a_p = 0.05 \sim 0.8$ mm;半精车(Ra5.0～10.0 μm)时,可取 $a_p = 1.0 \sim 3.0$ mm;同时,用硬质合金车刀时一般多采用较高的切削速度,具体选择时可查阅机械加工切削手册。

6.6 车削加工基本方法

车削加工时,操作者必须严格遵守车床的安全操作规程,按车削加工工艺规程所规定的工艺过程及工艺方法完成零件的加工。

车削加工基本步骤如下:

① 检查车床　检查车床运转及安全设施是否正常,操纵手柄是否灵活等。

② 检查毛坯　检查毛坯尺寸是否合格,毛坯表面是否有不允许的缺陷。

③ 安装工件　根据待加工零件的结构特点、技术要求及加工工艺要求等,选择适当的车床附件(或其他车床夹具)正确地装夹工件。

④ 安装车刀　根据车削目的和精度要求,合理选用并正确安装车刀。

⑤ 调整车床　合理选用切削用量后,用变速手柄调整主轴转速和进给量,注意:调整主轴转速时一定要停车变速。

⑥ 试切　通过试切来确定背吃刀量,以便在车削加工中能准确地控制尺寸。

⑦ 车削　按工艺要求进行车削加工零件。

6.6.1 车削端面、外圆与台阶、切槽与切断

1) 车削端面

在进行轴类、盘、套类零件的车削加工时,通常先将其某一端面车出,然后以此端面作为零件轴向方向的加工及测量基准,常用的端面车刀及车削方法如图 6-6-1 所示。

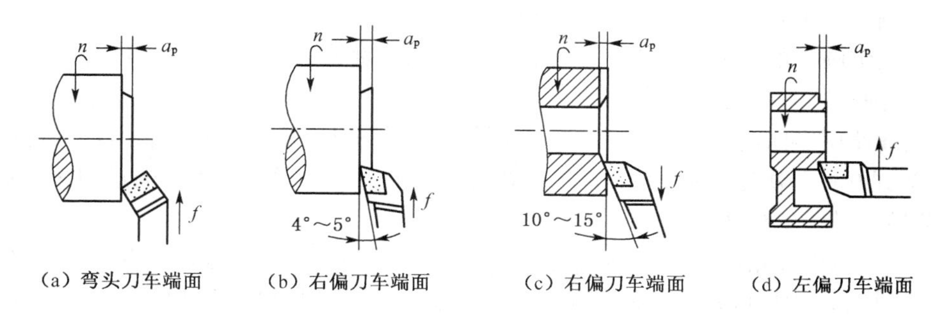

(a) 弯头刀车端面　(b) 右偏刀车端面　(c) 右偏刀车端面　(d) 左偏刀车端面

图 6-6-1　车端面

(1) 用弯头车刀车削端面

用弯头车刀车端面应用较广,车削时,因为端面上的中心凸台是被弯头车刀逐渐切除的

(见图 6-6-1a),因此,刀尖不易损坏,但端面的表面粗糙度值较大,一般用于车削大端面。

(2) 用偏刀车削端面

用右偏刀由外向中心车削端面时,由于端面上的中心凸台是瞬时被切除的(见图 6-6-1b),容易损坏刀尖,而且由于切削时前角比较小,切削不顺利,背吃刀量大时容易扎刀,使端面出现内凹,一般不用此方法车削端面。通常情况下,用右偏刀由内向外车削带孔工件的端面(图 6-6-1c)或精车端面,此时切削前角较大,切削顺利且端面表面粗糙度数值较低,有时也可用左偏刀车端面(图 6-6-1d)。

(3) 车削端面操作要领

① 安装工件时,要校正外圆和端面。

② 安装车刀时,刀尖应对准工件中心,否则会在端面中心留下凸台。

③ 车大端面时,为使车刀能准确地横向进给,应将大拖板紧固在车床床身上,而用小刀架调整背吃刀量。

④ 精度要求高的端面应分粗、精加工,最后一刀背吃刀量应小些且最好由中心向外切削。

2) 车削外圆与台阶

车削外圆与台阶是车削加工中最基本的操作,如图 6-6-2 所示。为了提高生产率和保证加工质量,车削外圆时通常分粗加工和精加工两个步骤。粗车目的是尽快地从毛坯上切除掉大部分加工余量,不用考虑加工精度和表面粗糙度的要求,因此尽量选取较大的背吃刀量、进给量和较低的切削速度;而精车时主要考虑保证加工精度和表面粗糙度的要求,通常采用较小的背吃刀量、进给量及较高的切削速度。

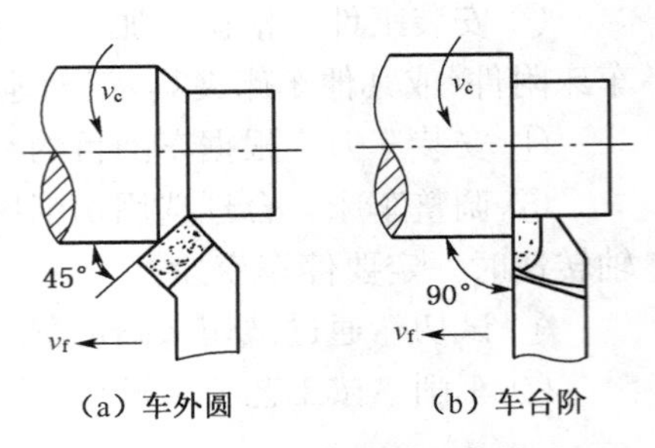

图 6-6-2 车外圆和台阶

(1) 外圆车刀的选择

车削外圆和台阶时,常使用以下几种车刀:

① 尖刀 主要用于粗车外圆和车削没有台阶或台阶很小的外圆。

② 45°弯头车刀 车削外圆、端面及倒角。

③ 右偏刀 主要用于车削带直角台阶的工件,也常用于车削细长轴。

④ 刀尖带圆弧的车刀 一般用于车削母线带有过渡圆弧的外圆表面。

(2) 车削外圆时径向尺寸的控制

① 正确使用横向进刀刻度盘手柄 车削外圆与台阶时,要准确地控制所加工外圆的尺寸,必须掌握好每一次走刀的背吃刀量,而背吃刀量的大小是通过转动横向进刀刻度盘手柄进而调节横向进给丝杠实现的。

横向进刀刻度盘紧固在丝杠轴头上,中拖板(横刀架)和丝杠螺母紧固在一起,当横向进刀刻度盘手柄转一圈时,丝杠也转一圈,此时中拖板就随丝杠横向移动一个螺距。由此可知,横向进刀手柄每转一格,中拖板即车刀横向移动的距离为:丝杠导程÷刻度盘格数。

车外圆时,车刀向工件中心移动为进刀,远离中心为退刀。对于 CA6136、CA6132 车床,刻度盘沿顺时针转一格,横向进刀 0.02 mm,工件直径减小 0.04。这样,就可以根据背吃刀量的大小来决定进刀格数。

进刻度时，如果刻度盘手柄转过了所需的刻度，或试切后发现车出的尺寸有差错而需将车刀退回时，考虑到丝杠和螺母之间有间隙，刻度盘不能直接退回到所需的刻度，应按图 6-6-3 所示的方法进行纠正。

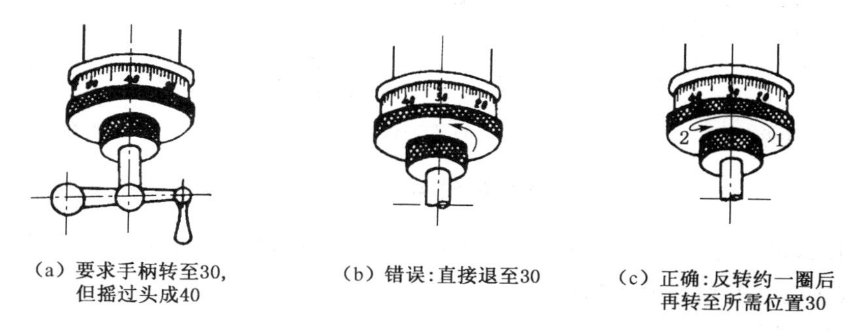

(a) 要求手柄转至30，但摇过头成40　(b) 错误：直接退至30　(c) 正确：反转约一圈后再转至所需位置30

图 6-6-3　手柄摇过头后的纠正方法

② 试切法调整加工尺寸　由于丝杠和刻度盘都有误差，半精车或精车时，只靠刻度盘来进刀无法保证加工的尺寸精度，通常采用试切的方法来调整背吃刀量，以达到加工的尺寸精度要求。试切的方法与步骤如图 6-6-4 所示。

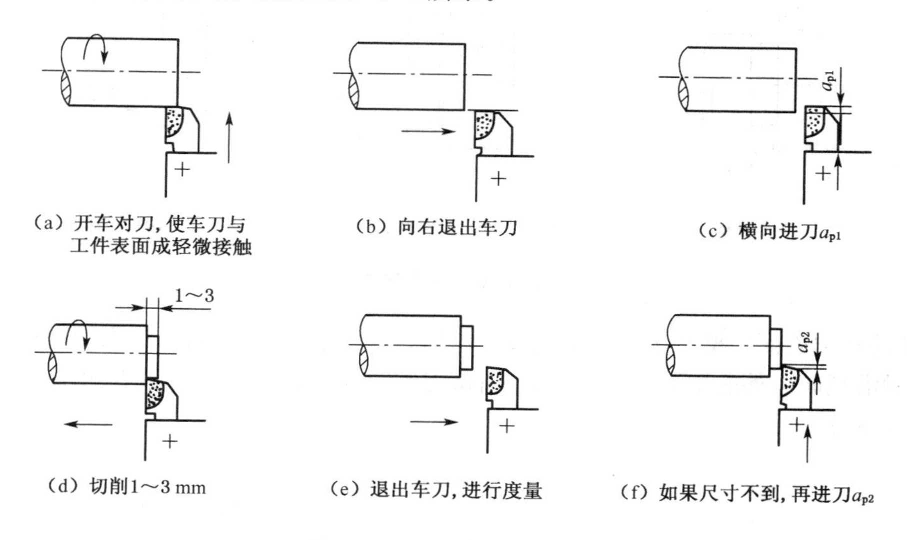

(a) 开车对刀，使车刀与工件表面成轻微接触　(b) 向右退出车刀　(c) 横向进刀a_{p1}

(d) 切削1～3 mm　(e) 退出车刀，进行度量　(f) 如果尺寸不到，再进刀a_{p2}

图 6-6-4　试切方法与步骤

(3) 车削台阶

车削高度小于 5 mm 以下的低台阶时，用正常的 90°偏刀在车外圆时同时车出，为保证台阶端面与轴线垂直，对刀时将主切削刃与已加工好的端面贴平即可，如图 6-6-5a 所示；车削高度大于 5 mm 的台阶时应用主偏角大于 90°(约为 95°)的偏刀，分几次走刀切削外圆，如图 6-6-5b 所示，最后一次纵向走刀后，退刀时，车刀沿径向向外车出，以修光端面，如图 6-6-5c 所示。

台阶轴向尺寸的控制可根据生产批量而定，批量较小时，可采用钢尺或样板确定其轴向尺寸。车削时，先用刀尖或卡钳在工件上划出线痕，线痕的轴向尺寸应小于图样尺寸 0.5 mm 左右，以作为精车的加工余量。精车时，轴向尺寸可用游标卡尺和深度尺进行测

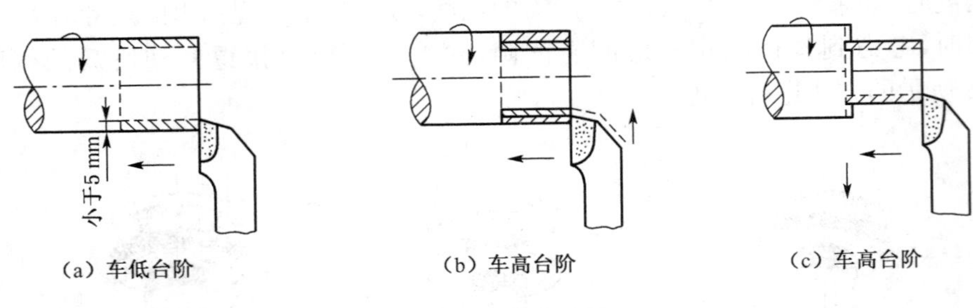

（a）车低台阶　（b）车高台阶　（c）车高台阶

图 6-6-5　车台阶面

量，轴向进刀时，可视加工精度的要求采用大拖板或小拖板刻度盘控制。如果工件的批量较大，且台阶较多时，用行程挡块来控制轴向尺寸，可显著提高生产率并保证加工质量。

3）切槽与切断

（1）切槽

轴类或盘套类零件的外圆表面、内孔表面或端面上常常有一些沟槽，如螺纹退刀槽、砂轮越程槽、油槽、密封圈槽等，这些槽都是在车床上用切槽刀加工形成的，如图 6-6-6 所示。

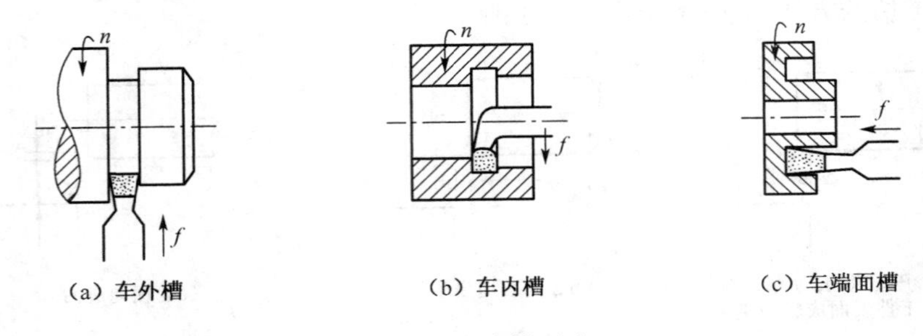

（a）车外槽　（b）车内槽　（c）车端面槽

图 6-6-6　车槽形式

在轴的外圆表面切槽和车端面很相似。切槽刀有一条主切削刃，两条副切削刃、两个刀尖，切槽时沿径向由外向中心进刀，就如同右偏刀和左偏刀合并在一起，同时车左、右两个端面，如图 6-6-7 所示。

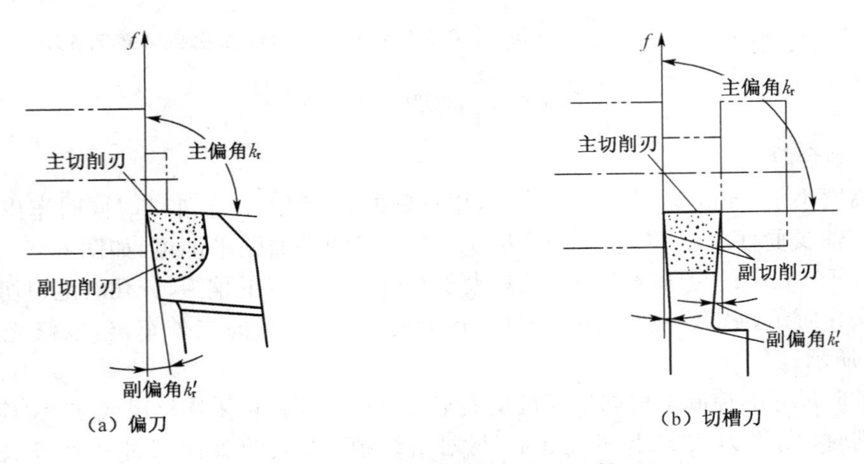

（a）偏刀　（b）切槽刀

图 6-6-7　偏刀与切槽刀角度比较

切削宽度小于 5 mm 的窄槽时，用主切削刃的宽度与槽宽相等的切槽刀一次车出；切削宽度大于 5 mm 的宽槽时，先沿纵向分段粗车，再精车出所需的槽深及槽宽，如图 6-6-8 所示。

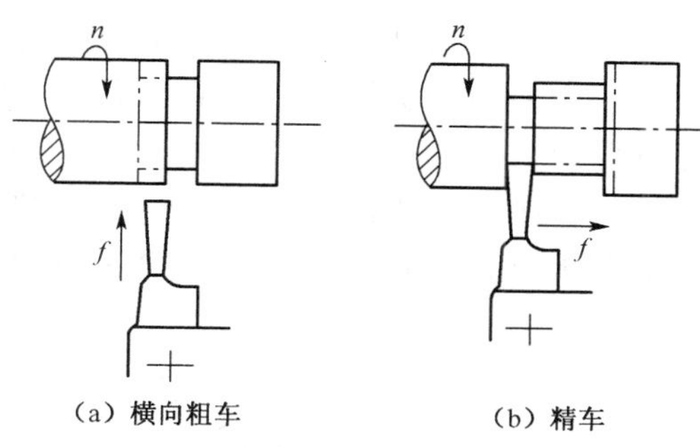

（a）横向粗车　　（b）精车

图 6-6-8　车宽槽

（2）切断

切断是将坯料或工件从夹持端分离下来的操作。切断使用切断刀，切断刀的形状与切槽刀相似，只是刀头更加窄而长，常将主切削刃两边磨出斜刃，以利于排屑和散热；安装切断刀时刀尖必须与工件中心等高，否则切断处将留有凸台，也容易损坏刀具，如图 6-6-9 所示，同时切断刀不易伸出太长，否则刀具刚性更加降低。

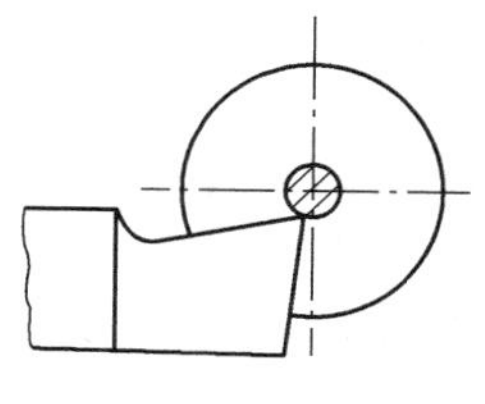

（a）切断刀安装过低，刀头易被压断

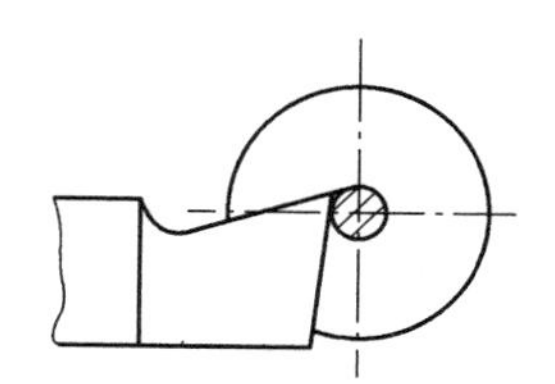

（b）切断刀安装过高，刀具后面顶住工件，不易切削

图 6-6-9　切断刀刀尖应与工件中心等高

切断时一般采用卡盘装夹工件，且尽量使切断处靠近卡盘，以增加工件刚性，除此之外，要尽可能减小主轴以及刀架滑动部分的间隙，以免工件和车刀振动，使切断难以进行，切断时切削速度要低，采用缓慢均匀的手动进给，以防进给量太大造成刀具折断。切断铸铁件等脆性材料时采用直进法切削，切断钢件等塑性材料时采用左、右借刀法切削。

6.6.2　孔加工

在车床上加工孔的方法有镗孔、钻孔、扩孔、铰孔及锪孔等。

1）钻孔、扩孔、铰孔

（1）钻孔

在车床上加工孔时，若工件上无孔，需先用麻花钻（钻头）将孔钻出；由于钻孔的公差等级为 IT10 级以下，表面粗糙为 Ra12.5 μm，因此多用于粗加工。钻孔后，再根据工件的结构特点及孔的加工精度要求，采用其他加工方法继续进行孔加工，使其达到孔的精度要求。

图 6-6-10 所示为在车床上钻孔的方法。钻孔时，工件安装在卡盘上，其旋转运动为主运动。若使用锥柄麻花钻，则将其直接安装在尾座套筒内（或使用锥形变径套过渡），若使用直柄麻花钻（钻头），则通过钻夹头夹持后，再装入尾座套筒内。此外，钻头也可以用专用工具夹持在刀架上，以实现自动进给。

在车床上钻孔操作步骤如下：

① 装夹工件并车平端面　为便于钻头定心，防止钻偏，应先将端面车平。

② 预钻中心孔　用中心孔钻钻出麻花钻定心孔或用车刀在工件中心处车出定心小坑。

③ 选择并装夹钻头　选择与所钻孔直径对应的麻花钻，麻花钻的工作部分长度应略长于孔深。

④ 调整尾座纵向位置　松开尾座锁紧装置，移动尾座直至钻头接近工件，然后将尾座锁紧在床身上。注意加工时套筒不要伸出太长，以保证尾座的刚性。

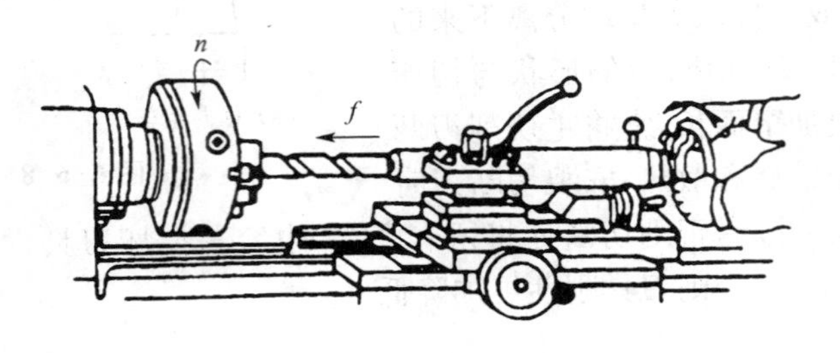

图 6-6-10　车床上钻孔

⑤ 开车钻孔　钻孔是封闭切削，散热困难，容易导致钻头过热。钻孔的切削速度不宜高，通常 $v_c = 0.3 \sim 0.6$ m/s。开始钻削时进给要慢一些，然后以正常的进给量进给，并注意经常退出钻头排屑，钻钢件时要加切削液。可用尾座套筒上的刻度来控制孔的深度；也可在钻头上做深度标记来控制孔深；孔的深度还可用深度尺测量。若钻通孔时，当快要钻通时应缓慢进给，以防钻头折断，钻孔结束后，应先退出钻头后再停车。

在车床上钻孔，孔与工件外圆的同轴度比较高，与端面的垂直度也比较高。

(2) 扩孔

扩孔是用扩孔钻作钻孔后的半精加工。扩孔的公差等级为 IT10～IT9，表面粗糙度为 Ra6.3～3.2 μm。扩孔的余量与孔径大小有关，一般约为 0.5～2 mm。

(3) 铰孔

铰孔是用铰刀作扩孔后或半精镗孔后的精加工。铰孔的余量一般为 0.1～0.2 mm，公差等级一般为 IT8～IT6，表面粗糙度为 Ra1.6～0.8 μm。

在车床上加工直径较小而精度和表面粗糙度要求较高的孔时，通常采用钻、扩、铰孔的工艺方法，有关麻花钻、扩孔钻及铰刀的结构等参见第 8 章钳工相关内容。

2) 镗孔

图 6-6-11 所示为在车床上的镗孔加工。镗孔是用镗孔刀对工件上锻出、铸出或钻出的孔作进一步的加工。镗孔可以较好地纠正原来孔轴线的偏斜，提高孔的位置精度，镗孔主要用于加工大直径孔，可以进行粗加工、半精加工和精加工。

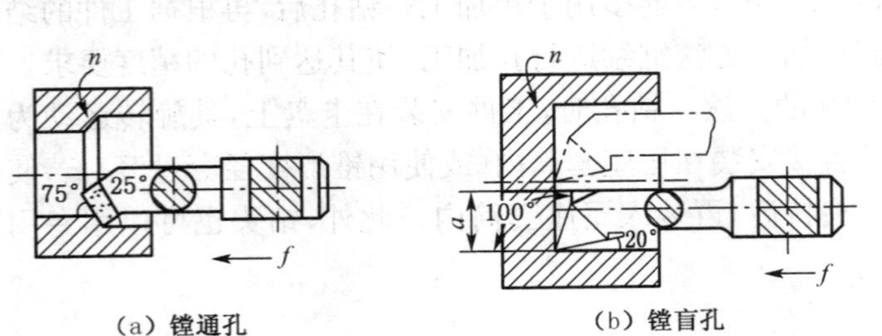

(a) 镗通孔　(b) 镗盲孔

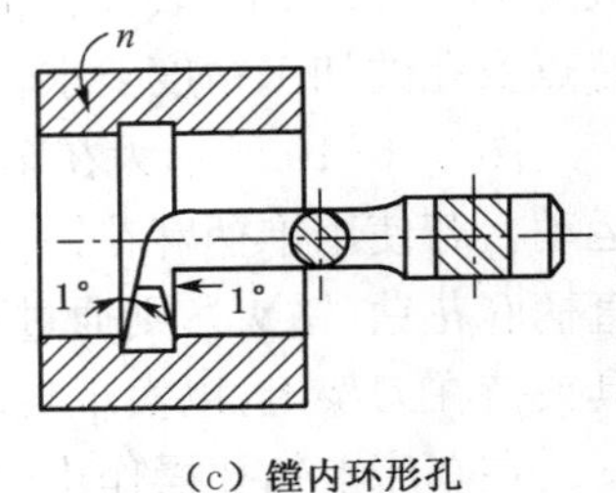

(c) 镗内环形孔

图 6-6-11　在车床上镗孔

在车床上镗孔时，工件做旋转主运动，镗刀做纵向进给运动。由于镗刀要进入孔内进行镗削，因此，镗刀切削部分的结构尺寸较小，刀杆也比较细，刚性比较差，镗孔时要选择较小的背吃刀量和进给量，生产率不高。但镗刀切削部分的结构形状与车刀一样，便于制造，而且镗削加工的通用性较强，对于大直径和非标准的孔都可进行镗削，镗削加工的精度接近于车外圆的精度。

在车床上镗孔时其径向尺寸的控制方法与外圆车削时基本一样，镗盲孔或台阶时，轴向尺寸(孔的深度)的控制方法与车台阶时相似，需要注意的是，当镗刀纵向进给至末端时，需作横向进给加工内端面，以保证内端面与孔轴线垂直(见图 6-6-11b)。此外镗孔时还要注意下列事项：

① 镗孔时镗刀杆尽可能粗些，以增加刚性，减小振动。在镗盲孔时，镗刀刀尖至刀杆背面的距离必须小于孔的半径，否则，孔底中心将无法车平(见图 6-6-11b)。

② 装夹镗刀时，刀尖应略高于工件回转中心，以减少加工中的颤动和扎刀现象，也可以减小镗刀下部碰到孔壁的可能性。

③ 在保证镗孔深度的情况下，镗刀伸出刀架的长度应尽量短，以增加镗刀的刚性，减少振动。

④ 开动机床镗孔前，用手动方法使镗刀在孔内试走一遍，确认无运动干涉后再开车镗削。

6.6.3 车削锥面

锥面分外锥面和内锥面，车削锥面的方法有小刀架转位法，尾座偏移法、宽刀法(又称样板刀法)及靠模法。

1) *小刀架转位法*

当松开中拖板上转盘的紧定螺钉后，转盘及小刀架便可转动任意角度。车削内、外圆锥面时，只要将转盘转过半锥角度 α 后，并锁紧螺钉，然后转动小拖板(小刀架)的进给手柄，小刀架便沿半锥角度方向进行斜向进给，从而再车削出所需要的内、外圆锥面，如图 6-6-12a 所示。

小刀架转位法可加工任意角度的内、外圆锥面，但由于受小刀架行程的限制，不能车削太长的锥面，又由于小刀架只能手动进给，锥面的表面粗糙度数值较大，劳动强度较大，此法只适于锥面精度较低、长度较短的单件、小批量生产。

2) *尾座偏移法*

将工件安装在前后顶尖之间，调整尾座横向位置并使其偏移 S 距离后，使工件回转轴线与纵向走刀方向成 α 角，通过车刀的纵向自动走刀而车出圆锥面，如图 6-6-12b 所示。

尾座偏移量的计算公式为：

$$S = \frac{D-d}{2l} \cdot L = L \cdot \tan\alpha$$

式中：S——尾座偏移量

D——锥面大端直径

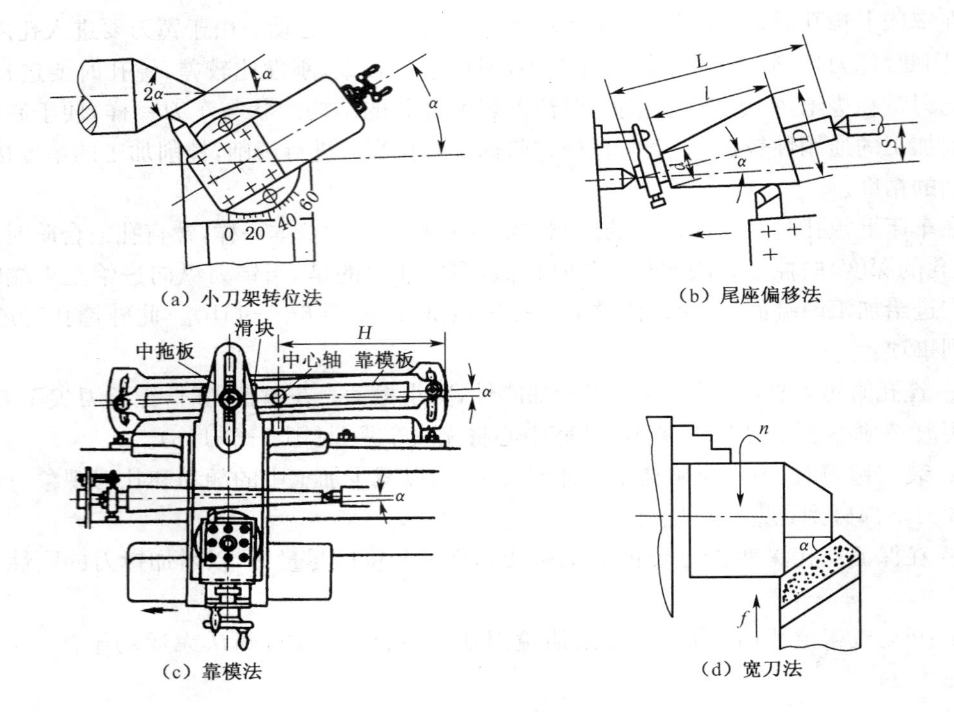

（a）小刀架转位法
（b）尾座偏移法
（c）靠模法
（d）宽刀法

图 6-6-12　车削锥面的方法

d——锥面小端直径

l——锥面长度

L——两顶尖之间的距离

α——半锥角

尾座偏移法适于加工较长的小锥度的外圆锥面。可自动进刀，工件表面粗糙度数值较小，但不能加工带锥顶的完整圆锥面和内圆锥面，尾座调整比较麻烦，而且受尾座偏移量的限制，圆锥角 2α 一般小于 16°。

3）*靠模法*

在大批量生产中，通常使用专用的靠模装置车削圆锥面，如图 6-6-12c 所示。靠模装置的底座固定在床身的后面，底座上装有锥度靠模板，松开紧定螺丝钉后，靠模板可以绕中心轴旋转，便与工件的轴线成一定的角度，若工件的锥角为 2α，则靠模板应转过 α 角度。靠模板上的滑块可沿靠模滑动，而滑块通过连接板与中拖板连接在一起。中拖板上的丝杠与螺母脱开，其手柄不再调节中拖板的横向位置，而是将小拖板转过 90°，用小拖板上的丝杠调节刀具横向位置以调整所需的背吃刀量。当大拖板做纵向自动进给时，滑块便沿靠模板滑动，从而使车刀的运动平行于靠模板，车出所需的圆锥面。

靠模法加工圆锥面时，可自动进给，因此，工件表面质量好、生产率较高，一般适用于加工锥角 $2\alpha < 24°$ 的内外长圆锥面的大批量生产。

4）*宽刀法*

宽刀法就是利用主切削刃横向直接车出圆锥面，如图 6-6-12d 所示。切削刃与工件回转中心线成半锥角度且切削刃的长度略长于圆锥母线的长度。这种方法可加工任意锥角、锥面长度小的内、外圆锥面，加工效率高，但要求加工系统（例如刀具、工件等）的刚性好。

6.6.4　车削螺纹

螺纹在机械连接和机械传动中应用非常广泛，按不同的分类方法可将螺纹分为多种类型：按其用途可分为连接螺纹与传动螺纹；按其标准可分为公制螺纹与英制螺纹；按其牙型可分为三角螺纹、梯形螺纹、矩形（方牙）螺纹等。其中，公制三角螺纹应用最广，称之为普通螺纹，主要用于连接；梯形、矩形螺纹主要用于传动。

在车床上可以加工各种类型的螺纹，加工螺纹时，除使用的螺纹车刀的形状不同外，其加工方法基本一致，现以车削普通螺纹为例，介绍螺纹的车削方法。

1）螺纹的几何要素

螺纹总是成对使用的，为了保证内、外螺纹的配合精度，必须根据螺纹的几何要素选择螺纹车刀及车削用量等。螺纹几何要素如图 6-6-13 所示。

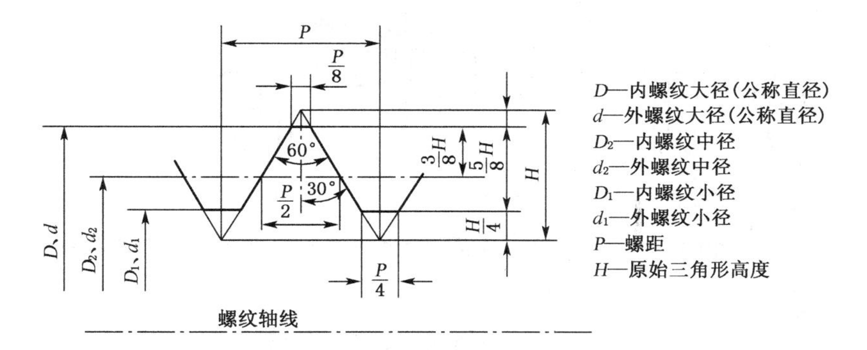

图 6-6-13　普通螺纹几何要素（GB/T196—2003）

① 大径（d 或 D）　指外螺纹的牙顶直径 d 或内螺纹牙底直径 D，也就是螺纹标注的公称直径，如 M20 - g6（外螺纹）M20 - H7（内螺纹）等。

② 小径（d_1 或 D_1）　指外螺纹的牙底直径 d_1 或内螺纹牙顶直径 D_1。

③ 中径（d_2 或 D_2）　轴向剖面内，牙型厚度等于牙间距的假想圆柱直径。

④ 牙型半角（$\alpha/2$）　轴向剖面内，螺纹牙型的一条侧边与螺纹轴线的垂线间夹角。普通螺纹 $\alpha/2 = 30°$，英制螺纹为 $\alpha/2 = 27.5°$。

⑤ 螺距（P）　相邻两螺纹牙型平行侧面间的轴向距离。

牙型半角、螺距和中径对螺纹的配合精度影响最大，称为螺纹三要素，车削螺纹时必须保证其精度要求。

2）螺纹车削要点

（1）牙型角 α 的保证

各种螺纹的牙型都是靠螺纹车刀直接切削出来的。螺纹车刀切削部分的形状必须与所切削螺纹的牙型一致，即螺纹车刀的刀尖角等于牙型角 α，普通螺纹车刀的刀尖角应为 60°，车刀前角 γ_0 等于零度，以保证牙型角正确。安装车刀时，必须使刀尖与工件轴线等

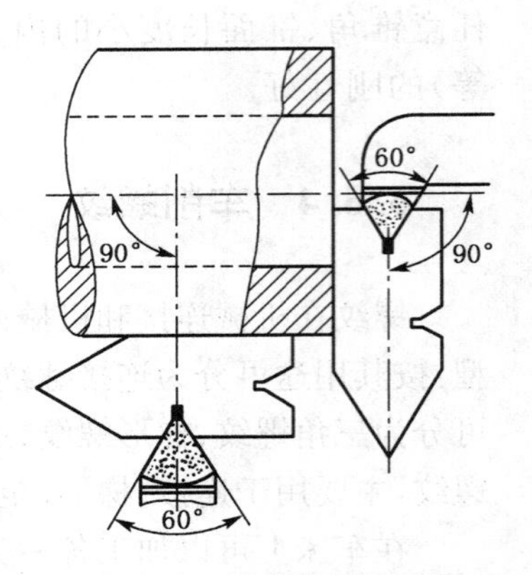

图 6-6-14 螺纹车刀的形状及对刀方法

高，刀尖角的等分线与工件轴线垂直，为保证车刀的安装要求，应使用对刀样板安装车刀，如图 6-6-14 所示。

(2) 螺距 P 的保证

为了获得标准的螺距，必须用丝杠带动刀架进给，使工件转一圈，刀具移动的距离正好等于工件的螺距，图 6-6-15 所示为 CA6136 车床车削螺纹时的进给系统。主轴与丝杠之间是通过“三星轮”z_1、z_2、z_3或其他换向机构、配换齿轮 a、b、c、d 和进给箱联接起来的。三星轮可改变丝杠旋转方向，通过三星轮可车削左螺纹或右螺纹，改变配换齿轮或进给箱手柄位置，即可改变丝杠转速从而车出不同螺距的螺纹，对于标准的螺距，可根据车床进给箱的标牌，通过调整进给箱手柄位置即可获得所需的螺距；对于特殊的螺距（非标准螺距）需要通过改变配换齿轮才能获得所需的螺距。

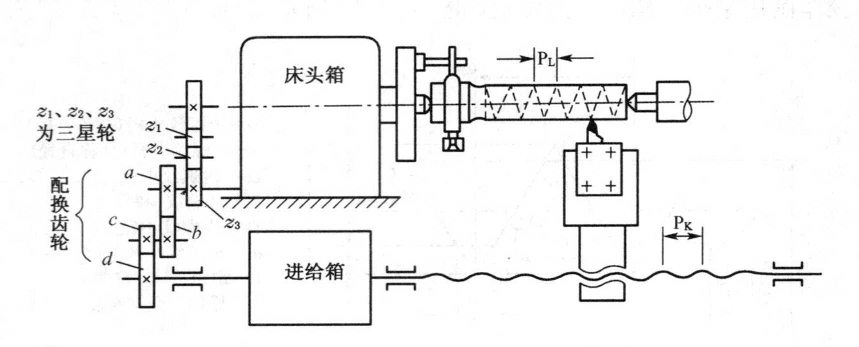

图 6-6-15 车螺纹时车床传动示意图

(3) 中径 d_2或 D_2的保证

螺纹中径的大小是靠控制切削过程中的多次进刀的总背吃刀量来保证的，进刀的总背吃刀量可根据计算的螺纹工作牙高由刻度盘来做大致的控制，并用螺纹量规等进行检验。测量外螺纹时用螺纹环规，测量内螺纹时用螺纹塞规。

(4) 车削螺纹时的进刀方法

车削螺纹时，主要有两种进刀方法：直进法和斜进法（左右赶刀法）。

① 直进法 用中拖板横向进刀，两切削刃和刀尖同时参加切削，此方法操作简单，能保证螺纹牙型精度，但刀具受力大、散热差、排屑困难、刀尖易磨损，适用于车削脆性材料和小螺距或最后的精车。

② 斜进法 又称左右赶刀法。用中拖板横向进刀和小拖板纵向（左或右）微量进刀相配合，使车刀基本上只有一个切削刃参加切削。这种方法刀具受力较小，车削比较平衡，生产率较高；但螺纹的牙型一边表面粗糙，所以，在进行最后一次进刀时应注意使牙型两边都修光。此法适用于塑性材料和大螺距螺纹的粗车。

3) 车削螺纹的方法步骤

车削螺纹时，首先应按螺纹的精度等级要求、车出螺纹大径 d（外螺纹）或螺纹小径

D_1（内螺纹），螺纹退刀槽及端面倒角等，然后再车螺纹。内、外螺纹的车削方法及步骤基本相同。

车削螺纹的方法有正反车法和抬闸法。

正反车法适合车削各种螺纹，图 6-6-16 所示为用正反车法车削外螺纹的步骤。

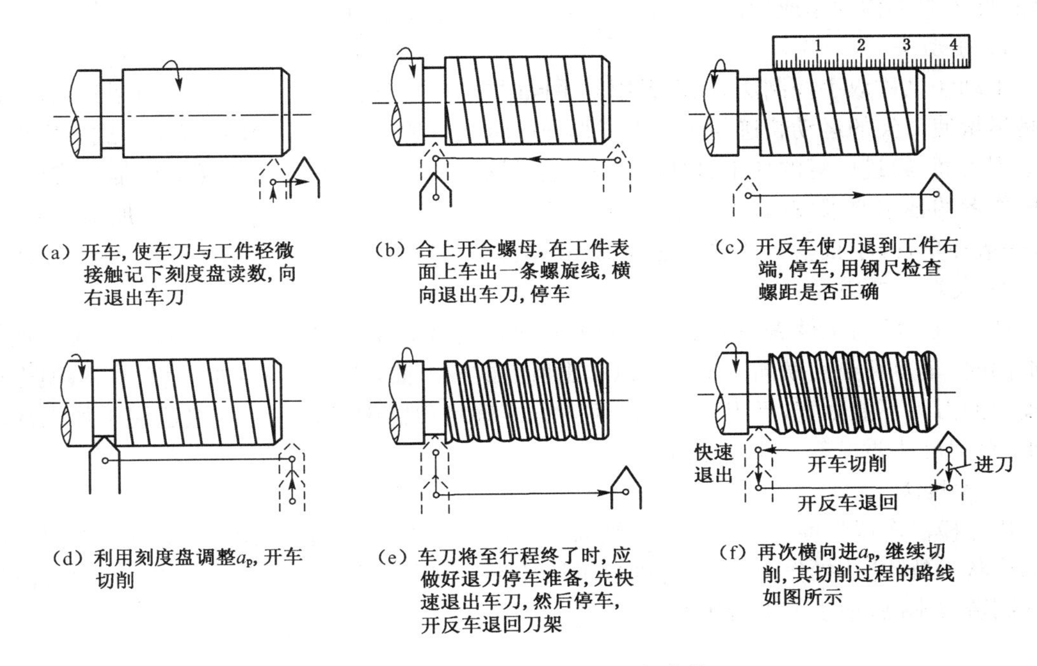

（a）开车，使车刀与工件轻微接触记下刻度盘读数，向右退出车刀

（b）合上开合螺母，在工件表面上车出一条螺旋线，横向退出车刀，停车

（c）开反车使刀退到工件右端，停车，用钢尺检查螺距是否正确

（d）利用刻度盘调整a_p，开车切削

（e）车刀将至行程终了时，应做好退刀停车准备，先快速退出车刀，然后停车，开反车退回刀架

（f）再次横向进a_p，继续切削，其切削过程的路线如图所示

图 6-6-16　螺纹车削方法与步骤

抬闸法是利用开合螺母的压下或抬起来车削螺纹。这种方法操作简单，但容易出现乱扣（即前后两次走刀车出的螺纹槽轨迹不重合），只适用于加工车床的丝杠螺距是工件螺纹螺距整数倍的螺纹。与正反车法的主要区别在于车刀行至终点时，横向退刀后，不开反车退回至起点，而是抬起开合螺母使丝杠与螺母脱开，手动纵向退回，再进刀车削。

4）车削螺纹时注意事项

① 车削螺纹时，由于加工余量比较大，应分几次走刀进行刀削，每次走刀的背吃刀量要小，并记住横向进刀的刻度，作为下次进刀时的基数。特别要记住刻度手柄进、退刀的整数圈数，以防多进一圈导致背吃刀量太大造成刀具崩刃或损坏工件。

② 车削至螺纹末端时应及时退刀。若退刀过早，使得下次车至螺纹末端时，因背吃刀量突然增大而损坏刀刃，或使得螺纹有效长度不够而不符合加工要求。若退刀过迟，会使车刀撞上工件造成车刀损坏、工件报废，甚至损坏设备。

③ 若丝杠螺距不是工件螺距的整数时，螺纹车削完毕前不得随意松开开合螺母。若加工中需要重新装刀时，必须将刀头与已有的螺纹槽密切贴合，以免产生乱扣。

④ 车削精度要求较高的螺纹时应适当加注切削液，减少刀具与工件的摩擦，以降低螺纹表面粗糙度的数值。

6.6.5 车削成形面

对表面轮廓为曲面的回转体零件的加工称之为成形面加工，如在普通车床上切削手柄、手轮、球体等都称为车成形面，车削成形面的方法有手动法、成形车刀法及靠模法等。

1）手动法

手动法又称双手控制法，操作者用双手同时控制中拖板和小拖板手柄使刀架移动，其目的是尽量使刀尖的运动轨迹与工件上成形面的母线一致。车削过程中要经常用成形样板检验车削表面，经过反复的加工、检验、修正直至最后完成成形面的加工。手动法加工成形面，对操作者的技术要求较高，生产率低，加工精度低，但由于不需要特殊的设备，加工简单、方便，一般在单件、小批量生产中广泛应用。

2）成形车刀法

切削刃形状与工件表面形状一致的车刀称为成形车刀（又称样板刀）。用成形车刀加工成形面时，车刀只要做横向进给就可以车出所需的成形面，此法操作方便、生产率高，但由于样板刀的刀刃不能太宽，且刃磨的曲线不十分准确且刃磨困难，因此，一般适用于加工形状简单、轮廓尺寸要求不高的成形面。

3）靠模法

用靠模法车成形面与用靠模法车锥面的原理是一样的，只是靠模的形状与工件回转母线的形状一致，此法操作简单，零件的加工尺寸不受限制，可实现自动进给，生产率高，但靠模的制造成本高，适于大批量生产。

6.6.6 滚花

1）滚花

一般手工工具和机器零件的手握部分，为便于把持和增加美观，常用滚花刀在其表面滚压出各种花纹，如千分尺的套管及小锤柄的手持部分等。滚花操作基本都是在车床上进行的，如图 6-6-17 所示。

图 6-6-17 滚花方法

滚花的实质是用滚花刀在光滑的工件表面进行挤压，使其产生塑性变形而形成花纹。花纹的形式取决于滚花刀上滚轮的花纹形式，有直纹和网纹两种。滚花刀的结构及花纹形式如图 6-6-18 所示。滚花时径向挤压力很大，因此，加工时工件的转速要低，并需要充分供给冷却润滑液以免损坏滚花刀和防止细屑滞塞在滚花刀的滚轮内而产生乱纹。

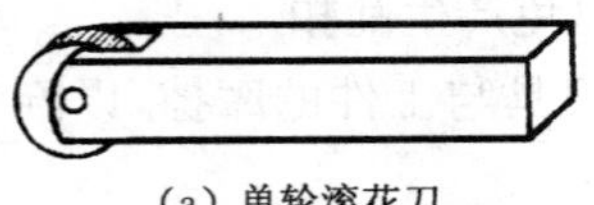

（a）单轮滚花刀

（b）双轮滚花刀

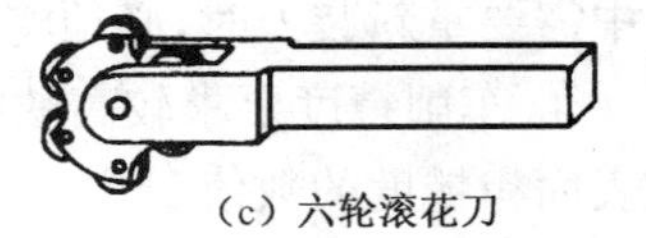

（c）六轮滚花刀

图 6-6-18 滚花刀的种类

6.7 车削综合工艺分析

在进行车削综合工艺分析时，可参照1.5节中的制定零件机械加工工艺规程的步骤，根据零件的生产类型、结构特点及技术要求等，选择合适的车床，合理安排工序及各工序的工艺基准，装夹方法及检验量具等，然后按工艺顺序将相关内容填入机械加工工艺过程卡片(或工序卡片)内，最后再按要求将零件加工完毕。

6.7.1 轴类零件的车削工艺分析

轴类零件通常用来支承齿轮、带轮及轴承等，其各加工表面的尺寸精度、位置精度(如外圆面、台阶对轴线的圆跳动)、形状精度及表面粗糙度等都有较高的要求，且零件长度与直径比值也较大，加工时一般都不能一次完成，往往需要多次调头安装。对于轴类零件的粗加工和半精加工，可采用卡盘和顶尖装夹，精车时，为保证安装精度，且方便可靠，多采用双顶尖安装。图6-7-1所示为手锤柄零件图，由于手锤柄的尺寸精度和形状精度要求较低，故采用卡盘顶尖装夹方式，其车削加工工艺过程见表6-7-1。

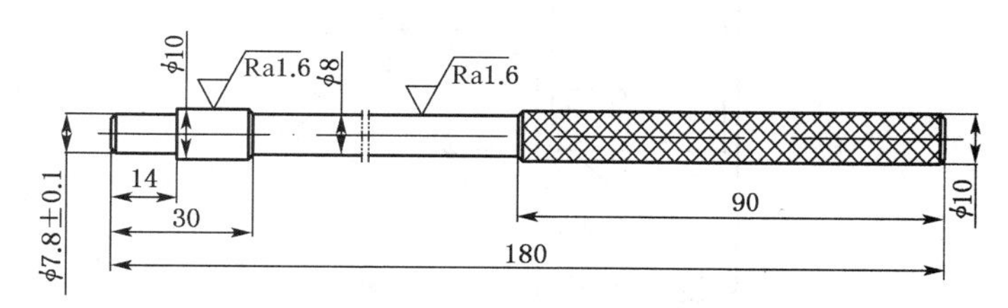

图6-7-1 手锤柄零件图

表6-7-1 手锤柄车削加工工艺过程

工步号	工步内容	夹具	刀具	量具
1	棒料伸出长度35 mm，夹紧	三爪卡盘		钢尺
2	车平端面		90°偏刀	
3	车外圆ϕ10×30	45°尖刀	90°偏刀	钢尺
4	车外圆ϕ7.8×14	倒角1×45°	90°偏刀	钢尺
5	倒角1×45°		45°尖刀	
6	调头，伸出长度15 mm，夹紧	三爪卡盘		
7	车端面至总长180，倒角1×45°，钻中心孔		45°尖刀 中心钻	
8	夹ϕ7.8外圆，用顶尖支顶另一端	三爪卡盘 顶尖		
9	车外圆ϕ10×90和ϕ8合图		45°尖刀	游标卡尺

续 表

工步号	工步内容	夹具	刀具	量具
10	抛光 ϕ10×16 和 ϕ8		砂纸、锉刀	
11	滚花		滚花刀	

6.7.2 盘套类零件的车削工艺分析

盘套类零件的结构特点基本相似，加工工艺过程基本相仿。除尺寸精度、表面粗糙度外，一般外圆面、端面都对孔的轴线有圆跳动要求，保证位置精度是这类零件车削时的工艺重点。加工时通常分粗车、精车。精车时，尽可能将有位置精度要求的外圆、端面、孔在一次安装中全部加工完成。若不能在一次安装中完成，一般先加工孔并使孔的精度达到零件的技术要求，然后再以孔为定位基准，用心轴安装加工外圆和端面。图 6-7-2 所示为齿轮坯的粗车削加工工序图，其粗车加工工艺过程见表 6-7-2。

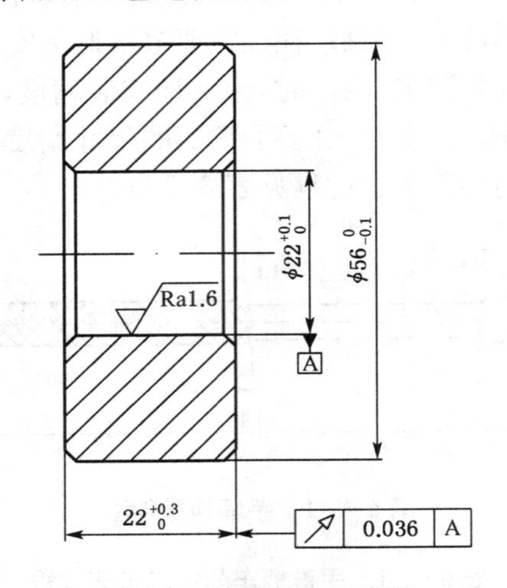

图 6-7-2　齿轮坯工序图

表 6-7-2　齿轮坯粗车车削加工工艺过程

工步号	工步内容	夹具	刀具	量具
1	坯料伸出长度 18 mm，找正夹紧	三爪卡盘		钢尺　划针盘
2	车平端面		90°偏刀	
3	车外圆 ϕ56×15		90°偏刀	钢尺　游标卡尺
4	倒角 1×45°		45°尖刀	
5	钻通孔 ϕ18		麻花钻	
6	镗通孔 ϕ22 合图		通孔镗刀	游标卡尺
7	倒角 1×45°		通孔镗刀	
8	调头夹 ϕ56 外圆，找正	三爪卡盘		游标卡尺

续 表

工步号	工步内容	夹具	刀具	量具
9	车端面至零件总长 22 合图		90°偏刀	游标卡尺
10	车外圆 ϕ56		90°偏刀	
11	倒角 1×45°		45°尖刀	

复习思考题

1. 卧式车床由哪几部分组成?
2. CA6136 车床型号含义及零件的主要加工范围是什么?
3. 车削外圆时的主运动和进给运动各是什么运动?切削速度如何计算?
4. 试比较粗车、精车时的加工目的、加工质量及切削用量、所用刀具的区别。
5. 常用车刀有哪些?试说明各自的应用范围。
6. 车削时为什么要先开车对刀?为什么要用试切的方法来调整加工尺寸?试切的步骤有哪些?
7. 在车床上加工锥面的方法都有哪些?各有哪些特点?
8. 光杠和丝杠能否同时使用?为什么?
9. 加工细长轴时如何使用中心架和跟刀架?
10. 在车床上如何钻孔?
11. 镗孔刀与车刀有什么区别?安装时应注意哪些事项?
12. 车削螺纹有哪几种方法?在什么情况下可用抬闸法车削螺纹?

7 铣削、刨削、磨削、齿形加工技术及项目实训

7.1 项目实训

7.1.1 实训目的和要求

(1) 了解铣削、刨削、磨削及齿轮加工基本知识。

(2) 了解常用铣床、刨床、磨床的型号、基本结构及应用范围。

(3) 熟悉常用铣床、刨床、磨床附件的结构及其应用。

(4) 了解切削运动、切削用量及其选择原则。

(5) 掌握基本的铣削、刨削、磨削加工方法并能按照实训图纸要求完成零件加工项目。

7.1.2 实训安全守则

1) 铣削实训安全守则

(1) 实训时必须穿好工作服，戴好工作帽，长发必须压入工作帽内；严禁戴手套操作；夏天不得穿凉鞋进入车间。(刨削、磨削实训时要求相同)

(2) 操作铣床时，必须严格按着铣床安全操作规程进行规范操作。

(3) 开车前检查铣床主要部件是否处于正常状态以及刀具、工件是否牢固；检查刀具运转方向与工作台进给方向是否正确；确定周围无障碍物后先试车，情况正常再正式开车。

(4) 铣削时，操作者应站在安全位置处，不得触摸工件、刀具及机床传动部件；不得直接用手拨或用嘴吹来清除切削，必要时可停车用刷子或其他器具清除；工作台上不得放置任何工具或其他物品。

(5) 调试铣床、变换速度，调换附件、装夹工件、刀具及测量工件时必须停车进行。

(6) 铣床运转过程中出现异常情况时，应立即关闭铣床电源并及时报告实习指导教师，等待处理。

(7) 零件铣削后应去除毛刺。

(8) 操作结束后，应关闭铣床电源；清除切屑，擦净铣床；整理工、夹、量具；加注润滑油，导轨面上涂防锈油；调整相关部位使铣床处于完好的正常状态；打扫工作场地卫生，保持良好的工作环境。

2）刨削实训安全守则

（1）开车前检查工作台面前后有无障碍物，滑枕行程前后切勿站人。

（2）刨削前先手动或开空车检查和调整滑枕行程长度和位置是否正确；调整完滑枕行程后应随手取下调整手柄；检查刀具与工件是否碰撞。

（3）刨床运转时，操作者的头，手严禁伸入刨刀前。

（4）零件刨削后，应进行去除毛刺、倒钝等。

3）磨削实训安全守则

（1）磨削是高速切削的精密加工，操作不当砂轮极易破碎，操作时必须严格遵守磨床安全操作规程。

（2）磨削时，应根据工件材料、硬度及磨削要求合理选择砂轮。

（3）安装砂轮时，在砂轮与法兰盘之间要垫衬纸；新砂轮要用木槌轻敲检查是否有裂纹，有裂纹的砂轮严禁使用；砂轮安装后要做静平衡，未经静平衡的砂轮严禁使用。

（4）开车前检查砂轮罩壳、挡块等是否完好和紧固，防护装置是否齐全；启动砂轮时，严禁正对砂轮旋转方向站立；砂轮应进行 1～2 min 空运转后，确定机床与砂轮运转正常再开始磨削。

（5）外圆磨床纵向挡铁的位置要调整得当，并经常检查是否松动；严格防止砂轮与顶尖、卡盘、轴肩等部位发生撞击。

（6）严格遵守开车对砂轮的规定，将砂轮引向工件时应仔细、均匀，避免撞击。

（7）干磨工件时要戴口罩并开启吸尘器；使用切削液的磨床停车时应先关闭切削液，待砂轮空转 1～2 min 进行脱水后再停车。

（8）在平面磨床上加工高而窄或底部接触面积较小的工件时，工件周围必须用挡铁，挡铁高度为工件高度的 2/3，待工件吸牢后方可进行加工。

（9）磨削过程中不得测量工件，测量工件时必须将砂轮退出工件。

（10）操作结束后，应关闭磨床电源，清除切屑，擦净磨床，整理工、夹、量具，加注润滑油，打扫工作场地卫生，保持良好的工作环境。

7.1.3 项目实训内容

在下列项目实训过程中，要求学生严格遵守各工种安全操作规程，能够根据给出的图纸及工艺卡片要求，完成零件的加工任务。

（1）铣削沟槽及键槽训练。

（2）刨削平面训练。

（3）磨削平面及外圆训练。

7.2 铣削加工技术

铣削加工是指在铣床上用铣刀进行的切削加工，铣削加工生产率高，加工范围广，是切削加工中常用的方法之一，可加工各种平面、沟槽及成形面，还可进行切断、分度、钻孔、扩孔、铰孔和镗孔等，铣削加工精度一般为 IT9 - IT7，表面粗糙度 Ra 值一般为 6.3～1.6 μm。

7.2.1 铣床

铣床种类很多，常见的有卧式万能升降台铣床、立式升降台铣床、龙门镗铣床及数控铣床等。

1) 卧式万能升降台铣床

卧式万能升降台铣床简称万能铣床，其主要特征是主轴轴线与工作台台面平行，即主轴轴线处于横卧位置，故称卧铣。

(1) 卧式万能升降台铣床型号及含义

以 X6132 卧式万能升降台铣床为例，其型号具体含义如下：

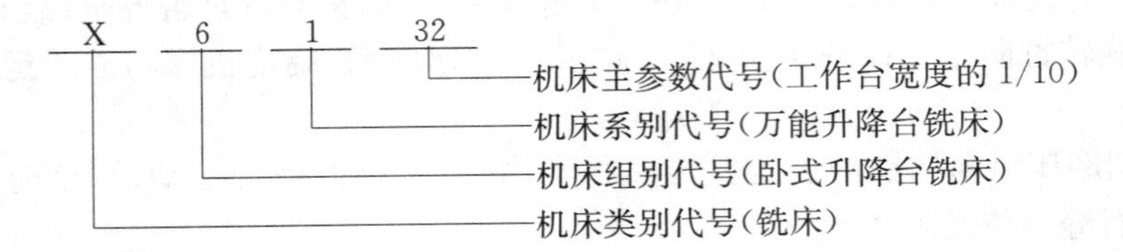

(2) 卧式万能升降台铣床的组成

图 7-2-1 所示为 X6132 型卧式万能升降台铣床，其主要组成部分包括床身、主轴、纵向工作台、横向工作台、转台、横梁、升降台和底座等。

① 床身　床身呈箱体结构，用来支撑和固定铣床上的所有部件，其内部装有主轴、主轴变速机构、电器设备及润滑系统；后方装有主电动机；前方有供升降台上、下移动的燕尾型垂直导轨；顶部有供横梁移动的水平导轨。

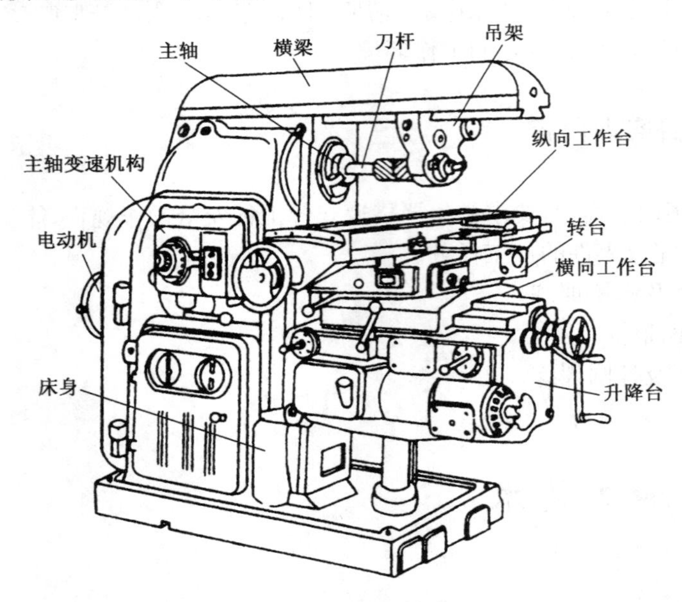

图 7-2-1　X6132 卧式万能升降台铣床

② 横梁　横梁装在床身的上方，用于安装吊架，以便支撑刀杆的外端，增强刀杆的刚性。横梁可沿床身的水平导轨移动，以适应不同长度的刀杆。

③ 主轴　主轴做成空心轴，其前端带有精密锥孔，以便安装刀杆或直接安装带柄铣刀，而且可以通过刀杆带动铣刀旋转。

④ 纵向工作台　纵向工作台用于安装工件和夹具，其可以沿转台上方的水平导轨做纵向移动，即纵向进给。

⑤ 转台　转台支撑着纵向工作台，其上有水平导轨，可使纵向工作台做纵向移动，其下方与横向工作台通过螺钉连接，松开螺钉时可以让纵向工作台在水平面内扳转一个角度（正、反均为 0°～45°），以便铣削螺旋槽等，具有转台的卧式铣床称为卧式万能铣床。

⑥ 横向工作台　横向工作台支撑着纵向工作台和转台，它可以带动纵向工作台沿升降台上的水平导轨做横向移动，在对刀时可以调整工件与铣刀间的距离。

⑦ 升降台　升降台支撑着纵向工作台、转台和横向工作台，并且可以沿床身的垂直导轨上、下移动，以调整工作台面到铣刀间的距离，并做垂直进给。升降台内部装有供进给运动的电动机及变速机构。

⑧ 底座　底座是整个铣床上的基础，其上安装有床身及冷却系统。

(3) 卧式万能升降台铣床的传动系统

图 7-2-2 所示为 X6132 卧式万能升降台铣床的传动系统，铣削加工的主运动是铣刀的旋转运动。主运动传动系统由主电机（7.5 kW、1450 r/min）开始，经Ⅰ、Ⅱ、Ⅲ、Ⅳ到Ⅴ轴（即主轴），其传动结构如下：

$$\text{主电机}-\text{Ⅰ轴}-\frac{26}{54}-\text{Ⅱ轴}-\left|\begin{matrix}\frac{16}{39}\\ \frac{22}{33}\\ \frac{19}{36}\end{matrix}\right|-\text{Ⅲ轴}-\left|\begin{matrix}\frac{39}{26}\\ \frac{18}{47}\\ \frac{28}{37}\end{matrix}\right|-\text{Ⅳ轴}-\left|\begin{matrix}\frac{19}{71}\\ \frac{82}{38}\end{matrix}\right|-\text{Ⅴ轴（主轴）}$$

铣削加工的进给运动是工作台带动工件的直线运动，即沿工作台的纵向、横向和垂直三个方向的直线运动。进给运动的传动系统从进给电机（1.5 kW、1410 r/min）开始，经过一系列的轴与齿轮副将运动传递给工作台，实现工件进给和快速移动，其传动结构式如下：

$$\begin{matrix}\text{进给电动机}\\ \text{(15 kW,1410 r/min)}\end{matrix}-\frac{26}{44}-\text{Ⅵ}\frac{24}{64}-\text{Ⅶ}-\left|\begin{matrix}\frac{18}{36}\\ \frac{36}{18}\\ \frac{27}{27}\end{matrix}\right|-\text{Ⅷ}-\left|\begin{matrix}\frac{24}{34}\\ \frac{18}{40}\\ \frac{21}{37}\end{matrix}\right|-\text{Ⅸ}-\left|\begin{matrix}\frac{40}{40}\\ \\ \frac{13}{45}\times\frac{45}{40}\end{matrix}\right|-\text{Ⅹ}-$$

$$\frac{18}{35}-\text{Ⅺ}-\frac{18}{33}-\text{Ⅻ}-\left|\begin{matrix}\frac{33}{77}-\text{ⅩⅣ}-\frac{18}{16}-\text{ⅩⅥ}-\frac{18}{18}-\text{ⅩⅦ}-\text{纵向进给丝杠}\\ \frac{33}{37}-\text{ⅩⅣ}-\frac{37}{33}-\text{ⅩⅤ}-\text{横向进给丝杠}\\ \frac{22}{33}\times\frac{22}{44}-\text{垂直进给丝杠}\end{matrix}\right.$$

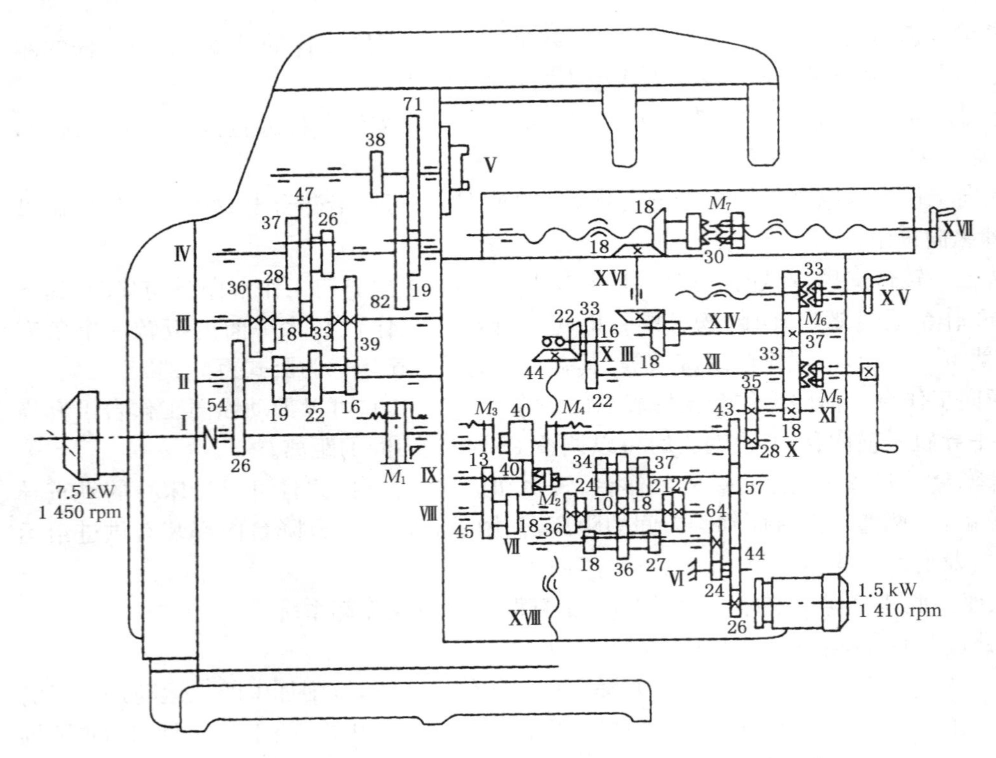

图 7-2-2　X6132 卧式万能升降台铣床的传动系统

2) 立式升降台铣床

立式升降台铣床简称立式铣床，图 7-2-3 所示为 X5032 型立式铣床，与卧式铣床相比较，立式铣床的主轴与工作台面垂直，且没有横梁、吊架和转台。可根据加工需要，将主轴(立铣头)左、右扳转一定的角度，以加工斜面等。铣削时铣刀安装在主轴上，由主轴带动铣刀做旋转运动，工作台带动工件做纵向、横向或垂直移动。

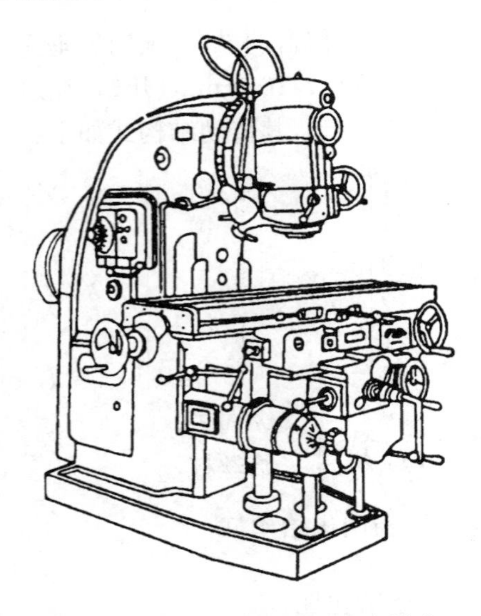

图 7-2-3　X5032 立式升降台铣床

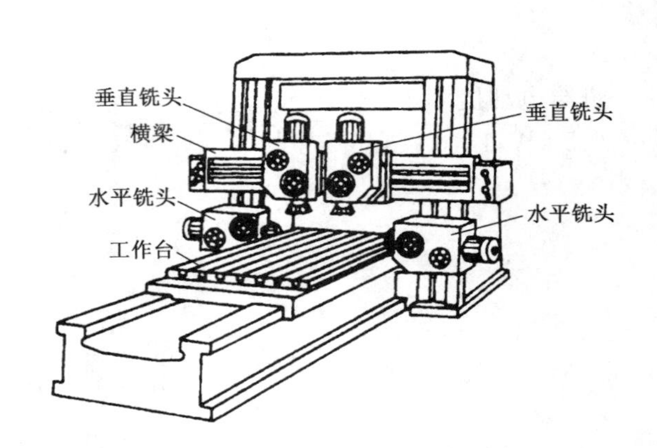

图 7-2-4　四轴落地龙门镗铣床

3）龙门镗铣床

龙门镗铣床主要用来加工卧式、立式铣床所不能加工的大型或较重的工件。落地龙门镗铣床有单轴、双轴、四轴等多种形式，图 7-2-4 为四轴落地龙门镗铣床，它可以同时用几个铣头对零件的几个表面进行加工，故生产率高，适合成批大量生产。

7.2.2　铣床附件及其零件装夹

铣床常用的附件有平口虎钳、回转工作台、分度头和万能铣头等。

1）平口虎钳

平口虎钳是一种通用夹具，主要用于安装尺寸较小且形状较规则的板块类、盘套类、轴类及支架类零件。当零件较大或形状特殊时，可直接用压板将零件装夹在工作台上。

图 7-2-5 所示为带有转台的平口虎钳，其主要由底座、钳身、固定钳口、活动钳口、钳口铁及螺杆等组成。安装时，将底座下的定位键放入工作台的 T 型槽内，拧紧螺栓即可获得正确的安装位置，若松开钳身上的螺母，钳身便可以扳转一定的角度，以满足零件的安装位置要求。

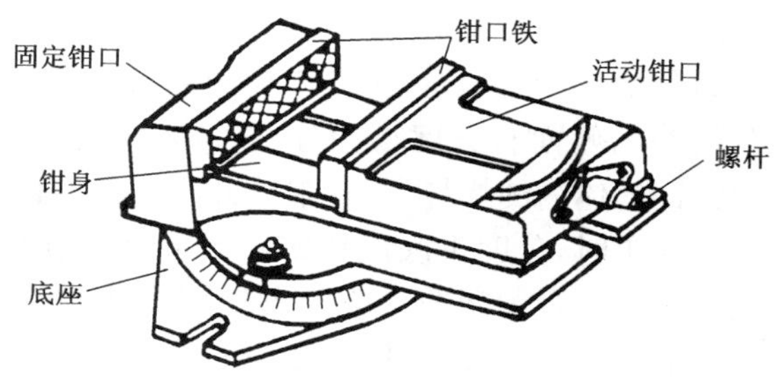

图 7-2-5　平口虎钳

用平口虎钳装夹工作时，工件应安装在固定钳口与活动钳口之间，且工件的待加工表面必须高于钳口，工件的定位面应紧贴钳口，不允许有空隙，刚性不足的工件需采用辅助支撑，以免由于夹紧力使工件变形。

2）回转工作台

回转工作台又称圆工作台或转盘，它分手动和机动两种进给方式，主要用于较大零件的分度加工和圆弧面、圆弧槽的加工。

图 7-2-6a 所示为手动回转工作台的外形结构，摇动手轮，通过蜗杆轴直接带动与转台相连接的蜗轮转动。转台的外圆面上有 360°刻度，手轮上也有一刻度环，用于观察和确定转台位置。转台中央有一基准孔，用以找正和确定工件的回转中心。拧紧转台下面的锁紧螺钉，转台即被固定。铣圆弧槽时，工件装夹在回转工作台上（注意校正工件圆弧中心与转台中心重合），铣刀旋转，用手均匀缓慢地摇动手轮，即可在工件上铣出圆弧槽（见图 7-2-6b）。

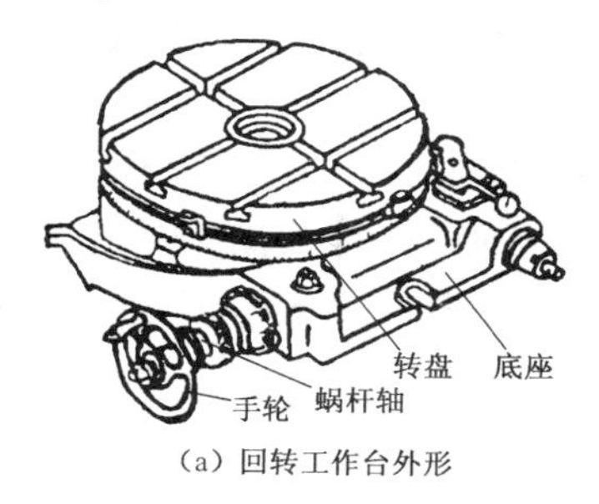

（a）回转工作台外形

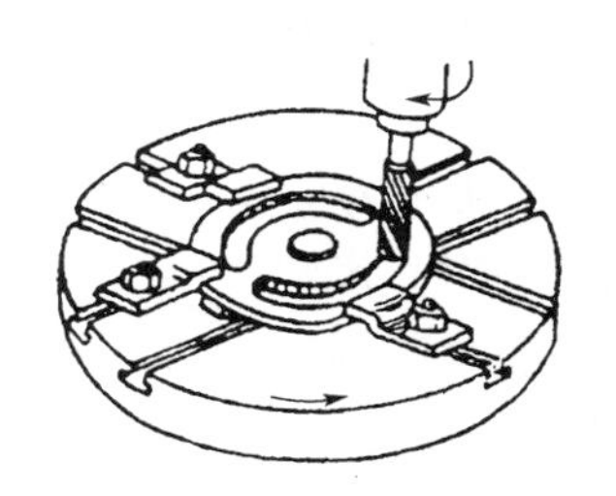
（b）回转工作台铣削圆弧槽

图 7-2-6　回转工作台

3）万能分度头

分度头是一种用于分度的装置，主要用来安装需要进行分度的零件，分度头可在水平、垂直及倾斜三种位置工作，可铣削多边形、齿轮、花键、刻线、螺旋面及球面等。分度头种类很多，有简单分度头、万能分度头、光学分度头及自动分度头等，其中应用最多的是万能分度头。

(1) 万能分度头的结构

万能分度头的结构如图 7-2-7 所示，主要由底座、回转体、主轴和分度盘等组成。其中，回转体安装在底座上；分度头主轴的前端锥孔内可安装顶尖，用来支撑工件；外端定位锥体可与卡盘的法兰盘锥孔相连接，以便用卡盘装夹工件；另外，主轴可随回转体在垂直平面内转动 $-60°\sim90°$，以适应不同空间位置装夹工件的需要，图 7-2-8 和图 7-2-9 所示分别为分度头卡盘在垂直位置和倾斜位置装夹工件的情形。分度头的侧面有分度盘和分度手柄，分度时摇动分度手柄，通过回转体内的蜗杆、蜗轮带动分度头主轴旋转进行分度。

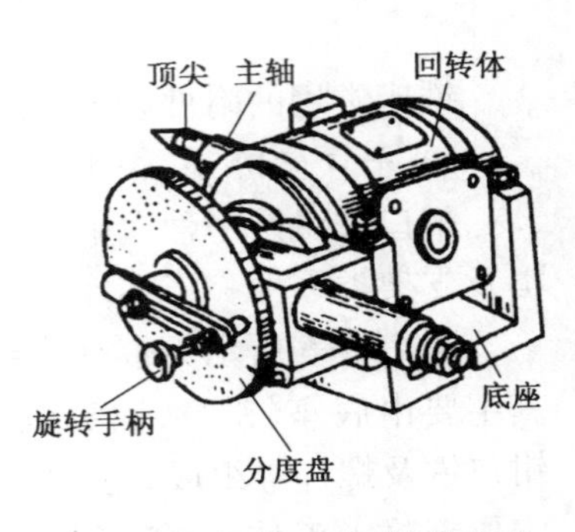

图 7-2-7　FW250 万能分度头

加工时，分度头底座用螺钉紧固在工作台上，并利用导向键与工作台中间的一条 T 型槽相配合，使分度头主轴轴心线平行于工作台的纵向进给方向。装夹工件时，既可用分度头卡盘(或顶尖)与尾座顶尖一起安装，也可用心轴或卡盘单独装夹，具体方法如图 7-2-10 所示。

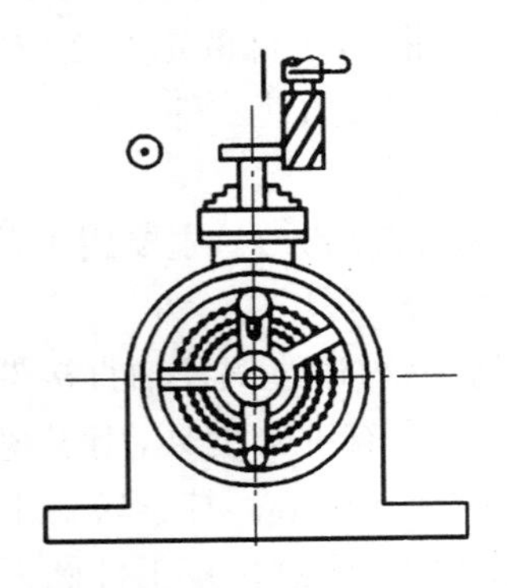
图 7-2-8　分度头卡盘在垂直位置装夹工件

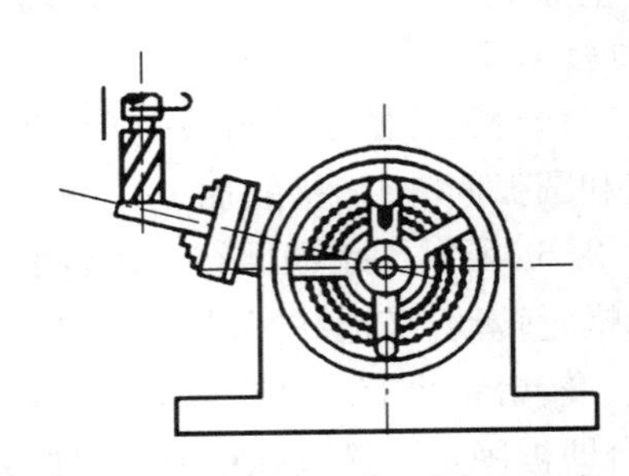
图 7-2-9　分度头卡盘在倾斜位置装夹工件

(2) 万能分度头的分度方法

分度头的分度方法有直接分度法、简单分度法、角度分度法和差动分度法，这里只介绍简单分度法。

图 7-2-11 所示为分度头的传动示意图。图中分度头蜗杆、蜗轮的传动比 i 为 1∶40，即当手柄通过一对直齿轮(传动比为 1∶1)带动蜗杆转动一周时，蜗轮只带动主轴转过 1/40 周。若零件在整个圆周上的分度数目 Z 为已知时，则每分一个等分就要分度头主轴转过 $1/Z$ 圈，这时手柄所需转数 n 可由下列关系式计算：

$$1:40=1/Z:n \qquad \text{即}\ n=\frac{40}{Z}$$

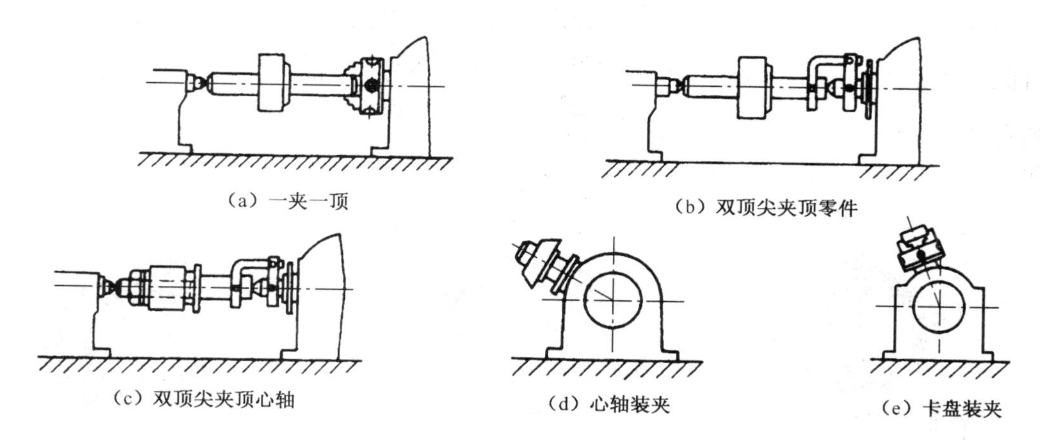

图 7-2-10　用分度头装夹零件的方法

式中：n——手柄转数；

Z——工件的等分数；

40——分度头的定数。

例如：铣削 $Z=6$ 的外花键，用分度头分度时，则手柄需转过转数 $n=\frac{40}{Z}=\frac{40}{6}=6\frac{2}{3}$（转）。分度手柄的准确转数是借助分度盘来实现的。

分度头一般备有两块分度盘，每块分度盘的正、反两面各钻许多圈孔，且各圈的孔数均不相同，但每一圈孔的孔距都是相等的，如图 7-2-12 所示。下面以国产 FW250 型万能分度头为例，其两块分度盘正、反两面各圈的孔数分别如下：

第一块分度盘　　正面：24、25、28、30、34、37；

　　　　　　　　反面：38、39、41、42、43；

第二块分度盘　　正面：46、47、49、51、53、54；

　　　　　　　　反面：57、58、59、62、66；

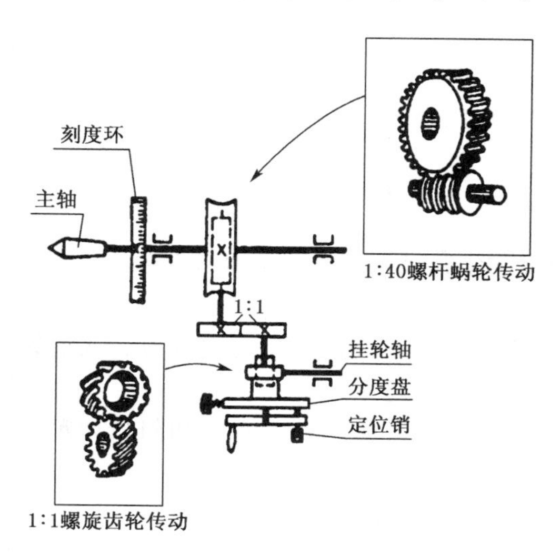

图 7-2-11　万能分度头的传动系统

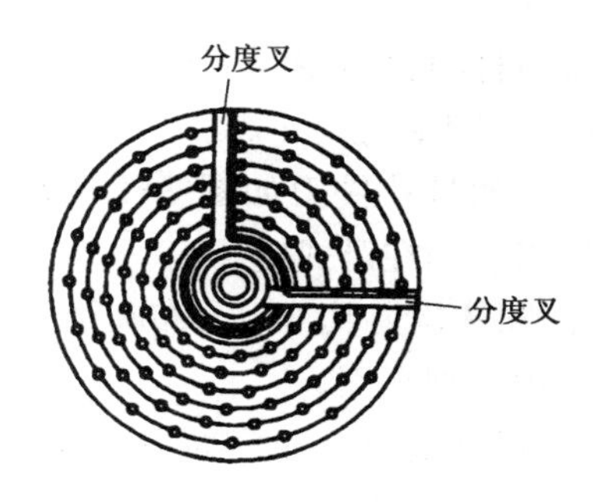

图 7-2-12　分度盘

当 $n=6$ 时，先将分度盘固定，再将分度手柄的定位销调整到孔数是3的整数倍的孔圈上，即24的孔圈上，转过6圈后，再转过16个孔距(即 $6\frac{2}{3}$ 转)即完成了首次分度工作。为了避免转动手柄时出现差错和节省时间，可调整分度盘上的两个分度叉之间的夹角，使之正好等于孔距数，这样依次分度时就可准确无误。

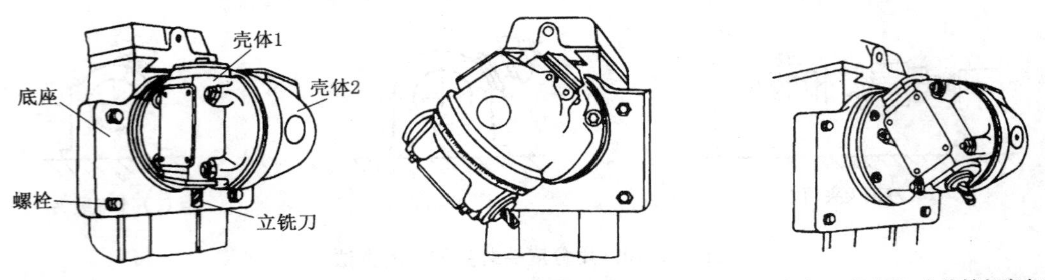

(a) 外形图　(b) 壳体1可绕铣床主轴轴线偏转任意角度　(c) 壳体2可在壳体1上偏转任意角度

图 7-2-13　万能铣头

4) 万能铣头

万能铣头装在卧式铣床上，不仅能完成各种立铣的工作，而且还可以根据铣削的需要，将铣头主轴扳转成任意角度，其底座用四个螺栓固定在铣床垂直导轨上(如图7-2-13a)，铣床主轴的运动可以通过铣头内的两对齿数相同的锥齿轮传递到铣头主轴，因此铣头主轴的转速级数与铣床的转速级数相同。

铣头的壳体1可绕铣床主轴轴线偏转任意角度，(见图7-2-13b)，铣头主轴的壳体2还能在壳体1上偏转任意角度(见图7-2-13c)，因此，铣头主轴可以在空间偏转成所需要的任意角度，从而扩大了卧式铣床的加工范围。

5) 其他装夹方法

在铣床上除了用附件装夹零件外，根据加工零件的结构特点，有时为了保证零件的加工质量，提高劳动生产率，常使用各种专用夹具及组合夹具装夹工件，以满足不同零件的加工需求。

7.2.3　铣刀及其安装

1) 铣刀的分类

铣刀种类很多，若按铣刀的安装方法可分为带孔铣刀和带柄铣刀两大类。

(1) 带孔铣刀

常用的带孔铣刀如图7-2-14所示，有圆柱铣刀、圆盘铣刀、角度铣刀和成形铣刀等。带孔铣刀多用在卧式铣床上。

① 圆柱铣刀其刀齿分布在圆柱表面上(图7-2-14a)，一般有直齿和斜齿两种，主要用于铣削中小型平面。

② 圆盘铣刀　如三面刃圆盘铣刀(图7-2-14b)、锯片铣刀(图7-2-14c)等。三面刃铣刀主要用于加工不同宽度的沟槽及小平面、小台阶面等；锯片铣刀用于铣窄槽或切断

材料。

③ 角度铣刀　这类铣刀具有各种不同的角度，图 7-2-14e 所示为单角度铣刀，用于加工斜面；图 7-2-14f 所示为双角度铣刀，用于铣 V 形槽等。

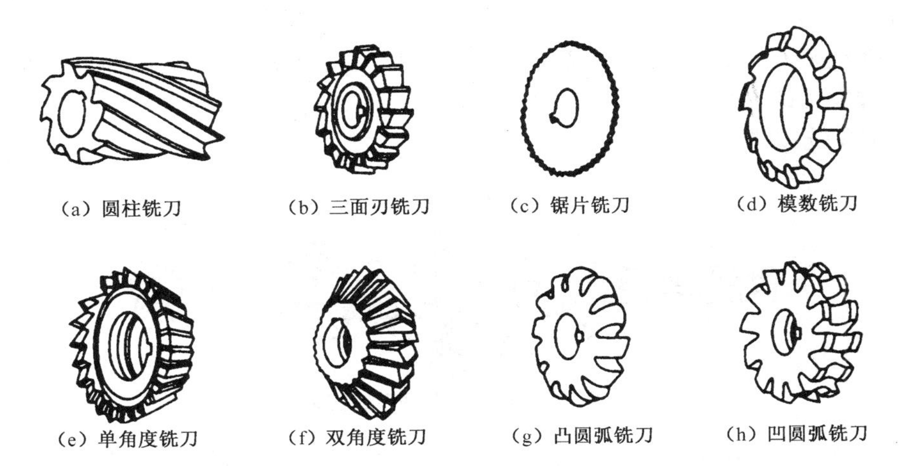

图 7-2-14　带孔铣刀

④ 成形铣刀　图 7-2-14d、图 7-2-14g 及图 7-2-14h 所示均为成形铣刀，其切削刃分别呈齿槽形，凸圆弧形和凹圆弧形，主要用于加工与切削刃形状相对应的齿槽、凸圆弧面和凹圆弧面等成形面。

(2) 带柄铣刀

常用的带柄铣刀有镶齿端铣刀、立铣刀、键槽铣刀、T 形槽铣刀和燕尾槽铣刀等，如图 7-2-15 所示。带柄铣刀多用于立式铣床上。

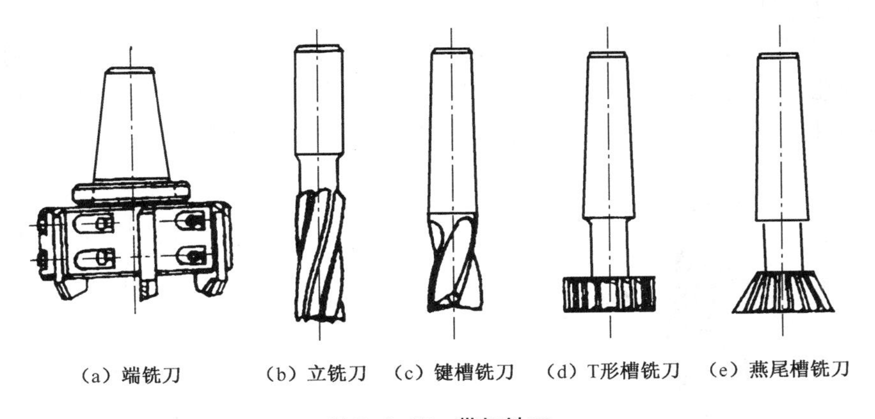

图 7-2-15　带柄铣刀

① 镶齿端铣刀　镶齿端铣刀的刀齿主要分布在刀体端面上，还有部分分布在刀齿周边，且刀齿上装有硬质合金刀片(见图 7-2-15a)，主要用于加工大平面，由于可进行高速铣削，生产率较高。

② 立铣刀　立铣刀有直柄(见图 7-2-15b)和锥柄两种，多用于加工沟槽、小平面和台阶面等。

③ 键槽铣刀　键槽铣刀用于加工封闭式键槽，其结构形状见图 7-2-15c。

④ T 形槽铣刀　T 形槽铣刀用于加工 T 形槽，其结构形状见图 7-2-15d。

⑤ 燕尾槽铣刀　燕尾槽铣刀用于加工燕尾槽，其结构形状见图 7-2-15e。

2）铣刀的安装

铣刀在铣床上的安装形式，由铣刀的类型、使用的机床及工件的铣削部位所决定。这里仅介绍几种常用铣刀的安装方法。

（1）带孔铣刀的安装

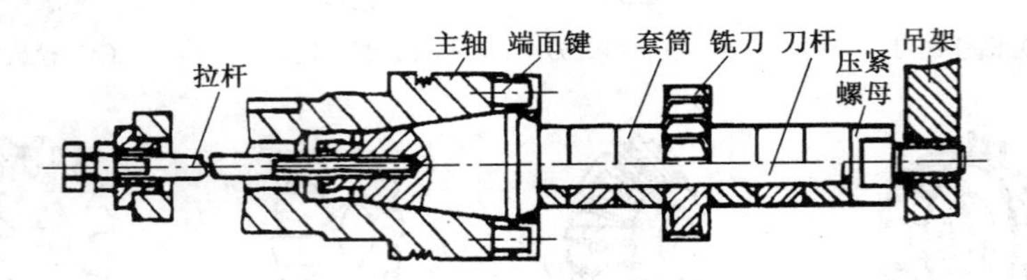

图 7-2-16　带孔铣刀的安装

利用长刀杆将带孔铣刀安装在卧式铣床上，如图 7-2-16 所示。刀杆的一端为锥体，装入铣床主轴口前端的锥孔内，并用拉杆螺丝穿过铣床主轴将刀杆拉紧，刀杆的另一端支撑在吊架内。主轴动力是通过主轴内锥孔与刀杆外锥面之间的键联接带动刀杆旋转。铣刀在刀杆上的轴向定位是由若干套筒和压紧螺母确定的。此种安装方式适用于三面刃铣刀、角度铣刀和半圆铣刀等。

用刀杆安装铣刀时，铣刀应尽量靠近主轴端面，吊架应尽量靠近铣刀，以保证刀杆具有足够的刚性，安装前应将套筒及铣刀端面擦干净，以保证铣刀端面与刀杆轴线垂直，在确保铣刀装正后再拧紧压紧螺母。

（2）带柄铣刀的安装

① 锥柄铣刀的安装　如果锥柄铣刀的锥柄尺寸与主轴内孔锥度尺寸相符，则可直接装入铣床主轴孔内并用拉杆将铣刀拉紧，否则，根据铣刀锥柄的大小，选择合适的过渡套，用拉杆将铣刀和过渡套一起拉紧在主轴锥孔内，如图 7-2-17a 所示。

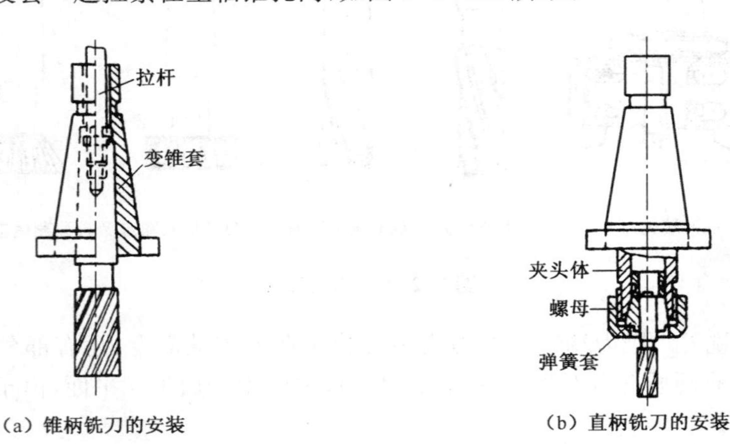

（a）锥柄铣刀的安装　（b）直柄铣刀的安装

图 7-2-17　带柄铣刀的安装

② 直柄铣刀的安装　直柄立铣刀、T形槽铣刀、键槽铣刀、半圆键铣刀和燕尾槽铣刀等，可以用弹簧夹头或滚针式夹头安装。图7-2-17b所示为用弹簧夹头安装直柄立铣刀示意图。将铣刀柄径插入弹簧套的孔内，靠螺母压紧带有三个开口的弹簧套的端面，使弹簧套的外锥面受压缩而缩小孔径，从而将铣刀夹紧，弹簧套有多种孔径，以适应各种尺寸的直柄铣刀。

7.2.4　铣削运动、铣削用量及铣削方式

1）铣削运动

（1）主运动

铣削时，铣刀安装在铣床主轴上，其主运动是铣刀绕自身轴线的高速旋转运动。

（2）进给运动

铣削平面和沟槽时，进给运动是直线运动，大多由铣床工作台（工件）完成，加工回转体表面时，进给运动是旋转运动，一般由旋转工作台完成。

2）铣削用量

（1）背吃刀量 a_{sp}或(a_p)(mm)

背吃刀量的定义与车削相同，对于铣刀的每个切削刃即为在通过其基点并垂直于工作平面的方向上测量的吃刀量，单位为mm。图7-2-18分别示出了用圆柱铣刀铣削平面（周铣法）和端面铣刀铣削平面（端铣法）时的背吃刀量 a_{sp}，对于周铣法，背吃刀量反映了铣削宽度；对于端铣法，背吃刀量反映了铣削深度。

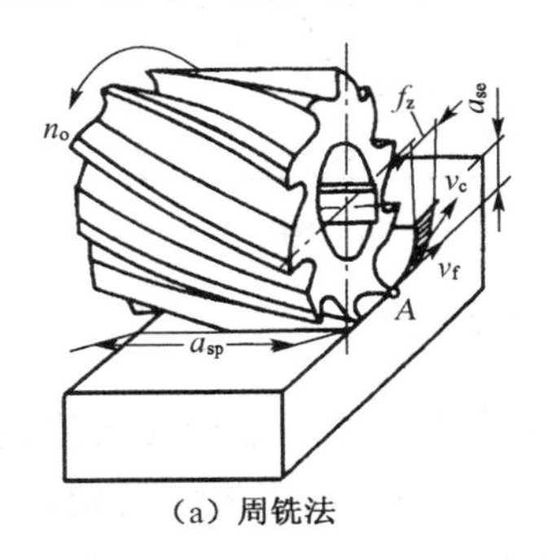

(a) 周铣法

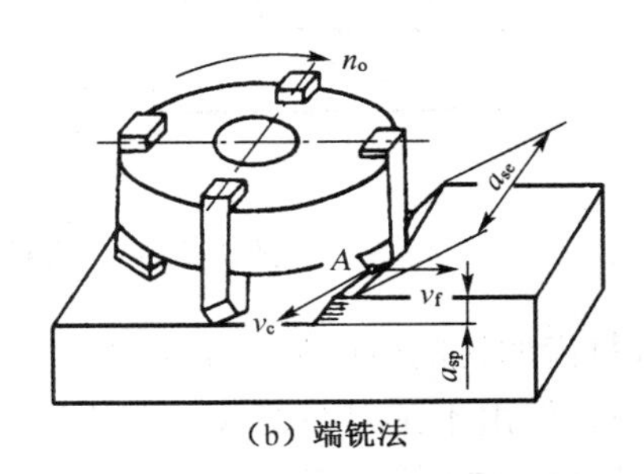

(b) 端铣法

图7-2-18　铣削用量要素

（2）侧吃刀量 a_{se}或(a_e)(mm)

侧吃刀量是在平行于工作平面并垂直于切削刃基点的进给运动方向上的吃刀量，单位为mm。对于周铣法，侧吃刀量 a_{se}反映了铣削深度；对于端铣法，侧吃刀量则反映了铣削宽度（见图7-2-18）。

（3）铣削速度 v_c(m/min)

铣削速度计算公式为：

$$v_c = \frac{\pi d n}{1\,000}$$

式中：d——铣刀直径，单位为mm；

n——铣刀转速，单位为 r/min。

(4) 进给运动速度 v_f

进给速度 v_f 是指单位时间内，铣刀在切削刃基点的进给运动方向上的位移速度，单位为 mm/min。

(5) 进给量

进给量包括每齿进给量 f_z(mm/z)和每转进给量 f(mm/r)

每齿进给量 f_z 是指铣刀每转过一个刀齿，在切削刃基点的进给运动方向上的位移量，单位为mm/r。

每齿进给量 f_z，每转进给量 f 和进给速度 v_f 和刀齿齿数 Z 之间的关系如下：

$$v_f = nf = n \cdot z \cdot f_z$$

3) 铣削方式

铣削平面时，铣削方式有圆周铣削和端面铣削两种。

(1) 圆周铣削

用圆柱铣刀铣削平面的方法称为圆周铣削，又称周铣法。周铣法又有顺铣和逆铣两种铣削方式，如图 7-2-19 所示。当工件的进给方向与圆柱铣刀刀尖圆点和已加工平面的切点 k 处的切削速度相反称为逆铣(见图 7-2-19a)；反之为顺铣(见图 7-2-19b)。

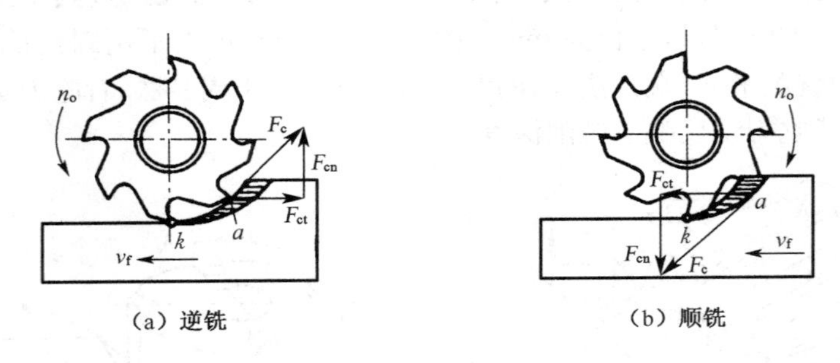

图 7-2-19　圆柱铣刀的铣削方式

逆铣时，每齿的切削厚度从零增加到最大值，切削力也由零增加到最大值，避免了刀齿因冲击而破损。但由于铣刀在切入工件的初期，要在工件的已加工表面的硬化层上滑行一段距离并经过挤压才能切入工件，不但降低刀具的使用寿命，而且使工件的表面质量变差，还由于铣刀对工件上抬的分力 F_{cn}，影响工件夹持的稳定性。

顺铣时，刀具的切削厚度从最大开始，因而避免了挤压、滑行现象，另外，铣刀对工件的垂直方向的铣削分力 F_{cn} 始终压向工件，不会使工件向上抬起，因此，顺铣能提高铣刀的使用寿命和加工表面质量。

(2) 端面铣削

用端面铣刀铣削平面的方法叫端面铣削，又称端铣法，根据铣刀和工件相对位置不同，可分为对称铣削、不对称逆铣和不对称顺铣三种铣削方式，如图 7-2-20 所示。其中，对称铣削指铣刀位于工件宽度的对称线上，切入和切出处，铣削厚度最小又不为零，其切入边为逆铣，切出边为顺铣(见图 7-2-20a)；不对称逆铣(见图 7-2-20b)，铣刀以最小铣削厚度(不为零)切入工件，以最大铣削厚度切出工件；不对称顺铣(见图 7-2-20c)，铣刀以较大铣削厚度切入工件，又以较小厚度切出工件。

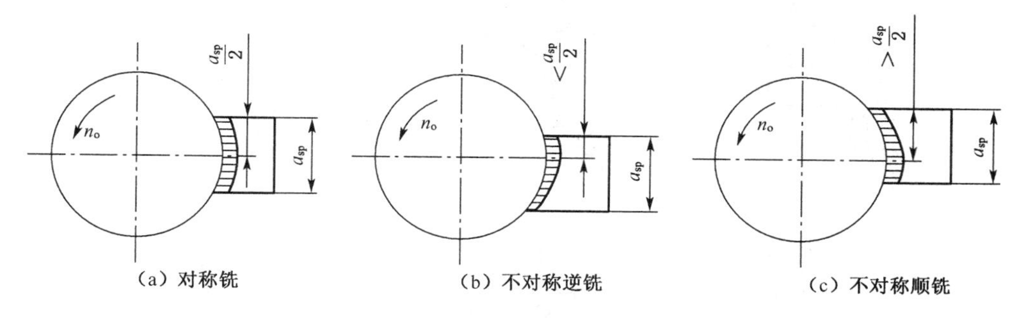

(a) 对称铣　(b) 不对称逆铣　(c) 不对称顺铣

图 7-2-20　端面铣刀的铣削方式

7.2.5　铣削加工基本方法

1) 铣削水平面、垂直面及台阶面

铣削平面是铣削加工中最主要的工作之一，在立式铣床和卧式铣床上，有很多方法可以方便地进行水平面、垂直面及台阶面的铣削，如图 7-2-21 所示。这里只介绍用圆柱铣刀在卧式铣床上铣削水平面的方法和步骤，具体过程如图 7-2-22 所示。

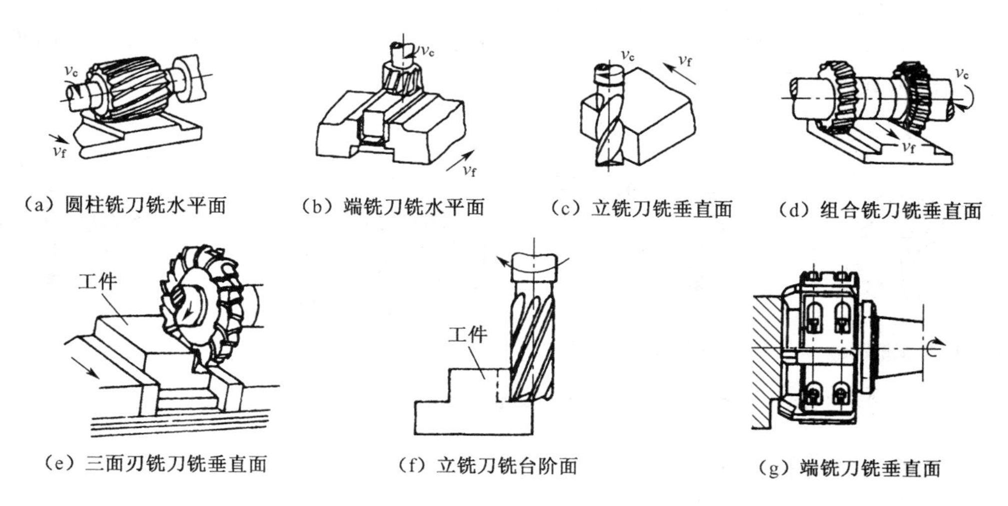

(a) 圆柱铣刀铣水平面　(b) 端铣刀铣水平面　(c) 立铣刀铣垂直面　(d) 组合铣刀铣垂直面

(e) 三面刃铣刀铣垂直面　(f) 立铣刀铣台阶面　(g) 端铣刀铣垂直面

图 7-2-21　铣削水平面、垂直面及台阶面

(1) 正确安装铣刀和装夹工件，并检验铣刀和工件是否装正、夹紧。

(2) 选择铣削用量。

(3) 开车，升高工作台，使工件和铣刀稍微接触，并记下刻度盘读数(见图 7-2-22a)。

(4) 纵向退出工件后停车(见图 7-2-22b)。

(5) 利用刻度盘调整侧吃刀量，使工作台升高到所需位置(见图 7-2-22c)。

(6) 开车先手动进给，当工件被稍微切入后，可改为自动进给(见图 7-2-22d)。

(7) 铣完一刀后停车(见图 7-2-22e)。

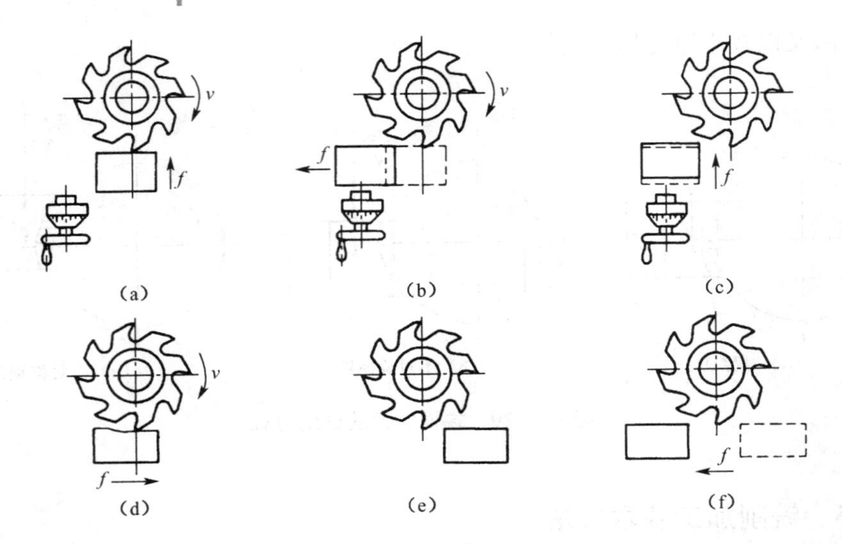

图 7-2-22　铣削水平面步骤

(8) 退回工作台,测量零件尺寸并检测表面粗糙度,重复铣削到规定的要求(见图 7-2-22f)。

2) 铣削斜面

铣削斜面主要有以下几种方法:

(1) 用倾斜安装工件的方法铣削斜面

将工件倾斜一定角度装夹后,就可以采用铣削水平面或垂直面的方法进行斜面加工。安装工件的方式有多种,如图 7-2-23 所示。

图 7-2-23　用倾斜安装工件的方法铣削斜面

(2) 用倾斜主轴的方法铣削斜面

在立式铣床或装有万能铣头的卧式铣床上,将主轴旋转一定的角度,利用工作台横向进给进行斜面铣削,如图 7-2-24 所示。

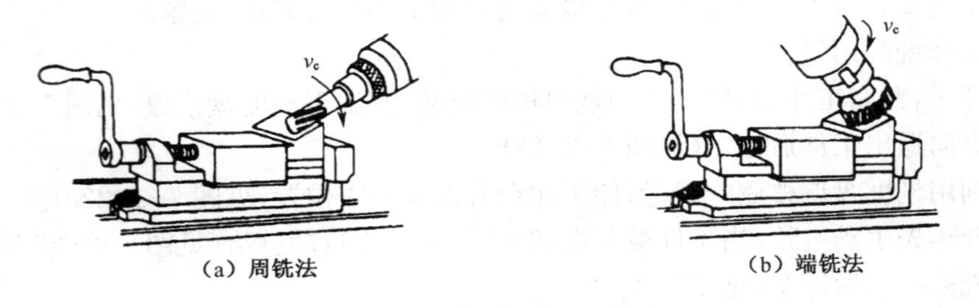

图 7-2-24　用倾斜主轴的方法铣削斜面

(3) 用角度铣刀铣斜面

用与斜面角度相符的角度铣刀可直接铣削斜面。

3) 铣削沟槽

铣床上可以铣削键槽、直槽、T 形槽、V 形槽、燕尾槽和螺旋槽等。

(1) 铣键槽

轴上键槽有敞开式键槽、封闭式键槽和花键三种。敞开式键槽一般在卧式铣床上用三面刃铣刀加工;封闭式键槽一般在立式铣床上用键槽铣刀或立铣刀加工,如图 7-2-25 所示,批量大时用键槽铣床加工。

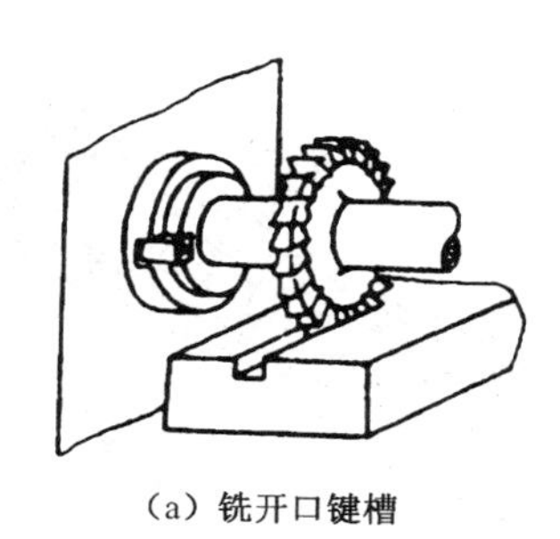

(a) 铣开口键槽

(b) 铣封闭键槽

图 7-2-25 铣削键槽

(2) 铣 T 形槽

T 形槽通常在立式铣床上铣削,铣削步骤如图 7-2-26 所示,铣削前应在工件的相应部位上划线(见图 7-2-26a),然后用立铣刀铣出直槽(见图 7-2-26b),再用 T 形槽铣刀铣削两侧横槽(见图 7-2-26c),最后用倒角铣刀铣出 T 形槽槽口部的倒角。

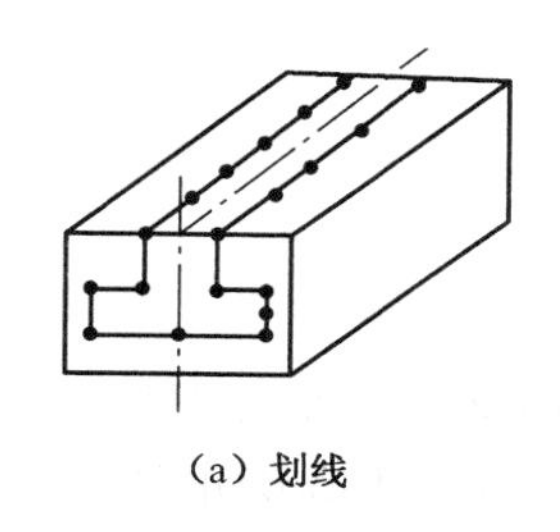

(a) 划线

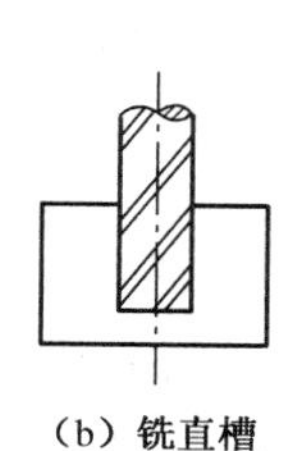

(b) 铣直槽

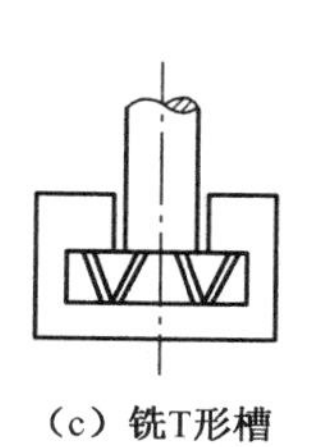

(c) 铣T形槽

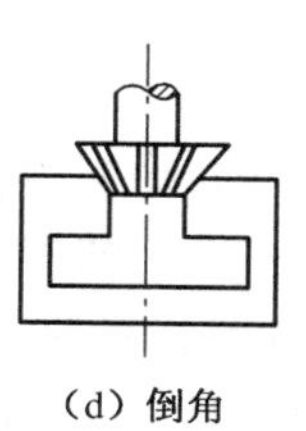

(d) 倒角

图 7-2-26 铣 T 形槽步骤

(3) 铣燕尾槽

燕尾槽一般也在立式铣床上铣削,铣削步骤如图 7-2-27 所示。

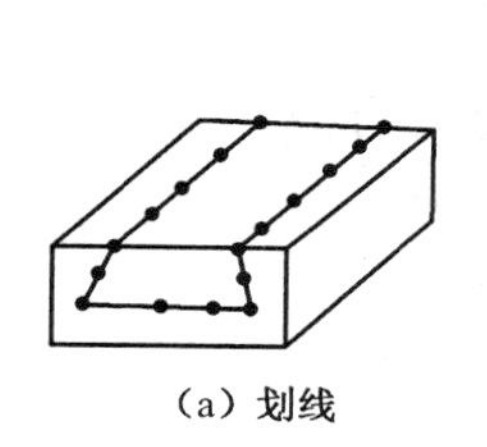

(a) 划线

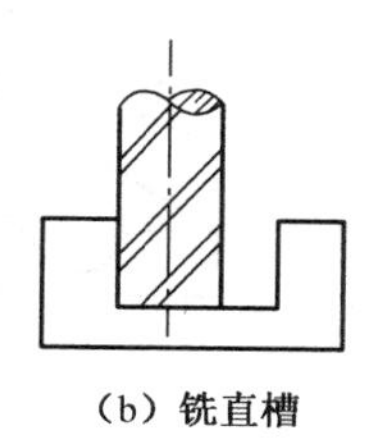

(b) 铣直槽

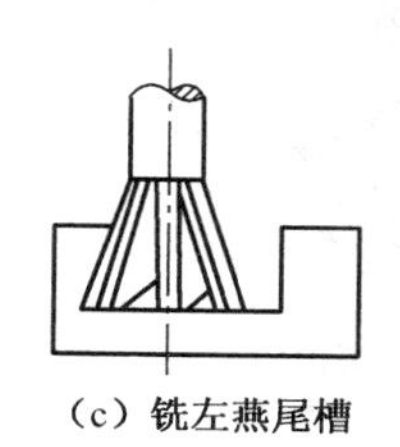

(c) 铣左燕尾槽

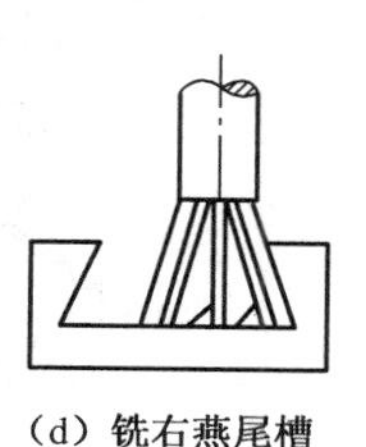

(d) 铣右燕尾槽

图 7-2-27 铣燕尾槽步骤

(4) 铣螺旋槽

斜齿圆柱齿轮、麻花钻、立铣刀及螺旋圆柱铣刀等的螺旋槽,通常都是在卧式万能铣床上完成的。

铣削时,铣刀旋转,工件在随工作台做纵向进给的同时,又被分度头带动绕自身的轴线做旋转进给。根据螺旋线形成原理,要铣削出具有一定导程的螺旋槽,两种进给运动必须保证当工件随工作台纵向进给一个导程时,工件刚好旋转一圈。两种进给运动是通过工作台丝杠和分度头之间的交换齿轮实现的。

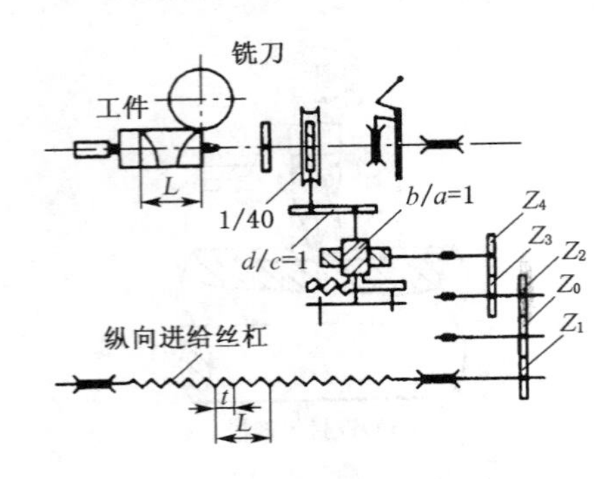

图 7-2-28 铣螺旋槽时的传动

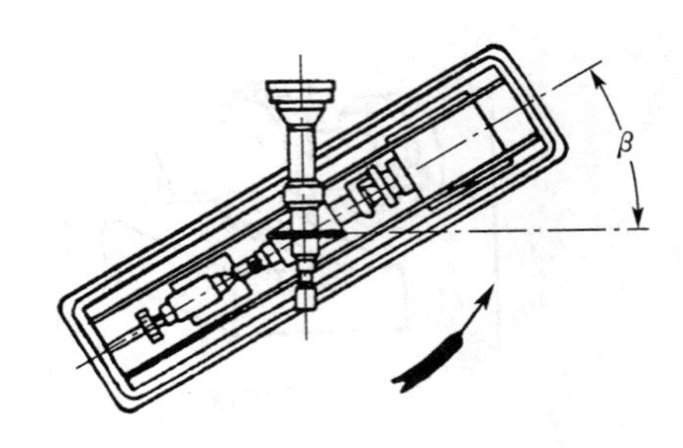

图 7-2-29 铣右螺旋槽

图 7-2-28 所示为铣螺旋槽时的传动系统图,交换齿轮的选择应满足如下关系:

$$\frac{L}{P}\times\frac{Z_1}{Z_2}\times\frac{Z_3}{Z_4}\times\frac{1}{1}\times\frac{1}{1}\times\frac{1}{40}=1$$

则配换齿轮传动比 i 的计算公式为:

$$i=\frac{Z_1}{Z_2}\times\frac{Z_3}{Z_4}=\frac{40P}{L}$$

式中:L——工件上螺旋槽的导程;

P——丝杠的螺距。

为了使铣出的螺旋槽的形状与所用铣刀的截面形状相同,必须使铣刀刀齿与被加工螺旋方向一致,因此必须将纵向工作台旋转一个角度,所转角度应等于螺旋角度 β,角度旋转方向根据螺旋槽的方向来确定。铣右螺旋槽时,工作台逆时针扳转一个螺旋角,如图 7-2-29 所示;铣左螺旋槽时,则顺时针扳转一个螺旋角。

(a) 铣凸圆弧面

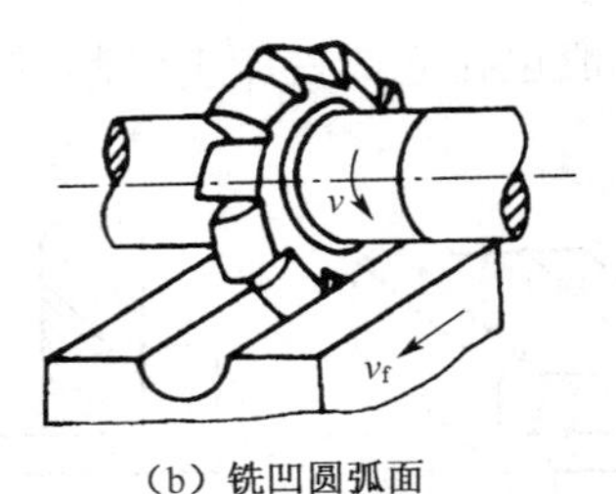

(b) 铣凹圆弧面

图 7-2-30 铣削成形面

4）铣削成形面、曲面

（1）铣削成形面

成形面一般在卧式铣床上用成形铣刀加工，即成形铣刀的形状与加工面吻合，如图 7-2-30 所示。

（2）铣削曲面

曲面一般在立式铣床上加工，其方法主要有按划线铣削和用靠模铣削两种，如图 7-2-31 所示。

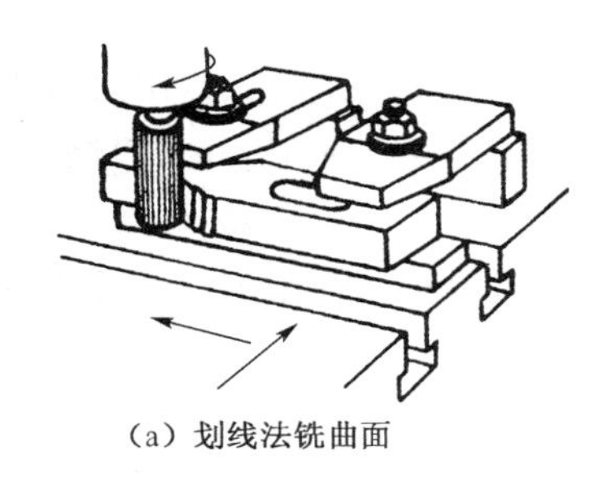

（a）划线法铣曲面

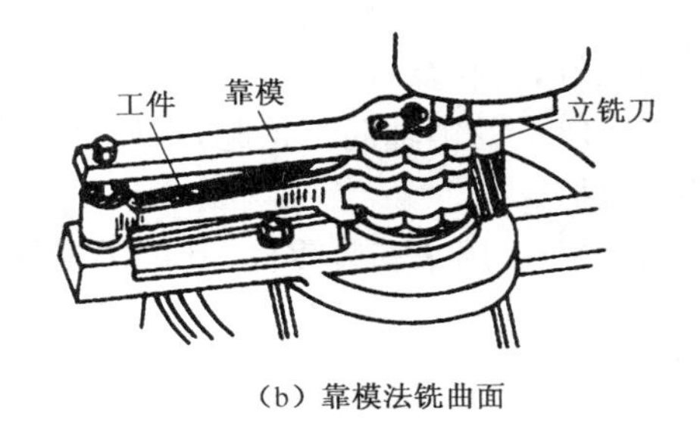

（b）靠模法铣曲面

图 7-2-31 铣削曲面

7.3 刨削加工技术

刨削加工是指在刨床上用刨刀进行的切削加工，刨削主要用于加工各种平面（水平面、垂直面和斜面）、各种沟槽（直槽、T 形槽、V 形槽和燕尾槽）及成形面等。由于刨削是不连续的切削过程，生产率较低，主要应用于单件、小批量生产以及修配工作中。刨削加工的尺寸精度一般为 IT9～IT8，表面粗糙度 Ra 的值为 6.3～1.6 μm，另外刨削加工可保证一定的相互位置精度，其直线度可达 0.04～0.12 mm/m。

7.3.1 刨床

刨削类机床主要有牛头刨床、龙门刨床和插床等。

1）牛头刨床

牛头刨床在刨削类机床中应用较广泛，它适用于刨削长度不超过 1000 mm 的中、小型工件，以 B6065 牛头刨床为例，其型号的具体含义如下：

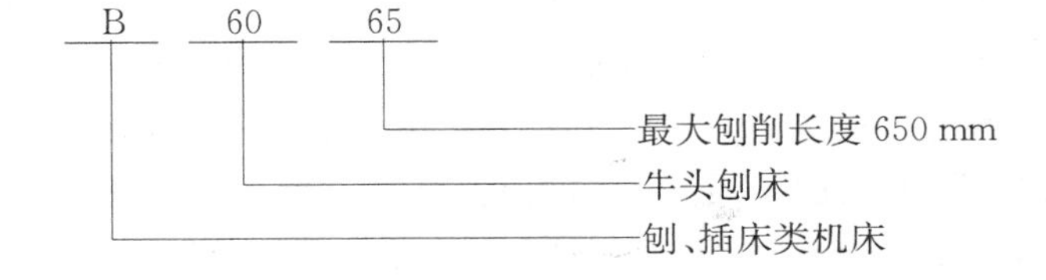

(1) 牛头刨床的组成

牛头刨床主要由床身、滑枕、刀架、工作台和横梁等组成,如图 7-3-1 所示。

① 床身　用于支承和连接刨床的各部分,床身内装有变速机构和摆杆机构,可以把电动机传来的动力进行变换,通过摆杆机构把旋转运动变换为滑枕的往复直线运动。

② 滑枕　滑枕前端装有刀架,用于带动刀架沿床身顶面的水平导轨做纵向往复直线运动。滑枕往复直线运动的快慢、行程的长度和位置,均可根据加工需要进行调整。

③ 刀架　用于夹持刨刀,其结构如图 7-3-2 所示。当转动刀架顶部的手柄时,滑板带着刨刀沿刻度转盘上的导轨上、下移动,以调整背吃刀量或加工垂直面时做进给运动。松开转盘上的螺母,将转盘扳转一定角度,可使刀架斜向进给,以加工斜面,刀座装在滑板上,抬刀板可绕刀座上的销轴向上抬起,以使刨刀在返回行程时离开零件已加工表面,以减少刀具与零件的摩擦。

④ 工作台　用来安装零件,其可随横梁做上下调整,亦可沿横梁导轨做水平移动或间歇进给运动。

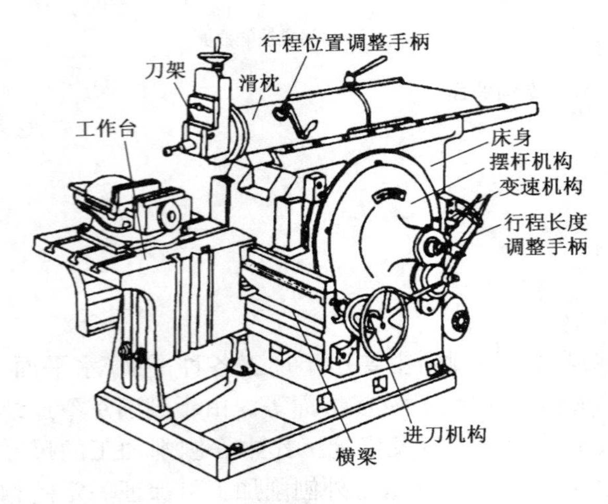

图 7-3-1　B6065 型牛头刨床

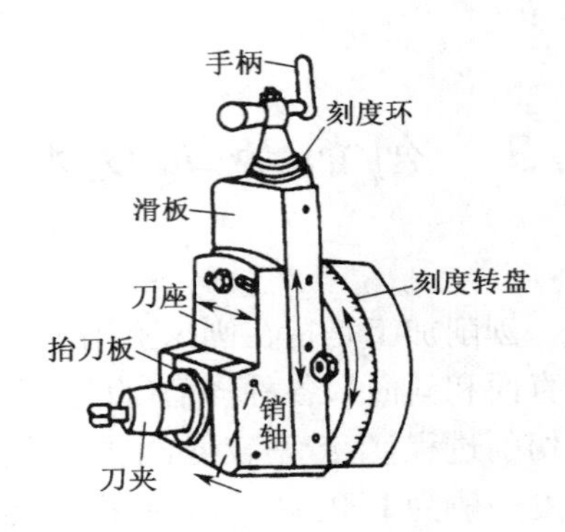

图 7-3-2　刀架

(2) 牛头刨床的传动系统

图 7-3-3 所示为 B6065 型牛头刨床的传动系统,主要包括变速机构,摆杆机构和棘轮机构。在牛头刨床上刨削工件,主运动是刨刀的往复直线运动,进给运动是工件的间歇移动及刀具垂直向下移动。主运动传动系统是从电动机开始,经过变速机构的Ⅰ、Ⅱ、Ⅲ轴传到Ⅳ轴,然后由摆杆机构将旋转运动变换为刨刀的纵向往复直线运动;棘轮机构的作用是使工作台在完成回程与刨刀再次切入零件之前的瞬间做间歇横向进给。

2) 龙门刨床和插床简介

龙门刨床主要用于加工大型工件上的长而窄的平面、大平面或同时加工多个小型工件的平面。龙门刨床特别适于加工各种水平面、垂直面及各种平面组合的导轨面、T 形槽等。

插床实际上是一种立式刨床,主要用于加工零件的内表面如方孔、长方孔,各种多边形孔以及孔内的键槽等,既可以加工通孔的内表面,也可以加工盲孔以及有台阶的孔的内表面。由于插削与刨削相似,生产率较低,一般用于工具车间、机修车间从事修配及单件小批量生产。

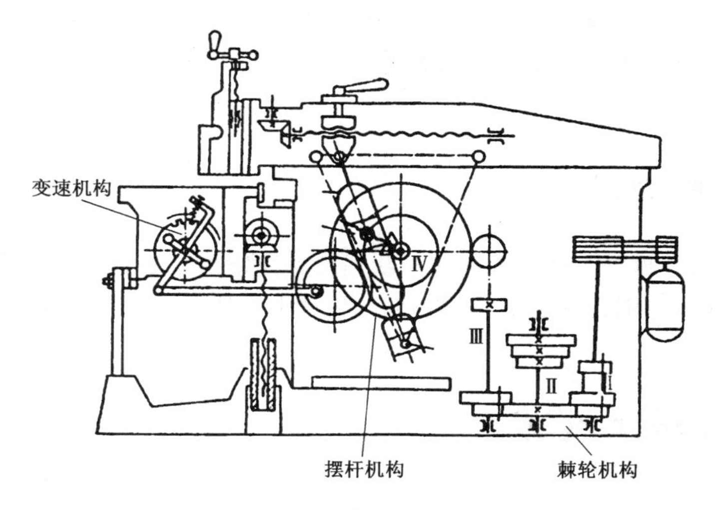

图 7-3-3 B6065 牛头刨床的传动系统

7.3.2 刨刀

刨刀的几何形状与车刀相似,但由于刨削过程中有冲击力,因此刨刀的截面通常为车刀的 1.25～1.5 倍。刨刀的前角 γ_0、刃倾角 λ_s取较大的负值,以提高刀具强度。主偏角 K_γ一般为 30°～75°。刨刀的刀头常常做成弯头,以防止刨刀啃入已加工表面或损坏刨刀切削刃。

1) 刨刀的种类及应用

刨刀的种类很多,按加工表面和加工方式的不同,常用的刨刀种类及其应用如图 7-3-4 所示。

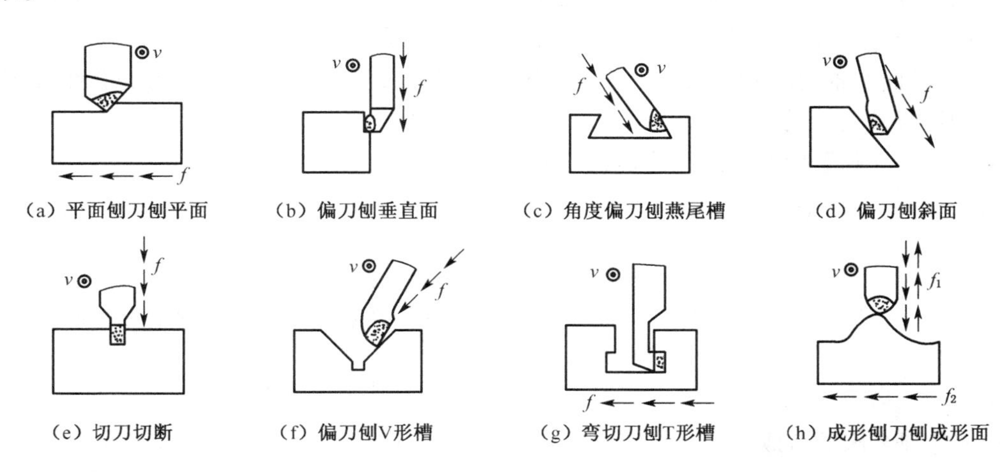

图 7-3-4 常见刨刀种类及应用

2) 刨刀的安装

将刨刀正确地装夹在刀架上的刀夹中,并将转盘对准零线,以便准确控制背吃刀量;刀头不要伸出太长,以免发生振动或折断。直头刨刀伸出长度一般为刀杆厚度的 1.5～2 倍,弯头刨刀伸出长度可稍长些，以弯曲部分不碰刀座为宜。装刀和卸刀时，必须一手扶住刨刀，另一只手使用扳手夹紧或放松刨刀，施力方向必须自上而下，否则容易将抬刀板掀起而碰伤手指。

7.3.3 工件的装夹

在刨床上装夹零件的方法视零件的形状和尺寸而定。常用的装夹方法有平口虎钳装夹、工作台上装夹及专用夹具装夹，具体方法与铣床上零件装夹方法相同，这里不再介绍。

7.4 磨削加工技术

在磨床上用砂轮对工件进行的切削加工称为磨削。磨削是零件精加工的主要方法之一，磨削可以精加工各种常见的表面，如内、外圆柱(锥)面、平面及各种成形表面(如花键、螺纹、齿轮等)。磨削加工精度一般可达IT6～IT4，表面粗糙度Ra值一般为1.6～0.2 μm。

7.4.1 磨床

磨床按其用途不同可分为外圆磨床、内圆磨床、平面磨床、无心磨床、工具磨床、螺纹磨床、齿轮磨床以及其他用途的专用磨床等。

1) 外圆磨床

常用的外圆磨床分普通外圆磨床和万能外圆磨床。其中普通外圆磨床用于磨削零件的外圆柱面和外圆锥面，万能外圆磨床除可磨削零件的外圆柱面和外圆锥面外，还可磨削内圆柱面、内圆锥面及轴、孔的台阶、端面等，下面以M1432A型万能外圆磨床为例介绍外圆磨床的结构组成及其传动系统。

M1432A外圆磨床型号的具体含义如下：

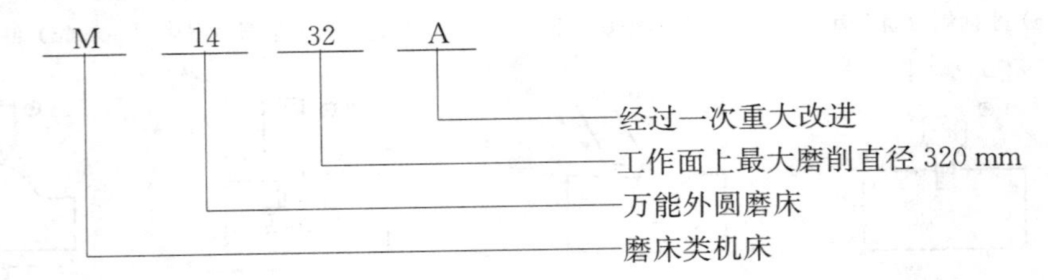

(1) 外圆磨床的组成

如图7-4-1所示，万能外圆磨床由床身、工作台、头架、尾座和砂轮架、内圆磨头等组成。

① 床身　床身是整个机床的基础，其纵向导轨上装有工作台，横向导轨上装有砂轮架，床身内部还装有液压传动系统和横向、纵向进给机构等。

② 工作台　工作台分上、下两层，其中下工作台做纵向往复运动；上工作台可相对于下

工作台在水平面内扳转一定的角度(顺时针方向 3°,逆时针方向 9°),以便于磨削锥面,还可以用于消除磨削圆柱面时产生的锥度误差。

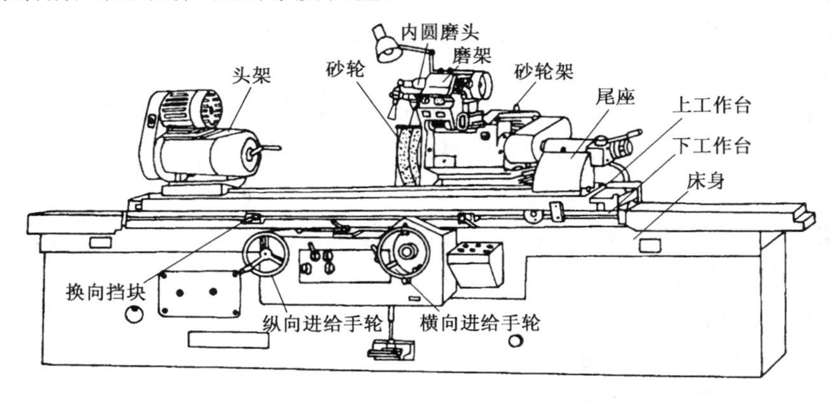

图 7-4-1　M1432A 型万能外圆磨床

③ 头架　头架安装在工作台左端,其内的主轴由单独的电动机带动旋转。主轴端部可安装顶尖、拨盘或卡盘,以便装夹工件。

④ 尾座　尾座安装在上工作台的右端,尾座套筒内可安装顶尖,可与主轴顶尖一起支承轴类零件,并可根据工件长度来调整尾座在工作台上的位置。

⑤ 内圆磨头　内圆磨头用于磨削内圆表面。其主轴可安装内圆磨削砂轮,由另一电动机带动。内圆磨头可绕支架旋转,用时翻下,不用时翻向砂轮架上方。

⑥ 砂轮架　用于装夹砂轮,并有单独的电动机带动砂轮架主轴旋转。砂轮架可在床身后部的导轨上做横向移动,其移动方式有自动周期进给、快速引进和退出以及手动三种,前两种是由液压传动实现的,砂轮架还可沿垂直轴线旋转某一角度。

(2) 外圆磨床的液压传动系统

磨床传动广泛采用液压传动,因为液压传动具有无级调速、运转平稳、无冲击振动等优点。外圆磨床的液压传动系统比较复杂,图 7-4-2 为工作台纵向往复运动的液压传动原理图。工作时,油泵经滤油器将油从油箱中吸出,转变为高压油,经过转阀、节流阀、换向阀、输入油缸的右腔,推动活塞、活塞杆及工作台向左移动。油缸左腔的油则经换向阀流入油箱。当工作台移至行程终点时,固定在工作台前侧面的右行程挡块,自右向左推动换向手柄,并连同换向阀的活塞杆和活塞一起向左移至虚线位置。于是高压油流入油缸的左腔,使工作台返回。油缸右腔的油也经换向阀流回油箱。如此反复循环,从而实现了工作台的纵向往复运动。

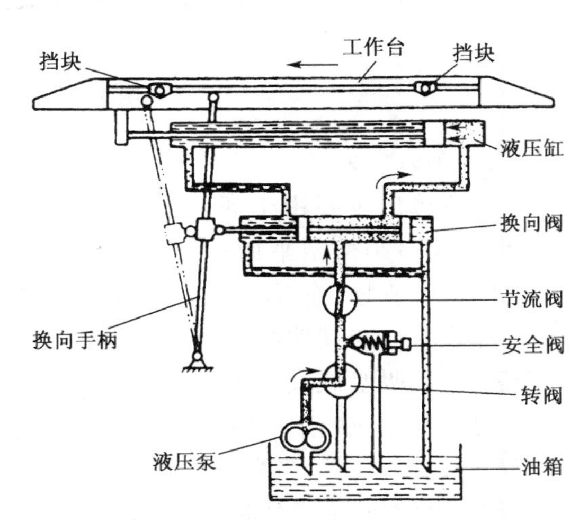

图 7-4-2　外圆磨床液压传动原理示意图

工作台的行程长度和位置,可通过改变行程挡块之间的距离和位置来调节。当转阀转过 90°时,油泵中输出的高压油全部流回油箱,工作台停止不动。安全阀的作用是使系统中维持一定的油压，并把多余的高压油排入油箱。

2）内圆磨床

内圆磨床主要用于磨削内圆柱面、内圆锥面、内台阶面及端面等。图 7-4-3 所示为 M2120 型内圆磨床，它由床身、头架、拖板和工作台等部件组成。

工件可以通过卡盘或其他装夹工具安装在头架主轴上，由主轴带动做与砂轮反向的旋转运动，以实现圆周进给。头架安装在床身左端，可以绕垂直轴线旋转一定的角度，以磨削锥孔。

砂轮架安装在工作台右端的拖板上，既可以做纵向往复进给运动，又可以做周期性的横向进给运动。内圆磨床的砂轮与主轴常做成独立的内圆磨具，安装在砂轮架中，一般采用独立电机经平皮带传动，转速可高达 10 000～20 000 r/min。

工作台由液压系统驱动，速度可以无级调整，还可以自动进行快进、快退与工作速度进、退运动的转换，这样可以节省辅助时间。

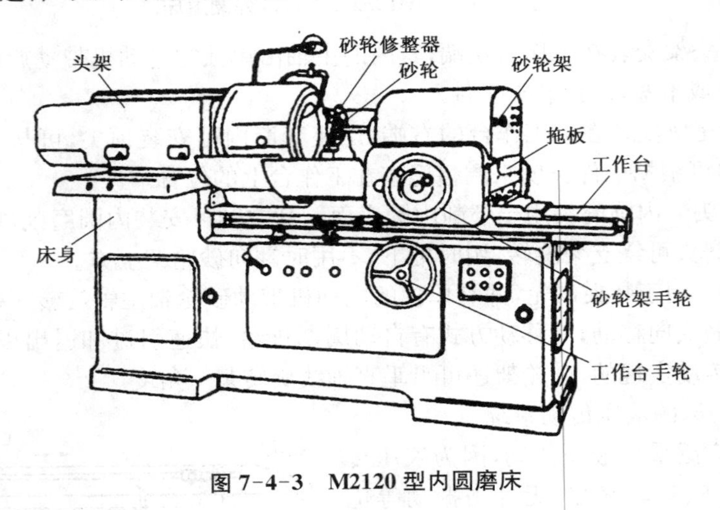

图 7-4-3　M2120 型内圆磨床

3）平面磨床

平面磨床主要用于磨削平面，图 7-4-4 所示为 M7120A 型平面磨床。它主要由床身、工作台、立柱、拖板和磨头等组成。

平面磨床与其他磨床不同的是工作台上安装有电磁吸盘或其他夹具，当磨削钢、铸铁等磁性材料制成的中小型工件时，一般用电磁吸盘直接吸住零件，当磨削陶瓷、铜合金、铝合金等非磁性材料的工件时，可以采用精密平口虎钳装夹工件，然后再用电磁吸盘将平口虎钳固定在工作台上。

磨削时，磨头沿拖板的水平导轨所做的横向进给运动，可由液压驱动或横向进给手轮操纵；拖板沿立柱的导轨所做的垂直移动，用以

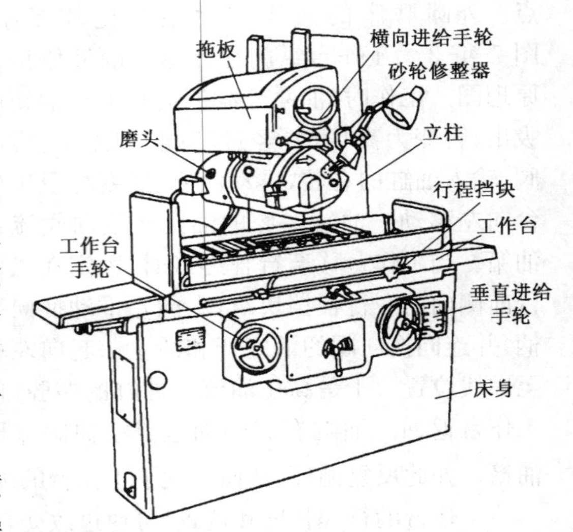

图 7-4-4　M7120A 型平面磨床

调整磨头的高低位置及完成垂直进给运动，该运动也可由操作手轮实现。而砂轮则由装在磨头壳体内的电动机直接驱动旋转。

7.4.2 磨床夹具及零件装夹

磨床夹具可分为通用夹具和专用夹具两大类。这里只介绍几种磨床通用夹具。

磨床上常用的通用夹具主要有顶尖和鸡心夹头、心轴、卡盘与花盘、电磁吸盘、精密平口虎钳等。

(1) 顶尖和鸡心夹头

顶尖和鸡心夹头常配套使用，其用途极为广泛，是磨削轴类工件时最简易且精度较高的一种装夹工件的方法，如图 7-4-5 所示。其装夹过程与车床上类似，所不同的只是磨床用顶尖比一般车床用的精度要高。

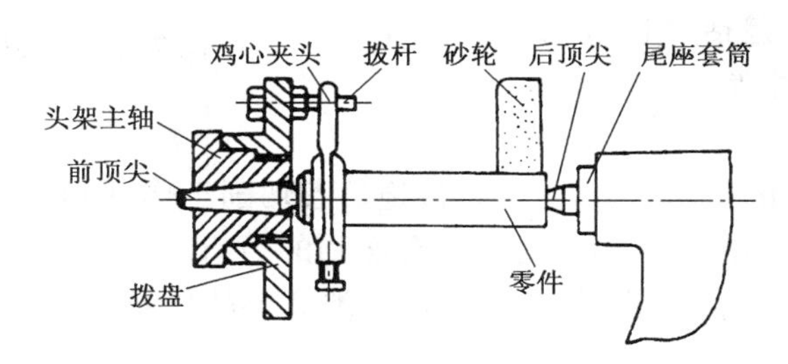

图 7-4-5　顶尖、鸡心夹头装夹工件

(2) 心轴

心轴常用于在外圆磨床和万能磨床上磨削以孔或孔与端面作定位基准的套筒类、盘类工件的外圆与锥面，以保证工件外圆与内孔的同轴度及端面的垂直度要求，其装夹过程与车床相似，只是磨削用的心轴精度比较高。

(3) 卡盘及花盘

三爪自动定心卡盘、四爪单动卡盘和花盘常用在内、外圆磨床和万能磨床上磨削各种轴、套类工件，其用法也与车床上相似。

(4) 电磁吸盘

电磁吸盘在平面磨床上应用极为广泛，在平面磨床上磨削钢、铸铁等磁性材料中小型零件的平面时，常用电磁吸盘将零件牢固地吸在工作台上。电磁吸盘按其外形可分圆形和矩形两类，分别用于圆台平面磨床和矩台平面磨床。当磨削键、垫圈、薄壁套等尺寸较小而壁厚较薄的小零件时，需在其四周或左右两端用挡铁围住，以免因电磁吸力小而使零件移动或使零件弹出造成安全事故。

(5) 精密平口虎钳

在平面磨床上磨削铜、铜合金等非磁性材料制成的零件时，可在电磁吸盘上安放一精密平口虎钳装夹零件。另外，在矩台平面磨床 M7120A 上磨削成形样板时，也经常使用精密平口虎钳，精密平口虎钳的结构与普通虎钳相似，但其精度比较高，用于精密安装。

7.4.3 砂轮

砂轮是磨削工具，它由许多细小而坚硬的磨粒通过结合剂粘结后经烧制而成为疏松的多孔体。磨削时，砂轮表面上磨粒的尖锐棱角如同铣刀的刀齿，在砂轮的高速旋转过程中切入工件表面，同时还伴有挤压、刻划和抛光的作用。从而实现一种高速、多刃、微量的切削过程，并且可以获得较高的尺寸精度和表面加工质量，如图 7-4-6 所示。

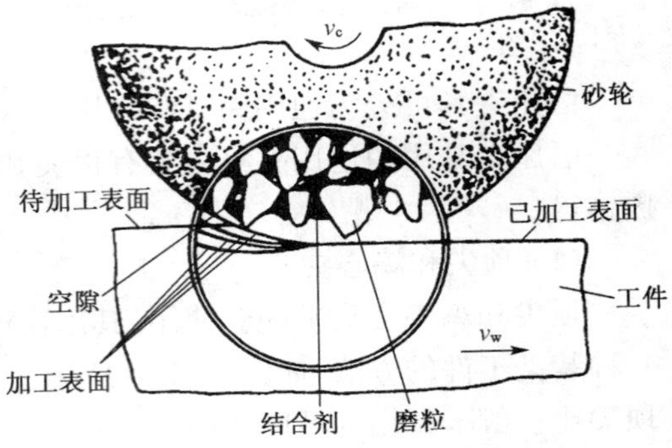

图 7-4-6　砂轮的组成及工作状态

1）砂轮的特性

砂轮的特性主要包括磨料、粒度、结合剂、硬度、组织形状和尺寸等。

（1）磨料

磨料是砂轮磨粒的主要成分，由于直接担负着切削工作，因此除了必须具有高硬度、高耐热性、一定的耐磨性和韧度外，还需要具有锋利的刃口。常用的磨料有刚玉类、碳化硅类和高硬磨料三类。几种常用的刚玉类、碳化硅类磨料的代号、特点及应用范围见表 7-4-1 所示。

表 7-4-1　常用磨料特点及用途

磨料名称	代号	特点	用途
棕刚玉	A	硬度高，韧性好，价格较低	适合于磨削各种碳钢、合金钢和可锻铸铁等
白刚玉	WA	比棕刚玉硬度高，韧性低，价格较高	适合加工淬火钢、高速钢和高碳钢
黑色碳化硅	C	硬度高，性脆而锋利，导热性好	用于磨削铸铁、青铜等脆性材料及硬质合金刀具
绿色碳化硅	GC	硬度比黑色碳化硅更高，导热性好	主要用于加工硬质合金、宝石、陶瓷和玻璃等

（2）粒度

粒度是指磨粒颗粒的大小，粒度越大，磨料越细，颗粒越小。粗磨或磨软金属时用粗磨粒，精磨或磨硬金属时用细磨粒。

（3）结合剂

结合剂的作用是将磨粒粘结在一起，使之成为具有所需的形状、强度、耐冲击和耐热性的砂轮。常用的结合剂有陶瓷结合剂（代号 V）、树脂结合剂（代号 B）、橡胶结合剂（代号 R）和金属结合剂等。

（4）组织

砂轮的组织表示砂轮结构的松紧程度。它是指磨粒、结合剂和空隙三者体积比例关系，砂轮组织分紧密、中等和疏松三大类，共 16 级（0～15），常用的是 5、6 级，级数越大，砂轮越松。

磨粒、结合剂和空隙构成了砂轮结构三要素。

(5) 硬度

砂轮的硬度是指砂轮表面的磨粒在磨削力的作用下脱落的难易程度。磨粒易脱落，则砂轮硬度低，反之则砂轮硬度高。通常情况下，磨削的工件材料较硬时，选择硬度较软的砂轮，若工件的材料较软时，则选择硬度较硬的砂轮。

(6) 形状、尺寸

为了适应各种结构的磨床以及磨削各种形状和尺寸工件的需要，砂轮可以做成各种不同形状和尺寸。常见的有平形(代号 1)、筒形(代号 2)、碗形(代号 11)、薄片形(代号 41)等砂轮，如图 7-4-7 所示。

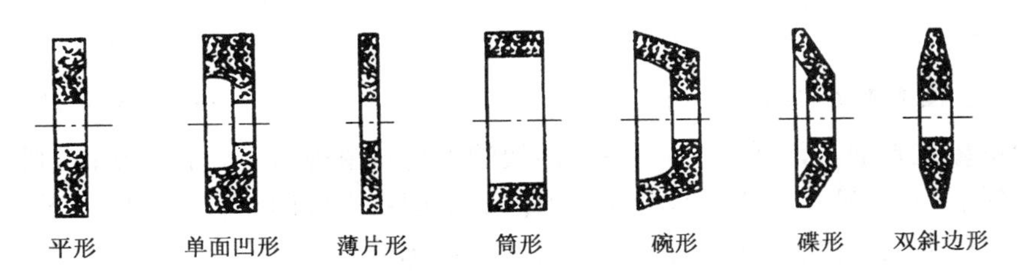

图 7-4-7　几种常见砂轮形状

为了便于砂轮的管理和选用，在砂轮的非工作表面上印有砂轮特性代号，如特性代号为 1—400×50×203—WA46K5—V—35 的砂轮，其代号的具体含义如下：

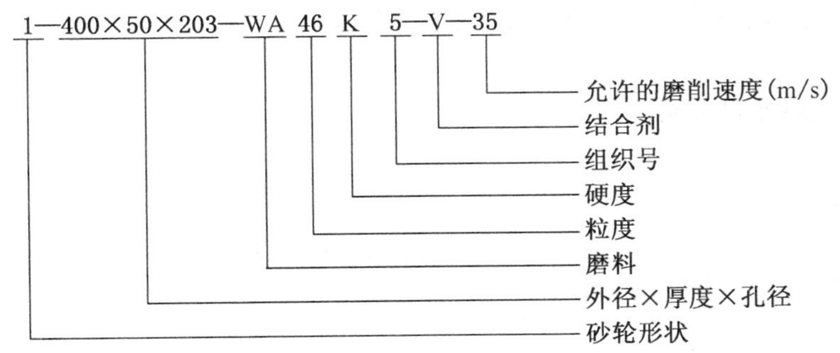

2) 砂轮的安装、平衡及修整

(1) 砂轮的安装

砂轮因在高速下工作，安装前首先必须经过外观检查，不应有裂纹，然后再用木槌轻敲，如果声音嘶哑，则禁止使用，否则砂轮破裂后会飞出伤人。

砂轮安装方法如图 7-4-8 所示。大砂轮通过台阶法兰盘装夹(见图 7-4-8a)，不太大的砂轮用法兰盘直接装在主轴上(见图 7-4-8b)，小砂轮用螺母紧固在主轴上(见图 7-4-8c)，更小的砂轮可粘固在轴上(见图7-4-8d)。

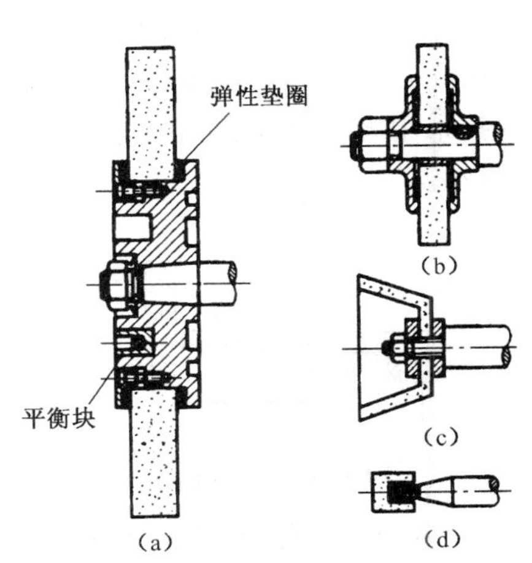

图 7-4-8　砂轮的装夹方法

(2) 砂轮的平衡试验

为使砂轮工作平稳，一般直径大于 125 mm 的砂轮都要进行平衡试验，如图 7-4-9 所示。

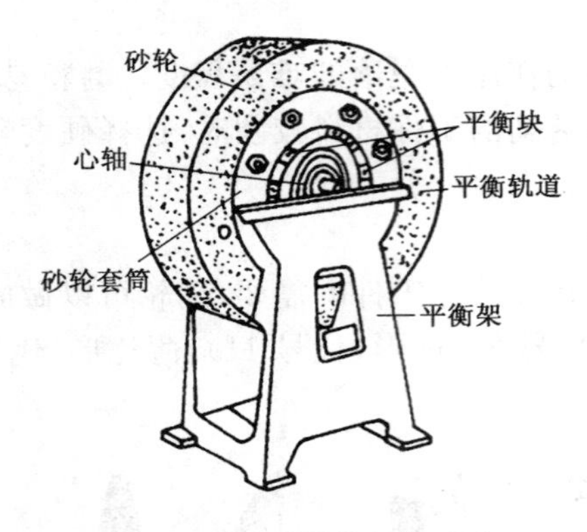

图 7-4-9　砂轮的平衡试验

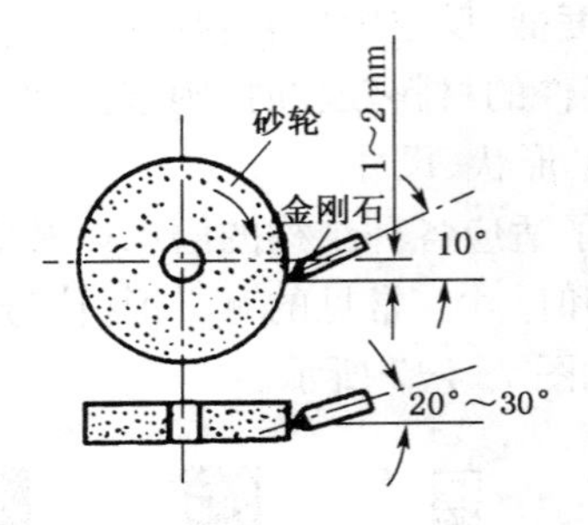

图 7-4-10　砂轮的修整

将砂轮装在心轴上，再将心轴放在平衡架的平衡轨道刃口上。若不平衡，则砂轮较重部分总是转到下面，通过移动法兰盘端面环槽内的平衡铁进行调整。经过反复平衡试验，直到砂轮能在刃口上任意位置都能静止，即说明砂轮各部分的质量分布均匀。这种试验方法称为静平衡。

(3) 砂轮的修整

砂轮工作一定时间后，磨粒逐渐变钝，砂轮工作表面空隙被堵塞，砂轮正确的几何形状被破坏，使之丧失切削力，这时砂轮必须进行修整。将砂轮表面一层变钝的磨料切去，以恢复砂轮的切削力和正确的几何形状。砂轮常用金刚石笔进行修整，如图 7-4-10 所示。

7.4.4　磨削加工基本方法

1) 外圆磨削

外圆磨削是一种基本的磨削方法，在外圆磨床或万能外圆磨床上磨削外圆常用的方法有纵磨法、横磨法和综合磨法三种。

(1) 纵磨法

磨削时，砂轮高速旋转(主运动)，工件低速旋转(圆周进给)并随工作台做纵向往复运动(横向进给)，当工件改变移动方向时，砂轮做间歇性径向进给，当工件加工到接近最终尺寸时，采用无径向进给的几次光磨行程，直至火花消失为止，以提高加工精度，如图 7-4-11 所示。

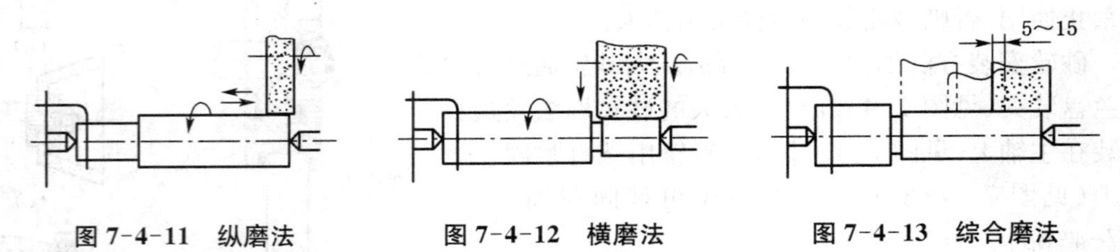

图 7-4-11　纵磨法　　图 7-4-12　横磨法　　图 7-4-13　综合磨法

纵磨法具有较大的适应性，一个砂轮可磨削长度不同、直径不等的各种零件，且加工质量好，尤其适用于细长轴的磨削，在单件、小批量生产以及精磨时被广泛采用。

(2) 横磨法

当工件刚性较好、工件待磨表面较短时,可以选用宽度大于待磨表面长度的砂轮进行横磨。横磨时,工件无纵向进给运动,砂轮以很慢的速度连续地或断续地向工件做横向进给,直至磨去全部余量为止,如图 7-4-12 所示。如果需要磨削台阶端面,则可将砂轮退出 0.005 mm~0.01 mm,手摇工作台纵向移动手柄,使工件的台阶面贴靠砂轮,磨平即可。

横磨法充分发挥了砂轮的切削能力,生产率高,但精度及表面质量较低,由于横磨时工件与砂轮的接触面积大,工件易发生变形和烧伤,故此法只适合磨削短工件、阶梯轴的轴颈和粗磨等。

(3) 综合磨法

先用横磨法进行分段粗磨,相邻两段间有 5~15 mm 重叠量,如图 7-4-13 所示,然后将留下的 0.01~0.03 mm 余量用纵磨法磨去。当加工表面的长度为砂轮宽度的 2~3 倍以上时,可采用综合磨法,综合磨法集纵磨、横磨法的优点,既能提高生产率,又能提高磨削质量。

2) 内圆磨削

内圆磨削可在内圆磨床或万能外圆磨床上进行。内圆磨削方法与外圆磨削相似,只是工件的旋转方向应与砂轮的旋转方向相反,如图 7-4-14 所示,与外圆磨削相比,内圆磨削因其砂轮直径小、刚性差,再加上散热、排屑更困难等原因,因此生产率低,精度也比外圆磨削低。

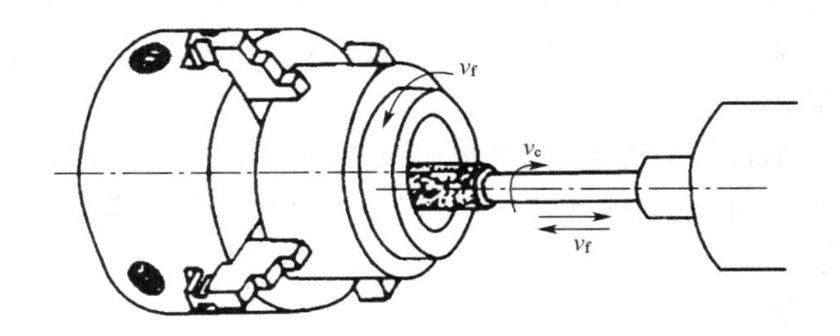

图 7-4-14　磨削内圆

3) 平面磨削

磨削平面的方法可分为周磨法和端磨法两种,如图 7-4-15 所示。

(1) 周磨法

在卧轴矩形工作台平面磨床上用砂轮圆周表面磨削工件平面的方法为周磨法(见图 7-4-15a)。周磨时砂轮与工件接触面积小,排屑及冷却条件好,工件发热量小,因此磨削易翘曲变形的薄片工件,能获得较好的加工质量,但磨削效率较低。

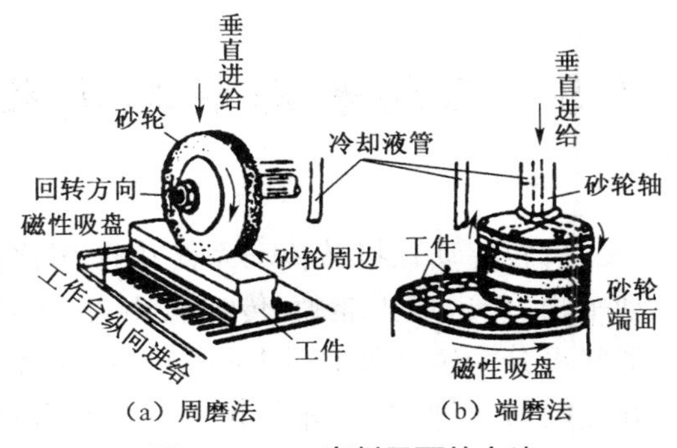

图 7-4-15　磨削平面的方法

(2) 端磨法

端磨法指在立轴圆形工作台平面磨床上用砂轮端面磨削工件平面的方法(见图 7-4-15b),端磨时,由于砂轮轴伸出较短,且主要承受轴向力,故刚性好,能采用较大的磨削用量,砂轮与工件接触面积大，因而磨削效率高，但磨削质量较周磨法低。

4）外圆锥面磨削

磨削外圆锥面的方法有转动工作台法、转动头架法和转动砂轮架法三种，如图 7-4-16 所示。

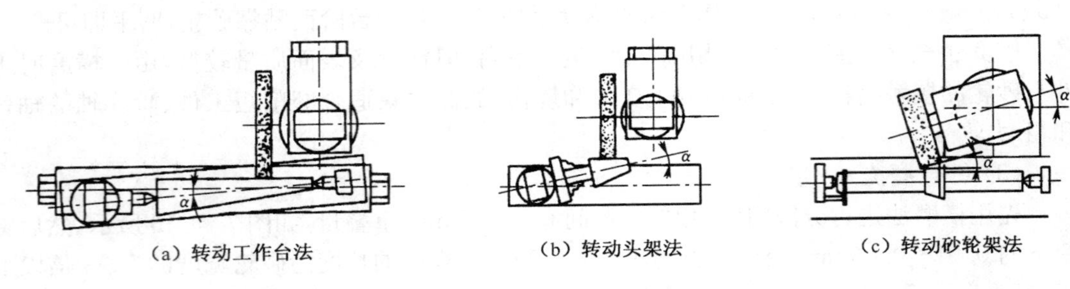

图 7-4-16　磨削外锥面

(1) 转动工作台法

这种方法适于磨削锥度较小，锥面较大的工件。磨削时将工作台逆时针转动所需加工的圆锥角度的一半，使锥面母线与工作台纵向移动方向一致(见图 7-4-16a)。

(2) 转动头架法

这种方法适于磨削锥度大、锥面较短的工件。磨削时将头架逆时针转动锥面顶角的一半，使锥面母线与工作台纵向往复方向一致。当头架转动 90°时，可以磨削端面(见图 7-4-16b)。

(3) 转动砂轮架法

这种方法适于磨削较长工件上的、锥角比较大的短锥面。磨削时砂轮架转动锥面顶角的一半，进给运动只有砂轮架的横向移动(见图 7-4-16c)，由于其加工精度和表面质量都不高，应尽可能少采用。

(4) 内圆锥面磨削

磨削内圆锥面时工件的安装与磨削内圆柱面时相同，具体磨削方法可以分为转动头架法和转动工作台法两种。当磨削锥角较大的锥孔时，采用转动头架法，磨削锥角较小的锥孔时，常采用转动工作台法。

7.5　齿轮齿形加工技术

齿轮传动在机械传动系统中应用比较广泛，用于传递动力和运动，齿轮传动具有传动平稳、传递速比准确、传递扭矩大、承载能力强等特点。齿轮的种类很多，按齿圈结构形状可分为圆柱齿轮、圆锥齿轮、蜗轮和齿条等，按齿线形状可分为直齿、斜齿(螺旋齿)和曲线齿三种，按齿廓形状可分为渐开线、摆线和圆弧线等。目前使用较多的是渐开线圆柱齿轮。

齿轮齿形的机械加工方法按加工原理不同，可分为成形法和展成法。

7.5.1 成形法加工齿轮

成形法又称为仿形法，是指用与被切齿槽形状相符的成形刀具加工齿形的方法，利用成形法可以直接在铣床上进行铣齿加工和在磨床上进行磨齿加工。

1）铣齿加工

铣齿加工是用模数铣刀在铣床上加工齿轮的成形加工方法。模数铣刀有盘状和指状模数铣刀之分，盘状模数铣刀用于卧式铣床，指状模数铣刀用于立式铣床，如图 7-5-1 所示。

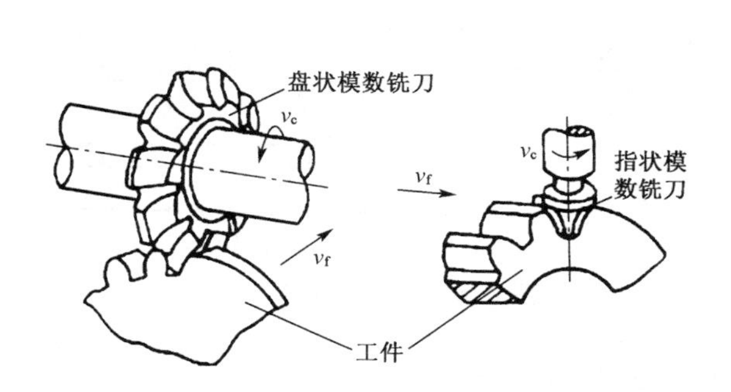

图 7-5-1 模数铣刀

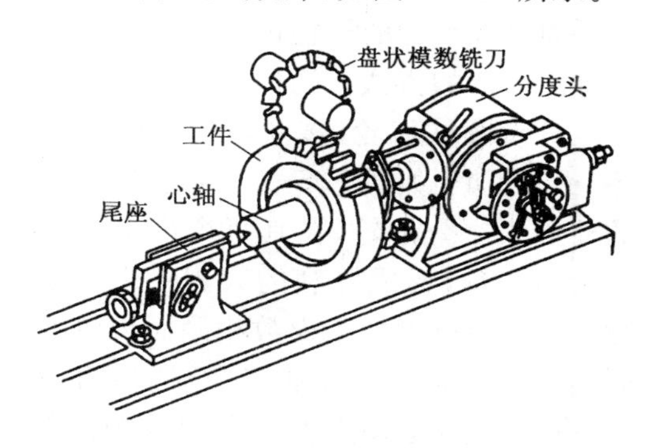

图 7-5-2 在卧式铣床上铣齿轮

图 7-5-2 所示为在卧式铣床上进行的铣齿加工，铣削时，齿轮坯通过心轴安装在分度头和尾座顶尖之间，用一定模数和压力角的盘状模数铣刀铣削，每次只能铣削一个齿槽，完成一个齿槽的加工后，工件退回起始位置，对工件进行一次分度再接着铣下一个齿槽，直至完成全部齿槽的加工。

渐开线齿轮齿槽的形状与其模数、齿数和齿形角有关，要想铣出准确齿形，需对同一模数的每一种齿数的齿轮制造一把铣刀，在实际生产中，为方便铣刀制造和管理，一般将铣削模数相同而齿数不同的齿轮所用的铣刀制成一组 8 把，即分为 8 个刀号，每号铣刀加工一定齿数范围的齿轮，加工时铣刀刀号的选择见表 7-5-1。

表 7-5-1 模数铣刀的选用

刀号	1	2	3	4	5	6	7	8
加工齿数	12～13	14～16	17～20	21～25	26～34	35～54	55～134	≥135

铣齿加工不需要专用设备，成本低，由于铣刀每铣一个齿都要重复分度、切入、切削和退刀的过程，故生产率低，由于存在分度误差及刀具本身的理论误差，因而加工出的齿轮精度较低，只能达到 IT11～IT9，齿面粗糙度 Ra 值为 6.3～3.2 μm，一般多用于修配或单件制造某些转速低、精度要求不高的齿轮。

2）成形法磨齿加工

磨齿是在磨齿机上用高速旋转的砂轮对经过淬硬的齿面进行加工的方法，成形法磨齿如图 7-5-3 所示。

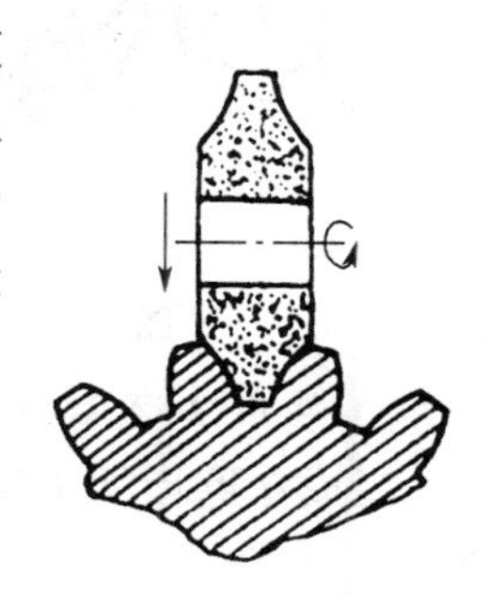

图 7-5-3 成形法磨齿

7.5.2 展成法加工齿轮

展成法又称范成法，是指利用齿轮刀具与被切齿轮互相啮合运转而切出齿形的方法。展成法加工齿轮必须在专门的齿轮加工机床上进行，主要有插齿加工、滚齿加工及剃齿、珩齿、磨齿等精加工齿轮的方法。

1）插齿加工

插齿加工是指用插刀在插齿机上利用一对轴线平行的圆柱齿轮的啮合原理而加工齿形的方法。插齿加工主要用于加工直齿圆柱齿轮、多联齿轮及内齿轮等。插齿加工如图 7-5-4 所示。插齿刀的外形像一个齿轮，在其每个齿上磨出前角和后角，形成锋利的刀刃。一种模数的插齿刀可以加工模数相同而齿数不同的各种齿轮。插齿加工时，插齿刀的上下往复直线运动为主运动，插齿刀向下是切削运动，向上是空行程，进给运动为插齿刀和工件之间的对滚运动，包括插齿刀的圆周进给运动和工件的分齿转动 n_w，另外，为了完成齿全深的切削，在分齿运动的同时，插齿刀沿工件的半径做径向进给运动。

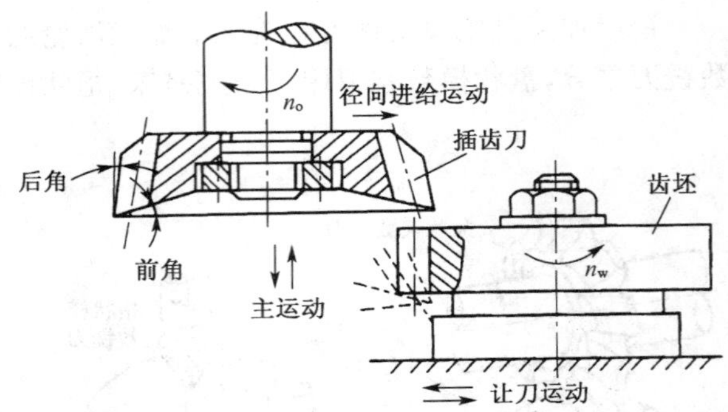

图 7-5-4　插齿加工

插齿加工精度、表面质量高，一般为 IT8～IT7 级，齿面表面粗糙度 Ra 值可达 1.6 μm，特别适合加工其他齿轮加工机床难以加工的内齿轮和多联齿轮等。

2）滚齿加工

滚齿加工指用滚齿刀在滚齿机上利用一对螺旋圆柱齿轮的啮合原理加工齿形的方法。滚齿加工可加工直齿外圆柱齿轮、斜齿外圆柱齿轮、蜗轮、链轮等。滚齿加工如图 7-5-5 所示。

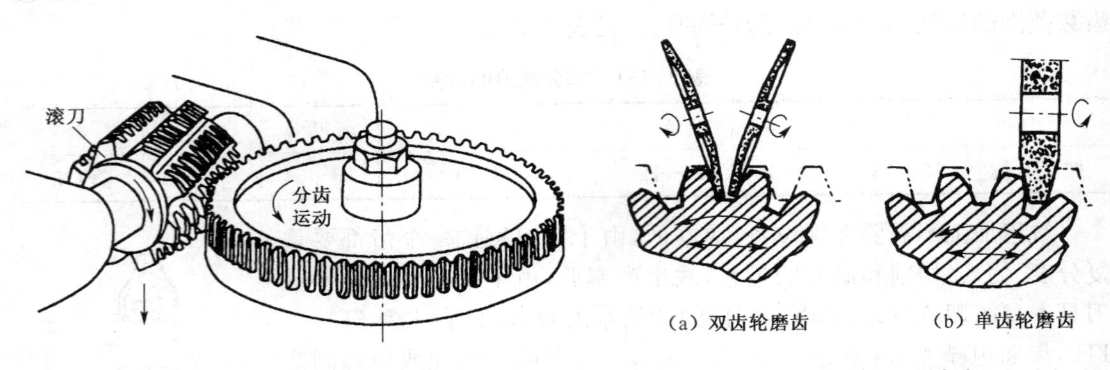

（a）双齿轮磨齿　　（b）单齿轮磨齿

图 7-5-5　滚齿加工　　图 7-5-6　展成法磨齿

3）展成法磨齿加工

展成法磨齿加工根据所用的砂轮和机床的不同，可分为双砂轮磨齿和单砂轮磨齿，如图 7-5-6 所示。

复习思考题

1. 铣削适合加工哪些表面?
2. 铣削平面时有几种铣削方式?
3. 铣削时主运动是什么? 进给运动是什么?
4. 常用的铣刀有哪些类型? 各包括哪些典型的刀具?
5. 在轴上加工封闭键槽,常选用何种铣床和铣刀?
6. 磨削加工有哪些特点?
7. 齿轮的加工方法一般有几种? 试简述其各自加工的特点。
8. 砂轮的结构三要素是什么?
9. 磨削平面的方法有哪些?

8 钳工技术及项目实训

钳工是以手工操作为主，使用工具来完成零件的加工、机械产品的装配、调试及机械设备、零部件的修理等。

钳工常用的设备主要有钳工工作台、台虎钳、钻床等。其基本操作有划线、锯削、锉削、錾削、刮削、研磨、钻孔、扩孔、铰孔、锪孔、套螺纹和攻螺纹等，还包括机械产品的装配、调试、修理以及零件的矫正、弯曲、铆接和简单的热处理等操作。

钳工操作使用的工具设备和工具简单，加工方法灵活多变，能完成机械加工不方便或难以完成的工作，因此，钳工在机械制造中起着十分重要的作用，但由于其大部分是手工操作，劳动强度大，生产率低，对工人操作技术水平要求较高，随着机械工业的发展，钳工操作的机械化程度将不断提高，以减轻劳动强度和提高生产率。

8.1 钳工项目实训

8.1.1 实训目的和要求

(1) 了解钳工在机械制造和维修中的作用、特点及应用。

(2) 掌握钳工基本操作方法(划线、锯削、锉削、钻孔、錾削、攻丝和套扣等)并能熟练使用各种常用的工具及量具。

(3) 了解刮削、扩孔、铰孔和锪孔的加工方法和应用。

(4) 了解机械装配的基本知识，掌握简单零部件的拆、装方法。

(5) 熟悉钳工安全操作规程并能按照实训图纸要求完成零件加工项目。

8.1.2 实训安全守则

(1) 实训时必须穿好工作服，戴好工作帽，长发必须压入工作帽内，严禁戴手套操作机床，夏天不得穿凉鞋进入车间。

(2) 操作时要时刻注意安全，严格遵守钳工安全操作规程，不准擅自使用不熟悉的机器和工具，以免发生安全事故。

(3) 清理铁屑时要使用刷子，严禁直接用手或用嘴吹清除铁屑，以免割伤手指或铁屑溅入眼睛。

(4) 使用的各种工具安放要得当，不要伸出钳工工作台面，以免振动、碰掉后跌坏或砸

钻削通孔时，工件下面应放垫铁或把钻头对准工作台的空槽，快钻通时，进给量减小，若原来为自动进给则应改为手动进给，这样，可以避免钻头在钻穿的瞬间产生抖动而出现“啃刀”现象。

钻削盲孔时，要时刻注意钻孔深度。控制钻孔深度可采用调整钻床上的深度标尺挡块或安置控制长度的量具，也可以采取在钻头上划线作记号等方法。

钻削深孔时，钻头必须经常退出排屑和冷却，否则，易造成切屑堵塞或使钻头切削部分过热而磨损、折断。

钻削孔径大于 30 mm 孔时，应分两次钻削，第一次用 (0.5～0.7)D 的钻头先钻，然后再用所需直径 D 的钻头将孔扩大。钻削时为降低切削温度，提高钻头耐用度及降低孔的表面粗糙度，要使用冷却润滑液。

图 8-2-35 钻偏时的纠正

(5) 钻孔注意事项

① 钻孔时，身体不要贴近主轴，不得戴手套。

② 切屑要用毛刷清理，不得用嘴吹或用手抹。

③ 工件必须放平、夹牢。

④ 更换钻头时要停车，松、紧夹头时要用紧固扳手，不得用锤敲击。

4) 扩孔

扩孔是在工件上已经存在预制孔（钻孔、铸孔、锻孔或冲压孔）的基础上，进一步切除余量，用扩孔钻扩大孔径的切削加工方法，如图 8-2-36 所示。与麻花钻相比，扩孔钻的刀齿数较多（一般 3～4 齿）工作导向性好，故对于孔的形状误差有一定的校正能力。同时，由于扩孔钻钻心比较大、容屑槽较浅，且无横刃，因此，刀具整体刚性较好，切削平稳。扩孔的加工精度一般为 IT10～IT9，表面粗糙度 Ra 值为 6.3～3.2 μm。

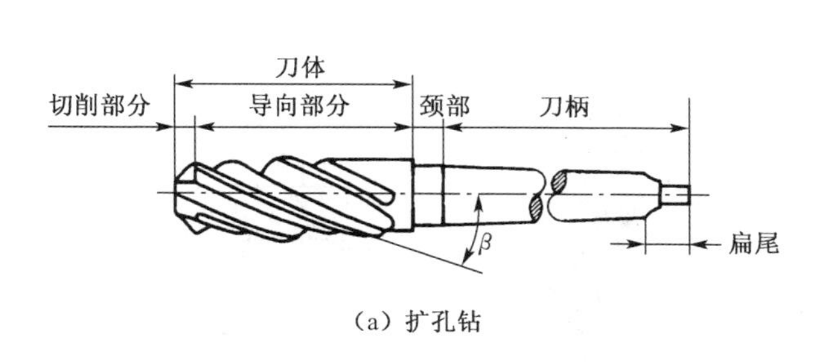

(a) 扩孔钻

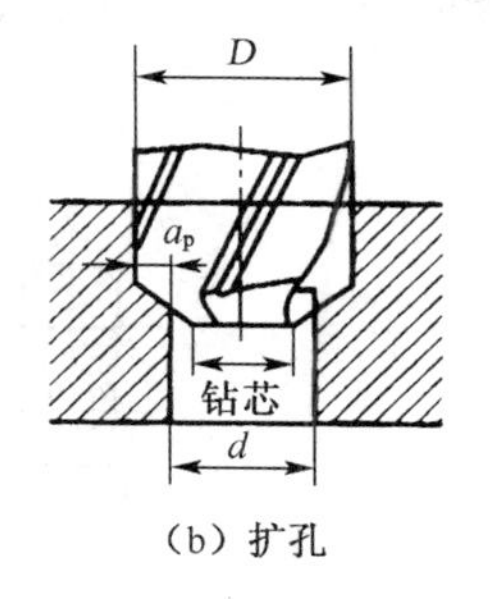

(b) 扩孔

图 8-2-36 扩孔钻及扩孔

扩孔可以作为要求不高的孔的最终加工，也可作为孔的半精加工方法。扩孔余量一般为 0.5～4 mm，扩孔时的切削用量选择可查阅相关手册。

5) 铰孔

铰孔是用铰刀对孔进行精加工的切削加工方法，一般铰孔加工精度为 IT8～IT6，表面粗糙度 Ra 值为 1.6～0.4 μm，且加工余量很小，一般粗铰余量为 0.10～0.35 mm，精铰余量为 0.04～0.06 mm。

铰刀是定尺寸刀具，其直径大小取决于被加工孔所要求的孔径。铰刀分为手用铰刀和机用铰刀两种，如图 8-2-37 所示，铰刀一般有 6～12 个刀齿，其工作部分由切削部分和修光部分组成，切削部分呈锥形，担负着切削工作，修光部分除起修光作用外，还起导向作用。

铰孔时，一般采用较低的切削速度，较大的进给量，并要使用切削液，铰削用量的选择可查阅相关手册。

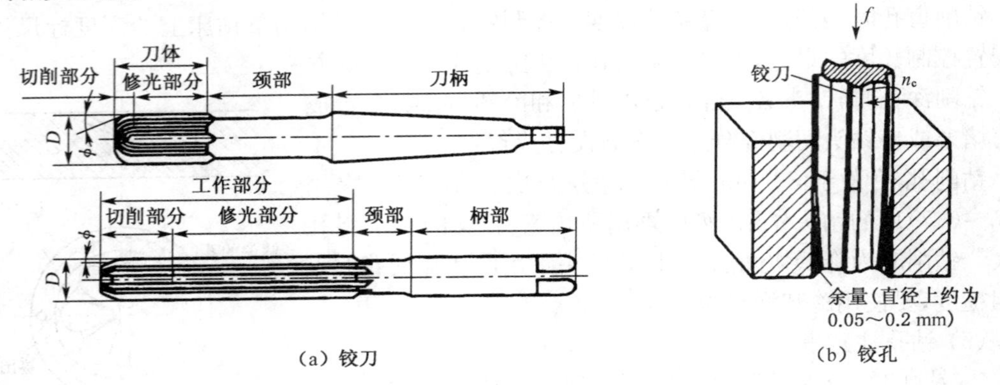

(a) 铰刀　　(b) 铰孔

图 8-2-37　铰刀和铰孔

6) 锪孔与锪平面

在孔口表面用锪钻加工出一定形状的孔或凸台平面，称为锪削，锪削分锪孔和锪平面，如图 8-2-38 所示。

(1) 锪圆柱形埋头孔

圆柱形埋头孔用带导柱的平底锪钻加工，锪钻的端刃起主要切削作用，周刃作为副刃起修光作用，导柱与原有孔配合起定心作用，保证了埋头孔与原有孔同轴度要求。见图 8-2-38a。

(2) 锪锥形埋头孔

锥形埋头孔用外锥面锪钻加工，锥面锪钻有 60°、90°、120°等几种形式，其中 90°锥面锪钻应用最广(见图 8-2-38b)。

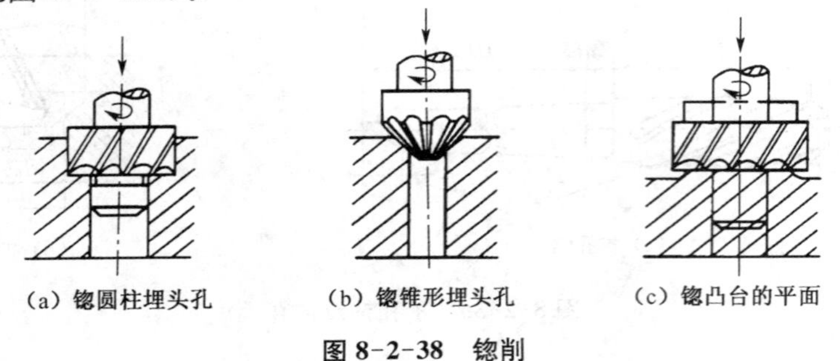

(a) 锪圆柱埋头孔　　(b) 锪锥形埋头孔　　(c) 锪凸台的平面

图 8-2-38　锪削

(3) 锪平面

锪孔端平面时采用带导柱的平底锪钻，可以保证锪出的平面与孔轴线垂直(见图 8-2-38c)，锪不带孔的平面或凸台时，可使用端面锪钻加工。

8.2.5　螺纹加工

钳工通常采用攻螺纹和套螺纹的方法加工螺纹，攻螺纹是用丝锥在孔壁上加工内螺纹的操作，套螺纹(又称套扣)是用板牙在圆杆上加工外螺纹的操作。

1) 攻螺纹

(1) 普通螺纹丝锥

普通螺纹丝锥分手用和机用两种，两种丝锥基本尺寸相同，只是制造材料不同，普通螺纹丝锥结构如图 8-2-39 所示。手用丝锥用碳素工具钢 T12A 或合金工具钢 9CrSi 制成，不同规格的手用丝锥一般由 2～3 支组成一套，分别称为头锥、二锥及三锥，三支丝锥的外径、中径和内径均相等，只是切削部分的长短和锥角不同，攻螺纹时依次使用；机用丝锥一般由高速钢制成，可以在普通钻床、普通车床及专用攻丝机等机床上攻螺纹。这里只介绍手动攻螺纹的方法。

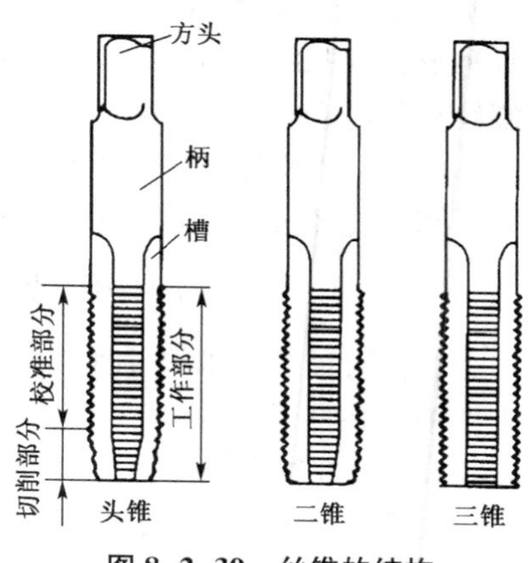

图 8-2-39 丝锥的结构

(2) 螺纹底孔直径的确定

攻螺纹前的底孔直径应大于螺纹的小径，因为丝锥在切削金属的同时伴随着严重的挤压作用，使螺纹牙顶端凸起一部分，导致攻螺纹后的螺纹小径小于原底孔直径。螺纹底孔直径的大小可查相关手册或以下面的经验公式计算：

对于脆性材料(如铸铁等)：$d_0 = D - 1.1P$

对于塑性材料(如钢材等)：$d_0 = D - P$

式中：d_0——钻头直径，单位为mm；

D——螺纹大径，单位为mm；

P——螺距，单位为mm；

(3) 攻螺纹操作要点

手用丝锥需用铰杠夹持进行攻螺纹操作，如图 8-2-40 所示，攻丝时，先将头锥垂直地放入已倒角的工件孔内(见图 8-2-40a)然后用铰杠轻压旋入 1～2 圈，用目测或直角尺在两个互相垂直的方向上检查，若丝锥方位不正，应及时纠正，使其与端面垂直(见图 8-2-40b)。当丝锥切削部分全部切入后，即可用双手平稳地转动铰杠而不需再施加压力，铰杠每顺转 1～2 转后，再轻轻倒转 1/4 转，以使切屑断落(见图 8-2-40c)，攻通孔螺纹时，可用头锥一次完成，攻盲孔螺纹时，头锥攻完后，继续攻二锥，甚至三锥，才能使螺纹攻到所需深度，攻二锥、三锥时，将丝锥放入孔内后，用手旋入几周后，再用铰杠转动，不需加压。

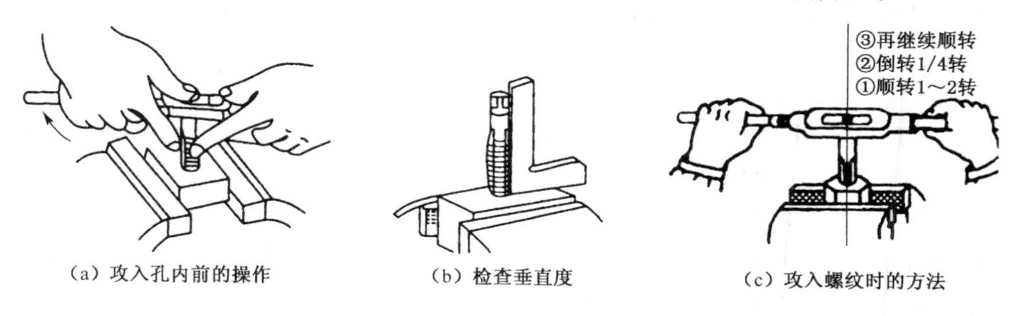

(a) 攻入孔内前的操作　(b) 检查垂直度　(c) 攻入螺纹时的方法

图 8-2-40 手工攻螺纹的方法

2）套螺纹

（1）板牙

板牙是加工和校准外螺纹用的标准螺纹刀具，可用于直接套精度要求不高的外螺纹，校正不合格的螺纹，修正在外螺纹上铣槽、钻孔时形成的毛刺，板牙根据外形结构不同，可分为六种形式，图 8-2-41a 所示为固定式圆板牙；图 8-2-41b 为可调式圆板牙，可调式圆板牙的螺纹直径可在 0.1～0.25 mm 范围内调整。

（2）套螺纹前圆杆直径的确定

圆杆直径可查阅相关手册或由下式计算

$$d_0(\text{圆杆直径}) = D(\text{螺纹大径}) - 0.13P(\text{螺距})$$

圆杆直径按要求尺寸加工好以后，应将圆柱端部倒成小于 60°的倒角，以利于板牙对准工件中心并易于切入。

（3）套螺纹操作要点

套螺纹时，板牙需用板牙架夹持并用螺钉紧固，如图 8-2-41c 所示，工件伸出钳口的长度，在不影响螺纹长度的前提下，应尽量短一些，套螺纹的操作与攻螺纹相似，不再详叙。

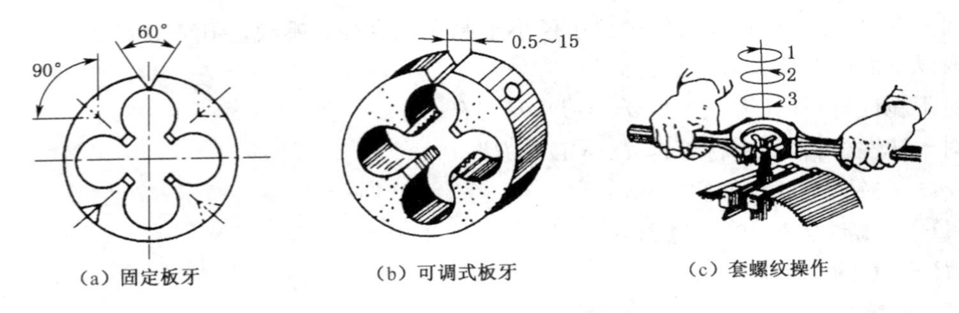

图 8-2-41　板牙及套螺纹操作

8.2.6　刮削

用刮刀在工件已加工表面上刮去一层很薄的金属的操作称为刮削，刮削是钳工中的一种精密加工方法，刮削后的表面具有良好的平面度，表面粗糙度 Ra 值达 1.6 μm 以下，一般零件上滑动的配合表面如机床导轨、滑动轴承、轴瓦等常需经过刮削来达到其配合精度和配合质量的要求，提高使用寿命。刮削劳动强度大、生产率低，一般在机器、设备维修中应用较广。

1）刮刀及其使用方法

刮刀一般多用 T10A～T12A 或轴承钢锻制而成，平面刮刀如图 8-2-42 所示，其端部需在砂轮上磨出刃口，并用油石磨光。

图 8-2-43 所示为刮刀的一种握法，刮削时，右手握刀柄，推动刮刀前进，左手在接近刀体端部的位置上施压并引导刮刀沿刮削方向移动，刮刀与工件应保持 25°～30°夹角，刮削时用力要均匀，刮刀要拿稳，以免刮伤工件。

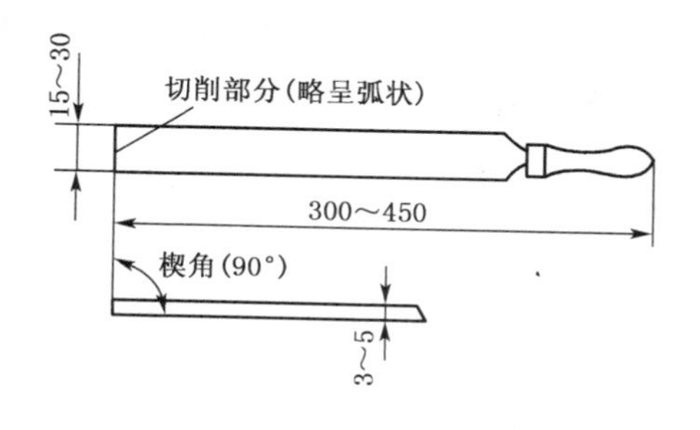

图 8-2-42 平面刮刀

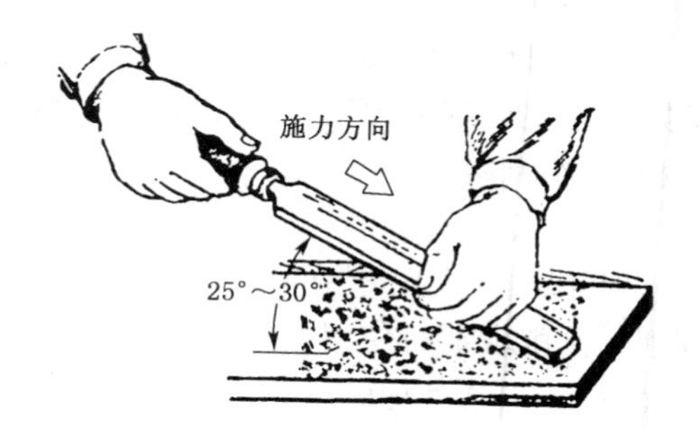

图 8-2-43 刮刀握法

2）刮削精度检验

刮削表面的精度通常是用研点法来检验的，研点法如图 8-2-44 所示，将工件表面擦净，均匀涂上一层很薄的红丹油，然后与校准工具(如标准平板等)相配研。工件表面上的凸起点经配研后，被磨去红丹油而显出亮点(即贴合点)，刮削表面的精度是以 25×25 mm^2 的面积内，贴合点的数量与分布疏密程度来表示。普通机床导轨面为 8～10 点，精密机床导轨为 12～15 点。

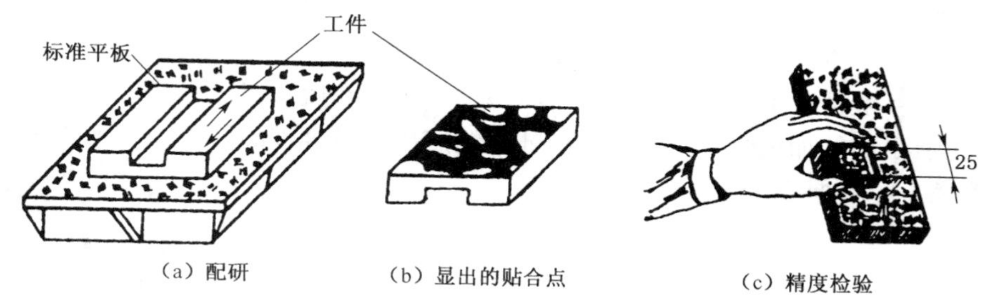

图 8-2-44 研点法

3）平面刮削

根据加工精度要求，平面刮削一般可分为粗刮和细刮。

(1) 粗刮　当工件表面有较深的加工刀痕，锈斑或刮削余量较大(0.05 mm 以上)时应先进行粗刮。粗刮时由于行程较长，刮去的金属较多，因此宜使用长刮刀并施以较大的压力。刮刀痕迹要连成片，不可重复。粗刮时，刮刀运动方向与工件上残留的刀痕方向约成 45°角，多次刮削时其方向要交叉，如图 8-2-45 所示，直至刀痕全部消除，粗刮的贴合点达 4～5 点时可转入细刮。

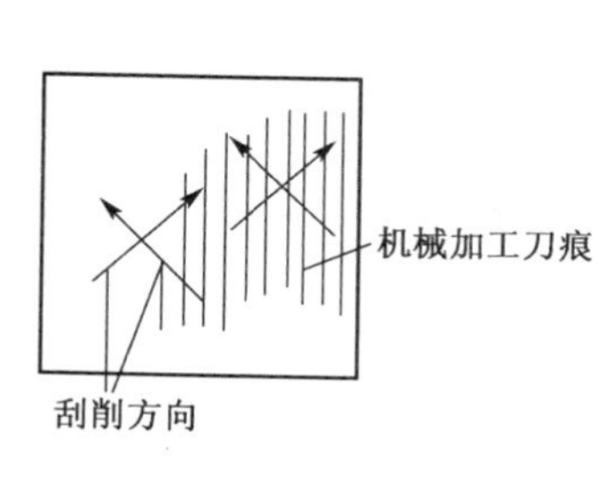

图 8-2-45 粗刮方向

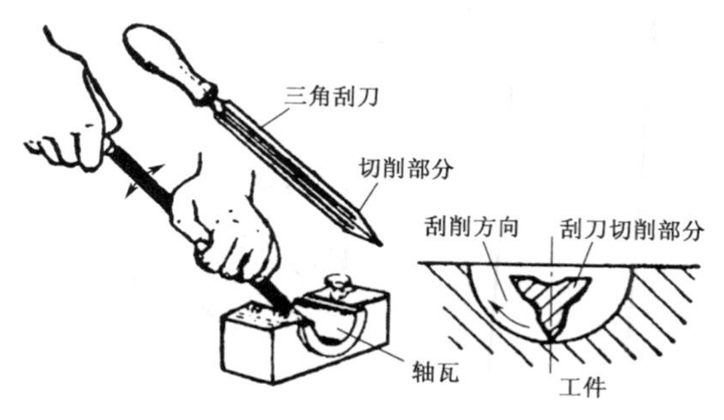

图 8-2-46 用三角刮刀刮削轴瓦

(2) 细刮　细刮时选用较短的刮刀，施加较小的压力并进行短行程刮削，它是将粗刮后的贴合点逐个刮去，经反复多次，使贴合点逐渐增加，当贴合点达 12～15 个时($25\times25\ mm^2$ 面积内)细刮结束。

4) 曲面刮削

对于某些要求较高的滑动轴承的轴瓦、衬套等，为了达到良好的配合精度，也需要进行刮削。刮削轴瓦时使用三角刮刀，按图 8-2-46 所示方法进行刮削，其研点方法是在轴上涂色，然后再与轴瓦配研。

8.2.7 钳工综合工艺

1) 钳工工艺分析

无论进行何种零件的钳工加工，首先必须仔细研究零件图纸，以充分了解零件的结构和技术要求，然后根据零件的结构特点、技术要求以及现有的生产条件和生产类型，综合考虑各种因素对加工质量、加工的可行性及经济性的影响，最后确定合理的加工工艺方案。例如，在选择加工方法时，要考虑零件的材料、结构、尺寸和形状、位置精度以及生产类型、生产条件等因素对加工方法的影响，另外，在安排加工工序时，还要考虑相邻工序之间的关系及相互影响等。一般情况下，粗加工工序在前，精加工工序在后，而且在前道工序加工中，要给后道工序留有足够的加工余量，只有这样，才能制定出比较合理的钳工加工工艺。

2) 手锤头加工工艺

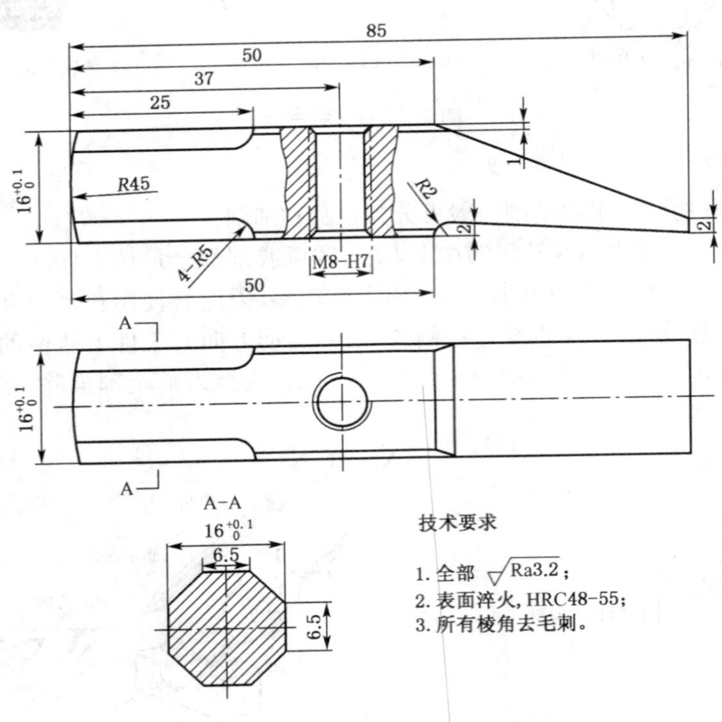

图 8-2-47　手锤头零件图

手锤头是学生在钳工实习过程中加工的主要零件，如图 8-2-47 所示。根据手锤头的结构特点及毛坯的形状、加工余量等，结合具体的钳工基本技能训练状况，确定其加工工艺路线为：锉削→划线→锯削→锉削→钻孔→锪孔→攻螺纹→修光表面。其具体加工工艺过程如下：

（1）锉削：按图中顺序依次锉平六个面

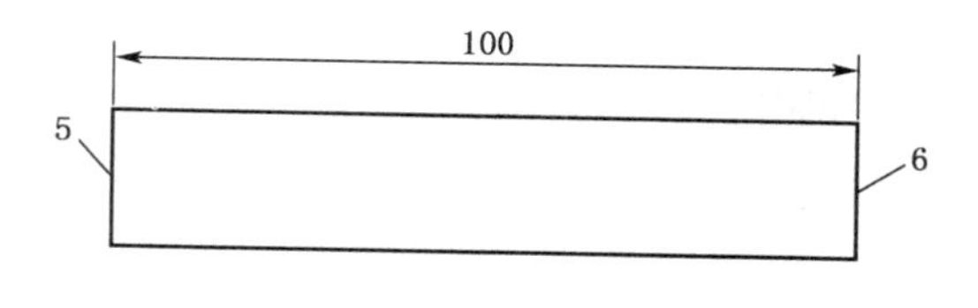

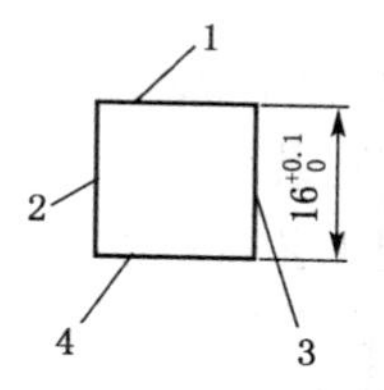

（2）划线：按图中尺寸划线、打样冲眼

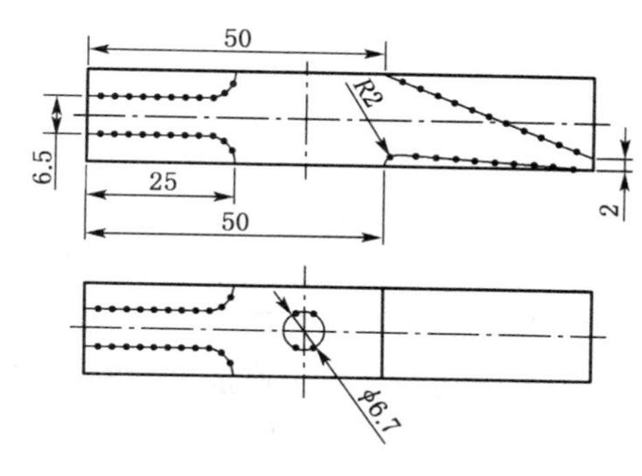

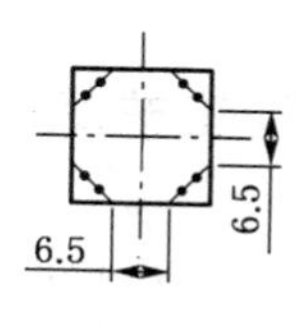

（3）锯削：按划线位置锯削斜面 1 并锉平，锉 R2 圆弧和斜面 2

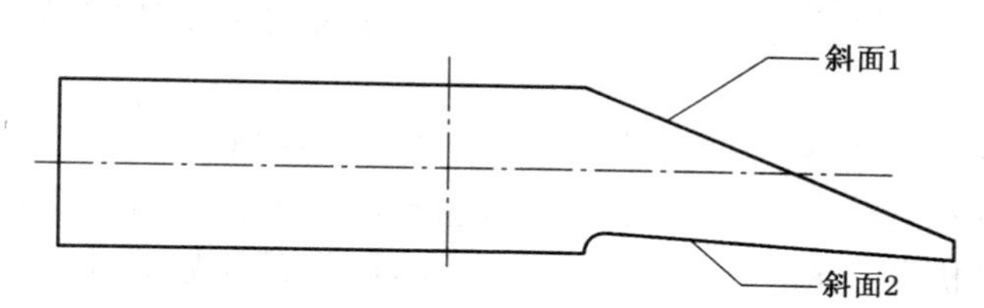

（4）锉削：按划线位置锉出尾部倒角和圆弧

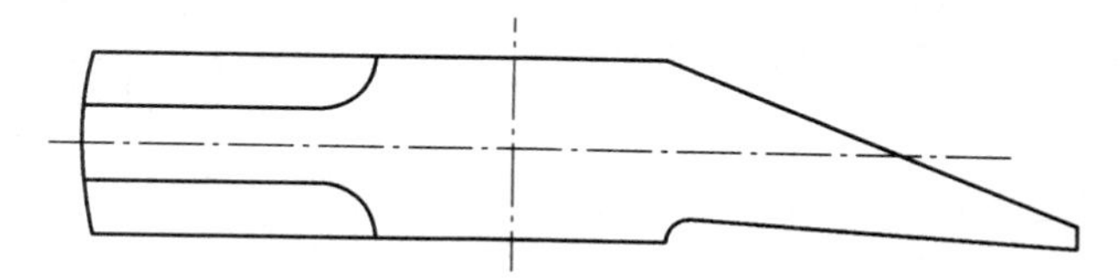

（5）钻孔、倒角、攻螺纹：钻 ϕ6.7 孔、倒角 1×45°、攻 M8 螺纹

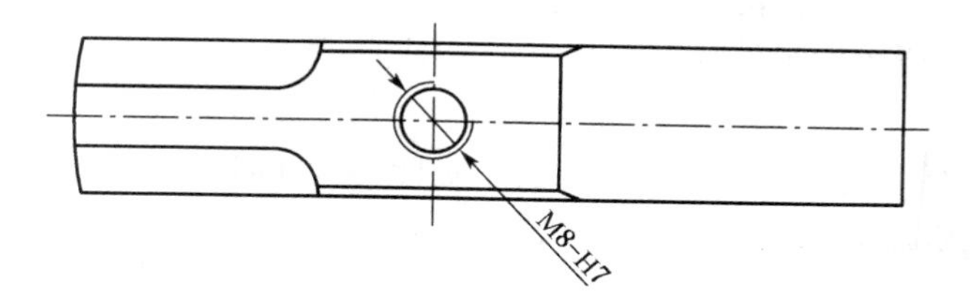

（6）抛光

8.3 装配

任何一台机器都是由若干零件、部件装配完成的。装配是机器制造过程中的最后一个主要生产环节,装配是指将构成机器的所有零、部件,根据产品装配图或装配工艺系统图的要求,用装配工艺规程所规定的装配方法和装配顺序,先将零件和部件进行配合和连接,使其成为成品或半成品,然后再对其进行调整、检测及检验等过程,以达到产品验收技术标准的要求而成为合格产品的全过程。机器的质量最终是通过装配保证的,装配质量在很大程度上决定机器的最终质量。

8.3.1 装配工艺基础

为了保证装配质量、提高装配生产率、缩短装配周期,减轻工人劳动强度及降低生产成本等,必须用装配工艺规程来指导装配生产,因为装配质量除了受机器设计水平和零件加工质量影响外,装配过程中零件的装配顺序、装配方法及所使用的工具、夹具、设备等不仅对装配质量有重大影响,而且对装配生产率、工人劳动强度及生产成本等都有很大影响,因此,必须通过装配工艺规程来合理地划分装配单元,确定装配方法,拟定装配顺序,划分装配工序,计算装配时间定额,确定各工序装配技术要求、质量检验方法和检验工具,确定装配时零、部件的输送方法及所需要的设备和工具,选择和设计装配过程中所需的工具、夹具和专用设备等。

1)划分装配单元、确定装配顺序并绘制装配工艺系统图

任何机器都是由零件、套件、组件和部件等组成的。为提高装配生产率,最大限度地缩短装配周期,通常将机器分成若干独立的装配单元,即将机器划分成能独立装配的零件、套件、组件、部件、产品等五级装配单元。装配时先按套件、组件或部件分别进行装配,然后再进行总装配。无论在哪一级装配中,一般都按先难后易、先内后外、先上后下、预处理在前的顺序进行装配。

装配系统工艺图是指表明机器零、部件间相互装配关系及装配流程的示意图。每一个零件用一个方框表示,在方框内分别标明零件名称、编号及数量,方框不仅可以表示零件,也可以表示套件、组件、部件等装配单元,图 8-3-1 所示为组件的装配系统工艺图。

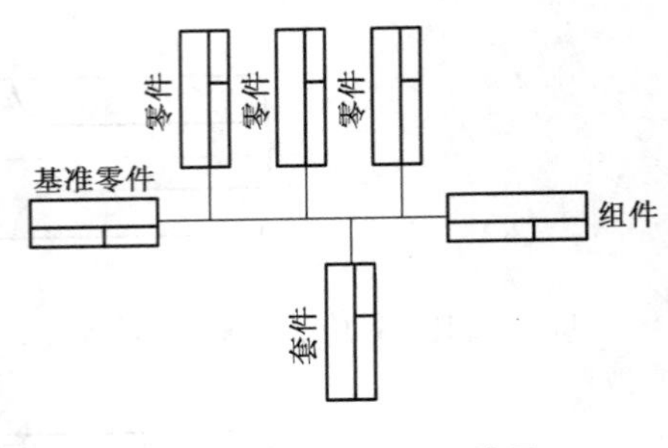

图 8-3-1 组件装配系统图

2)装配精度

机器的质量主要取决于机器结构设计的正确性、零件的加工质量以及机器的装配精度。装配精度不仅影响机器或部件的工作性能,而且还影响它们的使用寿命,零件的精度是影响装配精度的主要因素。

（1）装配精度的内容

通常根据机器的工作性能要求来确定装配精度的内容。装配精度一般包括相互位置精度，相互运动精度和相互配合精度。其中相互位置精度指机器中相关零部件的距离精度和相互位置精度；相互运动精度是指机器中相对运动的零、部件间在运动方向和相对运动速度上的精度；相互配合精度包括配合表面间的配合质量和接触质量。

（2）装配精度与零件精度的关系

机器和部件是由许多零件装配而成的，从各种装配精度中不难看出，机器的装配精度与零件精度是密切相关的，零件的精度、尤其是关键零件的精度直接影响相应的装配精度，也就是说多数装配精度均与和它相关的零件或部件的加工精度有关。

装配时，这些零件的加工误差的累积将会直接影响机器的装配精度，在加工条件允许时，可以合理地规定相关零件的加工精度，使它们的累积误差不超出装配精度的误差范围，从而简化装配过程，这对于大批量生产的装配过程是十分有利的。

由于零件的加工精度受工艺条件及经济性的限制，不能单一地按装配精度来加工零件，因此，常在装配过程中采取一定的工艺措施，即通过对零件进行适当的修配或调整来保证最终的装配精度，这就是采用修配法和调整法进行装配的主要原因。

3）装配尺寸链

在机器的装配关系中，由相关零件的尺寸和相互位置关系所组成的尺寸链，称为装配尺寸链。装配尺寸链的封闭环就是装配所要保证的装配精度或技术要求。装配精度（封闭环）是零、部件装配后才最后形成的尺寸或位置关系。

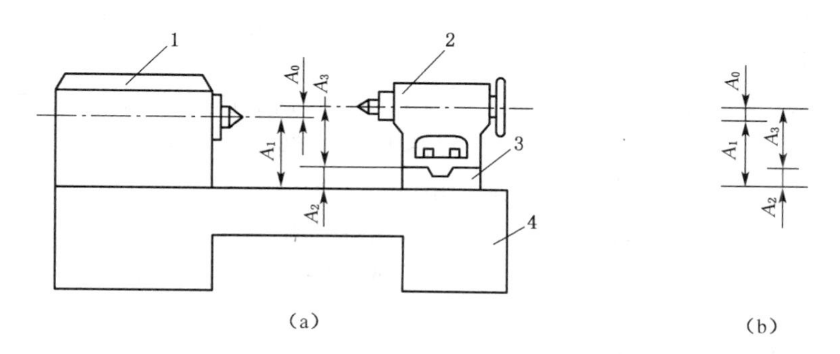

图 8-3-2　卧式车床主轴与尾座套筒中心线装配尺寸关系

在装配关系中，对装配精度有直接影响的零、部件的尺寸和位置关系，都是装配尺寸链的组成环，如图 8-3-2 所示，在卧式车床的主轴与尾座的装配关系中，装配后要求主轴中心孔与尾座套筒中心线对车床导轨等高，二者之间的高度误差 A_0 就是该尺寸链的封闭环，它是由主轴高度 A_1、尾座底板高度 A_2 和尾座套筒中心至其底面的高度 A_3 装配后形成的尺寸，其尺寸方程为：

$$A_0 = A_2 + A_3 - A_1$$

装配尺寸链与工艺尺寸链一样，也分增环和减环。上式中，A_2 或 A_3 增大时，A_0（封闭环）随之增大，故 A_2、A_3 为增环，而 A_1 则为减环。

4）装配方法

机器的精度要求最终都是靠装配实现的。用合理的装配方法来达到规定的装配精度，以实现用较低的零件精度,用最少的装配劳动量来达到较高的装配精度。所谓合理的装配方法,就是根据机器的性能要求、结构特点、生产类型和装配的生产条件等,选取不同的装配方法,通过不同的装配方法,来调节零件加工精度与装配精度间的相互关系,从而保证装配精度。装配方法有互换法、选配法、修配法和调整法。

(1) 互换法

互换装配法是在装配过程中,零件互换后仍能达到装配精度要求的方法。根据零件互换程度不同,互换法分为完全互换法和大数互换法(又称部分互换法)。采用互换装配法时,装配精度主要取决于零件的加工精度。装配时不需要经过过任何调整和修配,就可以达到装配精度。互换法的实质就是用控制零件的加工误差来保证机器的装配精度。

(2) 选配法

选配法是将装配尺寸链中组成环的公差放大到经济可行的程度,然后选择合适的零件进行装配,以保证装配精度的要求。选配法有直接选配法、分组选配法和复合选配法三种。选配法适于装配精度较高而组成环数目较少的大批量生产。

(3) 修配法

在成批生产或单件小批生产中,当装配精度要求较高,组成环数目又较多时,常采用修配法来保证装配精度。

修配法是将装配尺寸链中各组成环尺寸按经济加工精度制造。装配时通过改变尺寸链中某一预先确定的组成环尺寸的方法来保证装配精度。即将修配件上预留的修配量用适当的修配方法去除掉,以保证装配精度。修配法的优点是在适当放宽零件加工精度的前提下,能保证较高的装配精度,缺点是装配工作复杂、效率低、不便于流水作用。

(4) 调整法

调整法就是在装配时,用改变产品中可调整零件的相对位置或选用合适的调整件以达到装配精度要求。最常见的调整法有固定调整法,可动调整法和误差抵消调整法。

调整法有很多优点,除了能按经济加工精度加工零件外,而且装配方便,可以获得比较高的装配精度。在机器使用期间,可以通过调整件来补偿由于磨损、热变形而引起的误差,使之恢复原来的精度要求,其缺点是增加了一定的零件数量及要求较高的调整技术。

8.3.2 装配工艺过程

1) 装配前的准备

(1) 研究和熟悉装配图、技术要求和各种工艺文件,分析产品结构、零件的作用及相互间的联接关系。

(2) 按照装配工艺规程确定的装配方法、装配顺序准备所需的工具、夹具及设备等。

(3) 对零件进行清洗和清理工作,去除零件上的油污、锈蚀、切屑、毛刺等,并根据要求进行涂润滑油工作。

(4) 根据装配工艺要求,对某些零件进行修配工作。

(5) 对某些旋转零、部件进行平衡试验,对密封零、部件进行密封性试验等。

2) 装配

按照装配工艺规程划分的装配单元,并以其所规定的装配方法及装配顺序进行装配。

3）调整、检验及试车

机器装配完毕，首先根据装配技术要求，对零件或机构之间的相互位置、配合间隙及结合的松紧等进行适当的调整，然后进行各种装配精度的检验。检查机器各部件连接的可靠性和运动机构的灵活性；检查各种变速和变向机构的操作是否灵活以及相关手柄是否在正常位置等；最后进行试车，并根据产品验收技术标准中的产品出厂验收技术标准、检验内容和方法进行整机性能检测。如检测机器运转的灵活性、平稳性，工作时的噪音情况及温度变化范围，密封性能及整机功率等性能指标。根据试车情况可再次进行必要的调整，使机器达到产品验收技术标准后转入下一工序。

4）喷漆、涂油、包装并入成品库

机器的装配精度及性能指标达到规定的技术要求后，即可进行整机喷漆，同时对裸露的加工表面、运动件的动连接部分涂防锈油，钉上铭牌后可根据需要进行产品包装或直接将产品入成品库。

8.3.3　装配实例

在机械设计时，机器通常被设计成由若干个独立的部件或总成组成的结合体，这样，不但有利于设计人员分工合作，更有利于组织机器的装配及各厂协作。

1）典型联接件的装配

（1）螺纹联接件的装配

螺纹联接是最常用的一种可拆卸的固定联接，其联接方式主要有螺栓联接，双头螺栓联接、螺钉联接、螺钉固定、圆螺母固定等，如图 8-3-3 所示。螺纹联接具有结构简单，联接可靠及拆装调整和更换方便等优点，装配时应注意以下几点：

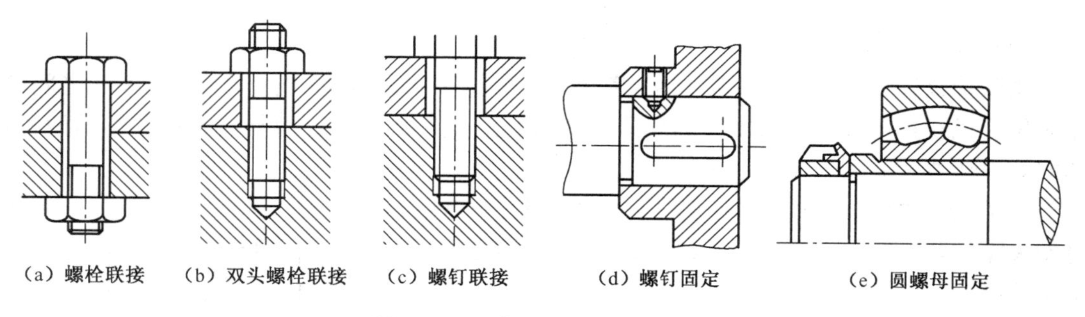

图 8-3-3　常见的螺纹联接类型

① 预紧力　预紧力要适当，对于一般的螺纹联接，可用普通扳手拧紧。对于有规定预紧力要求的螺纹联接，常用测力扳手或其他限力扳手控制预紧力。

② 接触面　螺纹联接的有关零件配合面应接触良好，如螺帽、螺母端面与螺纹轴线垂直，以使受力均匀；零件与螺帽、螺母的配合面应平整光滑，否则螺纹易松动，为提高贴合质量，常使用垫圈。

③ 拧螺母　拧紧螺母（或螺钉）的程度和顺序会影响螺纹联接的装配质量。对称工件应按对称顺序拧紧，有定位销的工件应从定位销处先拧紧，一般应按顺序分两次或三次拧紧，如图 8-3-4 所示。

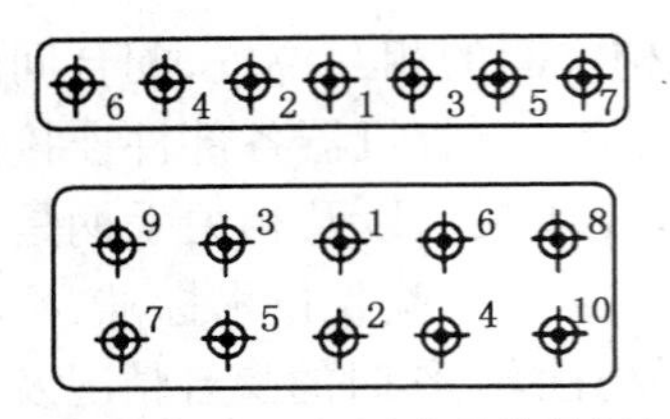

（a）单列或行列式成组螺栓拧紧方法

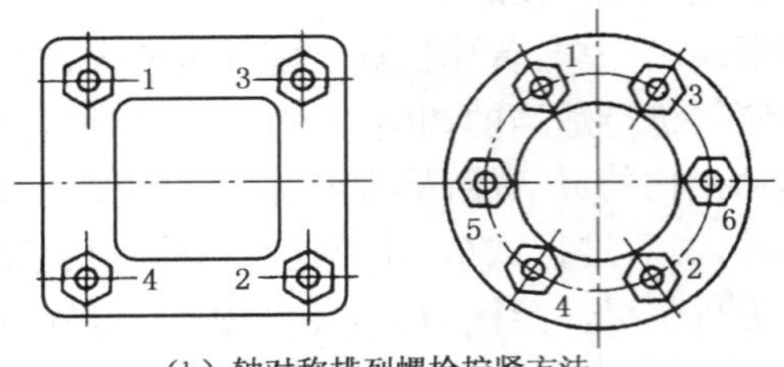

（b）轴对称排列螺栓拧紧方法

图 8-3-4　螺栓拧紧顺序

④ 防松　对于在交变载荷和振动状态下工作的螺纹联接，为防止螺纹联接的松动，应采取必要的防松措施。常用的防松措施如图 8-3-5 所示。

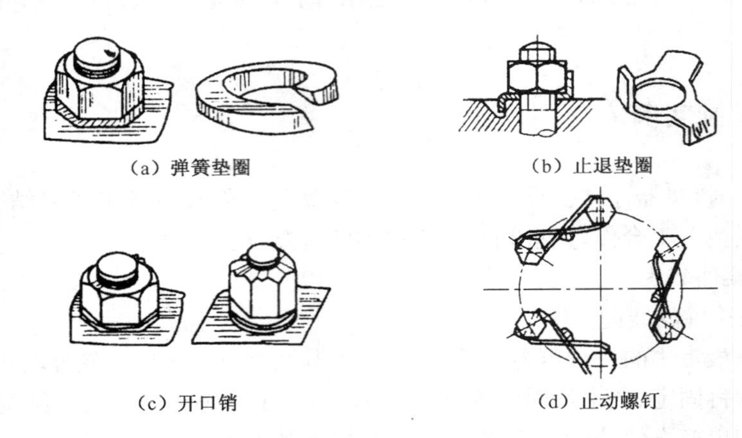

（a）弹簧垫圈　（b）止退垫圈

（c）开口销　（d）止动螺钉

图 8-3-5　各种螺母防松装置

（2）销联接装配

销联接也属于可拆卸的固定联接，销联接主要用来固定两个（或两个以上）零件之间的相对位置或联接零件以传递不大的载荷。常用的销按其结构可分为圆柱销和圆锥销两种，如图 8-3-6 所示。装配时应注意以下几点：

① 配钻和配铰　销联接装配时一般需要配钻和配铰，将相关零件装配后同时钻孔和铰孔，这样可以获得较高的定位精度。

② 圆柱销装配　圆柱销靠其少量的过盈固定在孔中，装配时应在销上先涂油，然后用铜棒轻轻打入，圆柱销不宜多拆卸，否则易降低配合精度。

③ 圆锥销装配　圆锥销装配时，一般边铰孔、边试装，使圆锥销能自由插入锥孔内的长度应占总长度的 80%为宜，然后轻轻打入，圆锥销定位精度高，可多次拆装。

（a）柱销　（b）锥销

图 8-3-6　销联结

（3）键联接装配

键联接是用于传递运动和扭矩的联接，键联接形式有平键联接、楔键联接、导键联接和花键联接等，其中平键和楔键联接是固定联接，而导键和花键联接是活动联接，如图 8-3-7

所示,装配时应注意以下几点:

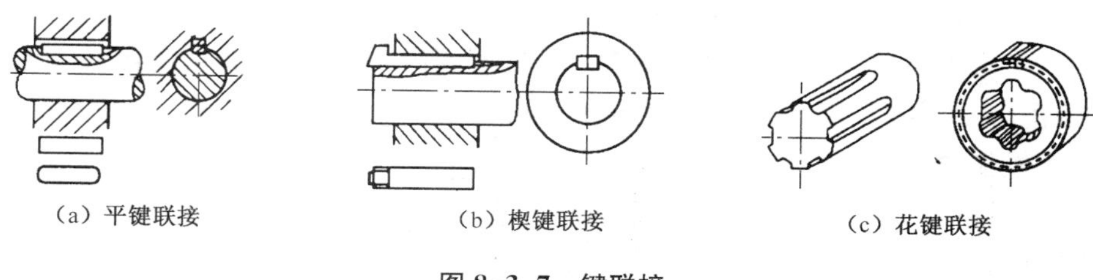

(a) 平键联接　(b) 楔键联接　(c) 花键联接

图 8-3-7　键联接

① 平键装配　键的底面应与轴上键槽底部接触,而键的顶面应与轮毂键槽底部留有一定的间隙,键的两侧应有一定的过盈。装配时,先将轴与孔试配,再将键与轴及轮毂的键槽试配,然后将键轻轻打入轴的键槽内,最后对准轮毂的键槽将带键的轴推入轮毂内。

② 楔键装配　楔键的形状与平键相似,但其顶面有 1/100 的斜度,楔键装配后,键的顶面与底面分别与轮毂键槽及轴上键槽的底面贴紧,其两侧允许有一定的间隙。

③ 花键装配　装配时应仔细清理轴和孔上的毛刺,以免发生拉毛或咬花现象;轮毂套在轴上时,应作涂色法或其他法检查、修正两者间的配合,禁止猛烈锤击,以防轮毂倾斜或损伤花键工作表面。

(4) 轴承装配

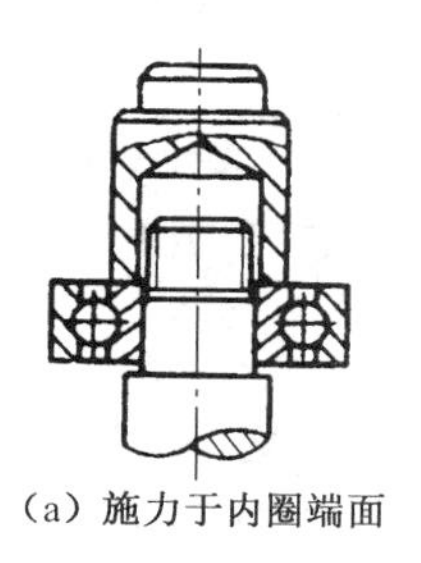

(a) 施力于内圈端面

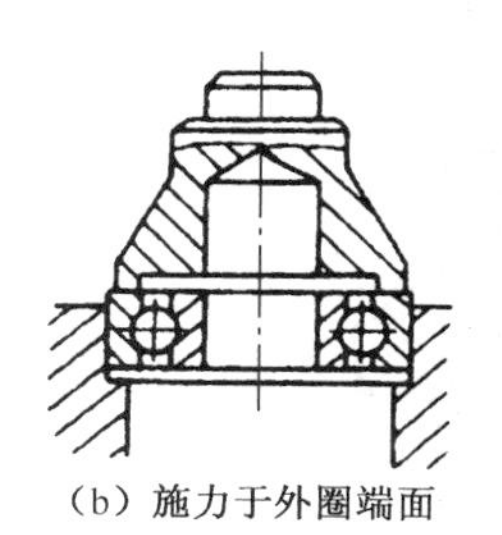

(b) 施力于外圈端面

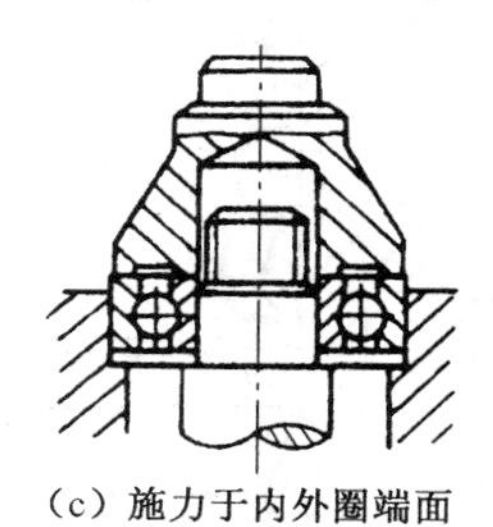

(c) 施力于内外圈端面

图 8-3-8　滚动轴承的装配

轴承分滚动轴承和滑动轴承,其中滚动轴承按其所承受的负载方向和大小可分为向心轴承(如向心球轴承、向心滚子轴承等)和推力轴承(如推力球轴承、推力圆柱滚子轴承等),滑动轴承有多种分类方式,按其外形结构可分为整体式和对开式轴承等。轴承属于较复杂的零件,对装配要求较高,这里仅介绍向心球轴承的装配。

向心球轴承的配合多数为较小的过盈配合,常用手锤或压力机压装。为了使轴承圈受力均匀,常用垫套加压,如图 8-3-8 所示。将轴承压到轴上时应施力于轴承内圈端面(见图 8-3-8a);将轴承压入座孔中时应施力于轴承外圈端面(见图 8-3-8b);若将轴承同时压到轴颈和座孔内,则内、外圈端面应同时受压(见图 8-3-8c)。如果轴承与轴的装配是较大的过盈配合时,应将轴承加热装配,即将轴承吊在 80～90℃的热油中加热,然后趁热装入。

(5) 齿轮装配

齿轮装配主要是保证齿轮传递运动的准确性、平稳性,轮齿表面接触斑点和齿侧间隙等技术要求。其中轮齿表面接触斑点可用涂色法检验,齿侧间隙一般可用塞尺插入齿侧间隙内进行检验。

2）减速箱总成装配

很多机器的传动都是利用减速箱总成来获得所需要的传动比。在实际生产中，减速箱一般都作为配套件由协作厂家提供。减速箱是典型的齿轮传动机构，它包含了齿轮传动、键联接、轴承配合及螺纹联接等，通过减速箱的装配，可以帮助学生进一步了解装配工艺知识和掌握装配操作要领。

若将减速箱作为机器结构中的一个部件，那么它的几根传动轴及其上面的配合件将作为几个不同的轴系组件可进行独立装配，然后再将几个轴系组件装配在减速箱壳体上，完成减速箱部件的装配。这里仅介绍减速箱锥齿轮轴组件的装配。

锥齿轮轴组件的装配结构图如图 8-3-9 所示，其装配工艺过程如下：

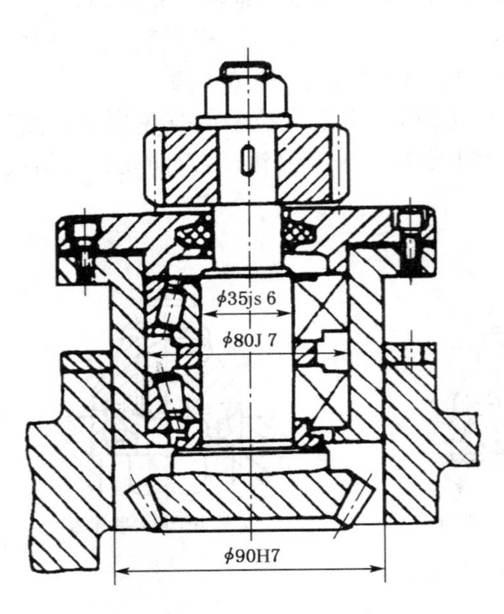

图 8-3-9　锥齿轮轴组件

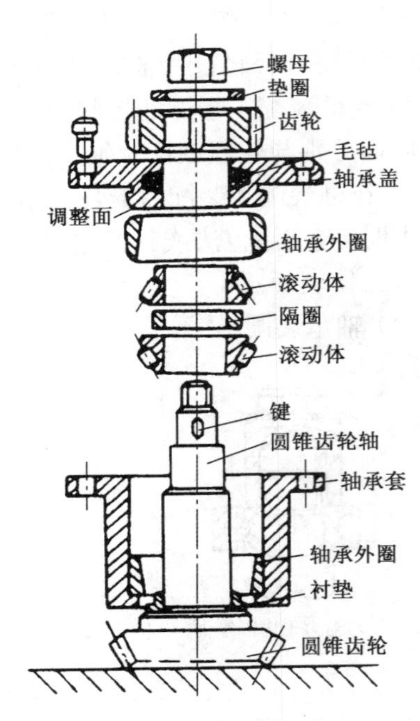

图 8-3-10　锥齿轮轴组件装配顺序

（1）根据锥齿轮轴装配图，将零件编号并对号计件。

（2）对零件进行清洗和清理，以去除油污、灰尘、锈蚀及毛刺等。

（3）根据各零件结构特点及相互间的位置关系，确定装配顺序及基准零件，该装配单元是以锥齿轮轴作为基准零件，其他零件或套件依次装配其上，如图 8-3-10 所示。其装配单元系统图如图 8-3-11 所示，具体装配步骤如下：

① 先装上衬垫。

② 将轴承外圈装入轴承套内，再将轴承套套件装在轴上。

③ 压入滚动体后，放上隔圈，再压入另一滚动体及轴承外圈。

④ 在轴承盖内放入毛毡并套入轴上，然后再用紧固螺钉将轴承盖与轴承套固定。

⑤ 将键配好，轻打、装在轴上键槽内。

⑥ 压装齿轮。

⑦ 放上垫圈，用螺钉锁紧。

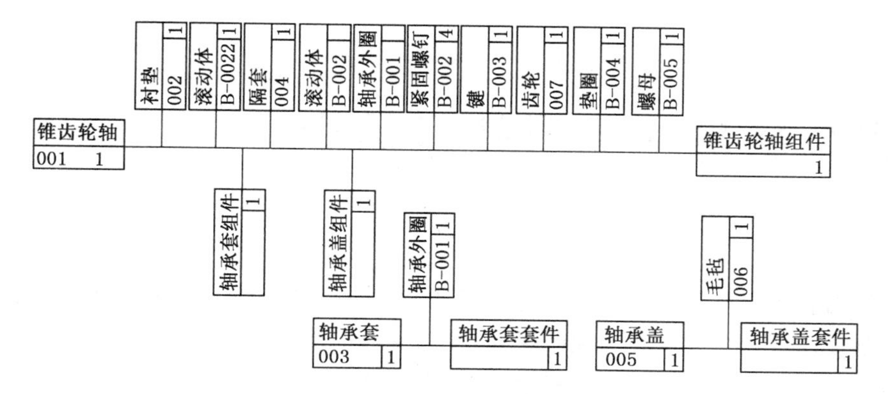

图 8-3-11 锥齿轮轴组件装配系统图

(4) 根据装配单元系统图、装配图检验各零件、套件的装配是否正确,并根据技术要求检验装配质量。

复习思考题

1. 划线有何作用？常用的划线工具有哪些？
2. 划线类型有几种？分别加以说明。
3. 怎样选择锯条？安装锯条时应注意哪些问题？
4. 怎样选择锉刀形状和锉齿的粗细？
5. 试分析比较顺锉法、交叉锉法及推锉法的优缺点及应用场合。
6. 怎样检验平面锉削后的平面度和垂直度？
7. 锉削时如何防止平面产生凸现象？
8. 在钻床上钻孔与在车床上钻孔有何不同？
9. 直径大于 30 mm 的孔如何钻削？为什么？
10. 攻通孔和不通孔螺纹时是否都要用头锥和二锥？为什么？如何区分头锥和二锥？
11. 什么叫装配？试说明装配过程的一般步骤？

9　非金属材料成形技术简介

非金属材料主要包括有机高分子材料、无机非金属材料和复合材料三大类，由于非金属材料具有强度高、密度小、抗腐蚀性能好以及良好的电绝缘性能等优点，在现代制造业中得到了非常广泛的应用，目前，在机械制造工程中应用最多的非金属材料有塑料、橡胶、陶瓷及一些复合材料等。

9.1　塑料成形与加工技术

塑料是以合成树脂为主要成分，加入一定量的填料、增塑剂、稳定剂及其他助剂，在特定的湿度、压力下可塑制成形，在常温下保持其形状稳定的一种有机高分子材料。

由于塑料制品是在特定的温度和压力下，根据塑料的性质和对制品的要求，将塑料原材料用各种不同的成形方法制成一定形状，经过冷却、修饰等而获得的，因此，要想获得具有一定形状及特性的塑料制品，必须选择合适的原材料、工艺及成形方法。

9.1.1　塑料成形方法

常用的成形方法主要有注射成形、挤出成形、吹塑成形、浇铸成形、滚塑成形及发泡成形等。

1）注射成形

（1）注射成形工作原理

注射成形原理如图 9-1-1 所示，将粉状或粒状的塑料原料经注射机料斗装入料筒，并使其在料筒内均匀加热、熔化至流动状态，再由柱塞或螺杆将熔融塑料向前推挤，使其通过料斗前端的喷嘴并快速注入温度较低的闭合的模具型腔内，经过一定时间的冷却固化后脱模，即可获得所需形状的塑料制品。

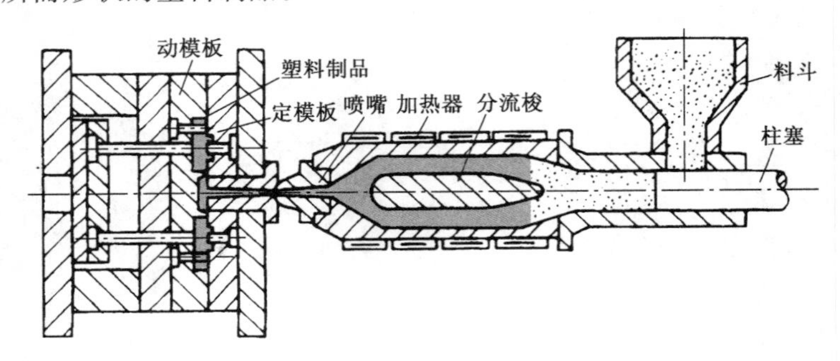

图 9-1-1　塑料的注射成形

(2) 注射成形工艺过程

注射成形工艺过程包括成形前的准备，注射成形过程和制件的后处理三个阶段。

① 成形前的准备　成形前的准备主要包括原料的准备与检验、料筒的清洗、嵌件的预热以及脱模剂的选用等准备工作。

② 注射成形过程　主要包括塑化成形和冷却定形两个基本过程，其主要工艺过程依次为加料、塑化、注射、保压、冷却和启模卸件等。

加料：要求每次加料应尽可能保持定量。

塑化：指使塑料达到成形的熔融状态，要求塑料在进入模腔之前应平稳地达到规定的塑化温度，熔料各点的温度要均匀一致，应使热分解产物的含量尽量少。

注射：指注射机通过柱塞或螺杆的压力使熔融塑料从料筒进入模腔的过程，此过程主要是通过控制注射压力、注射时间和注射速度来实现充模的。当使用螺杆式注射机时，注射压力一般控制在 40～130 MPa 之间。注射时间对成形质量有着决定性的影响，一般控制在 10 s 以内。

保压：指注射结束到柱塞或螺杆后移的时间。它是保证获得完整制品所必需的程序，保压时间一般在 20～120 s 之间。

冷却：指制品在模腔内冷却的时间。为使制品具有一定的强度，冷却时间一般在 20～120 s 之间。

启模卸件：指开启模具并取出制品。

(3) 注射设备

注射成形使用的设备为注射机，图 9-1-2 所示为普通注射机。注射机主要由注射装置、锁模装置、液压传动机构及电气控制机构等四部分组成。

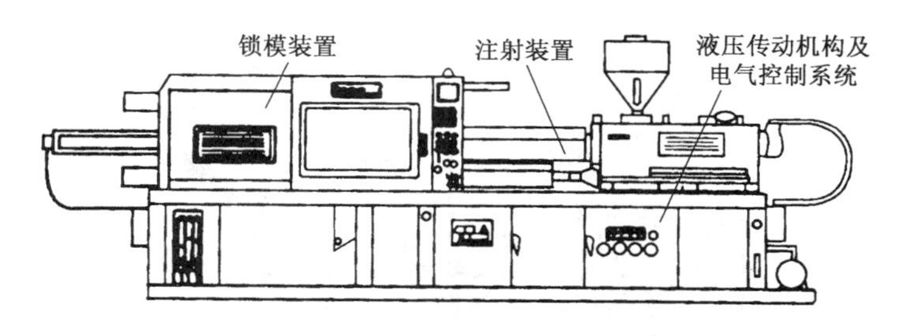

图 9-1-2　普通注射机

① 注射装置　注射装置是注射机的主要部分，由加料装置、料筒、螺杆和喷嘴等部件组成。

② 锁模装置　锁模装置在注射成形中起着重要作用。它应保证模具有可靠的合模力和实现闭模顶出等工作，合模力的大小应小于注射压力、大于或等于模腔内的压力，这样才不至于在注射时引起模具离缝而产生溢边现象。

③ 液压传动和电气控制系统　液压传动和电气控制系统的主要作用是保证注射成形机按工艺过程预定的要求(注射压力、注射时间、注射速度、保压及冷却时间等)和动作程序准确无误地进行工作。液压传动系统主要由液压元件、回路及其他附属装置等组成。电气控制系统主要由各种仪表、微机控制系统等组成，液压传动和电气控制系统为注射机提供动力和实现控制。

(4) 注射成形特点

注射成形是塑料的一种重要成形方法,其成形工艺比较先进,具有生产周期短、效率高、易于实现自动化等优点。用于注射成形的塑料品种很多,几乎所有的热塑性和热固性塑料都能用于注射成形。

2) 挤出成形

挤出成形是将粉状或粒状的塑料加入挤压机的料筒中,经加热使其成黏稠状并在旋转螺杆的作用下连续通过具有一定形状的口模,冷却后制成等截面的制品的成形方法,如图 9-1-3 所示。

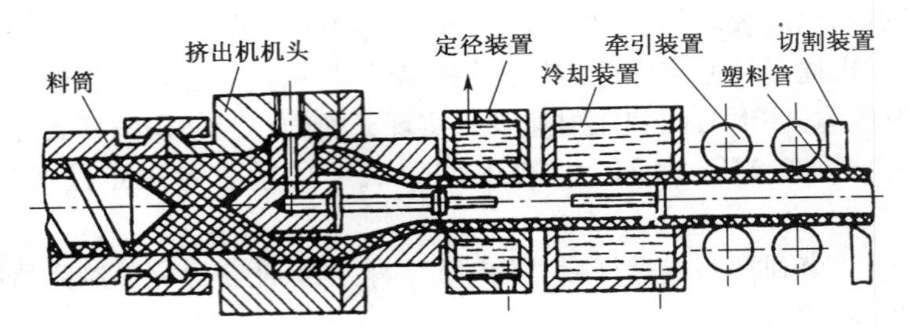

图 9-1-3 塑料的挤出成形

挤出成形是应用最广、适应性最强的成形方法,配合不同形状和结构的口模,可生产塑料管、棒、板、丝及各种异型断面的型材,还可生产电线和电缆绝缘套等中空制品。

3) 压制成形

压制成形按其成形工艺特点分模压成形和层压成形两种。

(1) 模压成形

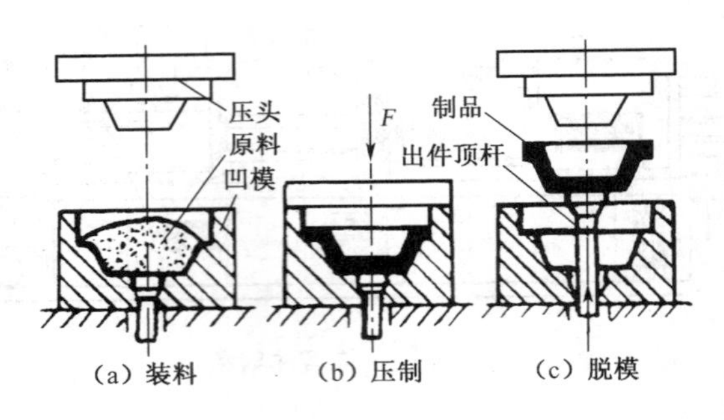

图 9-1-4 塑料的模压成形

模压成形是将粉状、粒状、碎屑状的塑料放入加热的模腔中进行加热、加压,使塑料流动并充满整个模腔,冷却固化后获得塑料制品的成形方法,其成形过程如图 9-1-4 所示。

(2) 层压成形

层压成形是用层叠的涂有热固性树脂的片状底材(纸、布、石棉等)或塑料干燥后,裁剪成适当的尺寸后放入模具中,经加热、加压制成制品的成形方法,如图 9-1-5 所示

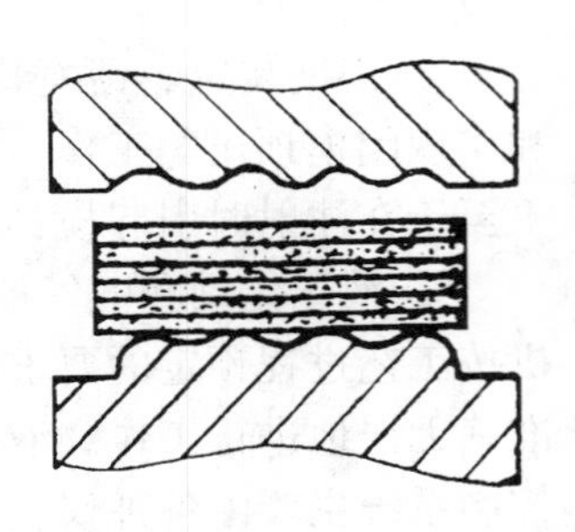

图 9-1-5 塑料的层压成形

压制成形的主要工艺参数是加热温度、压力和压制时间。

适当的加热温度不但可使塑料软化、熔融而具有流动性,而且可使塑料交联而硬化,成为不溶、不熔的塑料制品。控制好施加的压力可提高塑料流动性以充满型腔,同时也可排出水蒸气和挥发物,使制品内无气泡。适宜的压制时间可保证塑料在模具中反应充分。

压制成形是热固性塑料常用的成形方法,也可用于流动性极差的热塑性塑料(如聚四氟乙烯)的成形,如电器开关、插头、插座、汽车方向盘等都是由压制成形的。

4)浇铸成形

浇铸成形是将浇铸原料(树脂或单体)加热至液态后浇入模具型腔中,冷却固化后脱模而得到所需塑料制品的方法,浇铸成形类似于金属材料的液态成形(铸造),除静态浇铸外,还有嵌铸、离心浇铸、搪塑及滚塑成形等方法,这里不再介绍。

浇铸成形主要适用于流动性好、收缩小的热塑性塑料或热固性塑料,尤其适于制作体积大、重量大、形状复杂的塑料制品。

9.1.2 塑料的加工

大多数塑料零件成形后可直接装配使用,但有时需要对塑料进行二次加工,塑料的加工包括机械加工,连接及表面处理。

1)塑料的机械加工

对于尺寸精度和表面质量要求较高的塑料零件,在成形后需对其进行进一步机械加工,以保证质量;另外当生产的塑料零件数量不多或生产某些形状比较简单的塑料零件时,可用棒材、管材、板材等塑料型材直接加工制造,以简化生产工序,对于塑料零件上的小孔、深孔及螺纹也用机械加工代替直接成形,以降低生产成本。

塑料的机械加工方法主要有车削、铣削、刨削、镗削、钻削、铰削、锯削、锉削、攻丝、冲孔、滚花等。由于塑料的塑性大、散热性差、耐热温度低,加工时易变形且加工表面粗糙等缺点,因此,塑料的机械加工不同于金属材料的机械加工,应注意对刀具几何角度及切削用量的选择,并采取合适的冷却方式。通常采用前、后角较大的锋利刀具,较小的进给量和较高的切削速度,正确地装夹和支承工件,减少切削力引起的工件变形,通常采用风冷加快散热。

2)塑料的连接

塑料连接的目的是将简单的塑料件与其他塑料件、非塑料件连接固定以构成复杂的组件,塑料连接方式有机械连接、热熔连接、溶剂连接及胶接等。

(1)机械连接

机械连接主要有铆接、螺纹连接以及压配连接等机械手段实现连接和固定的方法。适用于一切塑料制品,尤其适用于金属件与塑料件的连接。

(2)热熔连接

热熔连接也称塑料焊接,是将两个被连接件的接头处局部加热使之熔化,然后加上足够的压力压紧。冷却凝固后两个制品即紧固地连为一体了,此种连接方法只适用于热塑性塑料的连接。

(3)溶剂连接

借助于溶剂(如环乙酮、甲乙酮、甲苯等)的作用将塑料表面溶解、软化,再施加适当的压力使连接面贴紧,待溶剂挥发干净后,将连接面粘接在一起的方法即为溶剂连接。主要适用于同品种热塑性塑料制品的连接。

(4) 胶接

胶接是指用胶粘剂涂在两个被粘接的塑料制品表面形成胶层，靠胶层的作用将制品连接成一体的方法。胶接法既适用于热塑性塑料也适用于热固性塑料，既可用于同种、异种塑料制品的连接，也可用于塑料与金属、陶瓷、玻璃等的连接。

3) 塑料的表面处理

塑料的表面处理指为美化塑料制品或为提高制品表面的耐腐蚀性、耐磨性及防老化等功能而进行的涂装、印刷、镀膜等表面处理过程。

(1) 涂装

涂装指在塑料制品表面涂抹涂料，形成一层薄膜来保护制品表面和使制品美观的装饰技术。涂装可以提高制品表面的耐化学药品和耐溶剂的腐蚀作用，防止制品老化，还可以对制品进行着色等。根据涂料的不同，可以选择喷涂、刷涂和转辊涂覆等涂装工艺。

(2) 镀金属膜

对塑料制品进行表面金属化，既可起装饰作用，又可使制品表面具有某些金属的特性，如导电性、导磁性、反光性等以及提高表面硬度和耐磨性、延缓老化，生产中常用电镀法、化学镀膜、真空镀膜和离子镀膜法等。

(3) 印刷

塑料制品表面可印刷广告、说明资料等。

9.2 橡胶成形与加工技术

橡胶分天然橡胶和合成橡胶两大类，未经硫化处理的天然橡胶和合成橡胶均为生胶。橡胶的成形加工是指以生胶为原料，加入多种配合剂经炼胶机混炼成混炼胶后，再根据需要加入各种骨架材料，混合均匀后放入一定形状的模具中，并在通用或专用设备上经过加热、加压获得所需形状和性能的橡胶制品。

橡胶制品具有弹性高、抗疲劳强度好、耐磨损、减震、隔音、密封性好等特点，广泛用于工业、农业及国防领域中，是减震、密封、绝缘等不可缺少的有机高分子材料。

9.2.1 橡胶成形工艺过程

橡胶成形一般经过生胶塑炼、橡胶混炼、制品成形和硫化处理等工序。

1) 生胶塑炼

生胶不仅弹性很高，而且强度、耐磨性及稳定性较差，易为溶剂所溶解，故不能直接用来制造橡胶制品，必须在生胶中加入各种配合剂(如硫化剂、硫化促进剂、活化剂、软化剂、填充剂、防老化剂和着色剂等)及骨架材料(如合成纤维、天然纤维、石棉纤维、布、金属丝等)，以提高制品的力学性能。由于弹性的生胶很难与各种配合剂充分均匀地混合，更难于成形加工，所以，生胶必须先进行塑炼，其目的使橡胶分子发生裂解从而减小分子质量而增加可塑性。

塑炼通常在滚筒式塑炼机中进行。也可直接向生胶中通入热压缩空气，在热量和氧气作用下，促使生胶分子裂解，以增加可塑性。

2）橡胶混炼

橡胶混炼是指使塑炼后的生胶在炼胶机中与各种配合剂均匀地混合在一起形成混炼胶的过程。混炼胶是各种橡胶制品的原料。

混炼时应按一定的顺序放入配合剂，一般应先放入防老剂、增塑剂、填充剂，最后放入硫化剂和硫化促进剂。混炼时要不断翻动、切割胶层，并控制适宜的温度和时间以保证质量。

3）制品成形

首先将混炼胶成形为具有和制品形状相似的半成品胶料，然后根据模具型腔的形状、尺寸大小对半成品胶料称重，再将定量的半成品胶料置于模具型腔中，使模具在相应的设备（平板硫化机或液压机）中受热、受压或将混炼胶直接注射到模具型腔中，保压一段时间后，橡胶分子经过由线型结构变成网状结构的交联反应而定型，即可获得所需橡胶制品。

4）硫化处理

硫化是橡胶成形加工的重要工序之一，除模压成形方法将制品成形与硫化处理同时进行外，其他橡胶成形方法都需将制品再送入硫化罐内进行加热、加压硫化处理，使橡胶中的生胶与硫化剂发生化学反应，以改变胶料的性能。

9.2.2 橡胶的成形方法

橡胶制品的成形方法与塑料制品的成形方法有许多相似之处。橡胶成形方法主要有压制成形、压铸成形、注射成形及挤出成形等。

1）压制成形

将混炼胶预制成与制品形状相似的半成品胶料后，将其填入敞开的模具型腔内，闭膜后送入平板硫化机中加热、加压硫化后，获得所需形状橡胶制品的方法即为压制成形。

压制成形的设备和模具简单，通用性强，成本低，适用范围广且操作方便。

2）压铸成形

压铸成形是指将混炼过的、形状简单的、一定量的胶条或胶块半成品放入压铸模的料腔中，再通过压铸塞的压力挤压胶料，使胶料通过浇注系统进入模具型腔中硫化成形的方法。

压铸成形适用于制作薄壁、细长和超厚的橡胶制品，生产效率高，且压制过程中能增加橡胶与金属嵌件的结合力，由于模具在工作中是先合模后加料，因此，模具不易损坏。

3）注射成形

注射成形是利用注射机或注压机的压力，将预热成塑性状态的胶料经注压模的喷嘴进入模具型腔硫化成形。

注射成形具有时间短、生产效率高、劳动强度低及制品质量稳定等特点，适用于大型、厚壁、薄壁及几何形状复杂的橡胶制品的制造。

4）挤出成形

挤出成形是指在挤出机中对胶料进行加热与塑化，通过螺杆的旋转，使胶料在机筒内不断向前挤压并通过具有一定形状的口模而制成各种截面形状的橡胶型材半成品，而后经过定型再输送到硫化罐内进行硫化或用作压模法所需要预成形半成品胶料。

挤出成形具有操作简便、生产率高、设备及模具结构简单等优点，但其只能成形形状简单的直条型（如管、棒、板材等）或预制成形半成品，不能用于生产精度高，断面形状复杂的橡胶制品和带有金属嵌件（即骨架）的橡胶制品。

9.3 陶瓷成形技术

陶瓷是无机非金属材料，具有耐高温、耐腐蚀及硬度高等特点，得到越来越广泛的应用。

9.3.1 陶瓷成形工艺过程

陶瓷材料种类繁多，其成形工艺不完全相同，但一般都要经过坯料的制备、制品成形、坯体干燥和烧结等四个基本过程。

1）坯料的制备

坯料的制备过程随原料、成形工艺和对坯料性能要求的不同而不同，由原料筛选、粉碎、脱水和练坯（制成可塑泥团状、浆状、粉状等坯料）等工序组成，为制品成形作准备。

2）制品成形

制品成形是对经过坯料制备形成的粉状料、浆状料或可塑泥团，按各种成形方法制成所需形状和尺寸的坯体，坯体再经过干燥和烧结等工序即可成为陶瓷制品。陶瓷成形方法就是指坯体的成形方法。

3）坯体干燥与烧结

坯体成形后含有较高的水分，强度较低，在运输和再加工过程中容易变形或破损，因此，坯体必须经过干燥后再进行烧结，经过一系列的物理和化学变化使其成瓷并具有较高的强度和一定的致密度。

9.3.2 陶瓷成形方法

根据陶瓷制品的形状、大小、厚薄以及坯料、产量和质量的不同，可采用不同的成形方法，常用的陶瓷成形方法主要有可塑成形、注浆成形、压制成形和固体成形等。

1）可塑成形

可塑成形是采用手工或机械的方法对具有可塑性的泥团状坯料施加压力，使其发生塑性变形而制成坯体的方法。通常根据坯料的配方原料、粉碎方法、颗粒分布及坯料含水量及可塑性的不同，可采用不同的可塑成形方法，常见的可塑成形方法有挤压成形、滚压成形、旋压成形、塑压成形等。

（1）旋压成形

旋压成形是利用样板刀和石膏模型成形的一种工艺方法，其成形过程如图 9-3-1 所示。将制备好的具有可塑性的坯料泥团置于安装在旋坯机上的石膏模型中，然后将样板刀逐渐压入坯料泥团，随着石膏模型的旋转和样板刀的挤压作用，坯料泥团被均匀地分布在石膏模型的表面上而形成坯体。坯体的内外表面是由模型的工作表面形状和样板刀的工作弧线形状形成的，而坯体的厚度就是样板刀和模型工作表面之间的距离。旋压成形的优点是设备简单、适应性强、可旋制大型深孔的制品，其缺点是成形质量较差，生产率低，劳动强度大。

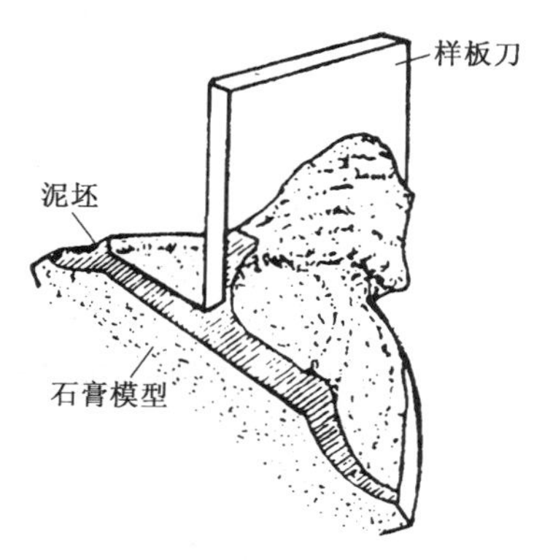

图 9-3-1 旋压成形示意图

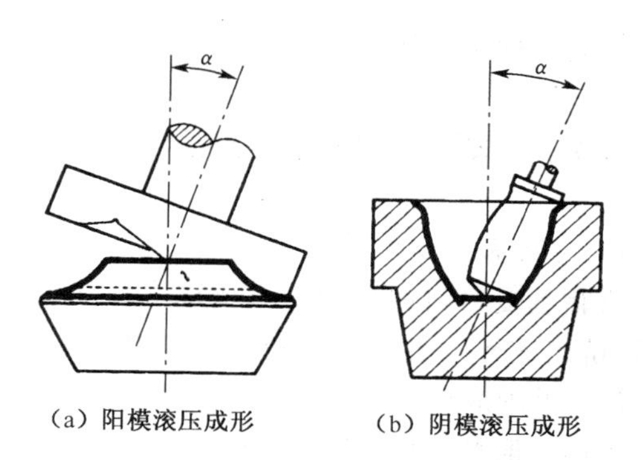

图 9-3-2 滚压成形示意图

(2) 滚压成形

如果将旋压成形用的扁平型样板刀改变成回转体形的滚压头，即为滚压成形，如图 9-3-2 所示。滚压成形时，盛放泥料的模型和滚压头分别绕自身轴线以一定的速度同方向旋转，滚压头在旋转的同时逐渐压入泥料，使泥料受滚压作用而形成坯体。滚压成形有阳模滚压(见图 9-3-2a)和阴模滚压(见图 9-3-2b)两种。滚压成形的坯体比旋压成形的坯体密度高、强度大、质量好、生产率高。

2) 注浆成形

注浆成形是将制备好的坯料泥浆注入多孔模型(石膏模、金属模或树脂模)内停留一段时间后，在模型型腔内表面逐渐形成泥层，当达到所需厚度时倒去多余泥浆，然后待模干燥、待注件干燥后修坯、脱模而获得坯体的成形方法。注浆成形不需专用设备，但其生产周期比较长，手工操作的工作量大，主要用于制造形状复杂但精度要求不高的普通陶瓷制品。

3) 压制成形

压制成形是将含有极少水分的粉状坯料放在金属模具内压制成致密生坯的成形方法。当粉料含水量为 3%～7%时为干压成形；粉料含水量在 3%以下时为等静压成形。压制成形过程简单，易于实现自动化和机械化，且坯体的强度高、变形小，制品尺寸精度高，是工程陶瓷和金属陶瓷的主要成形方法。

9.4 复合材料成形技术

9.4.1 复合材料成形工艺特点

复合材料成形工艺与传统的工程材料成形工艺不同，也不同于其他材料的加工工艺，大部分复合材料的材料设计与制品成形是同时完成的。复合材料的设计与成形工艺主要具有以下两个特点：

① 力学性能的可设计性　传统设计中构件的力学性能仅仅是根据需求对材料进行选择，而复合材料的力学性能在构件的设计和制造时可按其受力情况和性能要求设计。

② 材料制造和构件制造的统一性　传统材料的零件加工是对材料的机械加工，复合材料的制造过程也是构件的制造过程，其制品的成形工艺主要取决于基体材料。

9.4.2　复合材料成形方法

1）树脂基复合材料成形方法

树脂基复合材料的成形方法很多。除了有类似于塑料成形的注射成形、压制成形、浇铸成形、挤出成形等方法外，还有手糊成形、缠绕成形及喷射成形等。

（1）手糊成形

手糊成形是指将不饱和树脂或环氧树脂和增强材料粘结在一起的成形方法，其成形过程如图 9-4-1 所示，先在模具的型腔表面涂刷一层脱模剂，再刷一层胶衣层，待胶衣层凝胶后（即发软而不粘手），立即在其上刷一层加入固化剂的树脂混合料，然后将按规定形状和尺寸裁剪好的纤维增强织物直接铺在其上，并用手动压辊推压使树脂液均匀地浸入织布，并排除气泡，随后再涂刷树脂液，铺设纤维织物，如此循环往复，直至达到设计规定的厚度，最后再经固化、脱模、修整，即可获得所需制品。

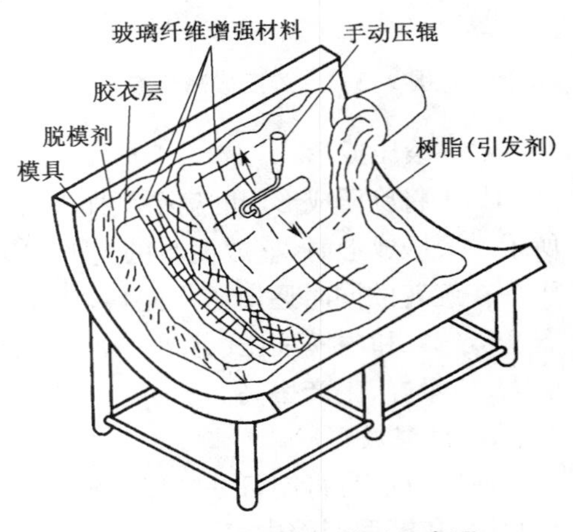

图 9-4-1　手糊法成形示意图

手糊成形具有操作简单，设备投资少，生产成本低，制品的形状和尺寸不受限制等优点，其缺点是生产周期长，劳动强度大，制品质量和性能不稳定等。主要适用于多品种、小批量、精度要求不高的制品，如玻璃钢遮阳棚、玻璃钢瓦片等。

（2）喷射成形

喷射成形过程如图 9-4-2 所示，即将加入引发剂的树脂和加入促进剂的树脂分别装在两个罐中，由液压泵或压缩空气按比例输送到喷枪内进行雾化并由喷嘴喷出，同时切割器将连续纤维切割成短纤维，由喷枪的第三个喷嘴均匀地喷出并与树脂混合喷射到模具表面上，当沉积到一定厚度时，用压辊辊压排出气体，再继续喷射，直到完成坯件制作，最后再经固化脱模即可得到制品。

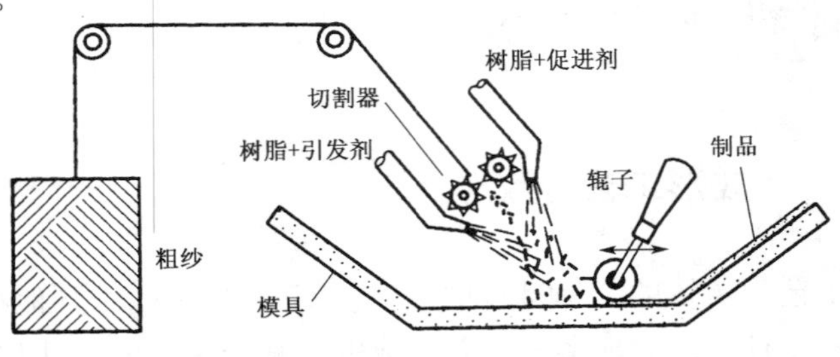

图 9-4-2　喷射成形示意图

喷射成形具有生产效率高，劳动强度低，节省原材料，制品无搭接缝。飞边少及制品整体性能好等优点。其缺点是树脂含量高、制品强度低，操作现场污染大，此法主要适用于制造船体、浴盆、汽车车身、容器等大型制件。

(3) 缠绕成形

缠绕成形是将浸过树脂的纤维丝或带，按照一定的规律连续缠绕到芯模上，经固化而成一定形状制品的工艺方法。缠绕成形生产效率高，制品质量稳定，易于实现机械化与自动化，主要用于制造大型回转体制品，如各种化工容器、管道、锥形雷达罩、火箭筒体等。

缠绕成形按树脂基体的状态不同可分为干法、湿法和半干法三种。干法是在缠绕前预先将纤维制成预浸渍带，然后将其卷在卷盘上待用，缠绕时再将预浸渍带加热软化后绕在芯模上的一种方法。湿法是缠绕时将纤维经集束后进入树脂槽浸胶，在张力控制下直接缠绕在芯模上，然后固化成形的一种方法，半干法与湿法相比，增加了烘干工序，与干法相比，缩短了烘干时间，降低了烘干程度。

缠绕工艺流程一般包括芯模或内衬(内压容器一般采用内衬以防渗漏)的制造，树脂胶液的配制、纤维热处理烘干、浸胶、胶纱烘干，在一定张力下缠绕、固化、检验、加工成制品等工序。

2) 金属基复合材料成形方法

金属基复合材料是以金属为基体，以纤维、颗粒、晶须为增加体的复合材料。金属基复合材料的成形方法主要有挤压成形、旋压成形、模锻成形、压铸成形、粉末冶金成形及等离子喷涂法等。

(1) 挤压成形

挤压成形是利用挤压机使短纤维、晶须及颗粒增强复合材料的坯料或坯锭发生塑性变形，以制取棒材、型材和管材的方法。

(2) 旋压成形

旋压成形是将金属基复合材料的坯料(平板毛坯或预成形件)固定在旋转的芯模上，用旋转轮对毛坯施加压力，得到各种空心薄壁回转体制件的方法。

(3) 模锻成形

模锻成形是在压力机或锻锤上利用锻模使金属基复合材料的坯锭或坯料发生塑性变形的方法。此法主要用于批量生产形状复杂、颗粒或晶须增强的金属基复合材料的零件，如铝基复合材料的火箭发动机头盖、液压件及接头、连杆、活塞等。

(4) 压铸成形

压铸成形是在高压下将液态金属基复合材料注射进入铸型，凝固后成形的一种方法，此法主要用于汽车、摩托车等金属基复合材料零件的大批量生产。

(5) 粉末冶金法

粉末冶金法是将几种颗粒或粉末状的金属、非金属材料和增强相均匀混合，然后压制成锭块或预成形坯，再通过挤压、扎制、锻造等二次加工制成型材或零件的方法。此法是制备金属基复合材料的常用方法之一，广泛用于各种颗粒、片晶、晶须及短纤维增强的铝、铜、钛、高温合金的金属基复合材料，粉末冶金法工艺复杂，成本比较高，有些金属粉末还易引起爆炸。

(6) 等离子喷涂法

等离子喷涂法是在惰性气体保护下，利用等离子电弧的高温将金属熔化并喷涂到随等离子弧向排列整齐的纤维上，待其冷却凝固后形成金属基纤维增强复合材料的一种方法。等离子喷涂法的优点是增强纤维与金属基体的润湿性好、界面结合紧密及成形过程中纤维不受损伤等优点。

复习思考题

1. 塑料的成形方法主要有哪些？各具有什么特点？
2. 塑料制品的注射成形主要包括哪些工艺过程？
3. 塑料的二次加工方法有哪些？
4. 常用橡胶制品的成形方法有哪些？各具有什么特点？
5. 陶瓷成形方法有哪些？各具有什么特点？
6. 复合材料成形方法主要有哪些？

10　数控加工基础

数控技术是20世纪40年代后期发展起来的一种自动化加工技术，它综合了计算机、自动控制、电机、电气传动、测量、监控和机械制造等内容，目前在机械制造业中已得到了广泛的应用。

数字控制（NC，Numerical Control）简称数控，是指利用数字化的代码构成的程序对设备的工作过程实现自动控制的一种方法。数控系统（NCS，Numerical Control System）是指利用数字控制技术实现的自动控制系统。

数控设备则是采用数控系统进行控制的机械设备，其操作命令是用数字或数字代码的形式来描述的，工作过程按照指定的程序自动地进行，装备了数控系统的机床称之为数控机床。数控机床是数控设备的典型代表，其他数控设备包括数控绘图机、数控测量机、数控气割机、数控雕刻机、电脑绣花机等。

数控系统的硬件基础是数字逻辑电路。最初的数控系统是由数字逻辑电路构成的，因而称之为硬件数控系统。随着微型计算机的发展，硬件数控系统已逐渐被淘汰，取而代之的是当前广泛使用的计算机数控（CNC，Computer Numerical Control）系统，采用存储程序的专用计算机实现部分或全部基本数控功能，从而具有真正的"柔性"，并可以处理硬件逻辑电路难以处理的复杂信息，使数控系统的功能大大提高。

10.1　机床数字控制的原理

数控机床的加工，首先要将被加工零件图纸上的几何信息和工艺信息用规定的代码和格式编写成加工程序，然后将加工程序输入数控装置，按照程序的要求，经过数控系统信息处理、分配，使各坐标移动若干个最小位移量，实现刀具与工件的相对移动，完成零件的加工。

在钻削、镗削或攻螺纹等加工（常称为点位控制Point to Point Control）中，是在一定时间内，使刀具中心从A点移动到B点（图10-1-1a），即刀具在X、Y轴移动以最小单位量计算的程序给定距离，它们的合成量为A点和B点的距离。但是对刀具轨迹没有严格的限制，可先使刀具在X轴上由A点移动到C点，然后再沿Y轴由C点移动到B点；也可以两个坐标轴以相同的速度使刀具移动到D点，再沿X轴移动到B点，这样的点位控制是要严格控制点到点之间的距离，而与所走的路径无关。因为这种距离通常都要用最小的位移（0.001）表示，而且要准确地停在目标点，所以这种要求实际上是很高的。

在轮廓加工控制中，包括加工平面曲线和空间曲线这两种情况，对于平面（二维）的任意

曲线 L，要求刀具 T 沿曲线轨迹运动，进行切削加工，如图 10-1-1b 所示，将曲线 L 分割成：l_0、l_1、l_2、…、l_i 等线段，用直线（或圆弧）代替（逼近）这些线段，当逼近误差 δ 相当小时，这些折线段之和就接近了曲线。由数控机床的数控装置进行计算、分配，通过两个坐标轴最小单位量的单位运动（Δx，Δy）的合成，不断连续地控制刀具运动，不偏离地走出直线（或圆弧），从而非常逼真地加工出平面曲线。对于空间（三维）曲线，如图 10-1-1c 所示，$f(x、y、z)$ 同样可用一段一段的折线（Δl_i）去逼近它，这时 Δl_i 的单位运动量不仅是 Δx，Δy 还有一个 Δz。

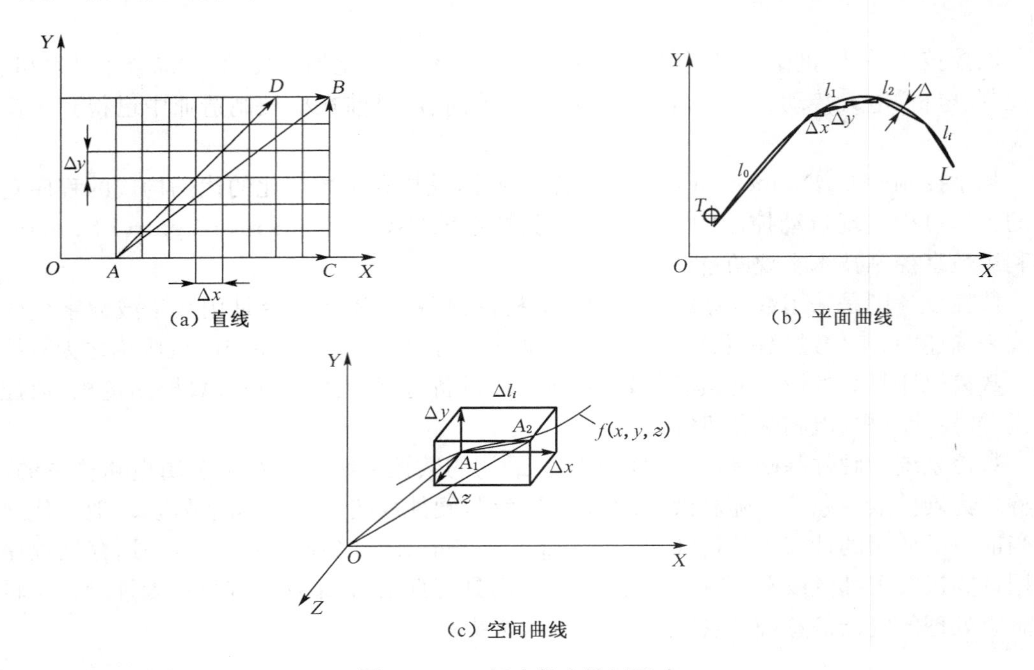

图 10-1-1　机床数字控制形式

这种在误差允许范围内，用沿曲线（沿逼近函数）的最小单位移动量合成的分段运动代替任意曲线运动，以得出所需要的运动，是数字控制的基本构思之一。轮廓控制也称连续轨迹控制（Continuous Path Control），它的特点是不仅对坐标的移动量进行控制，而且对各坐标的移动速度以及它们之间的移动比例都要严格控制，以便加工出给定的轨迹。

通常把数控机床上刀具轨迹是直线的加工，称之为直线插补；刀具轨迹是圆弧的加工，称之为圆弧插补。插补（Interpolation）是指在被加工轨迹的起点和终点，插入许多中间点，进行数据点的密化工作，然后用已知线型逼近。一般的数控系统都具有直线和圆弧插补，随着科学技术的迅速发展，许多数控系统的生产厂家逐渐推出螺旋线插补、抛物线插补、样条曲线插补等数控系统，以满足用户的不同需要。

机床的数字控制是由数控系统来完成的。数控系统包括：数控装置、伺服驱动装置、可编程控制器和检测装置等。数控系统能接收零件图纸加工要求的信息，进行插补运算，实时地向各坐标轴发出速度控制指令。伺服驱动装置能快速响应数控装置发出的指令，驱动机床各坐标轴运动，同时提供足够的功率和扭矩。伺服控制按其工作原理可分为两种控制方式：关断控制和调节控制。关断控制是将指令值与实测值在关断电路的比较器中进行比较，相等后发出信号，控制结束。这种控制方式用于点位控制。调节控制是由数控装置发出运动的指令信号，伺服驱动装置快速响应跟踪指令信号。检测装置将坐标位移的实际值检测出来，反馈给数控装置的调节电路中的比较器，有差值就发出运动控制信号，从而实现偏差控制；不断比较指令值与反馈的实际值、不断发出信号，直到差值为零，运动结束。这种控制用于连续轨迹控制。

在数控机床上除了上述点位控制和轨迹控制外，还有许多动作，如：主轴的启动与停止、刀具更换、冷却液开关、电磁铁的吸合、电磁阀起闭、离合器的开合、各种运动的互锁、连锁，运动行程的限位、急停、报警、保持进给、循环启动、程序停止、复位等，这些都属于开关量控制，一般由可编程控制器(Programmable Controller 简称 PC，也可称为可编程逻辑控制器 PLC)来完成，开关量仅有"0"和"1"两种状态，显然可以很方便地融入机床数控系统中，实现对机床各运动协调的数字控制。

10.2 数控系统的组成及工作过程

数控系统一般由输入输出装置、数控装置、伺服驱动装置和辅助控制装置四部分组成，有些数控系统还配有检测装置。如图 10-2-1。

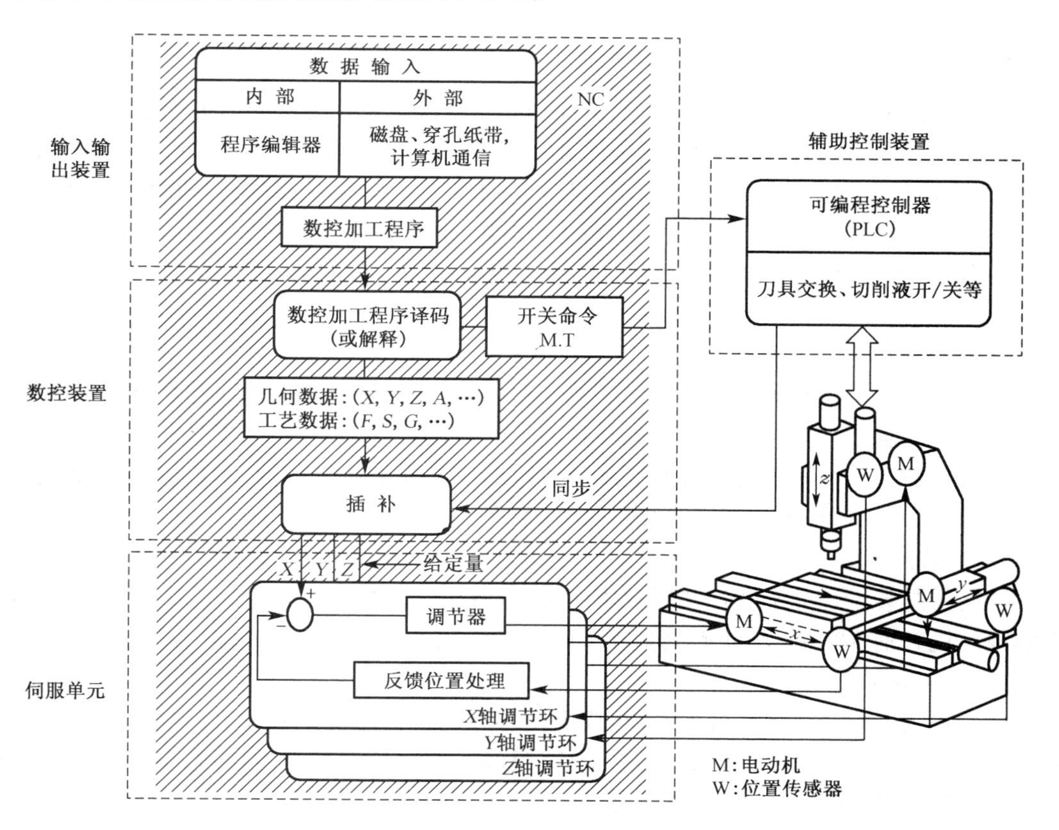

图 10-2-1 数控系统的组成及工作过程

1）输入输出装置

CNC机床在进行加工前，必须接受由操作人员输入的零件加工程序，然后才能根据输入的加工程序进行加工控制，从而加工出所需的零件，在加工过程中，操作人员要向数控装置输入操作命令，数控装置要为操作人员显示必要的信息，如坐标值、报警信息等。此外，输入的程序不一定完全正确，有时需要编辑、修改和调试。以上工作都是机床数控系统和操作人员进行信息交流的过程，要进行信息交流，CNC系统中必须具备必要的交互设备，即输入输出装置。

面板和显示器是数控系统不可缺少的人机交互设备，操作人员可通过面板和显示器输入程序、编辑修改程序和发送操作命令，即进行手动数据输入（MDI，Manual Data Input）。数控系统通过显示器为操作人员提供必要的信息。根据系统所处的状态和操作命令的不同，显示的信息可以是正在编辑的程序，或是机床的加工信息。目前的数控系统一般都配有CRT显示器或点阵式液晶显示器，显示的信息较丰富，包括可以进行图形显示。

数控程序编制好后，一般存放于便于输入到数控装置的一种控制介质上。传统的方式是将编制好的程序记录在穿孔纸带或磁带上，然后由纸带阅读机或磁带机输入数控系统。随着计算机技术的发展，一些计算机中通用技术也融入数控系统，如磁盘等作为存储设备引入了数控系统，由于磁盘存储容量大、速度快、存储方便，所以应用也越来越广泛。

随着CAD、CAM、CIMS技术的发展，利用标准的RS232串行接口通信的方式和使用U盘拷贝等都成为了数控程序传输的重要方式。

2）数控装置

数控装置是数控系统的核心，它的主要功能是将输入装置传送的加工程序，经数控装置系统软件进行译码、插补运算和速度预处理。系统进行数控程序译码时，将其区分成几何数据、工艺数据和开关功能。几何数据是刀具相对于工件运动路径的数据，利用这些数据可加工出工件的几何形状；工艺数据是主轴转速和进给速度等功能的数据；开关功能是对机床电器开关命令，如主轴启动与停止，刀具选择与交换，切削液的开与关、润滑液的开启与停止等。

3）伺服驱动装置

伺服驱动装置接收数控装置发来的速度和位移信号，控制伺服电动机的运转速度和运转方向。伺服驱动装置一般由伺服电路和伺服电动机组成，并与机床上的机械传动部件组成数控机床的进给系统。每个进给运动的执行部件都配有一套伺服驱动装置，伺服驱动装置分为开环、半闭环和闭环控制系统。

4）辅助控制装置

辅助控制装置是介于数控装置和机床机械、液压部件的控制装置，可通过可编程控制器来实现对机床辅助功能M，主轴转速功能S和换刀功能T的逻辑控制。

5）位置检测装置

位置检测装置与伺服装置配套，组成半闭环和闭环伺服驱动系统。位置检测装置通过直接或间接测量，将执行部件的实际进给位移检测出来，反馈到数控装置，并与指令位移进行比较，将误差转换放大后控制执行部件的进给运动，以提高系统精度。

10.3 数控机床的分类

10.3.1 按运动控制的特点分类

1）点位控制数控机床

对于一些加工孔用的数控机床，如数控钻床、数控镗床、数控冲床，三坐标测量机、印刷电路板钻床等，它们只要求获得精确的孔系坐标定位精度，而不管从一个孔到另一个孔是按什么轨迹运动，在坐标运动过程中，不进行切削加工。具有这种运动控制的机床称为点位控制机床。点位控制的数控机床加工的都是平面内的孔系，它控制平面内的两个坐标轴带动刀具与工件做相对运动，运动停止后，控制刀具进行钻、镗等切削加工，如图 10-3-1。为了提高效率和保证精确的定位精度，首先系统控制进给部件高速运行，接近目标时，采用分级或连续降速，低速趋近目标点，从而减少运动部件的惯性冲击和由此引起的定位误差。

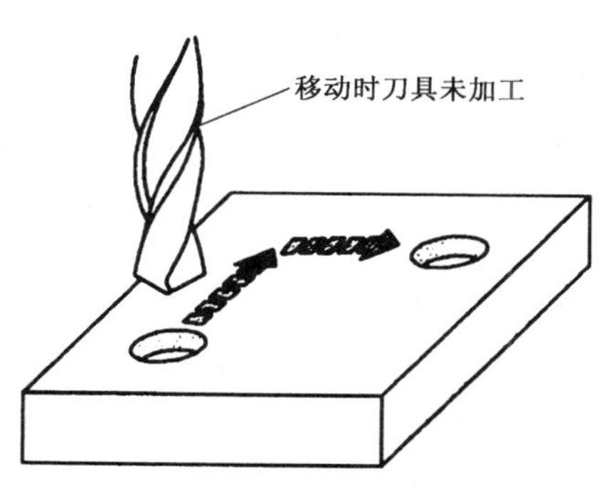

图 10-3-1 点位控制机床加工控制示意图

2）直线控制数控机床

直线控制的数控机床是指控制机床工作台或刀具(刀架)以要求的进给速度，沿着平行于坐标轴的方向进行直线移动和切削加工(包括 45°的斜线)的机床。如数控车床、某些数控镗铣床和加工中心等，都具有直线控制功能。这一数控机床不但要求具有准确的定位功能，而且要求控制位移的速度。由于在移动过程中进行切削加工，所以对于不同的刀具和工件，需要选用不同的切削用量。一般情况下这些数控机床有两个到三个可控制的轴，但同时控制的轴只有一个。为了能在刀具磨损或刀具更换后，仍可加工出合格的零件，这类机床的数控系统一般都要求具有刀具半径和长度补偿功能，以及主轴转速的控制功能等。如图 10-3-2。

现代组合机床采用数控技术，驱动各种动力头、多轴箱轴向进给进行钻、镗、铣等加工，也是一种直线控制数控铣床。直线控制也称为单轴数控。

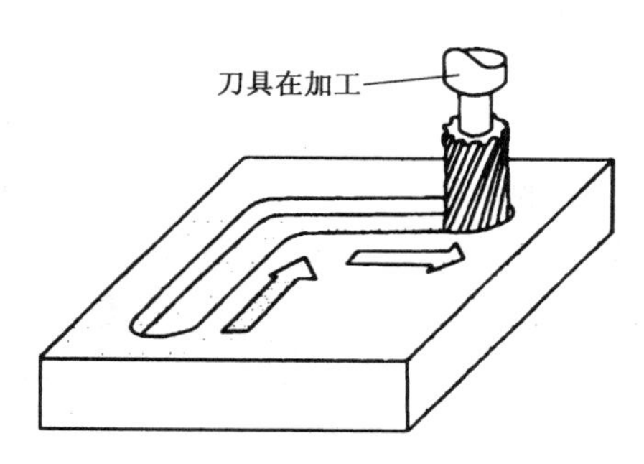

图 10-3-2 直线控制机床加工示意图

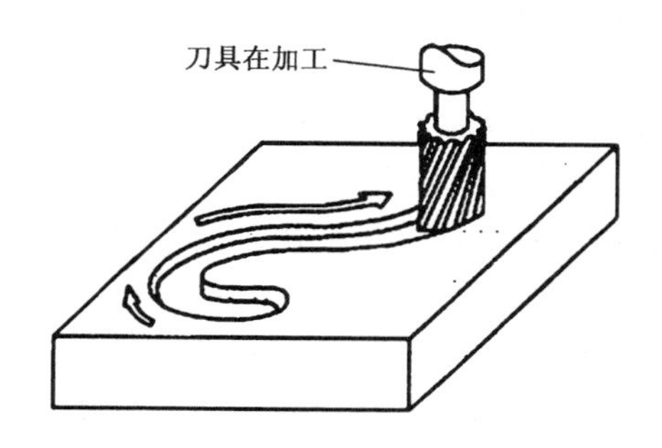

图 10-3-3 轮廓控制机床加工示意图

3）轮廓控制的数控机床

这种数控机床可以加工斜线、曲线、曲面，如数控车床、数控铣床、加工中心等，它们都是具有同时控制两个或两个以上坐标进行联动（即进行插补）的数控机床。该类机床在加工的过程中，对各坐标轴都进行着严格的不间断的控制，见图 10-3-3。故称具有这种控制功能的数控机床为轮廓控制数控机床。现代数控机床绝大部分都具有两坐标或两坐标以上联动的控制功能、刀具补偿功能、机床轴向运动误差补偿、丝杠螺距误差补偿，齿侧间隙误差补偿等一系列功能。

按照联动的轴数，可以分为两坐标联动控制，二轴半坐标联动控制，三坐标联动控制、四坐标联动控制、五坐标联动控制等。在数控车床上采用两坐标联动控制，可以加工出含曲线表面（如曲面手柄）类的零件。在数控铣床上采用两坐标联动控制，可以加工出平面凸轮的轮廓。在三坐标数控铣床上加工圆锥台等形状的零件，可以采用两坐标（X、Y）联动加工一圈，再沿另一坐标（Z）提升一个设定高度，如此继续下去，完成整个零件的加工，由于（Z）轴没有参加联动，这种情况称为两轴半加工，与之雷同还有用平行的轨迹加工空间轮廓。在三坐标联动控制的数控铣床上，可以在锥体上加工出螺旋线来。许多多坐标（三坐标以上）控制与编程技术是高技术领域开发的课题，随着现代制造技术中许多形状复杂、精度要求很高的零件不断涌现、因而多坐标联动控制技术及其加工编程技术的应用也越来越普遍。

10.3.2 按伺服系统的类型分类

1）开环控制的数控机床

这类数控系统没有位置检测反馈装置，数控装置发出的指令信号流程是单向的，其精度主要取决于驱动元器件和电机的性能。这种数控机床调试简单，系统也比较稳定，精度较低，成本低廉，多见于经济型的中小型数控机床和旧设备的技术改造中。

2）闭环控制的数控机床

该类机床数控装置中插补器发出的位置指令信号与工作台（或刀架）上检测到的实际位置反馈信号进行比较，根据其差值不断控制运动，进行误差修正，直至差值为零停止运动。这种具有反馈位置的系统，在电器上称为闭环控制系统。由于反馈的存在，可以消除系统中的机械传动部件制造误差对加工精度带来的影响，从而可获得较高的加工精度。但由于很多机械传动环节包括在闭环控制的环路内，各部件的摩擦特性、刚性及间隙等，都是非线性的，直接影响系统的调节参数。所以闭环控制系统的设计、调整都有很大的技术难度，如果设计、调整的不好，还很容易造成系统的不稳定。闭环控制的数控机床，主要是一些精度要求很高的镗铣床、超精车床、超精磨床、大型数控机床等。

3）半闭环控制的数控机床

大多数的数控机床都采用的是半闭环控制系统，它的检测元件安装在电机轴或丝杠轴的端部，这种系统的控制闭环内不包括机械传动环节，因此，可以获得稳定的控制特性，该系统反馈的只是传动系统的部分误差，一般是电机轴或丝杠轴的角位移、角速度，还要经过转换处理才是工作台或刀架的实际位移。但是由于采用高分辨率的反馈检测元件，以及传动部分有补偿，可以获得比较满意的精度和速度，所以，目前大多数中、小型数控机床都采用这种控制方式。

10.3.3 按工艺方法分类

1）金属切削类数控机床

这类机床和传统的通用机床品种一样，如数控车床，数控铣床，数控钻床，数控磨床，数控镗床，加工中心等。

2）金属成型类及特种加工类数控机床

这是指金属切削加工类以外的数控机床，如数控折弯机、数控线切割机床，数控电火花成型机床，数控激光切割机床，数控冲床，数控三坐标测量机等。

10.4 数控系统与数控机床技术发展趋势

10.4.1 数控系统发展趋势

从美国麻省理工学院研制出第一台实验性数控系统，已经有半个世纪的历程。数控系统由当初的电子管起步，经历了晶体管、小规模集成电路、大规模集成电路、小型计算机、超大规模集成电路、微机式的数控系统，到 1990 年，全世界数控系统专业生产厂家年产数控系统约 13 万台套。数控系统技术发展的总体趋势如下：

1）采用开放式体系结构

进入 20 世纪 90 年代以来，世界上许多数控系统生产厂家利用 PC 机丰富的软硬件资源，开发开放式体系结构的新一代数控系统。开放式体系结构使数控系统有更好的通用性、柔性、适应性、扩展性，并向智能化、网络化方向发展。近几年，许多国家纷纷研究开发这种系统，开发成果已得到应用。开放式体系结构可以大量采用通用微机的先进技术，如多媒体技术、实现声控自动编程、图形扫描自动编程等；利用多 CPU 的优势，实现故障自动排除；增强通信功能，提高联网能力。这种数控系统可随 CPU 升级而升级，结构上不必变动。

2）控制性能大大提高

数控系统在控制性能上向智能化发展。随着人工智能在计算机领域的渗透和发展，数控系统引入了自适应控制、模糊系统和神经网络的控制原理，不但具有自动编程、模糊控制、学习控制、自适应控制、工艺参数自动生成、三维刀具补偿、运动参数动态补偿等功能，而且人机界面极为友好，具有故障诊断专家系统，使自诊断和故障监控能力更趋于完善。伺服系统智能化的主轴交流驱动和智能化进给伺服装置，能自动识别负载并自动优化调整参数。直线电机驱动系统已实用化。新一代数控系统技术水平大大提高，促进了数控机床性能向高精度、高速度、高柔性化方向发展，使柔性自动化加工技术水平不断提高。

10.4.2 数控机床发展趋势

为了满足市场和科学技术发展的需要，为了达到现代制造技术对数控技术提出的更高要求，当前，世界数控技术及其装备发展趋势主要体现在以下几个方面：

1）高速、高精度、高可靠性

20世纪90年代以来，欧、美、日各国争相开发应用新一代高速数控机床，加快机床高速化发展步伐。依靠快速准确的数字量传递技术，对高性能的机床执行部件进行高精密度、高响应速度的实时处理。由于采用了新型刀具，车削和铣削的切削速度已经达到5 000～8 000 m/min以上；主轴转速可达到10万r/min；工作台的移动速度在分辨率为1 μm时，达到200 m/min，在分辨率达到0.1 μm时，达到24 m/min以上；自动换刀速度在1 s以内；小线段插补进给速度达到12 m/min。由于新产品更新换代周期加快，模具、航空、军事等工业加工的零件更趋复杂且品种不断更新。

从精密加工发展到超精密加工，是世界各工业强国致力发展的方向。当前，普通的加工精度提高了一倍，达到了5 μm；精密加工精度提高了两个数量级，超紧密加工精度进入了纳米级，主轴回转精度达到0.01～0.05 μm，加工圆度为0.1 μm，加工表面粗糙度Ra可达0.003 μm。

2）模块化、智能化、柔性化

为了适应数控机床多品种、小批量的特点，机床结构模块化、数控功能专门化，机床性能价格比显著提高并加快优化。个性化是近几年来特别明显的发展趋势。

为追求加工效率和加工质量方面的智能化，数控机床采用自适应控制，工艺参数可自动生成；为提高驱动性能及使用连接方便方面的智能化，引进电机参数的自适应运算、自动识别负载、自动选定模型等；为实现编程、操作方面的智能化，数控系统采用智能化的自动编程，智能化的人机界面等。

为适应制造自动化的发展，向FMC、FMS和CIMS提供基础设备，要求数字控制制造系统不仅能完成通常的加工功能，而且还要具备自动测量、自动上下料、自动换刀、自动更换主轴头、自动误差补偿、自动诊断、进线和联网等功能，广泛地应用于机器人、物流系统；FMC、FMS Web-based制造及无图纸制造技术；围绕数控技术、制造过程技术在快速成型、并联机构机床、机器人化机床、多功能机床等整机方面和高速电主轴、直线电机、软件补偿精度等单元技术方面先后有所突破。并联杆系结构的新型数控机床实现实用化。这种虚拟轴数控机床用软件的复杂性代替传统机床结构的复杂性，开拓了数控机床发展的新领域；以计算机辅助管理和工程数据库、因特网等为主体的制造信息支持技术和智能化决策系统，对机械加工中大量信息进行库存和实时处理。应用数字化网络技术，使机械加工整个系统趋于资源合理支配并高效地应用。由于采用神经网络控制技术、模糊控制技术、数字化网络技术，使得机械加工开始向虚拟制造的方向发展。

复习思考题

1. 什么叫机床的数字控制？什么是数控机床？机床的数字控制原理是什么？
2. 何谓点位控制、直线控制和轮廓控制？
3. 数控机床由哪几部分组成？数控装置有哪些功能？
4. 简述数控机床是如何分类的？
5. 解释下列名词术语：

插补、分辨率、加工中心、联动控制、CNC、先进制造技术

6. 数控技术的主要发展方向是什么？

11 数控车削加工与项目实训

11.1 数控车削加工项目实训

11.1.1 实训目的和要求

(1) 了解数控技术概念和数控加工原理。
(2) 掌握数控编程常用编程指令和规则。
(3) 掌握数控车床典型零件的手工编程。
(4) 掌握数控车床的基本操作。
(5) 了解安全文明生产的基本知识。

11.1.2 实训安全守则

(1) 进入训练场地要听从指导教师安排,安全着装,认真听讲,仔细观摩,严禁嬉戏打闹,保持场地干净整洁。
(2) 数控车床为贵重精密设备,学生必须严格按机床操作规程进行操作。
(3) 严禁将未经指导老师验证的程序输入数控装置进行零件加工。
(4) 数控机床上严禁堆放工件、夹具、刀具、量具等物品。加工前必须认真检查工件、刀具安装是否牢固、正确。
(5) 车削加工时必须关上防护门,加工过程中不得随意开启,不得擅自离开工作岗位。
(6) 严禁私自修改、删除数控系统中的内容和参数。
(7) 操作时必须明确系统当前状态,并按各状态的操作流程操作。
(8) 加工过程出现异常或系统报警后,应及时停机并报告指导老师,待一切处理正常后方可继续操作。
(9) 训练结束后关闭电源,整理好工具,擦净机床并做好机床的维护保养工作

11.1.3 项目实训内容

(1) 零件的外轮廓粗、精加工。
(2) 孔及内轮廓加工——钻孔、扩孔及镗孔加工。

(3) 切槽与切断加工。
(4) 螺纹加工——普通三角螺纹的加工。
(5) 数控车床操作,中等复杂典型零件的加工与检验。

11.2 数控车床简介

11.2.1 数控车床的组成

数控车床简而言之就是装备了数控系统的车床。数控车床大致由五部分组成,具体如图 11-2-1 所示。

(1) 车床主体,即数控车床的机械部分,主要包括床身、主轴箱、刀架、尾架、进给传动机构等。

(2) 数控系统,即控制系统,是数控车床的控制核心,其中包括 CPU、存储器、CRT 等部分。

(3) 驱动系统,即伺服系统,是数控车床切削工作的动力部分,主要实现主运动和进给运动。

(4) 辅助装置,是为加工服务的配套部分,如液压、气动装置,冷却、照明、润滑、防护和排屑装置。

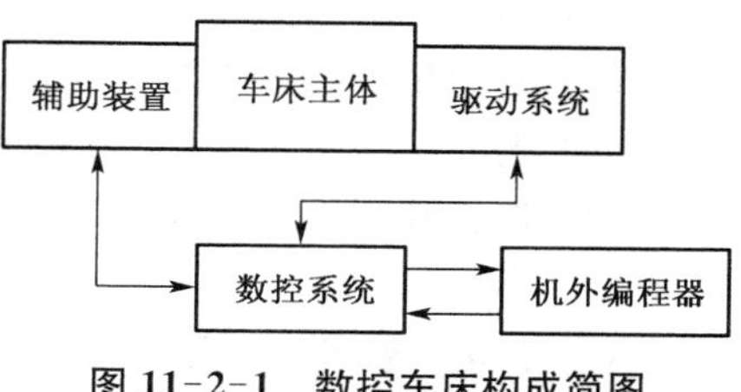

图 11-2-1 数控车床构成简图

(5) 机外编程器,是在普通计算机上安装一套编程软件,使用这套编程软件以及相应的后置处理软件,就可以生成加工程序。通过车床控制系统上的通信接口或者其他存储介质(如软盘、光盘等),把生成的加工程序输入到车床的控制系统中,完成零件的加工。

11.2.2 数控车床的分类

随着数控车床技术的不断发展,数控车床形成了品种繁多、规格不一的局面。对数控车床的分类可以采用不同的方法。

1) 按数控系统的功能和机械结构的档次分

(1) 经济型数控车床。

(2)全功能型数控车床。

(3)车削中心。

(4)FMC 车床。

2) 按主轴的配置形式分

(1) 卧式数控车床:主轴轴线处于水平位置的数控车床。

(2) 立式数控车床:主轴轴线处于垂直位置的数控车床。

还有具有两根主轴的车床,称为双轴卧式数控车床或双轴立式数控车床。

3) 按数控系统控制的轴数分

(1) 两轴控制的数控车床:机床上只有一个回转刀架或者两个排刀架,多采用水平导轨，可实现两坐标轴控制。

(2) 四轴控制的数控车床：机床上有两个独立的回转刀架，多采用斜置导轨，可实现四坐标控制。

对于车削中心或柔性制造单元，还要增加其他的辅助坐标轴来满足机床的功能要求。目前我国使用较多的是中小规格的两坐标联动控制的数控车床。

11.2.3 数控车床的主要加工对象

数控车床与普通车床一样，也是用来加工轴类或者盘类的回转体零件。但是，由于数控车床具有加工精度高、能做直线和圆弧插补以及在加工过程中能自动变速的特点，因此，其工艺范围较普通车床宽得多。凡是能在数控车床上装夹的回转体零件都能在数控车床上加工。针对数控车床的特点，下列几种零件最适合数控车削加工。

(1) 精度要求高的回转体零件。

(2) 表面粗糙度要求高的零件。

(3) 表面形状复杂的回转体零件。

(4) 带特殊螺纹的回转体零件。

11.2.4 数控车床的技术参数

数控车床的技术参数是反映其性能的重要指标，以 CJK6132 为例作一简单介绍。

CJK6132 符号含义：

C——机床类别代号，车床类；

JK——机床通用性代号，简式数控；

6——组别代号，落地及卧式车床组；

1——型别代号，卧式车床型；

32——主参数，最大车削直径 320。

数控车床参数如表 11-2-1 所示。

表 11-2-1　数控车床参数

名　称	参　数	名　称	参　数
数控系统	Siemens802C/Fanuc-Oi-Mate	主轴转速	12 级 32～2 000 r/min
最大车削直径	320 mm	进给速度	X 向 3～1 500 mm/min
最大车削长度	750 mm		Z 向 6～3 000 mm/min
刀架工位数	4	脉冲当量	X 向 0.0005
刀架的最大 X 向行程	180 mm		Z 向 0.001
刀架的最大 Z 向行程	750 mm		

11.3 数控车床编程

11.3.1 数控车削加工基础

11.3.1.1 工艺基础

1）基本概念

（1）起刀点(对刀点)

起刀点是指在数控车床上加工零件时，刀具相对于零件运动的起点。由于程序从该点开始执行，所以起刀点又称对刀点。起刀点可选在零件上，也可选在零件外面(如选在夹具上或机床上)，但必须与零件的定位基准有一定的尺寸关系。为了提高加工精度，起刀点应尽量选在零件的设计基准或工艺基准上，一般位于毛坯直径外端面的中心上。

（2）换刀点

换刀点是指刀架转位换刀的位置。换刀点应设在零件或夹具的外部，以刀架转位时不碰零件及其他部件为准。

（3）刀位点

刀位点是指在加工程序编制中，用以表示刀具位置的点。随着加工表面和刀具的不同，刀位点是不一样的，编程时一定要注意。每把刀的刀位点在整个加工中只能有一个位置。

2）数控车削加工工序制定原则

（1）先粗后精

对于粗、精加工在一道工序内进行的，先对各表面进行粗加工，全部粗加工结束后再进行半精加工，逐步提高加工精度。精加工时，零件的轮廓应由最后一刀连续加工而成，以保证加工精度。

（2）先近后远

这里所说的远与近，是按加工部位相对于对刀点的距离大小而言的。在一般情况下，离对刀点近的部位先加工，离对刀点远的部位后加工，以便缩短刀具移动距离，减少空行程时间。对于车削加工，先近后远还有利于保持毛坯件或半成品的刚性，改善其切削条件。

（3）内外交叉

对于既有内表面，又有外部面需要加工的回转体零件，安排加工顺序时，应先进行内、外表面粗加工，后进行内、外表面的精加工。切不可将零件上一部分表面加工完毕后，再加工其他表面。

（4）减少换刀次数

对于能满足加工要求的刀具，应尽可能多利用它完成工件表面的加工，缩短刀具的移动距离。有时为了保证加工精度，精加工时一定要用一把刀具完成同一表面的连续切削加工。

（5）基面先行

用作精基准的表面应优先加工出来，因为定位基准的表面越精确，装夹误差就越小。例如，轴类零件加工时，总是先加工中心孔，再以中心孔为精基准加工外圆表面和端面。

11.3.1.2 编程基础

1) 编程的内容、步骤

一般说来，数控车床的编程的内容主要包括：分析零件图、工艺处理、数值计算、编写程序及仿真和试切工件。

(1) 分析零件图

首先是能正确分析零件图，确定零件的加工部位，根据零件图的技术要求，分析零件的形状、基准面、尺寸公差和粗糙度要求，以及加工面的种类、零件的材料、热处理等其他技术要求。

(2) 工艺处理

在对零件图进行分析后，确定零件的装夹定位方法、加工路线（如对刀点、换刀点、进给路线）、刀具及切削用量等工艺参数。

(3) 数值计算

根据零件图、刀具的加工路线和设定的编程坐标系来计算刀具运动轨迹的坐标值。

对于表面由圆弧、直线组成的简单零件，只需计算出零件轮廓上相邻几何元素的交点或切点（基点）的坐标值，得出直线的起点、终点，圆弧的起点、终点和圆心坐标值。

对于复杂的零件，计算会复杂一些，如对于非圆曲线需用直线或圆弧段来逼近。对于自由曲线、曲面等加工，要借助于计算机辅助编程来完成。

(4) 编写程序以及程序仿真

根据所计算出的刀具运动轨迹坐标值和已确定的切削用量以及辅助动作，结合数控系统规定使用的指令代码及程序段格式，编写零件加工程序。

将编写好的程序输入到数控系统的方法有两种：一种是通过机床操作面板上的按钮手工直接把程序输入数控系统，另一种是通过计算机 RS232 接口与数控机床连接传送程序。为了检验程序是否正确，可通过数控系统的图形模拟功能来显示刀具轨迹或用机床空运行来检验机床运动轨迹，检查刀具运动轨迹是否符合加工要求。

(5) 试切工件

用图形模拟功能和机床空运行来检验机床运动轨迹，只能检验刀具的运动轨迹是否正确，不能检查加工精度。因此，还应进行零件的试切。如果通过试切发现零件的精度达不到要求，则应对程序进行修改，以及采用误差补偿方法，直至达到零件的加工精度要求为止。在试切工件时可用单步执行程序的方法，即按一次按钮执行一个程序段，发现问题及时处理。

2) 机床坐标系(MCS)

(1) 机床原点

机床原点是机床上的一个固定点，由机床制造厂家设定，不能更改。数控车床的机床原点一般定义在主轴旋转中心线与卡盘前盘面的交点上。

(2) 参考点

参考点也是机床上一固定点。参考点是为在机床设计与调试时，在各坐标轴方向上设定一些固定位置以完成特定功能而设置的参考位置。其固定位置，由 X 向与 Z 向的机械挡块及电机零点位置来确定，机械挡块一般设定在 Z 轴正向最大位置。当进行回参考点的操作时，装在纵向和横向拖板上的行程开关，碰到挡块后，向数控系统发出信号，由系统控制拖板停止运动，完成回参考点的操作。

(3) 机床坐标系

数控机床采用右手直角笛卡儿坐标系，如图 11-3-1 所示。

数控车床的机床坐标系就是以机床原点为坐标系的原点，建立的一个 Z 轴与 X 轴的直角坐标系，它是机床固有的坐标系，一般不允许随意改动。机床坐标系是机床制造与调试的基础，也是设置工件坐标系的基础。数控车床是以其主轴轴线方向为 Z 轴方向，刀具远离工件的方向为 Z 轴正方向。X 坐标的方向是在工件的径向上，且平行于横向拖板，刀具离开工件旋转中心的方向为 X 轴正方向。

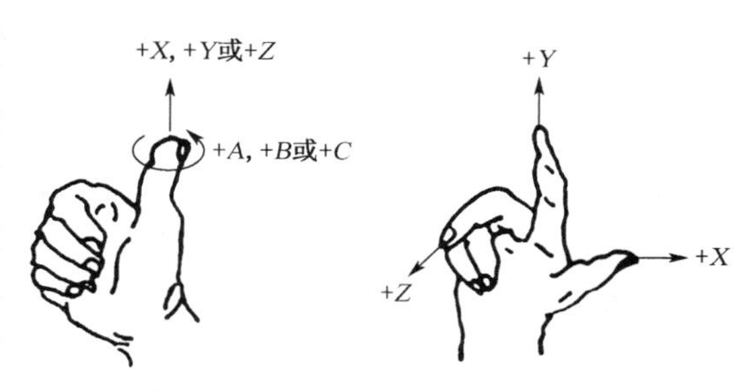

图 11-3-1 右手直角笛卡儿坐标系

3) 工件坐标系(WCS)

(1) 工件原点

对零件图的尺寸标注是以设定的设计基准点为基准而进行的，该基准点就是工件的原点，同时也是我们编程时的基准点，即编程原点。

(2) 工件坐标系

工件坐标系就是编程人员在编程过程中使用的，以工件原点为坐标系原点的一个 Z 轴和一个 X 轴构成的直角坐标系。数控车床工件坐标系如图 11-3-2 和图 11-3-3 所示。

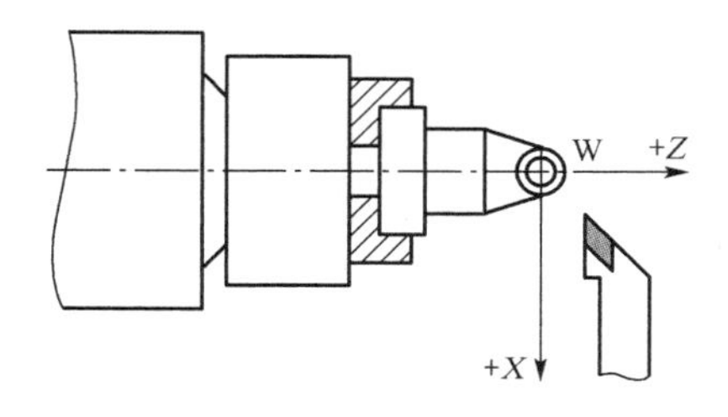

图 11-3-2 工件坐标系(后置刀架)

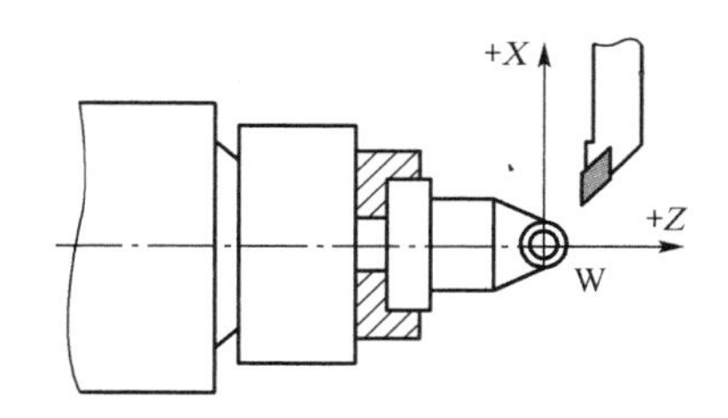

图11-3-3 工件坐标系(前置刀架)

11.3.2 常见数控系统介绍

11.3.2.1 FANUC 系统

1) 系统特点

FANUC 系统是日本法纳克公司的产品，以其高质量、低成本、高性能、较全的功能，占据了整个数控系统市场很大的份额。

FANUC 系统的主要特点体现在以下几个方面：

(1) 系统设计中采用大量的模块化结构。

(2) 具有很强的 DNC 功能，可以通过 RS232 传输接口执行外部程序。

(3) 系统软件的功能较齐全。

(4) 具有完备的防护措施。

(5) 环境使用能力强,可以在环境温度为 0～45℃,相对湿度 75%的环境下正常工作。

2) 常用指令含义

FANUC-Oi-Mate-TC 数控车床编程指令如表 11-3-1、表 11-3-2 所示。

表 11-3-1　FANUC-Oi-Mate-TC 数控车床编程指令(G 指令)

G代码			组	功能
A	B	C		
G00	G00	G00	01	定位(快速)
G01	G01	G01		直线插补(切削进给)
G02	G02	G02		顺时针圆弧插补
G03	G03	G03		逆时针圆弧插补
G04	G04	G04		暂停
G10	G10	G10		可编程数据输入
G11	G11	G11		可编程数据输入取消
G18	G18	G18	16	平面选择
G20	G20	G70	06	英制输入
G21	G21	G71		公制输入
G22	G22	G22	09	存储行程检查接通
G23	G23	G23		存储行程检查断开
G27	G27	G27	00	返回参考点检查
G28	G28	G28		返回参考位置
G30	G30	G30		返回第 2、第 3 和第 4 参考点
G31	G31	G31		跳转功能
G32	G33	G33	01	螺纹切削
G34	G34	G34		变螺距螺纹切削
G40	G40	G40	07	取消刀尖半径补偿
G41	G41	G41		刀尖半径左补偿
G42	G42	G42		刀尖半径右补偿
G50	G92	G92	00	坐标系设定或最大主轴速度设定
G50.3	G92.1	G92.1		工作坐标系预置
G52	G52	G52	00	局部坐标系设定
G53	G53	G53		机床坐标系设定

续 表

G代码			组	功能
A	B	C		
G54	G54	G54	14	选择工件坐标系 1
G55	G55	G55		选择工件坐标系 2
G56	G56	G56		选择工件坐标系 3
G57	G57	G57		选择工件坐标系 4
G58	G58	G58		选择工件坐标系 5
G59	G59	G59		选择工件坐标系 6
G65	G65	G65	00	宏程序调用
G66	G66	G66	12	宏程序模态调用
G67	G67	G67		宏程序模态调用取消
G70	G70	G72	00	精加工循环
G71	G71	G73		外圆粗车循环
G72	G72	G74		端面粗车循环
G73	G73	G75		多重车削循环
G74	G74	G76		排屑钻端面孔
G75	G75	G77		外径/内径钻孔循环
G76	G76	G78		多头螺纹循环
G90	G77	G20	01	外径/内径车削循环
G92	G78	G21		螺纹切削循环
G94	G79	G24		端面车削循环
G96	G96	G96	02	恒表面切削速度控制
G97	G97	G97		恒表面切削速度控制取消
G98	G94	G94	05	每分进给
G99	G95	G95		每转进给
—	G90	G90	03	绝对值编程
—	G91	G91		增量值编程
—	G98	G98	11	返回到起始平面
—	G99	G99		返回到 R 平面

表 11-3-2　FANUC-Oi-Mate-TC 数控车床编程指令(M 指令)

代码	功能	代码	功能
F	刀具中心运动时的进给速度，与 G98/G99 连用	S	主轴转速，单位 r/min，与 M03、M04 连用

续 表

代码	功能	代码	功能
M00	程序暂停	M01	程序有条件暂停
M02	程序结束	M03	主轴正转
M04	主轴反转	M05	主轴停止
M08	切削液打开	M09	切削液关闭
M30	程序停止并返回程序头	M98	调用子程序
M99	子程序结束	T	刀具功能

11.3.2.2 常用复合循环指令介绍

当车削加工余量较大，需要多次进刀切削加工时，可采用循环指令编写加工程序，这样可减少程序段的数量，缩短编程时间和提高数控机床工作效率。根据刀具切削加工的循环路线不同，循环指令可分为单一固定循环指令和多重复合循环指令。

1）单一固定循环指令

对于加工几何形状简单、走道路线单一的工件，可采用固定循环指令编程，即只需用一条指令、一个程序段完成刀具的多步动作。固定循环指令中刀具的运动分四步：进刀、切削、退刀与返回。

（1）外圆切削循环指令 G90

指令格式：G90 X(U)_Z(W)_R_ F_ （圆锥）

G90 X(U)_Z(W)_F_ （圆柱）

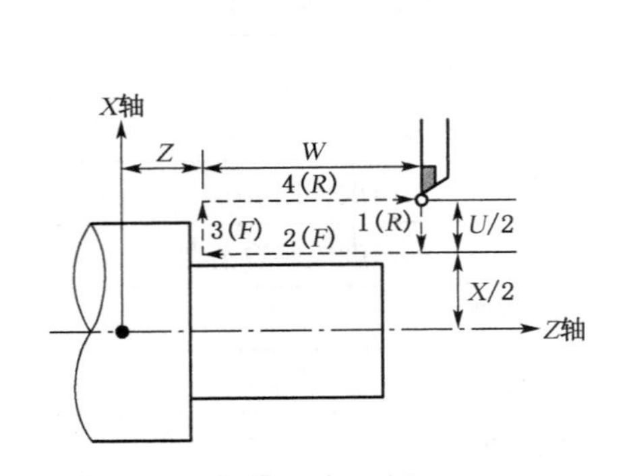

图 11-3-4 外圆柱切削循环走刀路线

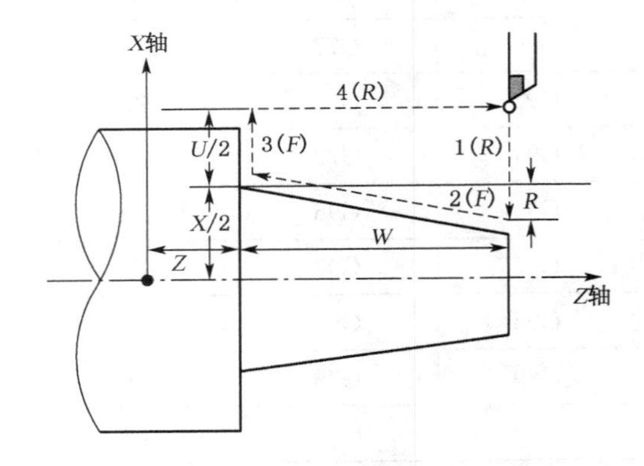

图 11-3-5 外圆椎切削循环走刀路线

X、Z 表示切削终点坐标值；U、W 表示切削终点相对循环起点的坐标值；R 表示切削始点与切削终点在 X 轴方向的坐标增量（半径值），即车削外锥面时 $R>0$，车削内锥面时 $R<0$。外圆柱切削循环时 R 为零，可省略。外圆柱切削循环走刀路线如图 11-3-4 所示，外圆锥切削循环走刀路线如图 11-3-5 所示；F 表示进给速度。图中(R)表示快速移动，(F)表示切削加工，具体进给速度由代码指定。

【指令训练 1】试按图 11-3-6 所示，运用外圆柱切削循环指令编程。

⋮

G90 X40 Z20 F0.3　A—B—C—D—A

X30　A—E—F—D—A

X20　A—G—H—D—A

⋮

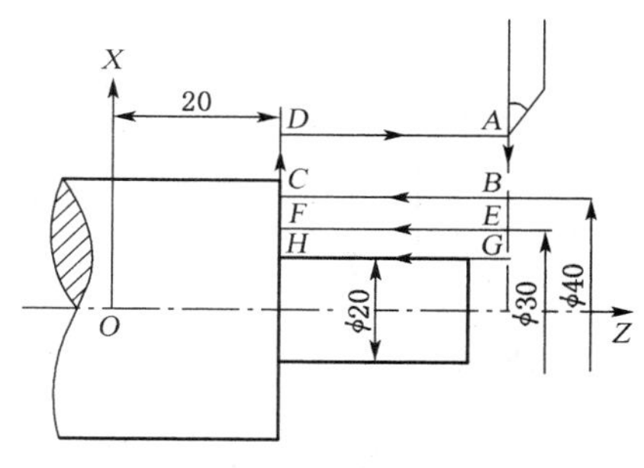

图 11-3-6　例题图

(2) 端面切削循环指令 G94

指令格式：　G94 X(U)_ Z(W)_R_F_　(带锥度)

　　　　　　G94 X(U)_ Z(W)_F_　(不带锥度)

X、*Z* 表示端平面切削终点坐标值；*U*、*W* 表示端平面切削终点相对循环起点的坐标分量；*R* 表示端面切削始点至切削终点位移在 *Z* 轴方向的坐标增量，不带锥度端面切削循环时 *R* 为零，可省略；*F* 表示进给速度。带锥度端面切削循环走刀路线如图 11-3-7 所示，不带锥度端面切削循环走刀路线如图 11-3-8 所示。

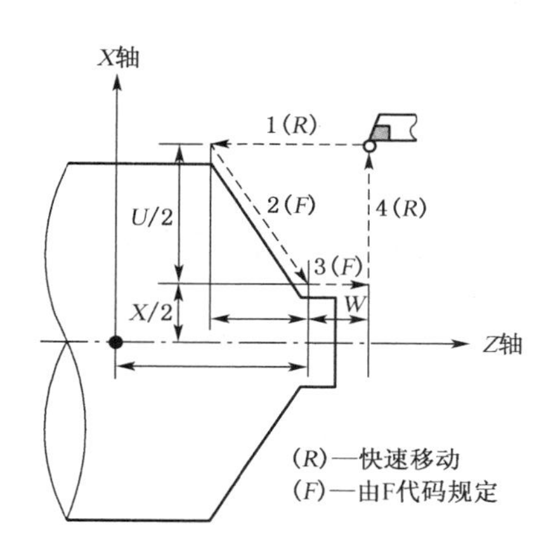

图 11-3-7　带锥度端面切削循环走刀路线

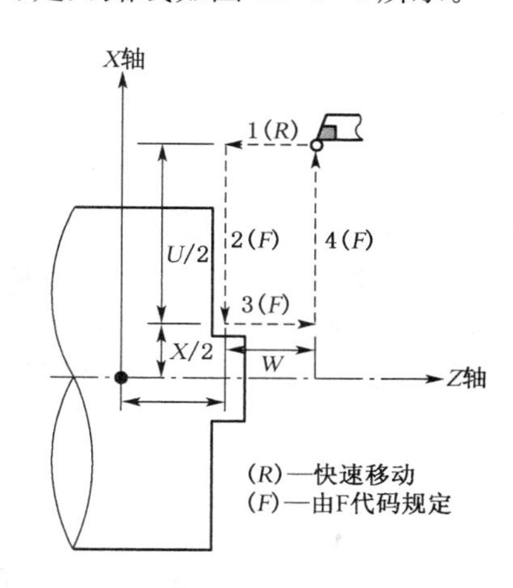

图11-3-8　不带锥度端面切削循环走刀路线

2) 多重复合循环指令

运用这组 G 代码，可以加工形状较复杂的零件，编程时只需制定精加工路线和粗加工背吃刀量，系统会自动计算出粗加工路线和加工次数，因此编程效率更高。

(1) 外圆粗加工复合循环指令 G71

指令格式：G71　U (Δd)_ R(e)_

　　　　　G71　P(ns)_ Q(nf)_ U (Δu) W(Δw) F(f) S(s) T(t)

使用该指令可以切除棒料毛坯大部分加工余量，切削沿着平行 *Z* 轴方向进行，如图 11-3-9 所示。

A 为循环起点，*A*—*A*′—*B* 为精加工路线；Δd 表示每次背吃刀量(半径值)，无正负号；*e* 表示退刀量(半径值)，无正负号；*ns* 表示精加工路线第一个程序段的顺序号；*nf* 表示精加工路线最后一个程序段的顺序号；Δu 表示 *X* 轴方向的精加工余量(直径值)；Δw 表示 *Z* 轴方向的精加工余量。*F*、*S*、*T* 含义同前，但在顺序号 *ns* 和 *nf* 之间的程序段中所包含的任何 *F*、*S*、*T* 功能都被忽略，而在 G71 程序段中的 *F*、*S*、*T* 功能有效。

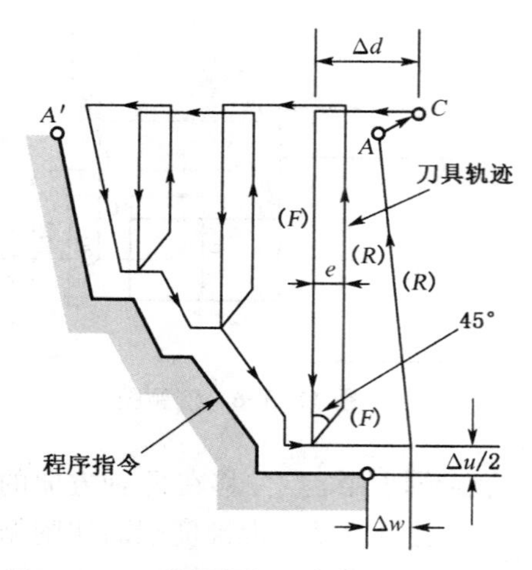

图 11-3-9　外圆粗加工复合循环走刀路线

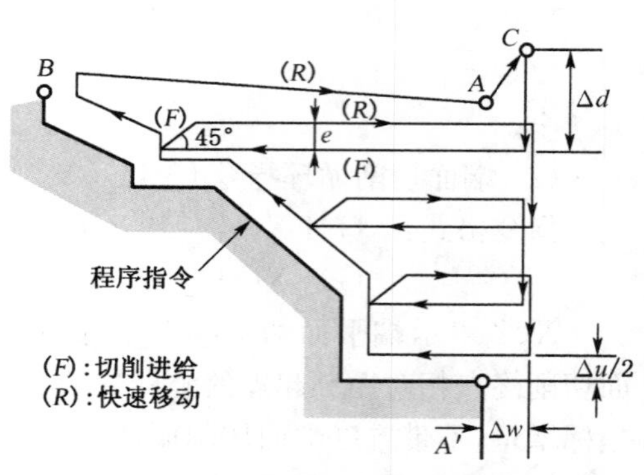

图 11-3-10　端面粗加工复合循环走刀路线

(2) 端面粗加工复合循环指令 G72

指令格式:G72　W (Δd)_ R(e)_

G72　P(ns)_ Q(nf)_ U (Δu) W(Δw) F(f) S(s) T(t)

使用该指令切削沿着平行 X 轴方向进行,如图 11-3-10 所示。Δd、e、ns、nf、Δu、Δw 含义与 G71 指令相同。F、S、T 含义同前,但在顺序号 ns 和在 nf 之间的程序段中所包含的任何 F、S、T 功能都被忽略,而在 G72 程序段中的 F、S、T 功能有效。

【指令训练 2】试按图 11-3-11 所示给定的尺寸采用 G72 循环指令编写加工程序。

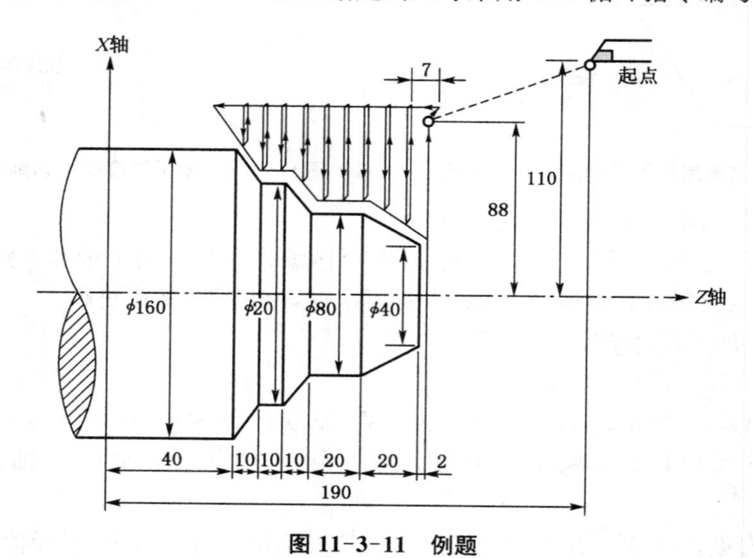

图 11-3-11　例题

⋮

N020 G50X220.0Z190.0;

N030 G00X176.0Z112.0;

N040 G72W7.0R1.0;

N050 G72P060Q110U4.0W2.0F0.3S550;

N060 G00Z38.0S700;

N070 G01X120.0W12.0F0.15;

N080　　W10.0;

N090　　X80.0W10.0;

```
N100    W20.0;                N120    G70P060Q110;
N110    X36.0W22.0;
⋮
```

(3) 固定形状切削复合循环指令 G73

指令格式:G73 U (Δi)_ W(Δk) R(d)_

G73 P(ns)_ Q(nf)_ U (Δu) W(Δw) F(f) S(s) T(t)

该指令适合加工铸造、锻造成形的一类工件时使用,如图 11-3-12 所示。

Δi 表示 X 轴方向总退刀量(半径值);Δk 表示 Z 轴总退刀量;d 表示循环次数;ns 表示精加工路线第一个程序段的顺序号;nf 表示精加工路线最后一个程序段的顺序号;Δu 表示 X 轴方向的精加工余量(直径值);Δw 表示 Z 轴方向的精加工余量。F、S、T 含义同前,但在顺序号 ns 和 nf 之间的程序段中所包含的任何 F、S、T 功能都被忽略,而在这 G73 程序段中的 F、S、T 功能有效。

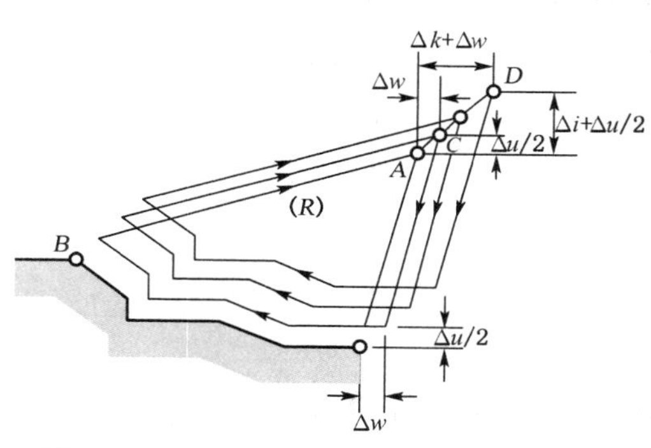

图 11-3-12 固定形状切削复合循环走刀路线

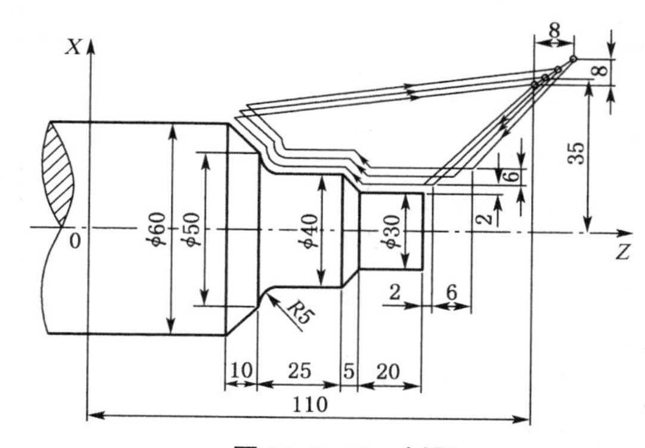

图 11-3-13 例题

【指令训练 3】试按图 11-3-13 所示给定的尺寸采用 G73 循环指令编写加工程序。

```
⋮
G00 X200.0 Z160.0;
G73U8.0W8.0R3;
G73P10Q20U4.0 W2.0F0.3 S180;
N10G00X30.0W-40.0;
G01W-20.0F0.15S600;
U10.0W-5.0S400;
W-20.0S600;
G02X50.0W-5.0R5.0;
N20G01X60.0W-10.0S280;
G70P10Q20;
⋮
```

(4) 精加工复合循环指令 G70

指令格式:G70 P(ns)_ Q(nf)_

该指令是在 G71、G72、G73 指令执行完粗加工之后使用,用以进行精加工。其中 ns 表示精加工路线第一个程序段的顺序号;nf 表示精加工路线最后一个程序段的顺序号。注意:G70~G73 循环指令不能在 MDI 方式下使用,只能调用 N(ns)至 N(nf)之间的程序段,其中程序段不能调用子程序。

11.3.2.3 SIEMENS 系统

SIEMENS 系统是德国 SIEMENS 公司的产品，该公司是生产数控系统的著名厂家，以其较好的稳定性和性价比，在我国数控机床市场上被广泛使用。目前，SIEMENS 系统主要以 SIEMENS 802S/C/D 系列为主。

SIEMENS 802S/C 系统常用指令如表 11-3-3 所示。

表 11-3-3　SIEMENS 802S/C 系统常用指令

代码	功能	代码	功能
G00	直线快速定位	G90/G91	绝对/相对尺寸
G01	进给直线插补	G70/G71	英制/公制尺寸
G02/G03	顺时针圆弧/逆时针圆弧插补	G158	可编程零点偏置
G04	程序段暂停	G54～G57,G500,G53	可设定零点偏置
G05	中间点的圆弧插补	G64	连续路径加工
G33	定螺距螺纹加工	G9/G60	准确定位
G75	返回固定点	M00	程序暂停
G74	返回参考点	M02	程序结束
G25	主轴转速下限	M03/M04	主轴正转/反转
G26	主轴转速上限	M05	主轴停止
G96	设定恒速切削速度	CHF/RND	直线倒角/圆弧倒角
G97	取消恒速切削速度	F	进给率
G40	取消刀具半径补偿	S	主轴速度
G41/G42	刀具半径左补/右补	T	刀具功能
G22/G23	半径/直径尺寸	D	刀具补偿

当车削加工余量较大，需要多次进刀切削加工时，可采用工艺子程序循环加工，这样可减少程序段的数量，缩短编程时间和提高数控机床工作效率。

SIEMENS 802S/C 系统常用复合循环指令如表 11-3-4 所示。

表 11-3-4　SIEMENS 802S/C 系统常用复合循环指令

循环名称	循环功能	循环名称	循环功能
LCYC82	钻孔、沉孔加工	LCYC93	切槽切削
LCYC83	深孔钻削	LCYC94	退刀槽切削
LCYC84	带补偿夹具内螺纹切削	LCYC95	毛坯切削
LCYC85	镗孔	LCYC97	螺纹切削

下面就 LCYC95 毛坯切削循环和 LCYC97 螺纹切削循环为例作简单介绍。

1）毛坯切削循环——LCYC95

LCYC95 循环可以在坐标轴平行方向加工由子程序编程的轮廓，可以进行横向和纵向加工，也可以进行内外轮廓加工。同时也可以选择不同的加工方式：粗加工、精加工或者综合加工。其走刀轨迹如图 11-3-14 所示。

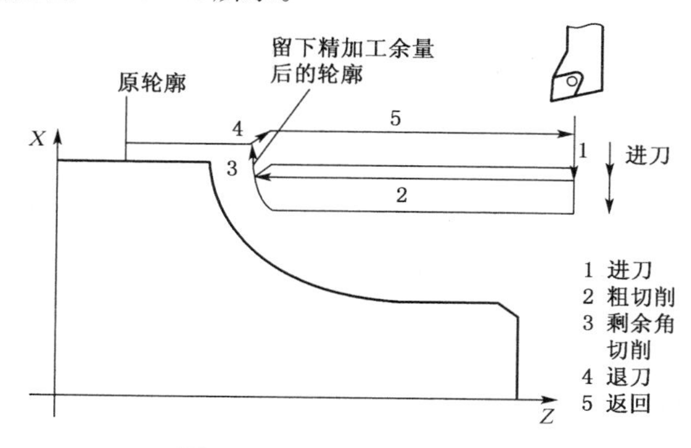

图 11-3-14　毛坯切削循环

LCYC95 循环的参数如表 11-3-5 所示。

表 11-3-5　LCYC95 循环的参数

参　数	含义及数值范围
R105	加工类型 数值 1,2,…,12
R106	精加工余量，无符号
R108	切入深度，无符号
R109	粗加工切入角；在端面加工时该值必须为零
R110	粗加工时的退刀量
R111	粗切进给率
R112	精切进给量

其中 R105 表示加工类型，由纵向/横向加工、内部/外部加工、粗/精/综合加工三个方面决定，取值有 12 种，分别代表的含义如表 11-3-6 所示。

表 11-3-6　R105 参数含义

数值	纵向/横向	外部/内部	粗加工/精加工/综合加工	数值	纵向/横向	外部/内部	粗加工/精加工/综合加工
1	纵向	外部	粗加工	7	纵向	内部	精加工
2	横向	外部	粗加工	8	横向	内部	精加工
3	纵向	内部	粗加工	9	纵向	外部	综合加工
4	横向	内部	粗加工	10	横向	外部	综合加工
5	纵向	外部	精加工	11	纵向	内部	综合加工
6	横向	外部	精加工	12	横向	内部	综合加工

【指令训练 1】试按图 11-3-15 所示的轮廓点位尺寸,采用 LCYC95 毛坯切削循环编写加工程序。

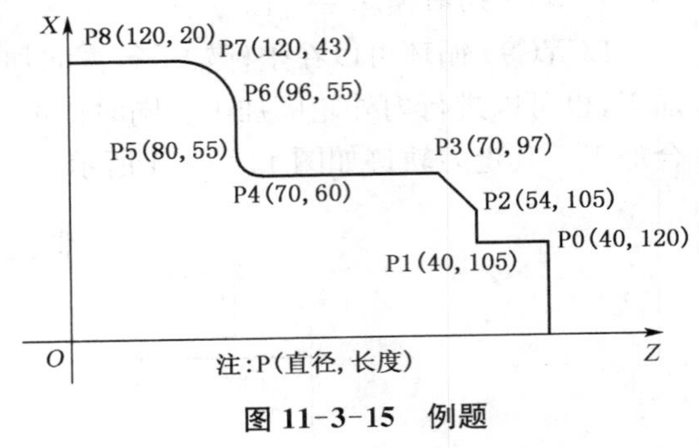

图 11-3-15 例题

(1) 主程序

```
MX01. MPF
N10   T1 D1 G0 G23 G95 S550 M03 F0. 4
N20   X150 Z180
_CNAME="SUB01"
R105=9 R106=1. 2 R108=5 R109=7
R110=105 R111=0. 4 R112=0. 25
N30   LCYC95
N40   G90 G00X150
N50           Z200
N60   M02
```

(2) 子程序

```
SUB01. SPF
N10   G01X40Z120
N20       Z105
N30       X54
N40       X70Z97
N50       Z60
N60   G02X80Z55CR=5
N70   G01X96
N80   G03X120Z43CR=12
N90   G01Z20
N100  M17
```

2) 螺纹切削循环——LCYC97

LCYC97 螺纹切削循环可以按纵向或横向加工形状为圆柱体或圆锥体的外螺纹或内螺纹,并且能加工单头螺纹也能加工多头螺纹。在加工螺纹时,其旋向(左旋/右旋)由主轴的旋转方向决定。

LCYC97 循环的参数如表 11-3-7 所示。

表 11-3-7 LCYC97 循环的参数

参　数	含义及数值范围	参　数	含义及数值范围
R100	螺纹起始点直径	R109	空刀导入量,无符号
R101	纵向轴螺纹起始点	R110	空刀退出量,无符号
R102	螺纹终点直径	R111	螺纹深度,无符号
R103	纵向轴螺纹终点	R112	起始点偏移,无符号
R104	螺纹导程值,无符号	R113	粗切削次数,无符号
R105	加工类型 数值:1,2	R114	螺纹头数,无符号
R106	精加工余量,无符号		

其中,加工参数 R105 用来确定加工外螺纹还是内螺纹,故取值有 2 种。当 R105=1

时，表示外螺纹；当 R105＝2 时，表示内螺纹。其余参数如图 11-3-16 所示。

【指令训练 2】试按图 11-3-17 所示的尺寸采用 LCYC97 螺纹切削循环编写螺纹加工程序。

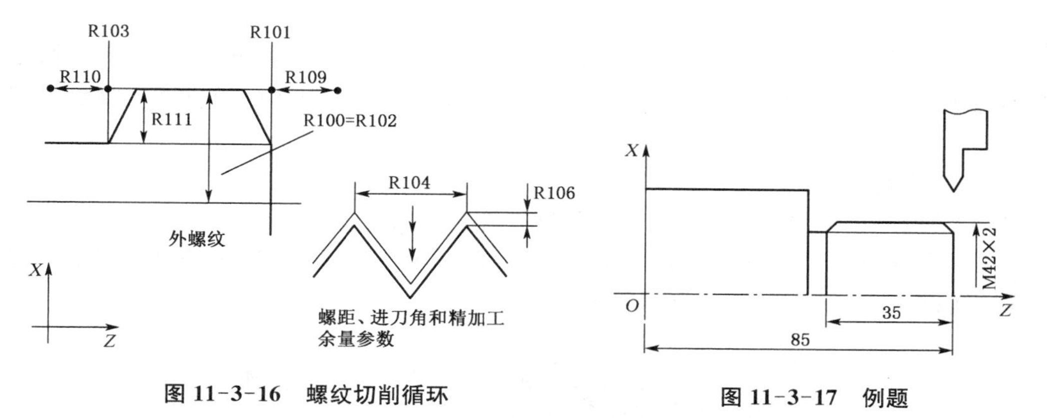

图 11-3-16　螺纹切削循环　　　　图 11-3-17　例题

图示螺纹加工程序如下：

```
MX02. MPF
N10 G23 G95 F0. 3 G90
N20 T1 D1 S600 M04
N30 G00X120Z100
    R100=42 R101=85 R102=42 R103=42 R104=2 R105=1 R106=1
    R109=12 R110=6 R111=4 R112=0 R113=3 R114=1
N40 LCYC97
N60 G00X80Z130
N70 M02
```

11.4　数控车床操作

各种类型的数控车床的操作方法基本上相同，都包括数控系统面板的操作和机床控制面板的操作。但对于不同型号的数控车床，由于机床的结构以及操作面板、数控系统的差别，操作方法也会有所区别。下面就以 FANUC-Oi-Mate-TC 数控车床为例介绍数控车床的基本操作。

11.4.1　数控系统操作面板

FANUC-Oi-Mate-TC 系统操作面板如图 11-4-1 所示。它由 CRT 显示器和 MDI 键盘两部分组成。

1) CRT 显示器

CRT 显示器如图 11-4-1 左侧数据、刀具补偿所示，显示机床的各种参数和功能，如显示机床参考点坐标、刀具起始点坐标、输入数控系统的指令值的数值、报警信号、自诊断内容、滑板快速移动速度以及间隙补偿值等。

2）MDI 键盘

如图 11-4-1 右侧所示，主要用于系统设置和程序编辑。MDI 键盘包括功能键、复位键、数据输入键、编辑键、输入/输出键、光标移动键、翻页键、“CAN”删除键、“EOB”键和软键。

（1）功能键

“POS”键显示当前机床刀具在坐标系中的位置。

“PRGRM”键在 EDIT 方式下，编辑、显示存储器里的程序；在 MDI 方式下，输入/显示 MDI 数据；在机床自动运行时，显示程序指令值。

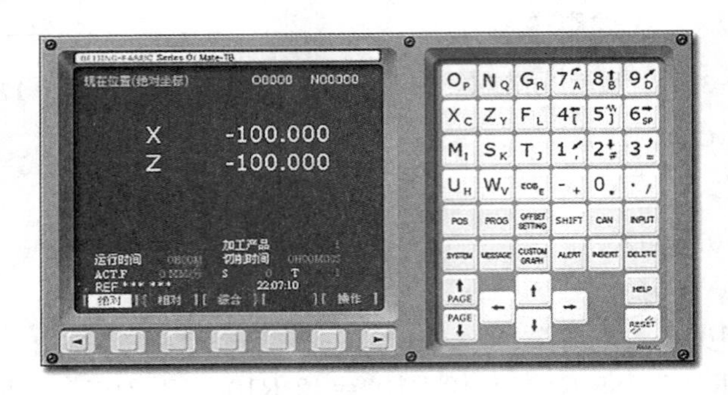

图 11-4-1 FANUC-Oi-Mate 系统操作面板

“MANU/OFSET”键用于设定、显示补偿值和宏程序变量。

“DGNOS/PARAM”键用于参数的设定、显示及自诊断数据的显示。

“OPR/ALARM”键用于显示报警号。

“AUX/GRARPH”键用于图形的显示（图形显示属选择功能）。

（2）“RESET”复位键　程序复位，报警解除。

（3）数据输入键

由数字、字母和符号键组成，每次输入的数据都显示在 CRT 屏幕上。

（4）编辑键　“ALTER”键用于指令更改。“INSRT”键用于指令插入。“DELET”键用于指令删除。

（5）输入、输出键

按下“INPUT”键，可输入参数或补偿值等，也可以在 MDI 方式下输入命令数据。

在“自动”和“MDI”状态下，按下“START”键，便启动机床运行。

（6）“CAN”删除键　用于删除已输入到缓冲器里的最后的程序字。例如，当输入了 G00 后，又按下“CAN”键，则 G00 被删除。

（7）“EOB”键　程序段结束键。

（8）软键

软键的功能不确定，其含义显示于当前 CRT 屏幕下方与软键对应的位置，随功能键状态不同而有着若干个不同的子功能。

11.4.2　数控车床操作面板

FANUC-Oi-Mate-TC 数控车床操作面板如图 11-4-2 所示。该面板包括急停、系统启动、系统关闭、方式选择、进给倍率、主轴倍率、空运转以及机床锁住等 25 个按钮。

图 11-4-2　FANUC-Oi-Mate-TC 数控车床操作面板

1) NC 系统电源接通按钮(POWER ON)

当按下此键 1～2 s 后，屏幕会显示 READY 字样，表示控制系统已准备好，此时液压泵电机转动，液压系统启动。

2) NC 系统电源断开按钮(POWER OFF)

按此按钮，控制系统电源被切断，屏幕显示消失，控制系统关闭。

3) 急停按钮(EMERGENCY)

在紧急状态下按此键，机床各部将全部停止运动，NC 控制系统清零。有回零要求和软件超程保护的机床按急停按钮后，必须重新进行回零操作，否则，刀架的软件限位将不起作用。

4) 方式选择开关(MODE)

用此开关可选择机床下列某一种工作方式，将开关旋至所要求的工作方式时，才能操作机床。

(1) 编辑状态(EDIT)

在此状态下，可以把工件程序读入 NC 控制系统，可以对编入的程序进行修改插入和删除。

(2) 自动运行状态(AUTO)

在此状态下，机床可按照存储的程序进行加工，可按照存储程序的顺序号进行检索。

(3) 手动数据输入状态(MDI)

在此状态下，可以通过 NC 控制面板上的键盘把数据送入数控系统中，所送入的数据均能在屏幕上显示出来。按循环启动“CYCLE　START”按钮执行所送入的程序。

(4) 手脉发生器(HANDLE)

在此状态下，可摇动手摇轮使机床滑板沿着 X 向或者 Z 向移动。

(5) 点动(JOG)

在此状态下，可用“$+X$”或“$-X$”、“$+Z$”或“$-Z$”按钮使滑板沿着 X 轴或者 Z 轴正负方向移动。

(6) 回零(ZERO RETURN)

在此状态下,按“点动”按钮,机床可回到参考点位置。

5) 进给倍率(FEEDRATE OVERRIDE)

用此开关可以改变程序中刀架进给速度。在点动方式下,也可调整进给速度,但在车削螺纹时,不允许调整进给倍率。

6) 主轴倍率(SPINDLE SPEED OVERRIDE)

用此开关可以改变主轴的转速。可以改变程序中给定的S代码速度,使之按50%~120%之间的倍率变化,此开关在任何状态下都起作用。

7) 快速移动倍率(RAPID OVERRIDE)

此开关可以改变刀架快速移动的速度,当选择100%时,快移速度为设定的速度;选择其他位置时,快移速度按比例变化。

8) 循环启动按钮(CYCLE START)

按此按钮,自动执行数控系统内的某个程序。在执行程序时,该按钮内的指示灯亮,执行完毕后指示灯熄灭。

(1) 循环启动按钮在下列情况下起作用:

① 当机床在自动循环工作中按了“进给保持”(FEED HOLD)按钮,机床刀架运动暂停,循环启动灯熄灭,进给保持灯亮。用循环启动按钮可让刀架继续运行。

② 在选择停止按钮被按下状态,自动循环中遇到M01指令时,机床就停止工作。按“循环启动”按钮可使机床继续程序的执行动作。

(2) 循环启动按钮在下列情况下不起作用:

① 急停状态。②复位状态。③程序顺序号检索时。④报警状态。⑤在“状态选择”开关选在“手动数据输入”或“自动”状态以外的位置时。

9) 进给保持按钮(FEED HOLD)

在自动循环操作时,按此按钮刀架运动立即停止,红色指示灯亮。要使机床继续工作,必须按“循环启动”按钮来消除“进给保持”。在“进给保持”状态,可以对机床进行任何的手动操作。但使用G32、G34、G92和G96代码进行螺纹切削时“进给保持”按钮无效。

10) 冷却按钮(COOLANT ON)

冷却按钮按下时,指示灯亮,冷却液开;再按之,指示灯熄灭,冷却液停。可在任何工作状态下随时控制冷却液的开和停。

11) 转塔转位(CHANGE TOOL)

在手动工作方式下,按此按钮可以实现转塔旋转换刀。

12) 空运行按钮(DRY RUN)

此按钮有两个工作状态:

(1) 当按一下此按钮时,指示灯亮,表示空运转功能有效。此时,运行程序中的全部F码无效,机床的进给按“进给倍率”开关所选定的进给量(mm/min)来执行。

(2) 通常机床的进给是mm/r(即F码),置“空运行”后机床的进给变为mm/min。再按此按钮,指示灯熄灭,“空运行”功能取消。

注意:“空运行”只能在不装工件的情况下快速检验运行程序,不能用于实际的零件切削加工中。

13）机床锁住按钮（MOTION INHIBIT）

此按钮有两个工作状态：

（1）当按一下此按钮时，指示灯亮，表示“机床锁住”功能有效。此时机床刀架不能移动。但其他的执行和显示都正常。

（2）再按此按钮，指示灯熄灭，“机床锁住”功能取消。

14）单段运行按钮（SINGLE BLOCK）

此按钮有两个工作状态：

（1）当按一下此按钮时，指示灯亮，表示“单段程序运行”功能有效。

（2）再按此按钮，指示灯熄灭，表示取消了“单段程序运行”功能。

当“单段程序运行”有效时，按一下“循环启动”按钮，机床只执行一个程序段的指令。

15）程序段跳转按钮（BLOCK SKIP）

此按钮有两个工作状态：

（1）当按一下此按钮时，指示灯亮，表示“程序段跳转”功能有效。

（2）再按此按钮，指示灯熄灭，表示取消了“程序段跳转”功能。

在程序段跳转功能有效时，运行程序中带有“/”符的程序段不执行，也不进入缓冲寄存器，程序执行转到跳过程序段的下一段，即无“/”符的程序段。在“程序段跳转”功能无效时，“/”符也无效，因而程序中的程序段被依次执行。

16）选择停按钮（OPTIONAL STOP）

此按钮有两个工作状态：

（1）当按一下此按钮时，指示灯亮，表示“选择停止”功能有效。

（2）再按此按钮，指示灯熄灭，表示取消了“选择停止”功能。

当“选择停止”机能有效时，程序中的M01指令有效，当执行完含有M01的程序段后，自动循环停止。要使机床继续按程序运行，必须按“循环启动”按钮。当“选择停止”功能取消时，程序中的M01指令不起作用。在自动运行中需要对工件的尺寸进行检验或是插入必要的手工操作时，使用此按钮功能非常方便。

17）点动按钮（+X，−X，+Z，−Z）以及点动加速按钮（RAPID）

将“方式选择开关”（MODE）选到“回零”（ZERO RETURN）、“点动”（JOG）位置，按点动按钮之一，就可以实现刀架向某一正或负方向运动。若再同时按住“点动加速按钮”（RAPID），则刀架按NC参数设定的快移速度快速移动。

18）主轴控制按钮

（1）主轴正转按钮（SPINDLE CW）；（2）主轴反转按钮（SPINDLE CCW）；（3）主轴停止按钮（SPINDLE STOP）；此三按钮只在手动状态（包括点动、手脉）有效。

注意：在主轴正、反转切换前必须先按“主轴停止按钮”，使主轴停止再行切换。

19）程序保护开关（PROGRAM PROTEST）

它是一钥匙开关，用以防止破坏内存程序。

当在“1”（ON）位置时，内存程序将被保护起来，即不能进行程序编辑；“0”（OFF）位置时，内存程序不受保护。

11.4.3 加工程序的输入与编辑

1) MDI 状态输入(手动数据输入)

在 MDI 状态下,可以直接输入程序指令,控制机床的运行方式,具体方法如下:

(1) 将方式选择按钮选为 MDI 方式。

(2) 按 PRGRM 键,出现程序画面。

(3) 画面左上角没有 MDI 标志时按 PAGE 键,直至出现 MDI 标志。

(4) 输入数据。例如,主轴正转 800 r/min:依次输入 S800(INPUT)M03(INPUT)。

(5) 按下循环启动按钮或 START 键,主轴开始回转。

(6) 要使主轴回转停止,输入 M05(INPUT),再按启动键或 START 键。

注意:这种方式下输入,最多可输入 10 个程序段,即 10 行程序。

2) EDIT 状态输入

例如,将下列程序输入系统内存:

O0001;

G50 X60. Z80. ;

G00 G96 S600 T0101 M03;

……

M30;

%

(1) 将方式选择按钮选为编辑 EDIT 状态。

(2) 按 PRGRM 键,出现 PROGRAM 画面。

(3) 将程序保护开关置为无效 OFF 状态。

(4) 在 NC 操作面板上依次输入:

O0001[EOB]G50[INPUT]X60. [INPUT]Z80. [EOB]……M30[EOB]

(5) 将程序保护开关置为有效。

(6) 按 RESET 键,光标返回程序的起始位置。

3) 程序编辑

程序编辑必须在 EDIT 状态下,按 PRGRM 键,出现 PROGRAM 画面,并将程序保护设为无效方可进行。

(1) 字的修改

当对输入的程序需作改动时,可以在程序修改的操作界面上进行。

① 将光标移至 Z 的位置。② 键入字 Z20. 0。③ 置程序保护为无效(OFF)。④ 按 ALTER 键。⑤置程序保护为有效(ON)。

(2) 删除字

例如,将“G00 G96 Z80. S1000 T0202 M03;”中的字“Z80.”删除,其步骤如下:

① 将光标移至 Z80. 的位置。②置程序保护为无效(OFF)。③按 DELET 键,Z80. 即被删除,光标自动移至 S1000 的位置。④置程序保护为有效(ON)。

(3) 删除一个程序段(1 行)

例如,将下列程序中"N30"这一行删除,其步骤如下:

O0001;

N10 G50 X60. Z80. ;

N20 G00 G96 S600 T0101 M03;

N30 G01 X20. Z30. ;

……

① 将光标移至要删除的程序段的第一个字的位置。②按"EOB"键。③置程序保护为无效(OFF)。④按"DELET"键。⑤置程序保护为有效(ON)。

(4) 插入字

例如,将"G00 Z80. S1000 T0202;"改为"G00 Z80. S1000 T0202 M03;"其步骤如下:①将光标移至要插入字的前面字的位置。②键入要插入的字 M03。③置程序保护为无效(OFF)。④按 INSRT 键,出现"G00 Z80. S1000 T0202 M03;",插入成功。⑤置程序保护为有效(ON)。

11.4.4 数控车床基本操作

1) 电源接通前后的检查

电源接通前操作者必须做好下面几项检查工作:

(1) 检查机床的防护门、电箱门是否关闭。

(2) 检查润滑装置上油标的液面位置。

(3) 检查切削液的液面是否高于水泵吸入口。

(4) 检查是否遵守了《机床使用说明书》中规定的注意事项。

当以上各项检查都符合要求时,方可给机床上电,即刻机床工作灯亮,风扇、润滑泵等启动。此时,按下 NC 装置电源启动按钮,即"POWER ON"按钮,机床控制系统启动。

2) 回参考点操作

打开机床后,必须先做回参考点操作。由于该系统采用增量式位置检测器,一旦机床断电后,其上的数控系统就失去了参考点坐标的记忆,故开机后必须先做回参考点操作。另外,在"急停"或"超程报警"等故障排除后,也应先做回参考点操作。

回参考点操作的步骤:

(1) 选择"JOG"方式,分别按"$-X$"、"$-Z$"向 X 轴、Z 轴负方向移动适当距离。

(2) 将方式旋钮置于"回零"位置。

(3) 将快移倍率开关选为 50%左右。

(4) 按住按钮,使滑板沿 X 轴正向移动,待 CRT 屏幕上出现回到参考点的图标时再松开按钮。同理,按住"$+Z$"按钮,完成 Z 轴回零操作。

3) 主轴操作

主轴的操作包括主轴的正、反转启动和停止。具体操作步骤如下:

(1) 将"MODE"开关置于手动方式"MANU"中的任意一个位置。

(2) 分别按"SPINDLE CW"、"SPINDLE STOP"、"SPINDLE CCW"按钮,可以依次实

现主轴正转、停止、反转。

(3) 在主轴转动时,可以通过主轴倍率开关改变主轴转速。

(4) 通过“SPINDLE STOP”或“RESET”(复位键)实现主轴旋转停止。

4) 刀架转位操作

装卸刀具,测量切削刀具的位置以及对工件进行试切削时,都要靠手动操作实现刀架的转位。其操作步骤如下:

(1) 首先将“MODE”开关置于“MANU”方式的任意一个位置。

(2) 将“TOOL SELECTION”开关置于指定的刀具号位置。

(3) 按下“INDEX”按钮,则回转刀架上的刀盘顺时针转动到指定的位置。

5) 手轮操作

手动调整刀具时,要用手轮确定刀尖的正确位置,还可在试切削时,一面用手轮微调进给速度,一面检查切削情况,手轮的操作步骤如下:

(1) 将方式选择开关选为手轮方式。

可选择 3 个位置:将方式选择开关指向手轮×10,手轮每转 1 格则滑板移动 0.01 mm;指向×100,手轮每转 1 格则滑板移动 0.1 mm;指向×1 000,手轮每转 1 格则滑板移动 1 mm。

(2) 通过选择键,选择要移动的坐标轴 X 或 Z。

(3) 转动手轮,使刀架按指定的方向和速度移动。

6) 卡盘操作

如果机床上配置的是气动或是液压卡盘,则在手动方式下通过相关的按钮实现卡盘的夹紧和松开。如果配置的是手动卡盘,则在机床主轴“STOP”状态都可通过卡盘扳手实现对卡盘的操作,以达到工件的松开或者夹紧。

7) 机床急停操作

机床无论是在手动还是在自动状态下,遇到非正常情况,需要急停时,可通过下面的一种操作来实现。

(1) 按下紧急停止(EMERG STOP)按钮。按下“EMERG STOP”按钮后,除润滑油外,机床的动作及各种功能均被立即停止。待故障排除后,顺时针旋转按钮,被压下的按钮跳起,则急停状态解除。但此时要恢复机床的工作,必须先做回参考点操作。

(2) 按下复位键(RESET)。机床在自动运转过程中,按下此键机床全部工作立即停止。

(3) 按下 NC 装置电源断开按钮。

(4) 按下进给保持按钮(FEED HOLD)。

11.5 典型零件的数控车削实例

如图 11-5-1 所示,这是一个由球面、圆弧面、外圆锥面、外圆柱面、螺纹构成的外形比较复杂的典型的轴类零件。

工艺分析：

1）毛坯选择

ϕ25 直径处不加工，结合零件用途特点，采用 45＃钢，毛坯尺寸为：ϕ25 mm×L90 mm。

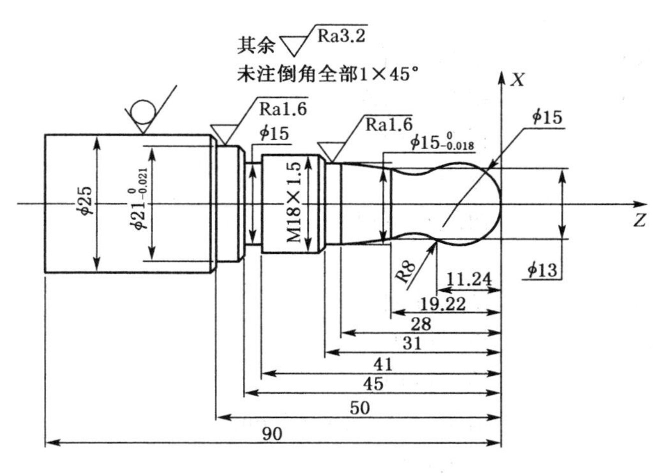

图 11-5-1　例题

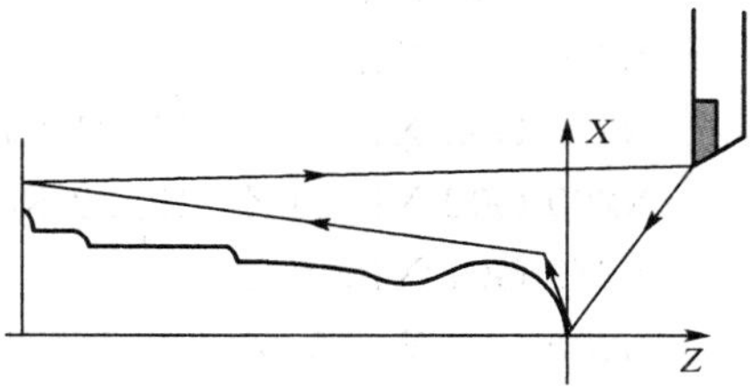

图 11-5-2　加工路线

2）加工路线

依图分析，得出加工路线如图 11-5-2 所示。

3）刀具选择

T1：90 度硬质合金刀，用于粗、精车削加工。

T2：硬质合金机夹切断刀，刀片宽度为 4 mm，用于切槽、切断。

T3：60 度硬质合金机夹螺纹刀，用于螺纹车削加工。

4）编写程序

按照 FANUC-Oi-Mate-TC 系统规范编程如下：

```
O0001                        程序名
N10 G50 X100.0 Z100.0;       工件坐标系设定
N20 S600 M03 T0101;          主轴正转，调用 1 号刀，刀补号 1
N30 G00 X26.0 Z0;            快速点定位
N40 G01 X0.0 F0.2;           车削右端面
N50 G00 Z1.0;                快速点定位
N60 X21.5;
N70 G01 Z—50.0;              粗车外圆面 ϕ21.5 mm
N80     X25.0;               车削台阶
N90 G00 Z1.0;                快速点定位
N100     X18.5;
N110 G01 Z—45.0;             粗车外圆面 ϕ18.5 mm
N120     X21.5;              车削台阶
N130 G00 Z1.0;               快速点定位
N140     X15.5;
```

```
N150 G01 Z-31.0;                       粗车外圆面φ15.5 mm
N160     X18.5;                        快速点定位
N170 G00 Z0.5;
N180     X0.0;
N190 G03 X13.5 Z-11.31 R7.75;          粗车球面
N200 G02 X13.5 Z-19.16 R7.75;          粗车圆弧面
N210 G01 X15.5 Z-28.0;                 粗车锥面
N220     X16.0;                        退刀
N230 G00 Z0.0;                         快速点定位
N240     X0.0;
N250 G03 X13.0 Z-11.24 R7.5;           精车球面
N260 G02 X13.0 Z-19.22 R8.0;           精车圆弧面
N270 G01 X15.0 Z-28.0;                 精车锥面
N280     W-3.0;                        精车外圆柱面φ15 mm
N290     X15.85;                       车削台阶
N300     X17.85 W-1.0;                 倒角
N310     Z-45.0;                       精车螺纹大径
N320     X19.0;                        车削台阶
N325     X21.0 W-1.0;                  倒角
N330     Z-50.0;                       精车外圆柱面φ21 mm
N335     X23.0;                        车削台阶
N340     X25.0 W-1.0;                  倒角
N350 G00 X100.0 Z100.0;                快速回退到起始点,准备换刀
N360 T0202;                            调用2号刀,刀补号2
N370 G00 X22.0 Z-45.0;                 快速点定位
N380 G01 X15.0;                        切槽
N390 G04 X1.0;                         暂停1 s
N400 G00 X22.0;                        退刀
N410 G00 X100.0 Z100.0;                快速回退到起始点,准备换刀
N420 T0303;                            调用3号刀,刀补号3
N430 G00 X20.0 Z-28.0;                 快速点定位
N435    X17.0;
N440 G92 X17.0 Z-42.0 F1.5;            螺纹切削
N450     X16.5;
N460     X16.2;
N470     X16.05;
N480 G00 X100.0 Z100.0;                快速回退到起始点
N490 M05;                              主轴停止
N500 M30;                              程序结束
```

复习思考题

1. 绝对坐标系和增量坐标系的区别是什么？举例说明。

2. 简述数控编程的步骤。

3. 数控车床的坐标轴是怎样规定的？试按右手笛卡儿坐标系确定数控车床中 Z 轴和 X 轴的位置及方向。

12　数控铣、加工中心、数控雕铣技术与项目实训

12.1　数控铣削类加工项目实训

12.1.1　实训目的和要求

1）基本知识

（1）了解数控技术在铣削加工中的应用及数控铣削加工特点。

（2）了解数控铣床、加工中心、数控雕铣机的工作原理、主要组成部分及其作用。

（3）熟悉数控铣床、加工中心、数控雕铣机的程序编制和操作。

（4）掌握数控铣床加工零件的工艺过程和基本操作方法。

2）基本技能

（1）熟悉数控铣床、加工中心、数控雕铣机的基本操作与保养。

（2）掌握数控铣削类机床的安全操作规范。

（3）了解工件与刀柄的正确安装与调试。

（4）熟悉面板功能及机床手动、自动方式操作。

（5）能根据零件轮廓图编制加工程序，程序输入并模拟（含仿真训练）。

（6）掌握对刀（建立工件坐标系）的基本操作及简单零件的加工过程。

12.1.2　实训设备使用规程及操作安全守则

为了合理正确地使用数控机床，保证机床正常运转及操作者的安全，必须制定比较完整的安全操作规程，通常应注意以下一些方面：

（1）机床通电后，检查各开关、按钮和键是否正常、灵活，机床有无异常现象。

（2）检查电压、气压、油压、润滑系统是否正常。

（3）各坐标轴要手动回参考点，若某轴在回零前已经处在或超出零位，必须先将该轴移动离开零点一段距离后，再手动回零。

（4）数控机床空运转达 15 min 以上，使机床达到热平衡状态。

（5）程序输入后，应认真核对，其中包括代码、指令、地址、数值、正负号、小数点及语法等保证正确无误。

(6) 按工艺规程安装找正夹具。

(7) 正确测量和计算工件坐标系,并对所得结果进行验证。

(8) 将零偏数值正确输入到规定的参数区,并认真核对。

(9) 未安装工件之前可空运行一次程序,观察程序是否顺利执行,刀具长度选取和夹具安装是否合理,有无超程现象。

(10) 正确设置刀具的几何参数,要对刀号、补偿值进行认真核对。

(11) 检查夹具、工件在加工中是否与刀具发生碰撞等干涉现象。

(12) 无论是首次加工的零件,还是周期性重复加工的零件,首件都必须对照图样工艺、程序和刀具调整卡,进行逐段程序的试切。

(13) 单段试切时,倍率旋钮应打到较低档。(西门子系统的 ROV 应设置有效)

(14) 程序运行过程中,要观察数控系统上的坐标显示,与机床的实际运动进行比对,检查二者是否一致。

(15) 试切进刀时,在刀具运行距离工件较近时,应减慢进给速度,检查各轴余程与图样是否一致。

(16) 程序修改后,对修改部分一定要严格检查和认真核对。

(17) 手摇进给和手动进给时,必须检查各种开关所选位置是否正确,严格判断正负方向,防止方向出现错误而发生撞刀事故。

(18) 当加工程序出现异常情况时,按下机床操作面板上的"急停"按钮,机床各运动部件在运动中紧急停止,数控系统复位。排除故障后要恢复机床工作,必须进行手动返回参考点操作。如果在换刀过程中按了急停按钮,必须用 MDI 方式把换刀机构调整好。

(19) 两人及以上操作同一台机器时应以一人为主,相互合作,互相照应。

(20) 机床运行时应关闭舱门,不要将头手伸入机床,如有特殊需要,应注意安全。

(21) 加工完毕,应清扫机床,并将各坐标轴停在中间位置。

12.1.3 项目实训内容

(1) 利用常用编程指令进行编程训练。

(2) 利用高级编程指令进行编程训练。

(3) 仿真软件操作及机床基本操作训练。

(4) 对刀及刀具补偿设定及实际加工训练。

(5) CAD/CAM、程序传输及实际加工训练。

(6) 数控雕铣编程及雕铣机操作训练。

12.2 数控铣削加工

数控铣床是一种功能强大的机床,它的加工范围较广,工艺也很复杂,涉及的技术问题较多。目前迅速发展的加工中心、柔性制造系统等都是在数控铣床的基础上生产和发展起来的。

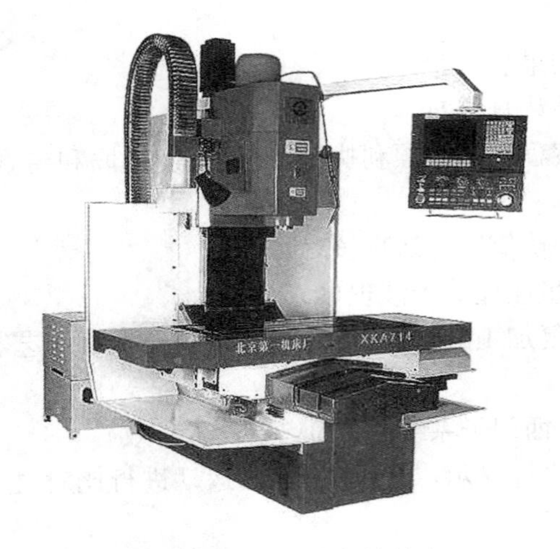

图 12-2-1　立式数控铣床

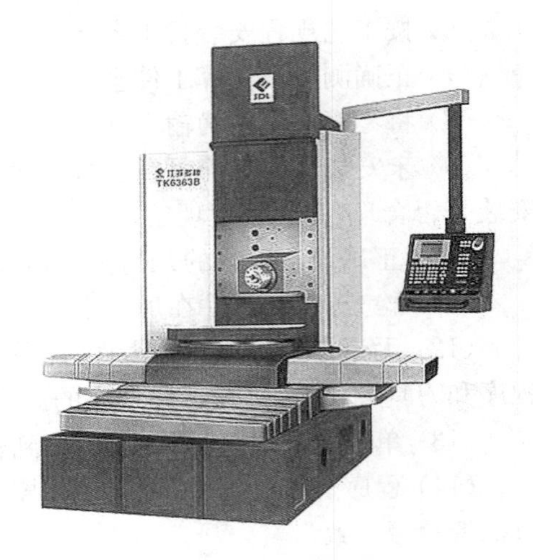

图 12-2-2　卧式数控铣床

数控铣床主要用于平面和曲线轮廓等的表面形状加工，也可以加工一些复杂的型面，如模具、凸轮、样板、螺旋槽等。还可以进行一系列孔的加工，如钻、扩、镗、铰孔和锪孔加工。另外，在数控铣床上还可以加工螺纹。

12.2.1　数控机床的分类

根据主轴的不同位置，数控铣床也像普通铣床那样分为立式（图 21-2-1）、卧室（图 12-2-2）和立卧两用式数控铣床，以及龙门数控铣床（图 12-2-3）等。立式数控铣床一般适合加工平面、凸轮、样板、形状复杂的平面或立体零件以及模具的内外表面等；卧式数控铣床适合加工箱体、泵体、壳体类零件。

根据系统进行分类，有经济型（图 12-2-4）和全功能型的数控铣床。

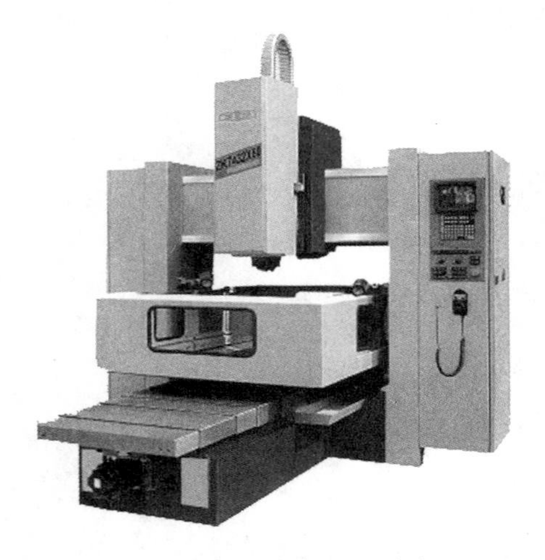

图 12-2-3　龙门数控铣床

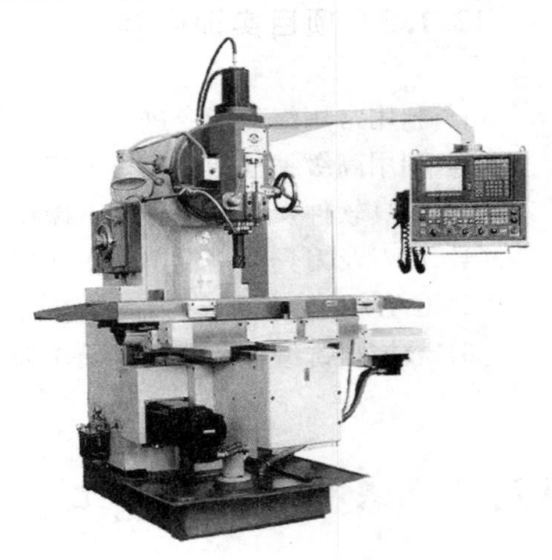

图 12-2-4　经济型数控铣床

12.2.2 数控铣床的功能

各类数控铣床由于其配置的操作系统不同，其功能也不尽相同。以下内容按 SIEMENS 系统为例进行介绍。

1）点位控制

利用这一功能，数控铣床可以进行只需要点位控制的钻孔、扩孔、铰孔、镗孔、锪孔等表面的加工。

2）轮廓控制

数控铣床利用直线插补和圆弧插补的方式，可以进行刀具运动轨迹的连续轮廓控制，加工出由直线和圆弧两种几何要素构成的各种轮廓工件。对于一些非圆曲线，如椭圆、双曲线、抛物线等二次曲线及螺旋线和列表曲线等构成的轮廓，在经过直线和圆弧逼近后，也可以加工。

3）刀具半径自动补偿

利用这一功能，在编程时可以很方便地按工件的实际轮廓形状和尺寸进行编程计算，在实际加工中，刀具的中心会自动偏离工件轮廓一个距离，这个距离（称为刀具半径补偿量）可以根据实际需要自由设定，从而加工出符合要求的轮廓表面。利用这种功能，即使使用不同半径的刀具，也不需要修改程序，都可以加工出相同的轮廓；也可以利用该功能，通过修改刀具半径补偿量的方法来弥补铣刀制造的尺寸精度误差，扩大刀具半径选用范围及刀具半径返修刃磨的允许误差。还可以利用改变刀具半径补偿值的方法，以同一程序实现分层铣削和粗、精加工或用于提高加工精度。另外，通过改变刀具半径补偿值的正负号或修改程序里的刀具补偿方向，可以用来加工某些需要配合的工件。

4）刀具长度补偿

在无须修改加工程序的情况下，利用该功能可以自动改变切削平面高度，同时可以降低在制造与返修时对刀具长度尺寸的精度要求，也可以用来补偿刀具轴向对刀误差。

5）子程序调用

利用该功能可以使程序编写过程大大简化，减少程序内容。当刀具要反复执行一些相同的动作时或被加工的工件表面有相同的形状（尺寸相同，或者成一定的比例关系，也可以是一定的角度关系）时，可以将其写成子程序，反复调用。同一主程序可以反复调用不同的子程序，不同的主程序也可反复调用同一子程序。在手工编程时，常使用该功能。

6）固定循环调用

利用该功能也可用来简化程序编写。对于工件上出现的一些较为典型的表面形状，如孔、圆、矩形、圆槽、端面加工等，数控机床的数控系统已经设置好这样的一些固定循环的模块，在程序编写的过程中可以进行直接调出该循环，根据其中的各项参数进行实际设定，就可以加工大小不同或形状不同的工件轮廓及孔径、孔深不同的孔。

7）偏移、镜像、旋转、缩放加工功能

偏移：利用此项功能可将要加工的表面形状移到其他的任何位置；

镜像：利用此项功能，只要编写出整个对称图形的基本部分形状，可以将整个图形加工出来；

旋转：利用此项功能，可将程序编制的基本形状沿着基准点在 360°内任意旋转加工；

缩放：利用此项功能，可将程序编制的基本形状沿着基准点根据各轴的不同比例进行缩放加工。

特别指出的是，上述各种功能不仅可以单独使用，操作者也可以根据实际的加工需要灵活、综合的运用这些功能！

12.2.3 数控铣床基本编程指令及规则(SIEMENS)

1) 坐标系

(1) 机床坐标系(MCS)

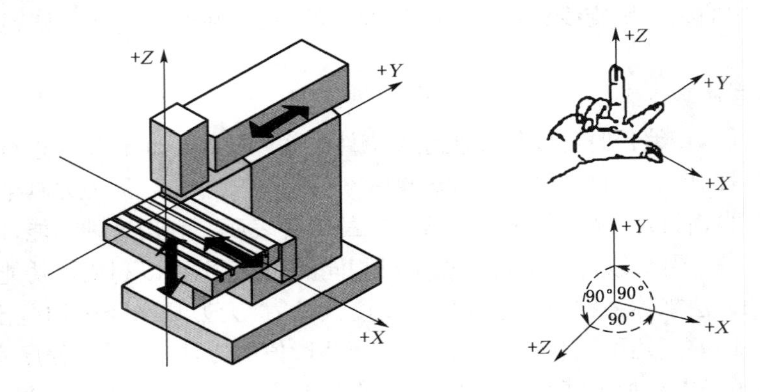

图 12-2-5　数控铣床坐标

机床坐标系有三根坐标轴：*X*、*Y*、*Z*，各轴位置(图 12-2-5)符合右手笛卡儿坐标系的位置关系。轴的正负方向为刀具相对工件的运动方向(刀具不一定做绝对运动)，坐标系的原点定在机床零点，是所有坐标轴的零点位置；该点作为参考点，位置由机床制造厂家确定。机床通电后，一般各轴需执行回参考点的操作，从而建立机床坐标系。

(2) 工件坐标系(WCS)

工件坐标系是为了方便编写程序而设定的坐标系，也称编程坐标系。坐标原点的位置由编程人员根据加工的实际需要自由设定，各坐标轴的方向与机床坐标系应保持一致(图 12-2-6)。实际加工时，工件坐标系是要建立在机床坐标系基础上的，如果机床坐标系的零点发生漂移，工件坐标系的零点位置也会同步变化。

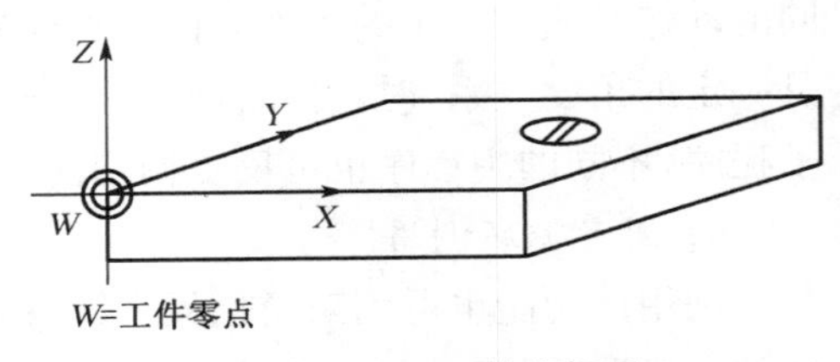

图 12-2-6　工件坐标系

(3) 各坐标系的位置关系

编程人员可以利用各种指令，根据实际需要来偏移工件坐标系的零点位置，从而可以建立三级(二、三、四级)工件坐标系，具体关系见图 12-2-7。

需要特别指明的是，底层坐标系发生变化时，上层坐标系的绝对位置也会同步发生变化。此关系也仅限于西门子系统，其他的操作系统不可盲目套用。

可设定的零点偏置指令：G54（G55、G56、G57、G58、G59），用该组指令建立工件坐标系与机床坐标系的关系如图 12-2-8 所示。

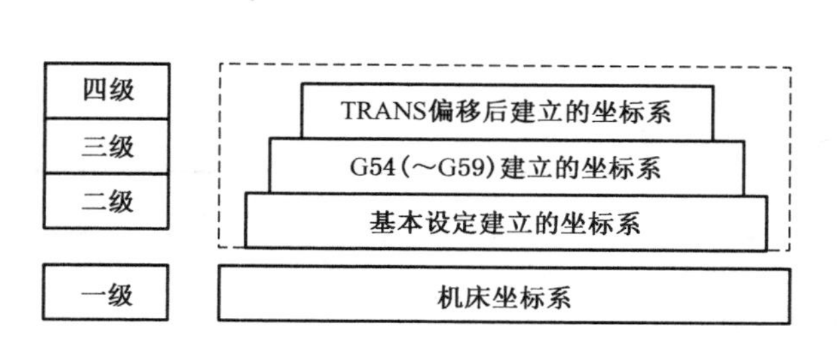

图 12-2-7 SIEMENS 系统各坐标系的关系

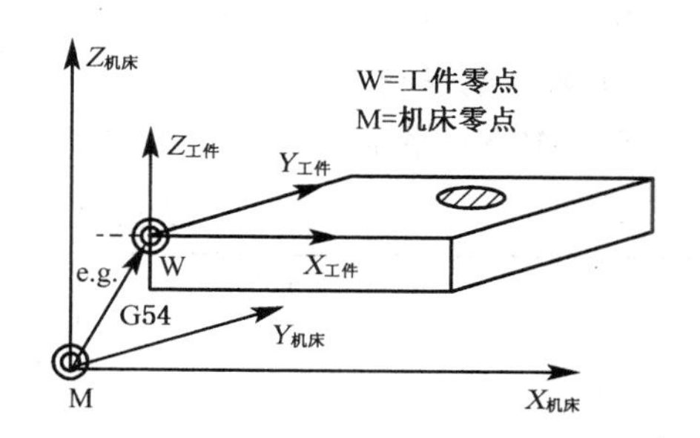

图 12-2-8 工件坐标系与机床坐标系的关系

西门子系统特别提醒：用 G54～G59 建立的工件坐标系，只有在程序运行了此指令后才会激活该层工件坐标系；若运行 M02 指令或按动 RESET（复位）键便会关闭该层工件坐标系。

2）程序名称

主程序　如：RAHMEN32(. MPF)

开始的两个字符必须是字母；

其后的符号可以是字母、数字或下划线；

最多为 16 位字符；

不得使用分隔符。

子程序　如：L888 (. SPF)

子程序名为 L1～L9999999

主程序中调用子程序的格式为 L…P…（P 为 1～9999），P 为循环次数。

3）程序结构

NC 程序由各个程序段组成；

每个程序段执行一个加工步骤；

程序段由若干个字组成；

最后一个程序段包含程序结束符：M02；

程序结构见表 12-2-1。

表 12-2-1 程序结构

程序段	字	字	字	…	;注释
程序段	N10	G0	X30	…	;第一程序段
程序段	N20	G2	Y40	…	;第二程序段
程序段	N30	G90	…	…	;…
程序段	N40	…	…	…	;…
程序段	N50	M02			;程序结束

注意：

(1) 一个程序段中应含有执行一个工序所需的全部数据；

(2) 程序段中有很多指令时建议按以下顺序：

N_ G_ X_ Y_ Z_ F_ S_ T_ D_ M_ H_

4) 基本编程指令

SIEMENS 系统指令见表 12-2-2.

表 12-2-2　SIEMENS　系统指令表

地址	含义	说明	编程格式
D	刀具补偿号	用于某个刀具 T 的补偿参数;D0 表示补偿值=0	D…
F	进给率	刀具/工件的进给速度,对应 G94 或 G95,单位分别为毫米/分钟或毫米/转	F…
G	G 功能(准备功能)	G 功能按照 G 功能组划分,一个程序段中只能有一个 G 功能组中的一个 G 功能生效	G…
G00	快速移动	运动指令	G00 X…Y…Z…
G01	直线插补	(插补方式)	G1 X…Y…Z…F…
G02	顺时针圆弧插补	(插补方式)	G2 X…Y…I…J…F…;圆心和终点 G2 X…Y…CR=…F…;半径和终点
G03	逆时针圆弧插补		同上
G33	恒螺距的螺纹切削	模态有效	S…M…;主轴转速方向 G33Z…
G04	暂停时间	特殊运行,程序段方式有效	G4 F… 或 G4 S…;单独程序段
TRANS	可编程偏置	写存储器,程序段方式有效	TRANS X…Y…Z…;单独程序段
ROT	可编程旋转		ROT RPL=…; 在当前的平面中旋转
SCALE	可编程比例系数		SCALE X…Y…Z…;在所给定轴方向的比例系数;单独程序段
MIRROR	可编程镜像功能		MIRROR X0;改变坐标轴的方向;单独程序段
G17 *	X/Y 平面	平面选择,模态有效	G17…;该平面上的垂直轴为刀具长度补偿轴
G18	Z/X 平面		
G19	Y/Z 平面		
G40 *	刀尖半径补偿取消方式	刀尖半径补偿	

续　表

地址	含义	说明	编程格式
G41	刀尖半径左补偿	模态有效	
G42	刀尖半径右补偿		
G500 *	取消可设定零点偏置	可设定零点偏置，模态有效	
G54～G59	可设定零点偏置		
G70		英制尺寸	英/公制尺寸
G71 *		公制尺寸	模态有效
G94	进给率 F	单位：毫米/分　模态有效	
G95		单位：毫米/转	
L	子程序名及调用	单独程序段	L… P…；P 为调用次数
M00	程序停止	按[循环启动]键加工继续执行	
M01	程序有条件停止	仅在专门信号出现后生效	
M02	程序结束	在程序的最后一段写入	
M06	更换刀具	机床数据有效时，用 M06 换刀，其他情况下用 T 指令进行	
N	程序段号	0…9999 9999 整数	比如：N30

(1) 运动指令　G00　G01　G02　G03

① G00　快速线性移动指令

该指令用于快速定位刀具，不可对工件表面进行加工。可以在几个轴上同时执行快速移动，由此产生一条线性轨迹。

编程举例：N10　G00X10Y20Z－2

② G01　带进给率的线性插补指令

刀具以直线方式从起点出发移动到目标点，以地址 F 下编程的进给速度运行，所有坐标轴可以同时运行。

编程举例：N10　G01X1Y20Z－5F80

注意：利用该指令对工件表面进行切削时，必须启动主轴旋转！

③ G02　顺时针圆弧插补　　G03　逆时针圆弧插补

刀具沿着圆弧轮廓从起点运行到目标点。在各个平面内的方向如图 12-2-9 所示。

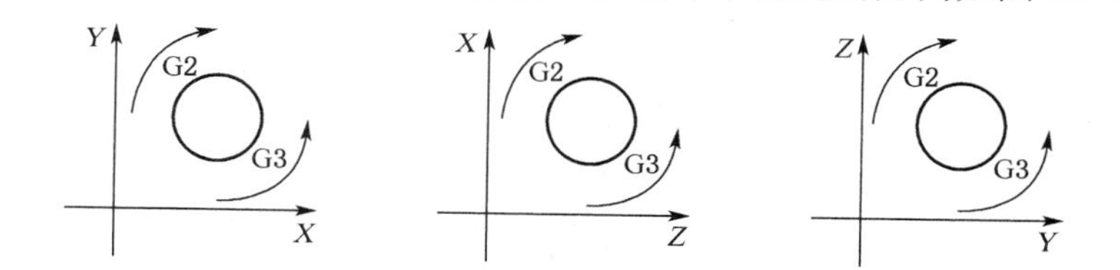

图 12-2-9　圆弧插补平面

圆弧插补指令格式(图 12-2-10):

G02/G03 X _ Y _ I _ J _ F _　　圆心终点格式

G02/G03 X _ Y _ CR= _ F _　　半径终点格式

说明:只有圆心终点格式才可以编辑整圆。

CR=－　表明该圆弧段是一个大于半圆的圆弧段。

本组中的指令均为一直有效,直到被本组的其他指令取代!

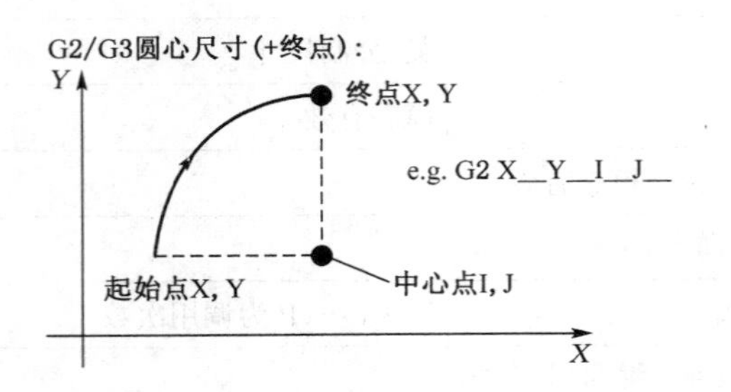

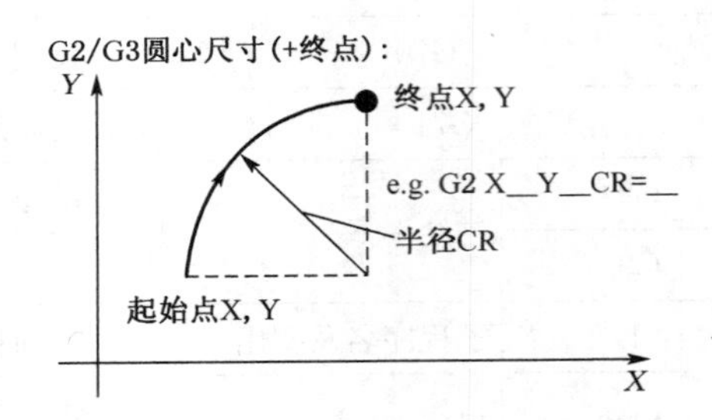

图 12-2-10　(XY 平面)圆弧插补图解

(2) 进给率　F

指刀具轨迹速度,它是所有坐标轴移动速度的矢量和;

进给率在 G1、G2、G3 插补方式中生效,并一直有效,直到被新的 F 地址取代!

(3) G94　G95

G94　直线进给率　毫米/分钟

G95　旋转进给率　毫米/转　(只有主轴旋转才有意义)

编程举例:

N60　G94 G01X25Y50Z－2 F100　　刀具以每分钟 100 毫米的速度从起点出发直线移动到目标点

N70　G95 G02X55CR=15 F0.1　　刀具以主轴每转 1 圈移动 0.1 mm 的速度从起点出发沿圆弧路径移动到目标点

(4) 绝对和增量位置数据指令:G90,G91,AC,IC

绝对位置数据输入:　　G90　　该指令表示坐标系中目标点的坐标尺寸。

增量(相对)位置数据输入:　G91　　该指令表示各轴待运行的位移量。

X(Y、Z) = AC (____);　某轴以绝对尺寸输入,程序段方式

X(Y、Z) = IC (____);　某轴以相对尺寸输入,程序段方式

编程举例:

N10 G90 G01 X10 Z50 F100　　;绝对尺寸

N20 X25 Y20 Z=IC(－10)　　;X、Y 是绝对尺寸,Z 是增量尺寸

N30 G91 G01 X10 Y20　　;转换为增量尺寸

N40 X－10 Y=AC(10)　　;X 仍然是增量尺寸,Y 是绝对尺寸

(5) 平面选择指令:G17　G18　G19

功能:

① 在计算刀具长度补偿和刀具半径补偿时必须首先确定一个平面，即确定一个两坐标轴的坐标平面，在这个平面内进行刀具半径补偿；

② 在垂直这个平面的坐标轴上进行刀具长度补偿；

③ 确定在不同平面上的圆弧旋转方向。

表 12-2-3 平面及补偿坐标轴

G 功能	平面(横坐标/纵坐标)	长度补偿坐标轴
G17	X/Y	Z
G18	Z/X	Y
G19	Y/Z	X

(6) 公制尺寸指令 G71；英制尺寸指令 G70

功能：系统根据所设定的状态把所有的几何值转换成公制尺寸或英制尺寸。

编程举例：

```
N10  G70 X20 Z40     ;英制尺寸
N20  X30 Z50         ;G70 继续有效
N30  G71 X18 Z25     ;转换成公制尺寸
```

(7) 暂停 G04

功能：在两个程序段之间插入 G04 程序，可以使加工暂停给定的时间。

编程格式：

```
G04 F__    ;暂停时间(秒)
G04 S__    ;暂停主轴转数
```

编程举例：

```
N10 S600 M03        ;启动机床主轴
N20  G01 Z—10 F50   ;
N30  G04 F2         ;暂停 2 秒
N40  Z50            ;
N50  G04 S20        ;主轴暂停 20 转，(若主轴为 S400，倍率 100%，则暂停时间为
                     0.05 分钟)
```

G04 在实际加工中的应用：

- 切槽至槽底部时为了槽底平整，应暂停。
- 加工平底孔时为了底孔平整，应暂停。
- 攻螺纹至深度时，主轴需要反转，应暂停，然后反转退出工件。
- 镗孔至深度时，防止拉出螺旋刀痕，应暂停再抬刀。

(8) 辅助功能 M

① 暂停：M00

功能：在自动运行状态下，系统暂停进入下一程序段运行，在按动[循环启动]键后，继续运行下个程序段。

编程举例：

```
N40  G3X20Y20CR=20F80
```

N50　M00　　　　　　　　按动[循环启动]键继续运行下一程序段

N60　G1Y40Z—2

② 程序选择停止　M01

功能:与 M00 类似,在包含 M01 的程序段执行以后,自动运行停止。只是当机床操作面板上的任选停止按下时,这个代码才有效。

应用:用于关键尺寸的检查或一些临时的停车。

③ 程序结束 M02

功能:程序结束指令,通常写在程序最后一段;

光标自动返回程序第一段;

关闭 G54 建立的工件坐标系。

④ M03　M04　M05

主轴顺时针旋转:M03

主轴逆时针旋转:M04

主轴停:　　　　M05

⑤ M06　自动换刀指令(应用于加工中心)

⑥ M07　M08　M09

功能:冷却液开:　M07　M08

冷却液关:　　　M09

注意:该功能系统本身并无定义,具体由机床厂家设定。

(9) 刀具 T

功能:编程 T 指令可以选择刀具。在此,是用 T 指令直接更换刀具还是仅仅进行刀具的预选,必须要在机床数据中确定。

应用于加工中心:用 T 指令直接更换刀具。

数控铣床:选用当前工作的刀具号。

用 T 指令预选刀具(不换刀),还须用 M06 指令才可进行刀具更换。

编程举例:

N10　T2　　　　;预选刀具 2

N20　M06　　　;执行刀具更换;然后 T02 有效

(10) 刀具补偿号 D

功能:用 D 及其相应的序号,可以编程专门一个切削刃,序号可以从 D1 到 D9,如程序并未编写 D 指令,则系统执行默认 D1;

D0 表示刀具补偿值无效。

(11) 主轴转速 S

功能:当机床主轴可以受到系统控制时,主轴转速可以通过地址 S 进行设定,单位为转/分钟;主轴的旋转方向则由 M 指令规定。

编程举例:

N10　S500 M03　　　;主轴以 500 转/分钟启动正转

N20　G0 Z100

N30　S1000　　　　　;主轴变速至 1000 转/分钟

…

N190　M05　　　　　;主轴停

…

N220　M03　　　　　;主轴启动,转速为 1000 转/分钟

5）综合编程示例

下图(图 12-2-11 右)为 X/Y 平面曲线式铣槽中心轨迹图,采用 ϕ8 成型键槽铣刀加工,Z 轴切入工件 1.5 mm;用 G54 设定工件坐标系如图所示,工件上表面为 Z 轴 0 点。

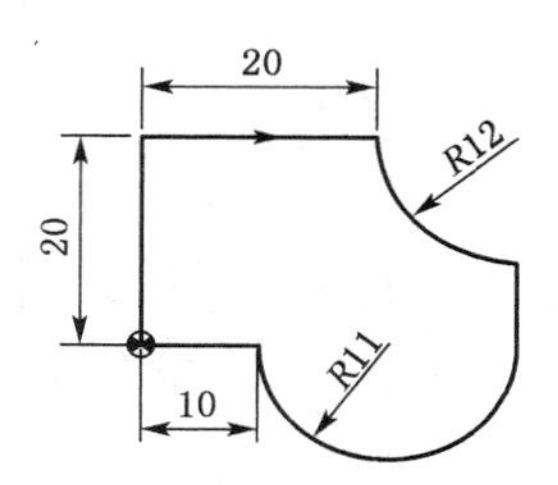

图 12-2-11　沟槽加工件

```
JX04(. MPF)
N10   G94 G54 G90 G17 G71     激活(G54)工件坐标系
N15   T1D1                    调用 1 号刀具的 1 号刀沿参数
N20   G0Z100                  Z 轴定位至安全高度
N30   X0Y0                    X、Y 定位至切入点
N40   M03S1000
N50   Z10                     下刀至慢速下刀位置
N55   M08
N60   G01Z-1.5F60             切入工件至指定平面高度
N70   Y20F100
N80 X20
N90   G3X32Y8CR=12(或 G3 X32Y8 I-12J0)
N100   G1Y0
N110 G2X10Y0CR=11(或 G2 X10Y0 I-11J0)
N120   G1X0
N130   M09
N140   G1Z10F300              退刀
N150   G0Z100                 提升刀具至安全高度
N160   M05
N170   M02                    关闭工件坐标系、结束程序
```

12.2.4 数控系统操作面板、控制面板及软件功能

1）SIEMENS 802D 键盘符号及定义（图 12-2-12）

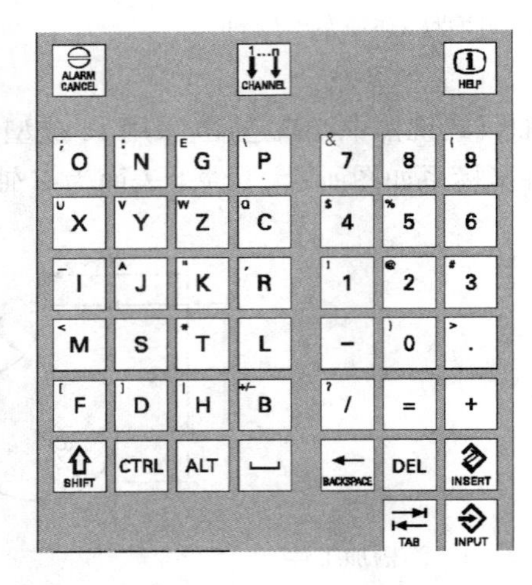

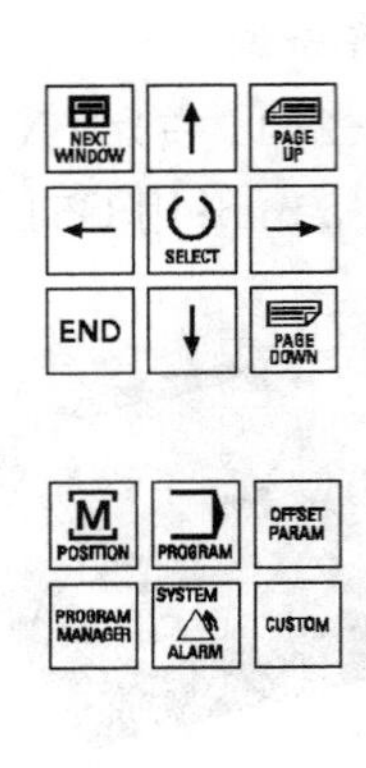

图 12-2-12 SIEMENS 系统控制面板

按键	定义	按键	定义
^	返回键	POSITION	加工操作区域键
>	菜单扩展键	PROGRAM	程序操作区域键
ALARM CANCEL	报警应答键	OFFSET PARAM	参数操作区域键
CHANNEL	通道转换键	PROGRAM MANAGER	程序管理键
HELP	帮助信息键	SYSTEM ALARM	报警及系统操作区域键
SHIFT	上档键	CUSTOM	未定义
CTRL	控制键	NEXT WINDOW	未定义
ALT	ALT 键	PAGE UP　PAGE DOWN	翻页键
␣	空格键	←　→　↑　↓	光标移动键
BACKSPACE	退格键	SELECT	选择键
DEL	删除键	END	未定义
INSERT	插入键	J　Z	字母键
TAB	制表键	0　9	数字键
INPUT	输入键		

2）机床外部控制面板及定义(图 12-2-13)

T1 使能上电

增量选择

自动方式

手动数据输入

主轴正转

主轴反转

主轴停

复位

+X −X X 轴点动

+Y −Y Y 轴点动

+Z −Z Z 轴点动

快速运行叠加

主轴转速倍率旋钮

进给速度倍率旋钮

暂停

回参考点方式

点动方式

单段运行方式

数控启动

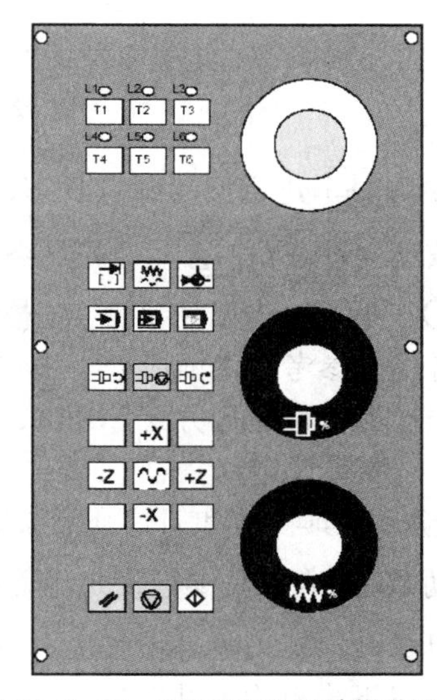

图 12-2-13　SIEMENS 系统操作面板

3）屏幕显示状态(图 12-2-14)

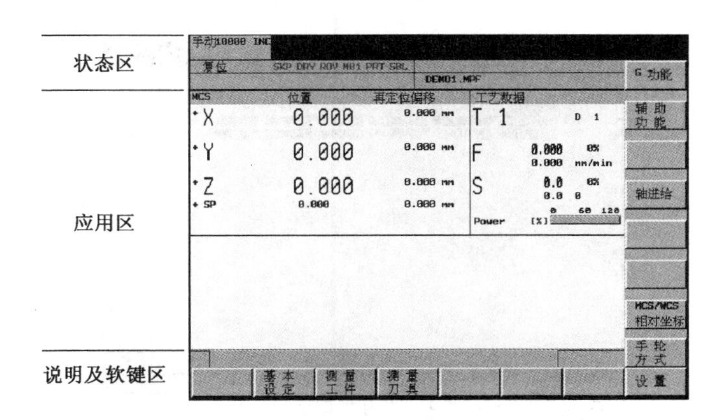

图 12-2-14　屏幕显示状态

4）操作状态及其说明

(1) 开机和回参考点

机床和数控系统通电后，不管刀具处于任何位置，其位置显示状态如图 12-2-15，其实刀具不一定处于机床零点，所以首先应进行回参考点的操作，修复系统坐标的开机错误显示状态，使系统的零点和机床的零点完全一致。

操作步骤及说明：

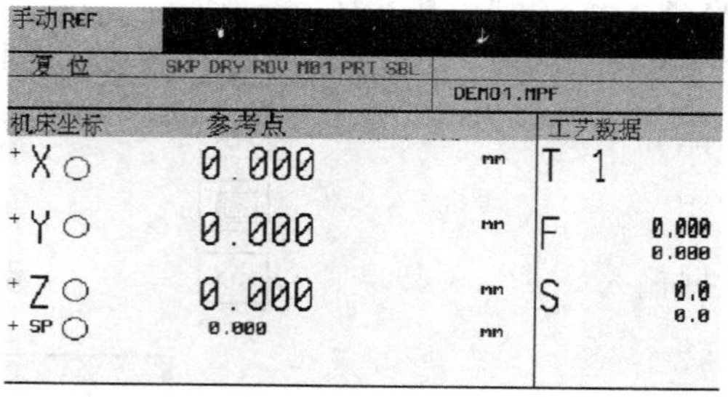

图 12-2-15　回参考点显示状态

- 按动，进入回参考点状态；
- 按动 +X +Y +Z 分别将各坐标轴回到零点；
- ○ 坐标轴未回到参考点；坐标轴已经回到参考点。
- 各轴回参考点之前应处于零点以内。
- 选择另一种运行方式(MDA、AUTO、JOG)结束该功能。

(2)　参数设定

① 输入刀具参数和刀具补偿参数

按动 OFFSET PARAM 进入刀具参数设定界面(图 12-2-16)。

刀具参数包括刀具补偿长度、半径、磨损量参数和刀具型号。

通过以下步骤输入补偿参数：

- 在输入区定位光标

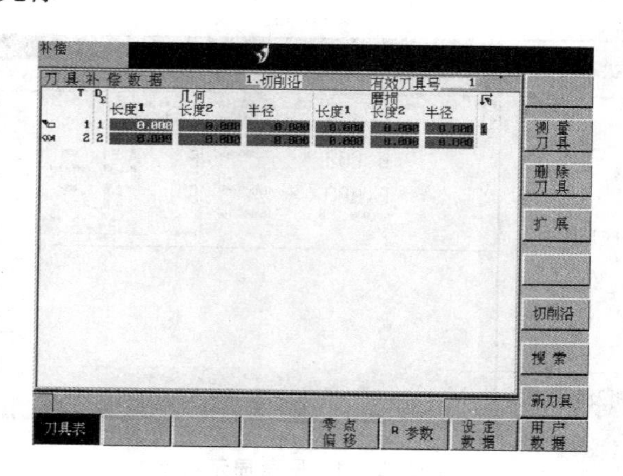

图 12-2-16　刀具参数设置状态

- 输入适当数据

INPUT　进行数据确认

删除刀具　清除刀具所有刀沿的补偿参数

改变有效　刀具补偿值立即生效

新刀沿　建立新刀沿

新刀具 建立一个新刀具的半径补偿(最多可建 32 个刀具)

② 确定刀具补偿值

该功能可以计算刀具 T 未知的几何长度(图 12-2-17)。

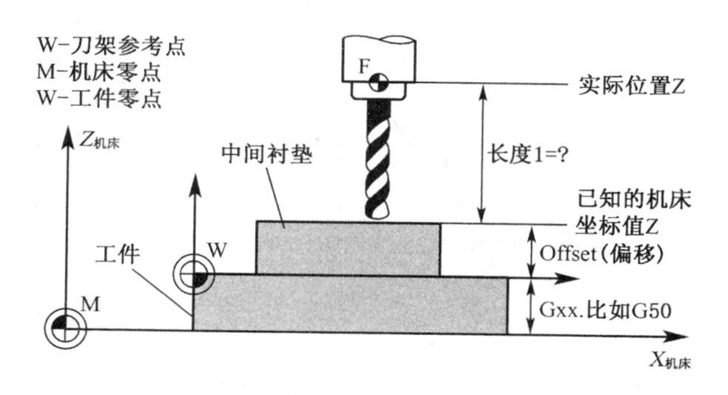

图 12-2-17 测量刀具示意图

操作步骤如下:

- 将主轴移至某一参考位置并设置 X0、Y0、Z0(可利用 G54)
- 选择 测量刀具,打开刀具补偿值窗口,自动进入位置操作区。
- 选择 [手动测量] 打开补偿值窗口(图 12-2-18),按【设置长度】或【设置直径】,系统根据所选择的坐标轴计算出它们相应的几何长度和直径,并被存储。
- 如果在刀具和工件之间装有间隔物,可以在[清除]区定义它的厚度。

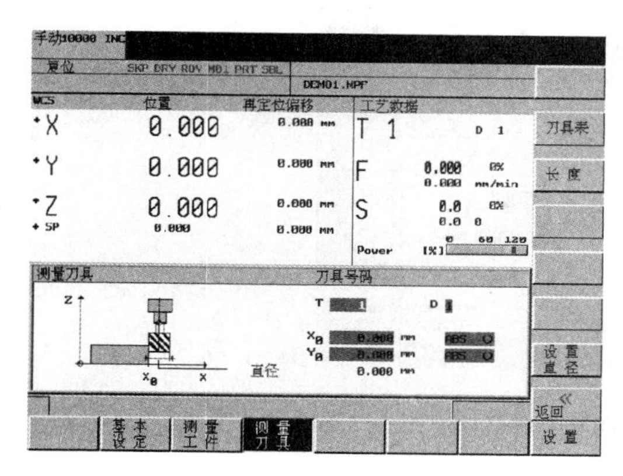
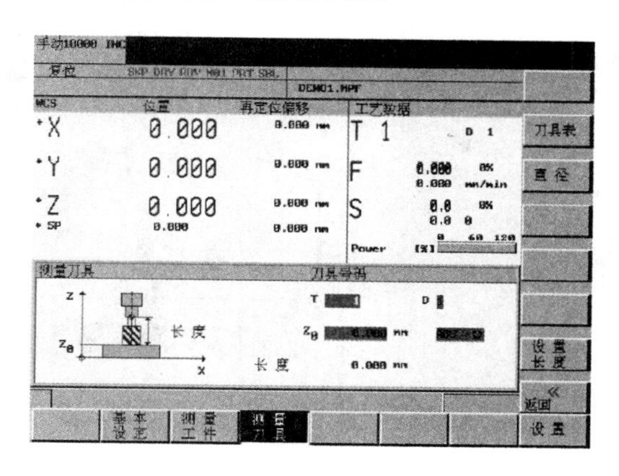

图 12-2-18 刀具测量显示状态

③ 输入或修改零点偏置值

在回参考点之后实际值存储器以及实际值的显示均以机床零点为基准,而工件的加工程序则以工件坐标系的零点为基准,这个差值就可以作为可设定的零点偏置量输入。

按 零点偏移 进入零偏设置界面(图 12-2-19)。

操作步骤:

- 将光标移到适当位置;
- 通过移动光标或[输入]键输入零点偏置的具体数值;

● 选择[改变有效]，使数据立即生效。

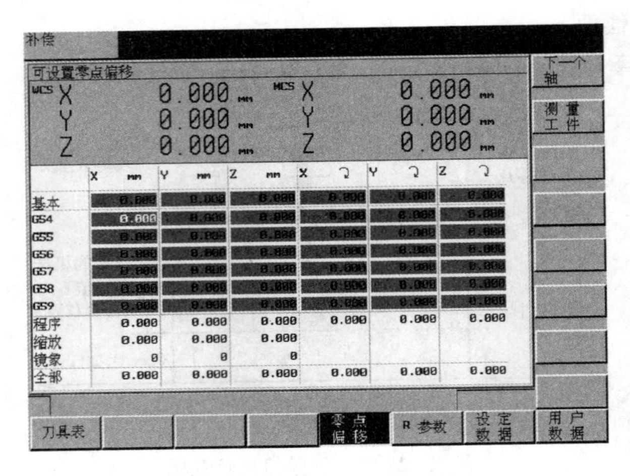

图 12-2-19　零偏设置状态

④ 自动计算零点偏置值

选择[测量工件]，进入如下操作界面(图 12-2-20)

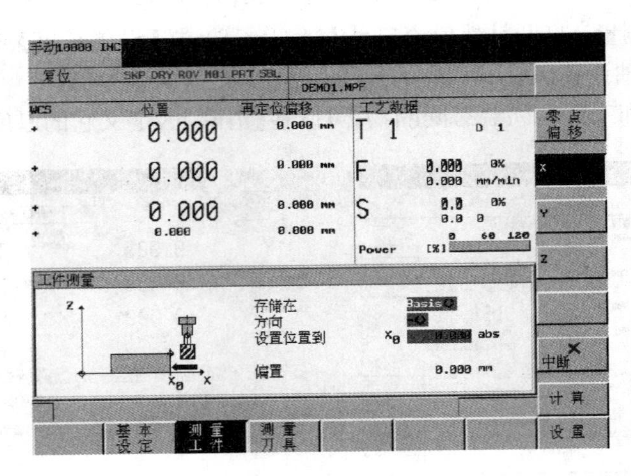

图 12-2-20　自动计算零偏状态

操作步骤：

● 将刀具移动至相对工件的所需位置(相对工件坐标系的已知位置)；

● 按[SELECT]，选择零点偏置方式(如 G54)；

● 分别选定要计算的坐标轴，在偏置项输入偏置尺寸；

● 选择[计算]，系统自动计算出零点位置，并实现同步保存。

(3) 手动控制运行 JOG 方式

操作步骤及说明：

● 选择[M POSITION]进入位置显示状态；

● 选择[JOG]；

● 操作相应的 +X …-Z ,实现手动控制坐标轴移动；

● 按[主轴正转]…[主轴停],控制主轴运动；

● 通过进给倍率和主轴转速倍率旋钮可以调节各轴移动速度或主轴转速（ROV 必须有效）；

● 可以选择[基本设定]设置基本零偏；

● 选择[手轮方式],通过旋转手轮移动各轴。

（4）手动输入运行 MDI 方式

操作步骤及说明：

● 选择 M POSITION 进入位置显示状态；

● 按[→],激活编辑窗口；

● 在已经激活的编辑区通过字符键输入程序段；

● 按[◇],执行输入的程序段；

● 程序执行完毕,输入内容仍然保留,可以重新执行,也可将其删除。

● 可以选择[端面加工]软键,直接调用循环执行端面铣削。

（5）自动运行方式

操作步骤：

● 选择 M POSITION 进入位置显示状态；

● 按[→],显示状态如图(图 12-2-21)；

● 按[◇],执行当前的程序。

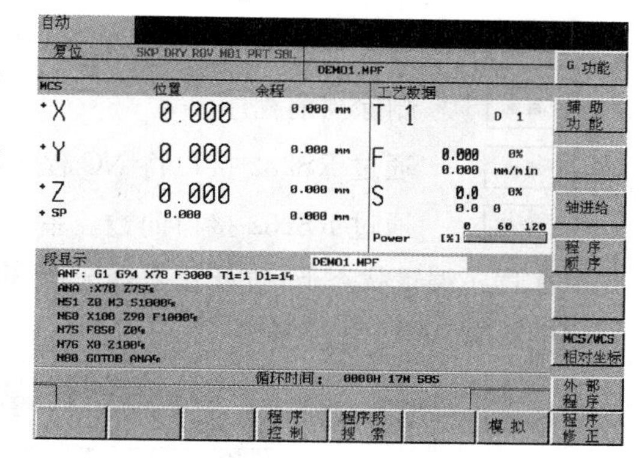

图 12-2-21 自动加工状态

软键功能说明：

程序测试	所有到进给轴和主轴的数据被禁止输出,给定值区域显示当前运行数值。
单一程序段	对单个程序段逐个解码,程序段结束时有一个暂停。
有条件停止	M01 的暂停有效。
ROV 有效	主轴转速倍率修调和进给倍率修调有效。
模拟	显示状态切换至刀具的运行轨迹线图。
外部程序	由 RS232 接口连接外部计算机,通过执行[外部程序]实现 DNC 加工。

（6）程序输入

选择 PROGRAM MANAGER ,打开程序管理窗口(图 12-2-22)

在程序目录中,用光标移动键选择零件程序。也可直接输入该程序的名称进行查找。

部分软键功能说明：

执行	选择将要执行加工的程序。
新程序	进入程序编辑窗口,输入新的程序。

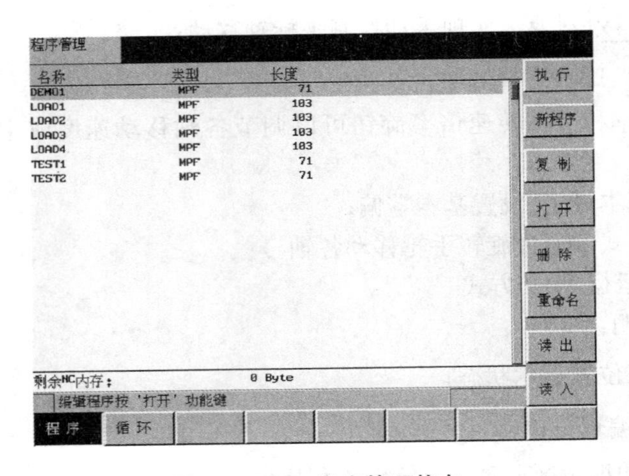

图 12-2-22　程序管理状态

打开　打开当前程序，进行查看或编辑。

删除　删除当前程序。

读出　通过 RS232 接口将 NC 程序传至计算机。

读入　通过 RS232 接口向数控系统装载 NC 程序。

在程序编辑状态下（打开状态），选择[模拟]软键，可以进行程序的模拟运行，显示刀具的运动轨迹线图（图 12-2-23）。

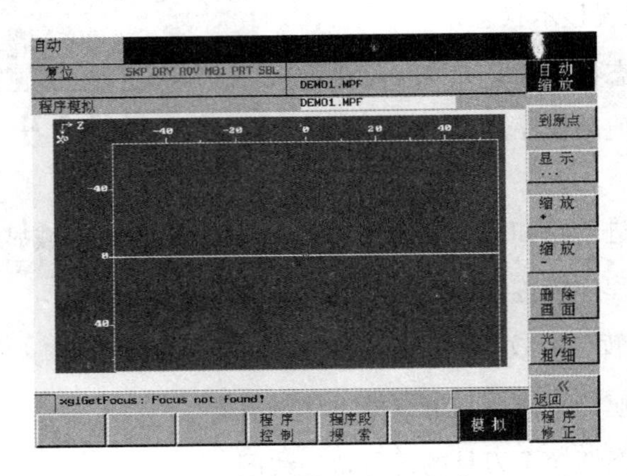

图 12-2-23　模拟显示状态

12.2.5　数控铣床的工艺装备及应用

与普通铣床的工艺装备相比较，数控铣床工艺装备的制造精度更高、灵活性好、适用性更强，一般采用电动、气动、液压甚至计算机控制，其自动化程度更高。合理使用数控铣床的工艺装备，能提高零件的加工精度。

1）数控回转工作台

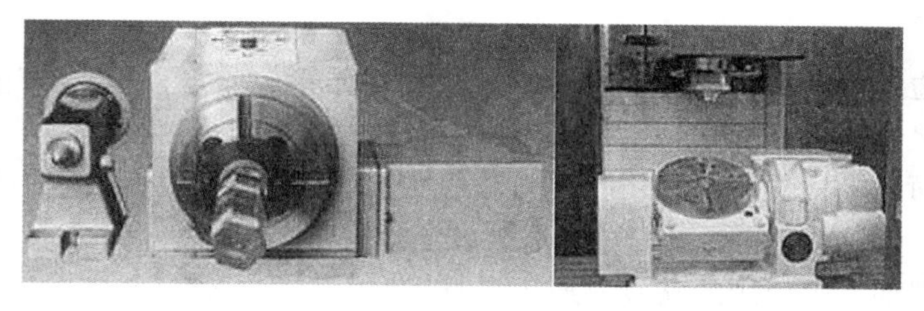

图 12-2-24 数控回转工作台

数控回转工作台可以使数控铣床增加一个或两个回转坐标，通过数控系统实现 4 坐标或 5 坐标联动，从而有效地扩大工艺范围，加工更为复杂的工件。数控铣床一般采用数控回转工作台。通过安装在机床工作台上，可以实现 A、B 或 C 坐标运动，但占据的机床运动空间也较大，如图 12-2-24 所示。

2）*Z* 轴对刀器

Z 轴对刀器主要用于确定工件坐标系原点在机床坐标系的 *Z* 轴坐标，或者说是确定刀具在机床坐标系中的高度。*Z* 轴对刀器有光电式和指针式（图 12-2-25）等类型，通过光电指示或指针，判断刀具与对刀器是否接触，对刀精度一般可达 100.0±0.0025(mm)，对刀器标定高度的重复精度一般为 0.001～0.002(mm)。对刀器带有磁性表座，可以牢固地附着在工件或夹具上。*Z* 轴对刀器高度一般为 50 mm 或 100 mm。

图 12-2-25 指针式 *Z* 轴对刀器

Z 轴对刀器的使用方法如下：

（1）将刀具装在主轴上，将 *Z* 轴对刀器吸附在已经装夹好的工件或夹具平面上。

（2）快速移动工作台和主轴，让刀具端面靠近 *Z* 轴对刀器上表面。

（3）改用步进或电子手轮微调操作，让刀具端面慢慢接触到 *Z* 轴对刀器上表面，直到 *Z* 轴对刀器发光或指针指示到零位。

（4）记下机械坐标系中的 *Z* 值数据。

（5）在当前刀具情况下，工件或夹具平面在机床坐标系中的 *Z* 坐标值为此数据值再减去 *Z* 轴对刀器的高度。

（6）若工件坐标系 *Z* 坐标零点设定在工件或夹具的对刀平面上，则此值即为工件坐标系 *Z* 坐标零点在机床坐标系中的位置，也就是 *Z* 坐标零点偏置值。

3）寻边器

寻边器主要用于确定工件坐标系原点在机床坐标系中的 *X*、*Y* 零点偏置值，也可测量工件的简单尺寸。它有偏心式、回转式和光电式（图 12-2-26）等类型。

偏心式寻边器

回转式寻边器

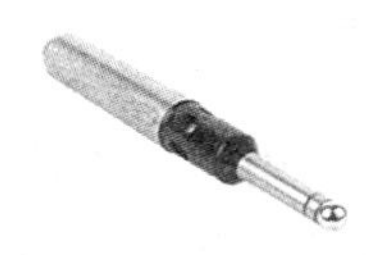

光电式寻边器

图 12-2-26 寻边器

偏心式、回转式寻边器为机械式构造。机床主轴中心距被测表面的距离为测量圆柱的半径值。

光电式寻边器的测头一般为 10 mm 的钢球，用弹簧拉紧在光电式寻边器的测杆上，碰到工件时可以退让，并将电路导通，发出光讯号。通过光电式寻边器的指示和机床坐标位置可得到被测表面的坐标位置。利用测头的对称性，还可以测量一些简单的尺寸。

4）夹具

在数控铣削加工中使用的夹具有通用夹具、专用夹具、组合夹具以及较先进的工件统一基准定位装夹系统等，主要根据零件的特点和经济性选择使用。

（1）通用夹具　它具有较大的灵活性和经济性，在数控铣削中应用广泛。常用的各种机械虎钳或液压虎钳。图 12-2-27 所示为内藏式液压角度虎钳、平口虎钳。

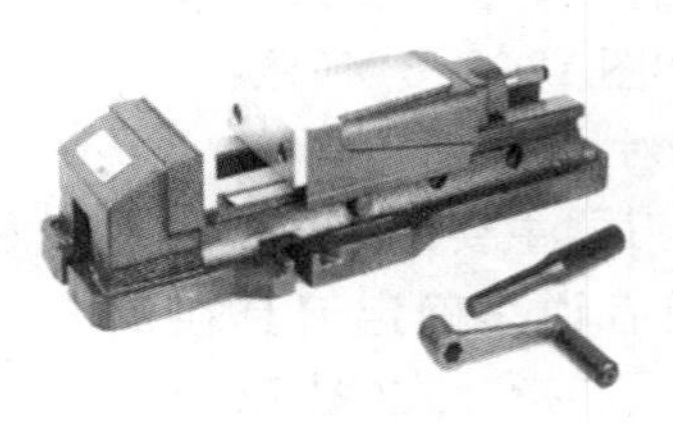

图 12-2-27　内藏式液压角度虎钳、平口虎钳

（2）组合夹具

它是机床夹具中一种标准化、系列化、通用化程度很高的新型工艺装备。它可以根据工件的工艺要求，采用搭积木的方式组装成各种专用夹具，如图 12-2-28 所示。

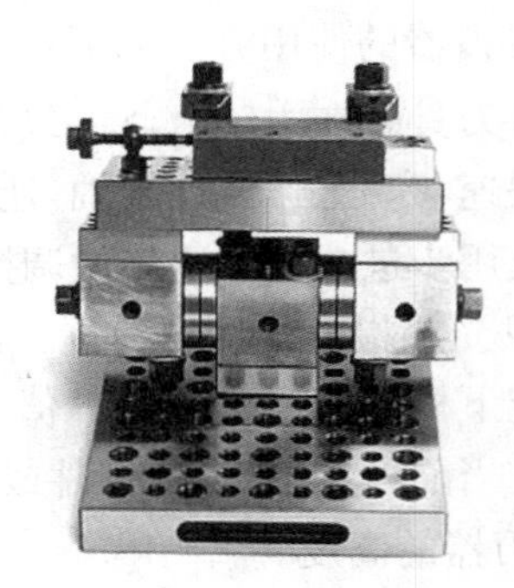

图 12-2-28　组合夹具的使用(钻孔、铣削)

组合夹具的特点：灵活多变，为生产迅速提供夹具，缩短生产准备周期；保证加工质量，提高生产效率；节约人力、物力和财力；减少夹具存放面积，改善管理工作。

组合夹具的不足之处：比较笨重，刚性也不如专用夹具好，组装成套的组合夹具，必须有大量元件储备，开始投资的费用较大。

5）数控刀具系统

（1）刀柄　数控铣床使用的刀具通过刀柄与主轴相连，刀柄通过拉钉和主轴内的拉刀装置固定在轴上，由刀柄夹持传递速度、扭矩。数控铣床刀柄一般采用 7：24 锥面与主轴锥孔配合定位，这种锥柄不自锁，换刀方便，与直柄相比有较高的定心精度和刚度。数控铣床的通用刀柄分为整体式和组合式两种。为了保证刀柄与主轴的配合与连接，刀柄与拉钉的结构和尺寸均已标准化和系列化，在我国应用最为广泛的是 BT40 和 BT50 系列刀柄和拉钉，如图 12-2-29、图 12-2-30 所示。

图 12-2-29 数控铣床的刀柄和拉钉

图12-2-30 数控铣床的通用刀柄

相同标准及规格的加工中心用刀柄也可以在数控铣床上使用，其主要区别是数控铣床所用的刀柄上没有供换刀机械手夹持的环形槽。

(2) 数控铣削刀具 与普通铣床的刀具相比较，数控铣床刀具具有制造精度更高，要求高速、高效率加工，刀具使用寿命更长。刀具的材质选用高速钢、硬质合金、立方氮化硼、人造金刚石等，高速钢、硬质合金采用 TiC 和 TiN 涂层及 TiC－TiN 复合涂层来提高刀具使用寿命。在结构形式上，采用整体硬质合金或使用可转位刀具技术。

数控铣刀种类和尺寸一般根据加工表面的形状特点和尺寸选择，具体选择如表 12-2-4 所示。

表 12-2-4 铣削加工部位及所使用铣刀的类型

序号	加工部位	可使用铣刀类型	序号	加工部位	可使用铣刀类型
1	平面	可转位平面铣刀	9	较大曲面	多刀片可转位球头铣刀
2	带倒角的开敞槽	可转位倒角平面铣刀	10	大曲面	可转位圆刀片面铣刀
3	T 型槽	可转位 T 型槽铣刀	11	倒角	可转位倒角铣刀
4	带圆角开敞深槽	加长柄可转位圆刀片铣刀	12	型腔	可转位圆刀片立铣刀
5	一般曲面	整体硬质合金球头铣刀	13	外形粗加工	可转位玉米铣刀
6	较深曲面	加长整体硬质合金球头铣刀	14	台阶平面	可转位直角平面铣刀
7	曲面	多刀片可转位球头铣刀	15	直角腔槽	可转位立铣刀
8	曲面	单刀片可转位球头铣刀			

(3)刀具的装卸 数控铣床采用中、小尺寸的数控刀具进行加工时，经常采用整体式或可转位式立铣刀进行铣削加工，一般使用 7∶24 莫氏转换变径夹头和弹簧夹头刀柄来装夹铣刀。不允许直接在数控机床的主轴上装卸刀具，以免损坏数控机床的主轴，影响机床的精度。铣刀的装卸应在专用卸刀座上进行，如图 12-2-31 所示。

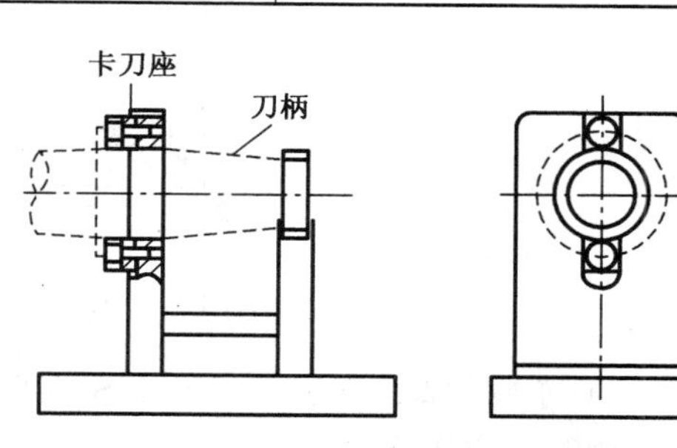

图 12-2-31 卧式装刀卸刀座示意图

12.2.6 高级编程指令介绍

1）子程序应用

当程序中有固定的顺序和重复的模式时，可将其作为子程序存放，使程序简单化。

主程序编制过程中如需要某一子程序，可以通过一定的子程序调用格式在主程序中插入子程序，调用完毕回到主程序。

子程序调用格式：L…P…；P 为调用次数。

应用举例：

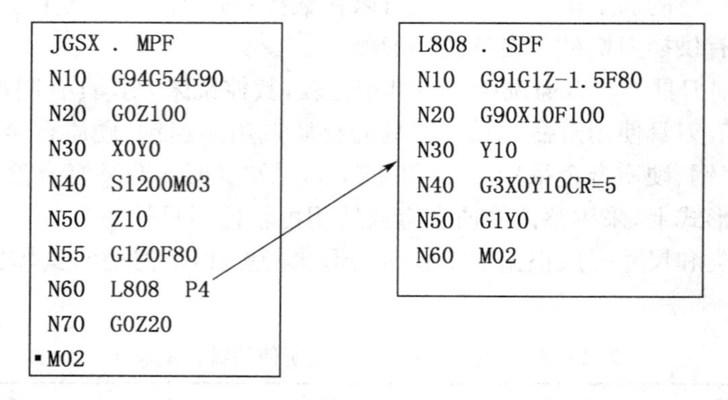

```
JGSX . MPF
N10  G94G54G90
N20  G0Z100
N30  X0Y0
N40  S1200M03
N50  Z10
N55  G1Z0F80
N60  L808  P4
N70  G0Z20
M02
```

```
L808 . SPF
N10  G91G1Z-1.5F80
N20  G90X10F100
N30  Y10
N40  G3X0Y10CR=5
N50  G1Y0
N60  M02
```

2）可设定的零点偏置　G54～G59、G500、G53

相应指令说明：

G500 *　取消可设定的零点偏置(模态有效)

G53　　取消可设定的零点偏置(程序段有效)(包括取消可编程的零点偏置)

功能：利用第一(G54)～第六(G59)可设定的零点偏置指令可以同时建立最多 6 个工件坐标系，用来简化程序编写或减少工件装夹次数。用该组指令建立的工件坐标系与机床坐标系关系如图 12-2-32 所示。

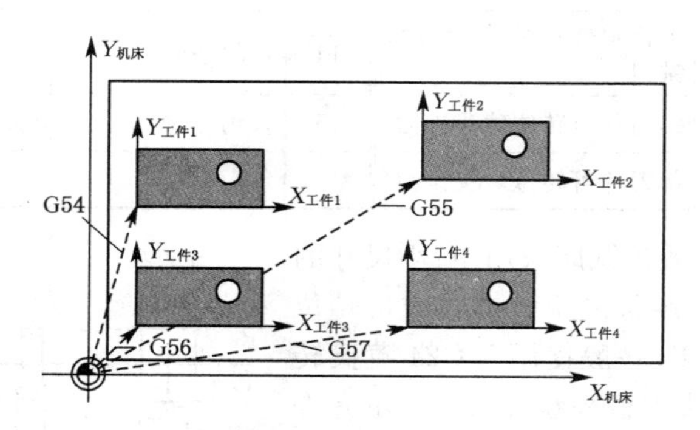

图 12-2-32　用零点偏置指令建立工件坐标系

3）可编程零点偏置　TRANS，ATRANS　(独立程序段)

功能及应用格式：

TRANS X…Y…Z…　　　　；

在上一级的坐标系基础上重新建立一个坐标系(将零点进一步进行偏移);
清除有关偏移、比例系数、旋转、镜像的指令。
ATRANS X…Y…Z…　　　　;
在上一级的坐标系基础上重新建立一个坐标系(将零点进一步进行偏移);
附加于当前指令。
TRANS　　　　　　　　;
清除偏移、比例系数、旋转、镜像的指令。
编程举例(图 12-2-33):

```
N40   G1X20Y15          ;将刀具移到要偏移的零点位置
N50   TRANS X20Y15      ;可编程零点偏置
N60   L10               ;子程序调用,其中包含待偏移的几何量
……
N200  TRANS             ;取消偏移
```

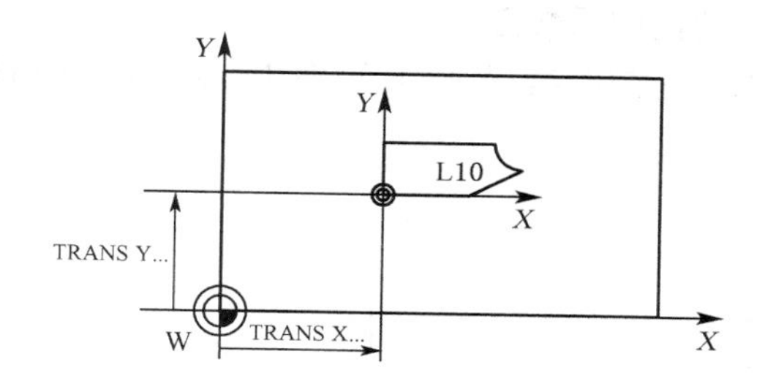

图 12-2-33　TRANS 偏移工件坐标系

4) 可编程镜像　MIRROR;AMIRROR

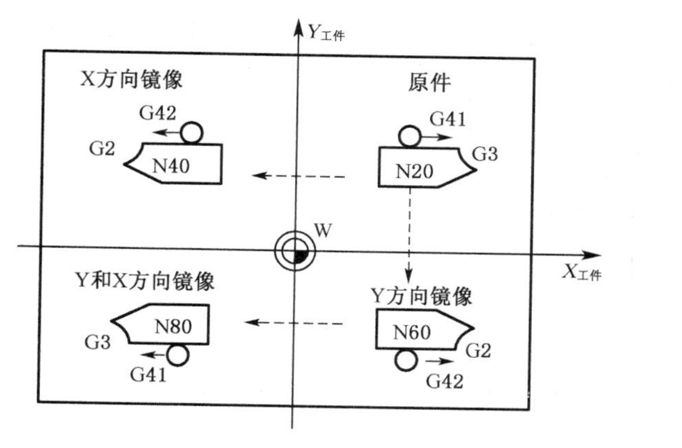

图 12-2-34　MIRROR 编程

```
…
N10 G17
N20 L10
N30 MIRROR X0
N40 L10
N50 MIRROR Y0
N60 L10
N70 AMIRROR X0
N80 L10
N90 MIRROR
…
```

使用说明:

● 用 MIRROR(AMIRROR)可以以坐标轴镜像工件的几何尺寸。编辑了镜像功能的坐标轴,其运动都以反向进行(如图 12-2-34)。

● 指令要求一个独立的程序段。

- 在镜像功能有效时，已经使能的刀具半径补偿(G41/G42)自动反向。
- 在镜像功能有效时旋转方向 G2/G3 自动反向。

5) 可编程的比例系数　SCALE，ASCALE

应用格式：

SCALE　X…Y…Z…　　　　；

可编程的比例系数，清除所有有关比例系数、偏移、旋转、镜像指令。

ASCALE　X…Y…Z…　　　　；

可编程的比例系数，附加于当前的指令。

SCALE　　　　　　　　　　；

不带数值，清除所有有关比例系数、偏移、旋转、镜像指令。

功能及说明：

- 用 SCALE(ASCALE)可以为所有坐标轴编程一个比例系数，按此比例使给定的坐标轴放大或缩小。
- 图形为圆时，两个轴的比例系数必须一致。
- 在 SCALE(ASCALE)有效时编程 ATRANS，则偏移量一样缩放。
- 独立程序段使用。

编程举例(图 12-2-35)：

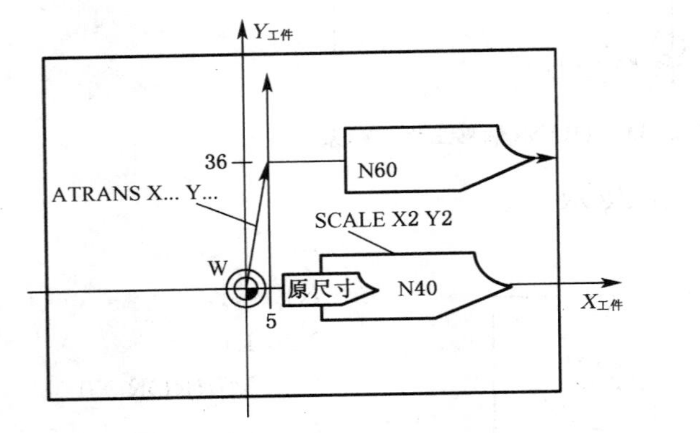


```
…
N10 G17
N20 L10
N30 SCALE X2Y2
N40 L10
N50 ATRANS X2.5Y18
N60 L10
…
```

图 12-2-35　SCALE 编程

6) 可编程旋转　ROT，AROT

应用格式：

ROT RPL=…　　　　　　　；

可编程旋转，清除所有有关比例系数、偏移、旋转、镜像指令。

AROT RPL=…　　　　　　；

可编程旋转，附加于当前的指令。

ROT　　　　　　　　　　；

没有设定值，清除所有有关比例系数、偏移、旋转、镜像指令。

功能及说明：

- 在当前的平面 G17、G18、G19 中执行旋转，值为 RPL=…　，单位是度。
- ROT(AROT)使用时要求独立程序段。

编程举例(图 12-2-36)：

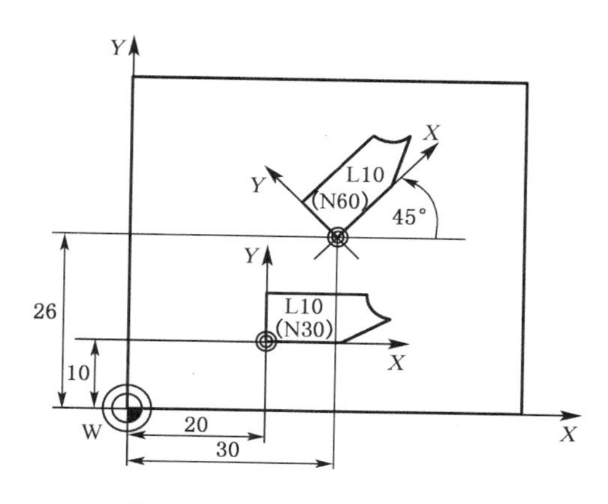

```
N10   G17
N20   TRANS X20Y10
N30   L10
N40   TRANS X30Y26
N50   AROT RPL=45
N60   L10
N70   ROT
…
```

图 12-2-36　ROT　RPL 编程

7）刀具补偿

（1）刀具半径补偿

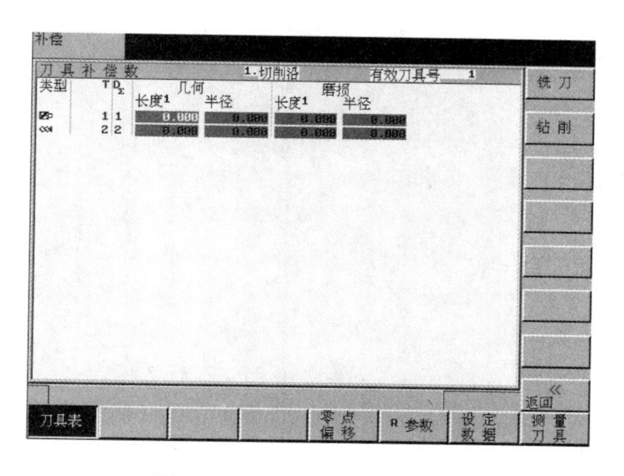

图 12-2-37　刀具参数设定

功能：在编制某个工件的加工程序时，无须考虑刀具的切削半径，直接根据图纸上相对应的轮廓线进行编程；刀具半径参数输入到一个专门的数据区（补偿存储器）（图 12-2-37），在程序中只要调用所需的刀具号及其补偿参数，控制器利用这些参数执行所要求的轨迹补偿，从而加工出所要求的工件。

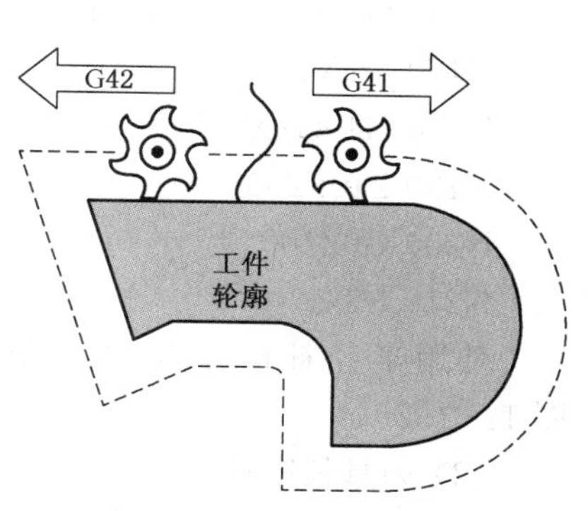

图 12-2-38　刀具半径补偿

G41　刀具半径左补偿(图 12-2-38)

G42　刀具半径右补偿

G40　取消刀具半径补偿

使用条件：

- 直接参考工件轮廓形状作为刀具中心轨迹编程；
- 选择刀补的平面：G17、G18、G19；

- 必须有相应的 T、D 号，且在刀具补偿存储器内设定刀具半径值；
- G41(G42、G40)须与 G1(或 G0)配合使用。

如：G1(G0)G41(G40、G42)X0Y0F100

说明：

使用半径补偿时，保证刀具运行不发生碰撞。

在实际加工之前必须在刀具补偿存储器内输入使用刀具的半径值。

编程举例：

```
ABCD2
N10 G94 G54 G90 G17
N20 T1D1
N30 G0Z100
N35 S1200 M03
N40 X60Y60
N45 G1Z10F1000
N50 Z—4F60
N60 G42G1X40Y35F100
N70 X—40
N80 Y20
N90 G2X—25Y5CR=15
N100 G1Y—5
N105 G2X—40Y—20CR=15
N110 G1Y—35
N120 X40
N130 Y—20
N140 G2X25Y—5CR=15
N150 G1 Y5
N160 G2 X40Y20CR=15
N170 G1X40Y35
N180 G40G1X60Y60
N190 Z10F200
N200 G0Z100
N210 M02
```

使用半径补偿按轮廓编程得到的刀具轨迹见图 12-2-39。

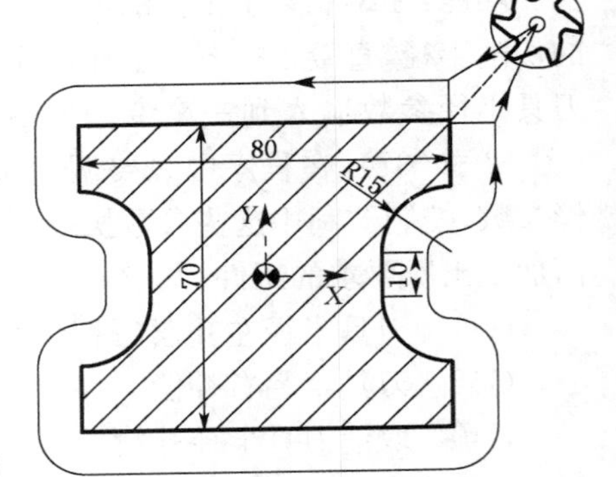

图 12-2-39　刀具半径补偿进行外轮廓加工

(2) 刀具长度补偿

刀具长度补偿指刀具在 Z 方向的实际位移比程序给定值增加或减少一个偏置值。图 12-2-40 中，如偏置数值为正时，刀具实际到达位置在程序设定 Z 值的上方；如偏置数值为负，则刀具实际到达位置在设定 Z 值的下方。

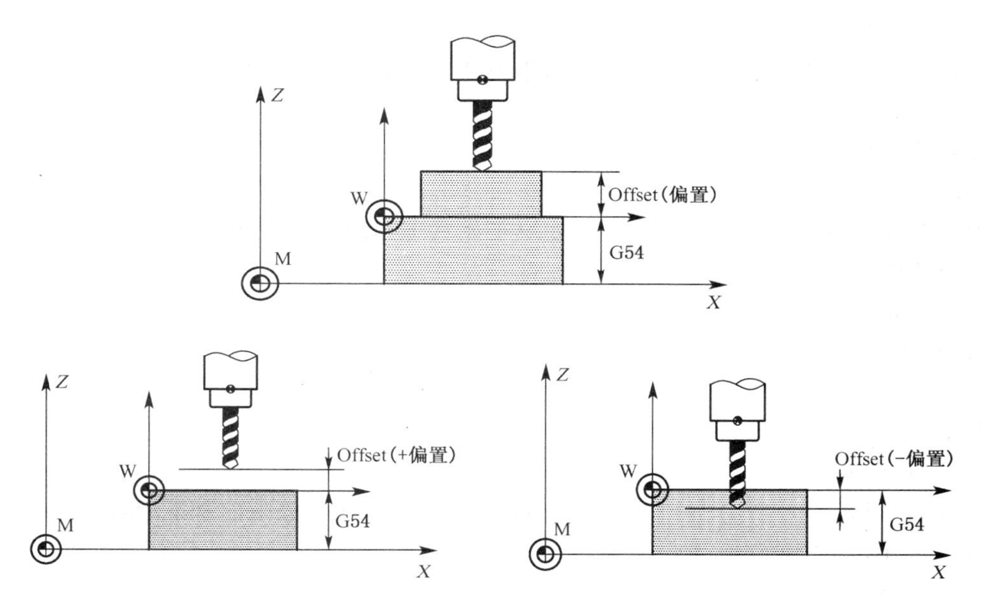

图 12-2-40　刀具长度补偿

12.2.7　数控铣床综合加工实例

以图 12-2-41 为例说明数控铣床的操作方法。

1）加工分析

● 该零件只执行曲线轮廓加工，工件呈中心完全对称形状。

● 设定工件坐标系（*XY* 轴）为轮廓中心（如图），*Z* 轴零点为工件上表面。

● 将第一象限内的基本形状编写成子程序（L20），其他象限用镜像加工完成。

● 刀具选用 ϕ20 mm 立铣刀，每次切削深度 2 mm。

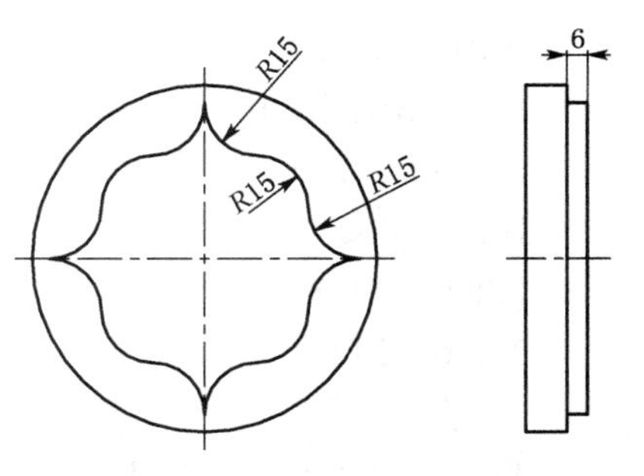

图 12-2-41　综合加工实例

2）编制加工程序

编制子程序：

```
L20
N10   G90G0X5Y65
N15   G91G1Z－12F80
N20   G90G41G1X0Y65F200      ;使用刀具半径左补偿
N30   G1X0Y45F80
N40   G3X15Y30CR＝15F100
N50   G2X30Y15CR＝15
N60   G3X45Y0CR＝15
```

```
N70  G91G1Z10F200
N80  G90G40G1Y10              ;取消刀具半径补偿
N90  M02
```

编制主程序：

```
JGSX06
N10 G17G54G90G94              ;定义初始状态,激活工件坐标系
N20 T1D1
N30 G0Z100
N40 X0Y0
N50  S1000M03
N55  M08
N60 G0Z10
N70 L20 P3                    ;调用子程序,加工第一象限内基本形状
N80 MIRROR  X0
N90 G0Z10
N100 L20 P3                   ;镜像加工第二象限
N110 AMIRROR  Y0
N120 G0Z10
N130 L20 P3                   ;镜像加工第三象限
N140 MIRROR  Y0
N150 G0Z10
N160 L20 P3                   ;镜像加工第四象限
N170 MIRROR                   ;取消镜像
N180 G0Z100
N190 M09
N200  M05
N210  M02
```

3）装夹工件

根据工件的形状，选用合理的夹具进行装夹。该工件可以采用三爪卡盘进行装夹，并将卡盘固定在机床工作台上。

4）装夹找正工具(仪器)并对刀

找正工具(仪器)可以用寻边器和 Z 轴设定器。

利用寻边器设定工件坐标系的 X、Y 轴零点，并输入至 G54 参数区。

利用 Z 轴设定器，找正 Z 轴零点，同样也要输入至 G54 参数区。

5）输入刀具几何参数

打开 OFFSET PARAM，选择 1 号刀具参数，输入刀具半径值 10。如刀具参考平面和工件零点重合，则刀具长度补偿为 0。

6）输入并检验程序

可以通过系统操作面板用人工直接输入的方式进行，也可利用与数控系统连接的计算

机内相关程序输入到数控系统，并检查确认程序无输入错误。

在程序编辑状态下，选择[模拟]软键，通过模拟运行检验刀具的轨迹。如存在问题，及时进行修改。

7）试切工件

选择执行《JGSX06》程序，进入[自动运行]，检查 ROV 是否处于激活状态，启动[单步运行]，按 ◇ 键，启动运行程序。操作者密切监视机床运行情况，通过倍率旋钮控制主轴和进给运行速度，如加工过程产生异常情况，应停止运行并及时处理。

8）工件检验

首个工件试切完成后，应严格检查工件，如不能达到图纸要求，应认真分析，并提出解决方案；如首个工件检验合格，可进行正式加工。

12.3 加工中心

12.3.1 加工中心的特点及主要加工范围

1）加工中心的特点

加工中心是备有刀库，并能自动更换刀具，对工件进行多工序加工的数字控制机床。工件经一次装夹后，数字控制系统能控制机床按不同工序，自动选择和更换刀具，自动改变机床主轴转速、进给量和刀具相对工件的运动轨迹及其他辅助功能，依次完成工件几个面上多工序的加工。

加工中心由于工序的集中和自动换刀，减少了工件的装夹、测量和机床调整等时间，使机床的切削时间达到机床开动时间的80%左右(普通机床仅为15%～20%)；同时也减少了工序之间的工件周转、搬运和存放时间，缩短了生产周期，具有明显的经济效果。

2）加工中心的主要加工范围

加工中心主要适用于加工形状复杂、工序多、精度要求高的工件。

(1) 箱体类工件

这类工件一般都要求进行多工位孔系及平面的加工，定位精度要求高，在加工中心上加工时，一次装夹可完成普通机床60%～95%的工序内容。

(2) 复杂曲面类工件

复杂曲面一般可以用球头铣刀进行三坐标联动加工，加工精度较高，但效率低。如果工件存在加工干涉区或加工盲区，就必须考虑采用四坐标或五坐标联动的机床。如飞机、汽车外形，叶轮、螺旋桨、各种成型模具等。

(3) 异形件

异形件是外形不规则的零件，大多需要点、线、面多工位混合加工。加工异形件时，形状越复杂，精度要求越高，使用加工中心越能显示其优越性，如手机外壳等。

(4) 盘、套、板类工件

这类工件包括带有键槽和径向孔，端面分布有孔系、曲面的盘套或轴类工件，如带法兰的轴套、带有键槽或方头的轴类零件等;具有较多孔加工的板类零件,如各种电机盖等。

(5) 特殊加工

在加工中心上还可以进行特殊加工,如在主轴上安装调频电火花电源,可对金属表面进行表面淬火。

12.3.2 加工中心分类

第一台加工中心是1958年由美国卡尼-特雷克公司首先研制成功的。它在数控卧式镗铣床的基础上增加了自动换刀装置,从而实现了工件一次装夹后即可进行铣削、钻削、镗削、铰削和攻丝等多种工序的集中加工。

20世纪70年代以来,加工中心得到迅速发展,出现了可换主轴箱加工中心,它备有多个可以自动更换的装有刀具的多轴主轴箱,能对工件同时进行多孔加工。

这种多工序集中加工的形式也扩展到了其他类型数控机床,例如车削中心,它是在数控车床上配置多个自动换刀装置,能控制三个以上的坐标,除车削外,主轴可以停转或分度,而由刀具旋转进行铣削、钻削、铰孔和攻丝等工序,适于加工复杂的旋转体零件。

加工中心按主轴的布置方式分为立式和卧式两类。卧式加工中心一般具有分度转台或数控转台,可加工工件的各个侧面;也可作多个坐标的联合运动,以便加工复杂的空间曲面。立式加工中心一般不带转台,仅作顶面加工。此外,还有带立、卧两个主轴的复合式加工中心,和主轴能调整成卧轴或立轴的立卧可调式加工中心,它们能对工件进行五个面的加工。

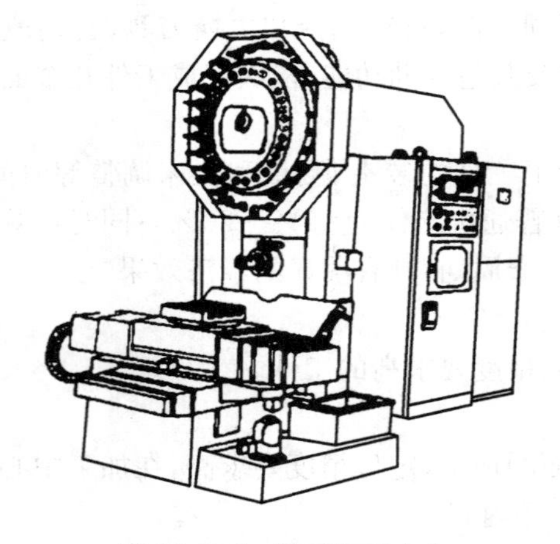

图12-3-1 卧式加工中心

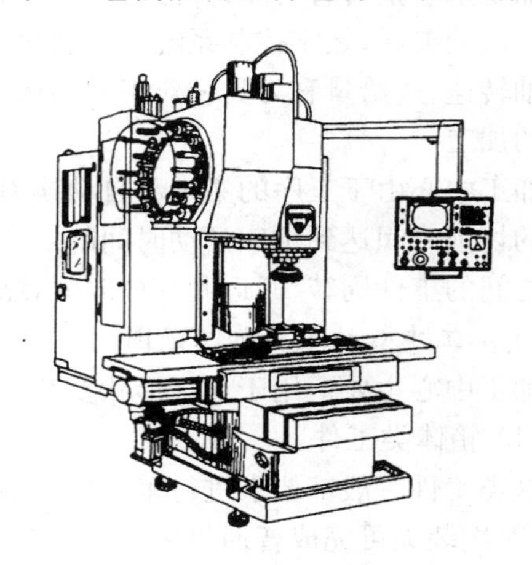

图12-3-2 立式加工中心

1) 卧式加工中心

是指主轴轴线与工作台平行设置的加工中心,主要适用于加工箱体类零件,如图12-3-1。

2) 立式加工中心

是指主轴轴线与工作台垂直设置的加工中心,主要适用于加工板类、盘类、模具及小型壳体类复杂零件,如图12-3-2。

3）龙门式加工中心

龙门式加工中心的形状与数控龙门铣床相似，如图12-3-3所示。龙门式加工中心主轴多为垂直设置，除自动换刀装置以外，还带有可更换的主轴头附件。数控装置的功能也较齐全，能够一机多用，尤其适用于加工大型工件和形状复杂的工件。

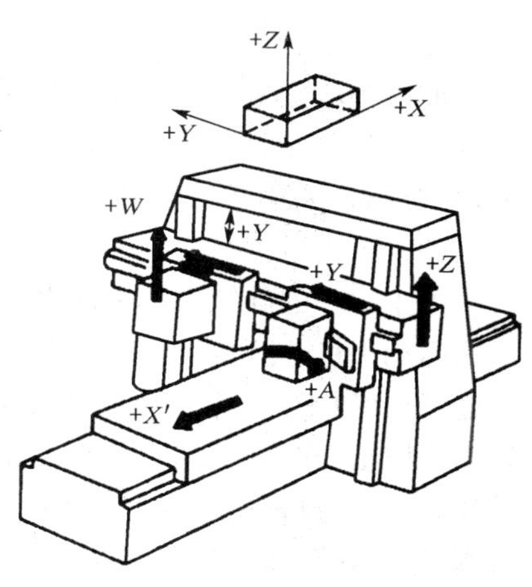

图12-3-3 龙门式加工中心

4）五轴加工中心

五轴加工中心具有立式加工中心和卧式加工中心的功能，如图12-3-4所示。五轴加工中心，工件一次安装后能完成除安装面以外的其余五个面的加工。常见的五轴加工中心有两种形式：一种是主轴可以旋转90°，对工件进行立式和卧式加工；另一种是主轴不改变方向，而由工作台带着工件旋转90°，完成对工件五个表面的加工。

5）虚轴加工中心

如图12-3-5所示。虚轴加工中心改变了以往传统机床的结构，通过连杆的运动，实现主轴多自由度的运动，完成对工件复杂曲面的加工。

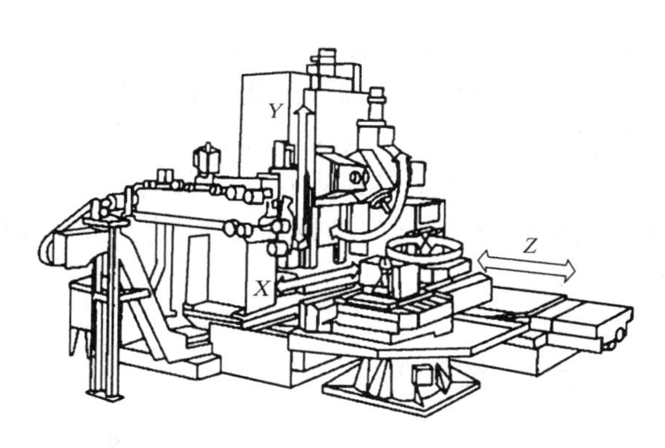

图12-3-4 五轴加工中心

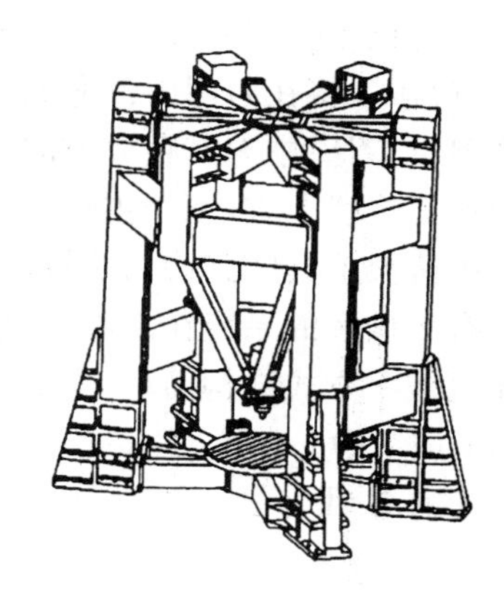

图12-3-5 虚轴加工中心

12.3.3 加工中心的主要装置

1）支撑系统

（1）床身

床身是机床的基础件，要求具有足够高的静、动刚度和精度保持性。在满足总体设计要求的前提下，应尽可能做到既要结构合理、筋板布置恰当，又要保证良好的冷、热加工工艺性。

车削加工中心床身，为提高其刚性，一般采用斜床身，斜床身可以改善切削加工时的受力情况，截面可以形成封闭的腔形结构，其内部可以充填泥芯和混凝土等阻尼材料，在振动时利用相对磨损来耗散振动能量。

(2) 立柱

加工中心立柱主要是对主轴箱起到支承作用，满足主轴的 Z 向运动，立柱应具有较好的刚性和热稳定性。加工中心采用封闭的箱形结构，内部采用斜板提高立柱的抗弯、抗扭能力，整个结构采用铸造实现。

(3) 导轨

加工中心的导轨大都采用直线滚动导轨。滚动导轨摩擦系数很低、动静摩擦系数差别小，低速运动平稳、无爬行，因此可以获得较高的定位精度。但是这些精度的实现，必须建立在底座处于正确状态的基础上，否则垂直方向的支撑高低误差会造成结构侧向扭曲. 进而造成全行程内摩擦阻力的变化. 导致产生定位精度的误差。以往采用滑动导轨时，导轨的配合面要刮研精修，在装配过程中可发现导轨扭曲现象，并通过修配实现校正。改用滚动导轨，不存在修正过程，很难避免床身扭曲或安装所造成的轨道扭曲，因此有的底座采用了三点支撑的方式。

2) *刀库及自动换刀装置*

加工中心利用刀库实现换刀，这是目前加工中心大量使用的换刀方式。由于有了刀库，机床只要一个固定主轴夹持刀具，有利于提高主轴刚度。独立的刀库，大大增加了刀具的储存数量，有利于扩大机床的功能，并能较好地隔离各种影响加工精度的干扰因素。

刀库换刀，按照换刀过程有无机械手参与，分成有机械手换刀和无机械手换刀两种情况。在有机械手换刀的过程中，使用一个机械手将加工完毕的刀具从主轴中拔出，与此同时，另一机械手将在刀库中待命的刀具从刀库拔出，然后两者交换位置完成换刀过程。无机械手换刀时，刀库中刀具存放方向与主轴平行，刀具放在主轴可到达位置换刀时，主轴箱移到刀库换刀位置上方，利用主轴 Z 向运动将加工用毕的刀具插入刀库中要求的空位处，然后刀库中待换刀具转到待命位置. 主轴 Z 向运动将待用刀具从刀库中取出，并将刀具插入主轴。有机械手的系统在刀库配置、与主轴的相对位置及刀具数量上都比较灵活，换刀时间短。无机械手方式结构简单，只是换刀时间要长。

(1) 加工中心刀库形式

刀库有多种形式，加工中心常用的有盘式、链式两种刀库。

盘式结构(图 12-3-6)中，刀具可以沿主轴轴向、径向、斜向安放，刀具轴向安装的结构最为紧凑。但为了换刀时刀具与主轴同向，有的刀库中的刀具需在换刀位置作 90°翻转。在刀库容量较大时，为在存取方便的同时保持结构紧凑，可采取弹仓式结构，目前大量的刀库安装在机床立柱的顶面或侧面。在刀库容量较大时，也有安装在单独的地基上，以隔离刀库转动造成的振动。

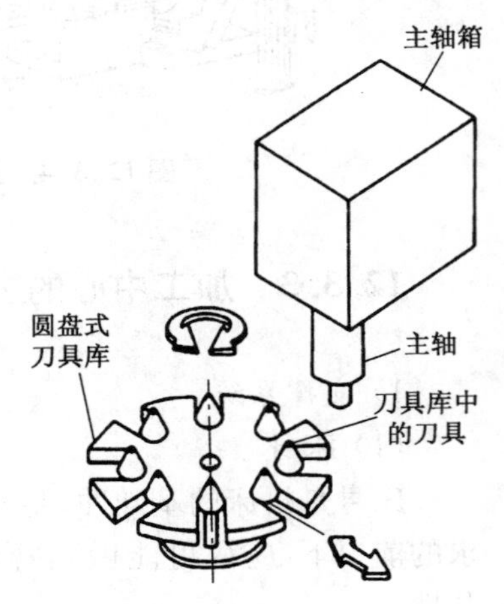

图 12-3-6 盘式刀库

链式刀库的刀具容量比盘式的要大，结构也比较灵活。可以采用加长链带方式加大刀库的容量，也可采用链带折叠回绕的方式提高空间利用率，在要求刀具容量很大时还可以采用多条链带结构。

(2) 加工中心的自动换刀装置

自动换刀装置可分为五种基本形式，即转塔式、180°回转式、回转插入式、二轴转动式和主轴直接式。自动换刀的刀具预先固紧在专用刀夹内，每次换刀时将刀夹直接装入主轴。

① 转塔式换刀装置

用转塔实现换刀是最早的自动换刀方式。转塔是由若干与铣床动力头（主轴箱）相连接的主轴组成，在运行程序之前将刀具分别装入主轴，需要那把刀具时，转塔就转到相应的位置。

这种装置的缺点是主轴的数量受到限制。要使用数量多于主轴数的刀具时，操作者必须卸下已用过的刀具，并装上后续程序所需要的刀具。转塔式换刀并不是拆卸刀具，而是将刀具和刀夹一起换下，所以这种换刀方式很快。目前 NC 钻床等还在使用转塔式刀库。

② 180°回转式换刀装置

最简单的换刀装置是 180°回转式换刀装置，如图 12-3-7 所示。接到换刀指令后，机床控制系统便将主轴控制到指定换刀位置；与此同时，刀具库运动到适当位置，换刀装置回转并同时与主轴、刀具库的刀具相配合；拉杆从主轴刀具上卸掉，换刀装置将刀具从各自的位置上取下；换刀装置回转 180°并将主轴刀具与刀具库刀具带走；换刀装置回转的同时，刀具库重新调整其位置，以接受从主轴取下的刀具；接下来，换刀装置将要换上的刀具与卸下的刀具分别装入主轴和刀具库；最后，换刀装置转回原“待命”位置。至此，换刀完成，程序继续运行。这种换刀装置的主要优点是结构简单、涉及的运动少、换刀快。主要缺点是刀具必须存放在与主轴平行的平面内，与侧置后置刀具库相比，切屑及切削液易进入刀夹，因此必须对刀具另加防护。刀夹锥面上有切屑会造成换刀误差，甚至有损坏刀夹与主轴的可能。有些加工中心使用了传递杆，并将刀具库侧置。当换刀指令被调用时，传递杆将刀具库的刀具取下，转到机床前方，并定位于与换刀装置配合的位置。180°回转式换刀装置既可用于卧式机床，也可用于立式机床。

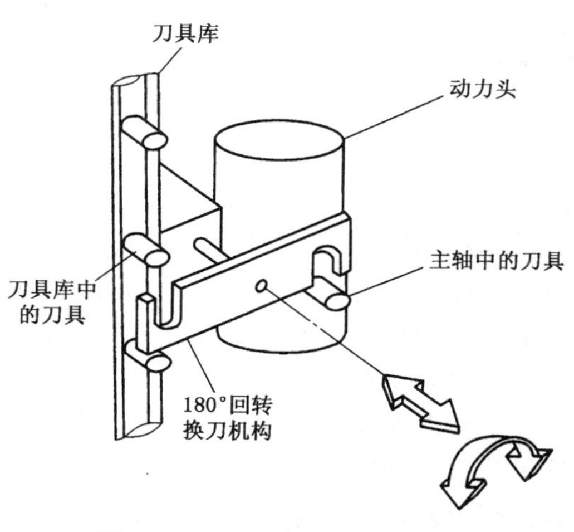

图 12-3-7 180°回转式换刀装置

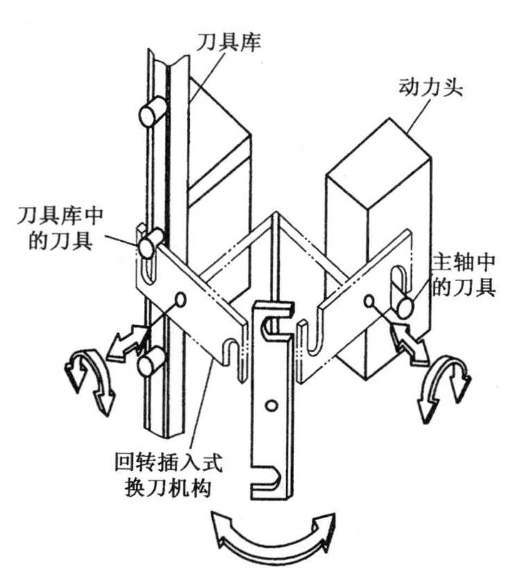

图 12-3-8 回转插入式换刀装置

③ 回转插入式换刀装置

回转插入式换刀装置（最常用的形式之一），是回转式换刀装置的改进形式。回转插入机构是换刀装置与传递杆的组合。图 12-3-8 为回转插入式换刀装置的工作原理，其应用在卧式加工中心上。这种换刀装置的结构设计与 180°回转式换刀装置基本相同。当接到换刀指令时，主轴移至换刀点，刀具库转到适当位置，使换刀装置从其槽内取出欲换上的刀具；换刀装置转动并从位于机床一侧的刀具库中取出刀具，换刀装置回转至机床的前方，在该位置将主轴上的刀具取下，回转 180°将欲换上的刀具装入主轴；与此同时，刀具库移至适当位置以接受从主轴取下的刀具；换刀装置转到机床的一侧，并将从主轴取下的刀具放入刀具库的槽内。这种装置的主要优点是刀具存放在机床的一侧，避免了切屑造成主轴或刀夹损坏的可能性。与180°回转式换刀装置相比，其缺点是换刀过程中的动作多，换刀所用的时间长。

④ 二轴转动式换刀装置

图12-3-9所示是二轴转动式换刀装置的工作原理。这种换刀装置可用于侧置或后置式刀具库，其结构特点最适用于立式加工中心。接到换刀指令，换刀机构从“等待”位置开始运动，夹紧主轴上的刀具并将其取下，转至刀具库，并将刀具放回刀具库；从刀具库中取出欲换上的刀具，转向主轴，并将刀具装入主轴；然后返回“等待”位置，换刀完成。

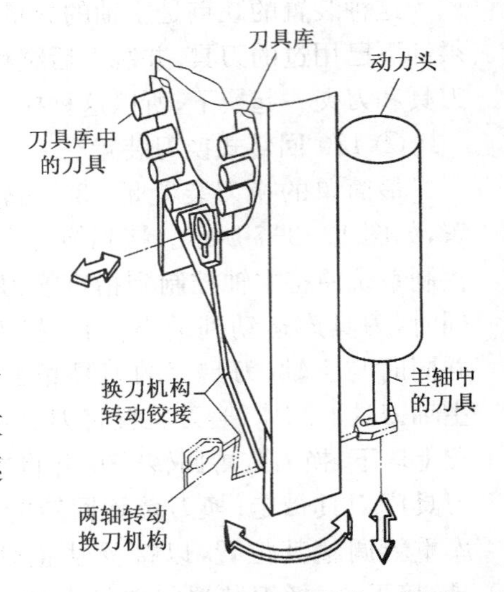

图12-3-9 二轴转动式换刀装置

这种装置的主要优点是刀具库位于机床一侧或后方，能最大限度地保护刀具。其缺点是刀具的传递次数及运动较多。这种装置在立式加工中心中的应用已逐渐被180°回转式和主轴直接式换刀装置所取代。

⑤ 主轴直接式换刀装置

主轴直接式换刀装置不同于其他形式的换刀装置。这种装置中，要么刀具库直接移到主轴位置，要么主轴直接移至刀具库。图12-3-10为主轴直接式换刀装置在卧式加工中心中的应用。换刀时，主轴移动到换刀位置，圆盘式刀具库转至所需刀槽的位置，将刀具从“等待”位置移出至换刀位置，并与装在主轴内的刀夹配合；拉杆从刀夹中退出，刀具库前移，卸下刀具；然后刀具库转到所需刀具对准主轴的位置，向后运动，将刀具插入主轴并固紧；最后，刀具库离开主轴向上移动，回到“等待”位置，换刀完成。

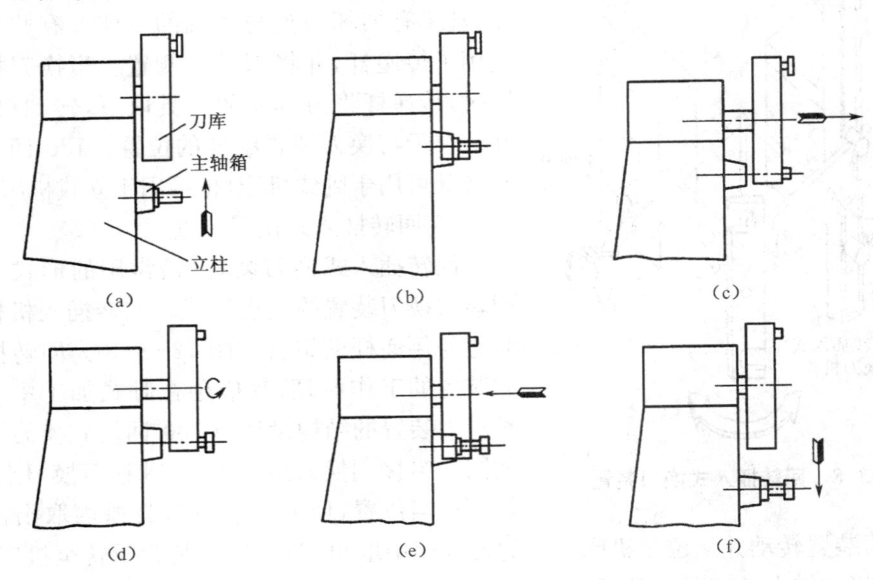

图12-3-10 主轴直接换刀装置

对于立式加工中心，小型的一般是刀库移动实现换刀；一些大型机床，换刀过程与上述有所不同，由于大型机床的刀具库太大，移动不方便，所以是主轴移动实现卸、装刀具，或使用机械手实现换刀。图 12-3-11 所示为机械手臂和手爪的结构，图 12-3-12 为机械手换刀的工作过程。

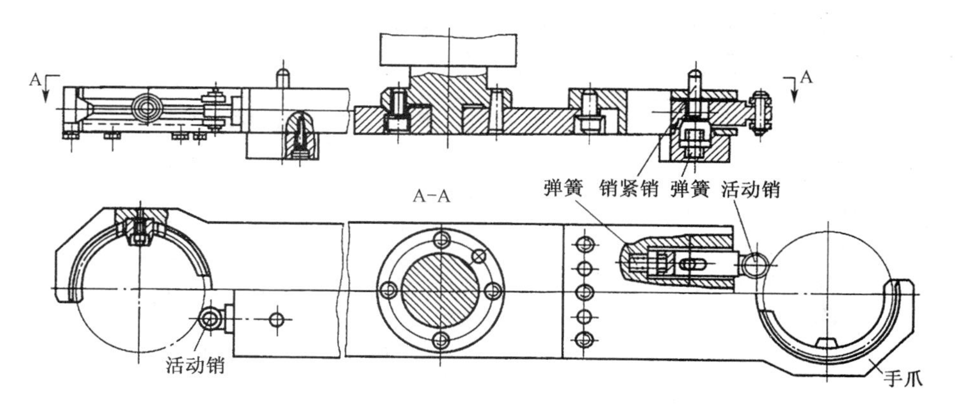

图 12-3-11　机械手臂和手爪结构

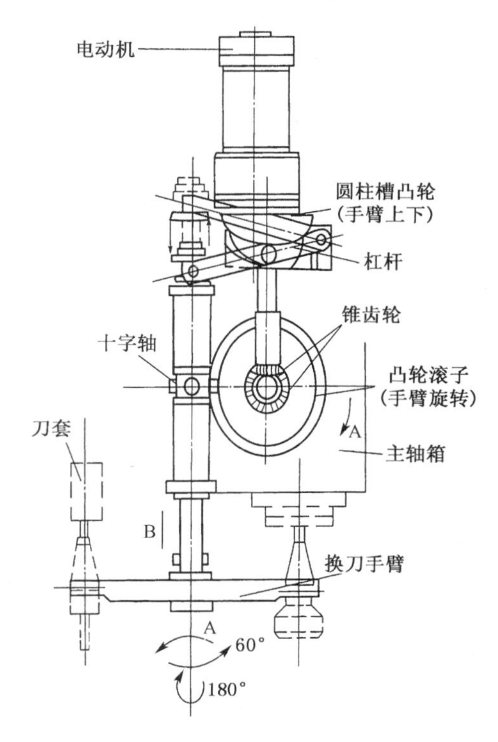

图 12-3-12　单臂双爪机械手

12.3.4 加工中心基本编程指令及编程实例

1）加工中心基本编程指令

表 12-3-1 FANUC Oi－MC 系统的 G 代码指令表

G 代码	功能	组	G 代码	功能	组
◤ G00	定位	01	◤ G50.1	可编程镜像取消	22
◤ G01	直线插补		G51.1	可编程镜像有效	
G02	顺时针圆弧插补/螺旋线插补 CW		G52	局部坐标系设定	00
G03	逆时针圆弧插补/螺旋线插补 CCW		G53	选择机床坐标系	
G04	停刀，准确停止	00	◤ G54	选择工件坐标系 1	14
G05.1	AI 先行控制/AI 轮廓控制		G54.1	选择附加工件坐标系	
G07.1	圆柱插补		G55	选择工件坐标系 2	
G08	先行控制		G56	选择工件坐标系 3	
G09	准确停止		G57	选择工件坐标系 4	
G10	可编程数据输入		G58	选择工件坐标系 5	
G11	可编程数据输入方式取消		G59	选择工件坐标系 6	
◤ G15	极坐标取消指令	17	G60	单方向定位	00/01
G16	极坐标指令		G61	准确停止方式	15
◤ G17	选择 XY 平面	02	G62	自动拐角倍率	
G18	选择 ZX 平面		G63	攻丝方式	
G19	选择 YZ 平面		◤ G64	切削方式	
◤ G20	英寸输入	06	G65	宏程序调用	00
G21	毫米输入		G66	宏程序模态调用	12
◤ G22	存储行程检测功能有效	04	◤ G67	宏程序模态调用取消	
G23	存储行程检测功能无效		G68	坐标旋转/三维坐标旋转	16
G27	返回参考点检测	00	◤ G69	坐标旋转取消	
G28	返回参考点		G73	排削钻孔循环	09
G29	从参考点返回		G74	左旋攻丝循环	
G30	返回第 2、3、4 参考点		◤ G80	固定循环取消	
G31	跳转功能		G81	钻孔循环、锪镗循环	
G33	螺纹切削	01	G82	钻孔循环或反镗循环	

续 表

G 代码	功能	组	G 代码	功能	组
G37	自动刀具长度测量	00	G83	排削钻孔循环	09
G39	拐角偏置圆弧插补		G84	攻丝循环	
◤ G40	取消刀具半径补偿	07	G85	镗孔循环	
G41	刀具半径左补偿		G86	镗孔循环	
G42	刀具半径右补偿		G87	背镗循环	
◤ G40.1	法线方向控制取消方式	19	G88	镗孔循环	
G41.1	法线方向控制左侧接通		G89	镗孔循环	
G42.1	法线方向控制右侧接通		◤ G90	绝对值编程	03
G43	正向刀具长度补偿	08	◤ G91	增量值编程	
G44	负向刀具长度补偿		G92	设定工件坐标系	00
G45	刀具偏置值增加	00	G92.1	工件坐标系预置	
G46	刀具偏置值减小		◤ G94	每分进给	05
G47	两倍刀具偏置值		G95	每转进给	
G48	1/2 倍刀具偏置值		G96	恒表面速度控制	13
◤ G49	刀具长度补偿值取消	08	◤ G97	恒表面控制取消	13
◤ G50	比例缩放取消	11	◤ G98	固定循环返回初始点	10
G51	比例缩放有效		G99	固定循环返回到 R 点	

2) FANUC Oi－MC 系统加工中心编程实例

如图 12-3-13 所示零件，毛坯已经过粗加工，现要求进行曲面轮廓的精加工和钻孔加工，材料为 45 钢，厚度为 25 mm，曲线轮廓加工采用 ϕ20 立铣刀，钻孔加工采用 ϕ10 麻花钻。

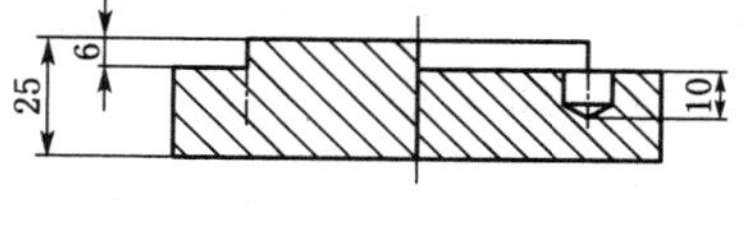

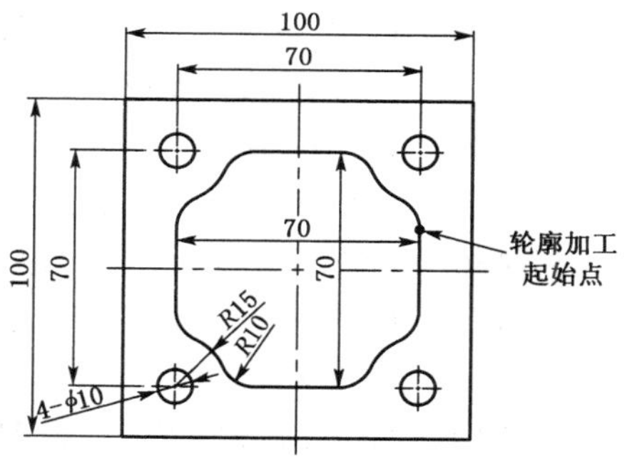

图 12-3-13

(1) 工艺设计

由于工件为较小的矩形材料，采用机用平口钳进行装夹，用垫铁支撑工件伸出足够加工高度；用百分表等工具找正钳口。

工步顺序安排为，先用 ϕ20 立铣刀加工曲线轮廓，再用 ϕ10 麻花钻加工孔。

数控加工刀具卡片：

工步号	T 码	刀具型号	刀具长度	补偿地址	备注
1	T01	ϕ20 立铣刀	实测	H01 D01	长度补偿 半径补偿
2	T02	ϕ10 麻花钻	实测	H02	长度补偿

(2) 数据处理

将工件坐标系设定在工件中心,*Z*轴零点为工件的上表面。

采用半径补偿加工曲线轮廓,补偿起始点坐标(下刀点)(*X*70,*Y*0),轮廓加工第一接点坐标为(*X*35. *Y*12.087),以下每节点坐标为(逆时针):

(*X*29. *Y*21.252),(*X*21.252 *Y*29.)

(*X*12.087 *Y*35.),(*X*−12.087 *Y*35.),(*X*−21.252 *Y*29.),(*X*−29. *Y*21.252)

(*X*−35. *Y*12.087),(*X*−35 *Y*−12.087),(*X*−29. *Y*−21.252),(*X*−21.252 *Y*−29.)(*X*−12.087 *Y*−35.),(*X*12.087 *Y*−35),(*X*21.252 *Y*−29.)

(*X*29. *Y*−21.252),(*X*35. *Y*−12.087),(*X*35. *Y*12.087)。

钻孔圆心坐标依次为(逆时针)(*X*35,*Y*35),(*X*−35,*Y*35),(*X*−35,*Y*−35),(*X*35,*Y*−35)。

(3) 编制加工程序

```
O1001                                         程序号
N10    G90 G54 G94 G49 G40 ;                  利用G54建立工件坐标系
N20    T01 M06 ;                              换T01号刀具
N30    S1500 M03 ;                            启动主轴,正向旋转
N40    G43 G00 Z100. H01 ;                    Z轴定位至安全高度,调用H01号长度补偿
N50    X70. Y0. ;                             XY轴定位至下刀点
N60    Z10. ;
N70    G01 Z−6. F60.  M08 ;                   下刀至指定高度,打开冷却液。
N80    G42 D01 X35. Y12.087 F100 ;            使用半径右补偿开始加工曲线轮廓
N90    G03 X29. Y21.252 R10. ;
N100   G02 X21.252Y29. R15. ;
N110   G03 X12.087Y35. R10. ;
N120   G01 X−12.087 ;
N130   G03 X−21.252Y29. R10. ;
N140   G02 X−29. Y21.252 R15. ;
N150   G03 X−35. Y12.087 R10. ;
N160   G01Y−12.087 ;
N170   G03 X−29. Y−21.252 R10. ;
N180   G02 X−21.252Y−29. R15. ;
N190   G03 X−12.087Y−35. R10. ;
N200   G01 X12.087 ;
N210   G03 X21.252Y−29. R10. ;
N220   G02 X29. Y−21.252 R15. ;
N230   G03 X35. Y−12.087 R10. ;
N240   G01 Y12.087 ;
N250   G40 G01 X70. ;                         轮廓加工完毕,取消刀具半径补偿
N260   Z10. F300 M09 ;
N270   G49 G00 Z100. ;                        取消刀具长度补偿
```

```
N280    T02 M06 ;                                  换刀，调用 T02 号刀具
N290    S600 M03 ;
N300    G43 G0 Z100.  H02 ;                        Z 轴定位至安全高度，调用 H02 号长度补偿
N310    G90 G98 G81 X35.  Y35.  Z-16.  R10.  F80 ;第一钻孔循环
N320    X-35.  Y35. ;                              钻第二孔
N330    X-35.  Y-35. ;                             钻第三孔
N340    X35.  Y-35. ;                              钻第四孔
N350    G80 G00 X0.  Y0. ;                         取消钻孔循环
N360    G49 G00 Z150. ;                            提刀至安全高度，取消刀具长度补偿
N370    M05 ;
N380    M02 ;                                      程序结束
```

12.4 数控雕铣

12.4.1 数控雕铣概述

国际加工领域里，高速加工正在起着越来越重要的作用。相对于低速切削而言，高速加工不但可以成倍地提高生产效率，还可进一步改善零件的加工精度和表面质量。进入 20 世纪 90 年代以来，不少高速加工中心和其他高速、大功率、精密数控机床已陆续投放国际市场，这标志着高速加工技术已开始进入工业应用阶段，并已取得显著的由技术带来的经济效益。而在国内，汽车、模具、眼镜等行业的迅速发展已不满足于传统的低速数控加工。数控雕铣机的出现，极大地满足了市场的需求。

数控雕铣机（图 12-4-1）是集雕刻和铣削加工于一体的数控机床（CNC Milling and Engraving Machine），可采用雕刻刀（0.1 mm～10 mm 之间）或整体铣刀（球头立铣刀或平头立铣刀 $\phi1$～ $\phi12$ 之间）进行加工。雕铣机适合加工的领域非常广泛，在模具业、汽车业、玩具业、航天业、工艺品、医疗器械、眼镜制造等领域，无论是零件加工或模具制造都有较广泛的应用。

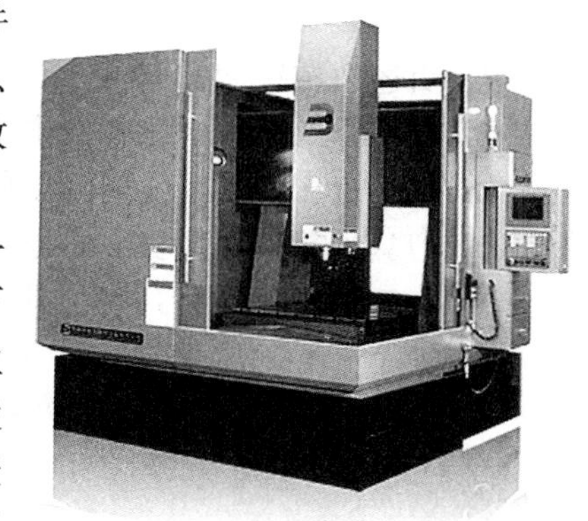

图 12-4-1　数控雕铣机

12.4.2 雕铣机加工特点

1）雕铣机与数控铣床、火花机的加工应用区别

雕铣机集合了数控铣床与火花机的功能，弥补了它们加工能力的不足。这三种机床在加工领域分别具有如下特点：

- 数控铣床主要用于加工去削量较大的工件，主轴功率较大。

● 火花机加工主要用于铣床不能完成的部分：多腔、精密、细微以及不易切削的材料。

● 雕铣机主要适用于小切削量但表面质量要求较高的钢件或电极等有色金属的高速切削。

2）雕铣机与高速铣床、电脑雕刻机的区别

● 高速铣床用于加工各种去削量的钢件和有色金属，具有雕铣机和数控铣床的功能，但造价和刀具比较昂贵。

● 电脑雕刻机适合加工有色金属及非金属材料，在钢件加工方面表现较差。

12.4.3 雕铣机的主要结构特点

雕铣机主要采用了两方面的技术，一是高速的数控系统，高位置换和高速环增益，从而保证了加工的轮廓精度在高速和低速的一致性；另一方面是机械部分固定部件（如床身、横梁、立柱等）的刚性足以抵抗运动部件的加速度冲击，并且移动部件应该轻巧、灵活。

雕铣机的主要部件要符合高速度、高精密加工的要求。高速主轴一般采用两种形式：一种是在1～2.2 kW以内采用的直接式高速电主轴，转速在36 000 r/min以下，切削扭力为1～2 N，一般为空气冷却主轴；另一种是在2.2～7.5 kW以内采用的内藏式高速电主轴，转速在30 000 r/min以下，切削扭力为3～9 N，一般采用水或油冷却主轴。

复习思考题

1. 简述数控铣床的分类。
2. 概括介绍数控铣床的基本功能。
3. 何为机床坐标系？何为工件坐标系？如何建立工件坐标系？
4. 刀具半径补偿和长度补偿在数控铣削加工中有何意义？
5. 加工中心分为哪几类？其主要特点有哪些？
6. 加工中心的编程与数控铣床的编程有何区别？
7. 数控雕铣加工有何特点？

13 特种加工与项目实训

13.1 特种加工项目实训

13.1.1 实训目的和要求

特种加工实训是计算机辅助设计与制造专业学生在掌握传统金属切削加工和数控加工知识的基础上，进一步了解和掌握必要的先进加工技术知识，以满足生产实践中应用日益广泛的电火花、线切割、激光加工等技术的需要。本实训主要通过对电火花机床和数控线切割机床基础知识的学习及操作技术，使学生具备一定的特种加工技术应用技能，为培养电火花机床和数控线切割机床加工的技术人员打下基础。

(1) 了解线切割加工、电火花的工作原理和基本方法；

(2) 了解线切割加工、电火花的数控系统、机床结构组成及应用范围；

(3) 初步掌握线切割加工、电火花机床编程和操作的基本方法。能够根据图纸要求，独立地完成较简单零件的编程设计和加工制作。

13.1.2 实训安全守则

特种加工机床的安全操作规范：

(1) 开机前，仔细阅读机床使用说明书，切勿随意乱动机床，以免发生意外。

(2) 加工前注意检查放电间隙。

(3) 放电必须在具有绝缘性能的液体介质中进行。

(4) 对于易燃类型的工作液，要注意防火。

(5) 加强机床的机械装置的日常检查、防护和润滑。

(6) 文明生产，加工结束后，必须打扫卫生，擦拭机床，并切断系统电源方可离开。

13.1.3 项目实训内容

(1) 熟悉数控线切割机床、电火花成形机床的注意事项及基本操作；

(2) 学习编程，编制并加工工件；

(3) 根据图纸，绘图并加工工件。

13.2 特种加工

特种加工技术是直接利用电能、热能、声能、光能、电化学能、化学能及特殊机械能等多种能量或其复合能量以实现材料切除的加工方法。其研究范围是电加工、高能束流(激光束、电子束、离子束、高压水束)加工、超声波加工及多能源复合加工。

特种加工主要用以解决以下几个难题:难加工材料的加工;复杂型面的加工;高精密表面的加工(微米级、纳米级精度;表面粗糙度 Ra≤0.01 μm);特殊要求零件的加工(壁厚≤0.1 mm 薄壁和弹性零件等)。

13.2.1 电火花加工

作为先进制造技术的一个重要分支,电火花加工技术,自 20 世纪 40 年代开创以来,历经半个多世纪的发展,已成为先进制造技术领域不可或缺的重要组成部分。尤其是进入 20 世纪 90 年代后,随着信息技术、网络技术、航空和航天技术、材料科学技术等高新技术的发展,电火花成形加工技术也朝着更深层次、更高水平的方向发展。虽然一些传统加工技术通过自身的不断更新发展以及与其他相关技术的融合,在一些难加工材料加工领域(尤其在模具加工领域)表现出了加工效率高等优势,但这些技术的应用没有也不可能完全取代电火花成形加工技术在难加工材料、复杂型面、模具等加工领域中的地位。相反,电火花成形加工技术通过借鉴其他加工技术的发展经验,正不断向微细化、高效化、精密化、自动化、智能化等方向发展。

13.2.1.1 电火花加工的基本机理

电火花加工是利用浸在工作液中的两极间脉冲放电时产生的电蚀作用蚀除导电材料的特种加工方法,又称放电加工或电蚀加工,英文简称 EDM。电火花加工原理如图 13-2-1 所示。

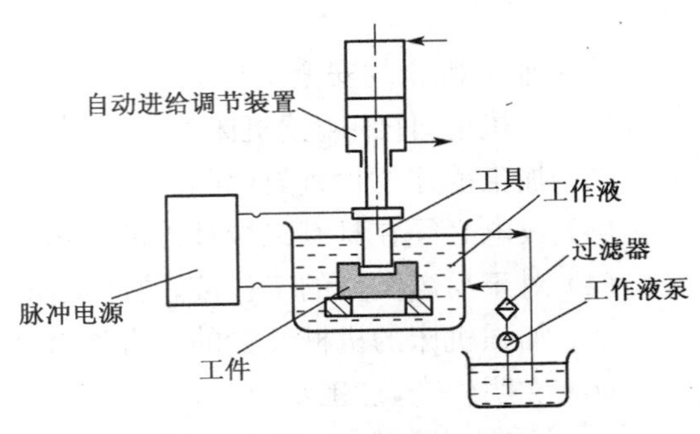

图 13-2-1 电火花加工原理

进行电火花加工时,工具电极和工件分别接脉冲电源的两极,并浸入工作液中,或将工作液充入放电间隙。通过间隙自动控制系统控制工具电极向工件进给,当两电极间的间隙达到一定距离时,两电极上施加的脉冲电压将工作液击穿,产生火花放电。在放电的微细通道中瞬时集中大量的热能,温度可高达 10 000℃以上,压力也有急剧变化,从而使这一点工作表面局部微量的金属材料立刻熔化、气化,并爆炸式地飞溅到工作液中,迅速冷凝,形成固体的金属微粒,被工作液带走。这时在工件表面上便留下一个微小的凹坑痕迹,放电短暂停歇,两电极间工作液恢复绝缘状态。紧接着，下一个脉冲电压又在两电极相对接近的另一点处击穿，产生火花放电，重复上述过程。这样，虽然每个脉冲放电蚀除的金属量极少，但因每秒有成千上万次脉冲放电作用，就能蚀除较多的金属，具有一定的生产率。

在保持工具电极与工件之间恒定放电间隙的条件下，一边蚀除工件金属，一边使工具电极不断地向工件进给，最后便加工出与工具电极形状相对应的形状来。因此，只要改变工具电极的形状和工具电极与工件之间的相对运动方式，就能加工出各种复杂的型面。

工具电极常用导电性良好、熔点较高、易加工的耐电蚀材料，如铜、石墨、铜钨合金和钼等，目前常用的主要还是以钼为主。在加工过程中，工具电极也有损耗，但小于工件金属的蚀除量，甚至接近于无损耗。

工作液作为放电介质，在加工过程中还起着冷却、排屑、防锈等作用。常用的工作液是黏度较低、闪点较高、性能稳定的介质，如煤油、去离子水和乳化液等。

13.2.1.2 电火花加工的特点及其分类

1) 电火花加工特点

(1) 电火花加工能加工普通切削加工方法难以切削的材料和复杂形状工件；

(2) 加工时无切削力；

(3) 不产生毛刺和刀痕沟纹等缺陷；

(4) 工具电极材料无须比工件材料硬；

(5) 直接使用电能加工，便于实现自动化；

(6) 加工后表面产生变质层，在某些应用中需进一步去除；

(7) 工作液的净化和加工中产生的烟雾污染处理比较麻烦。

2) 电火花加工的主要用途

(1) 加工具有复杂形状的型孔和型腔的模具和零件；

(2) 加工各种硬、脆材料，如硬质合金和淬火钢等；

(3) 加工深细孔、异形孔、深槽、窄缝和切割薄片等；

(4) 加工各种成形刀具和样板等工具和量具。

3) 电火花加工分类

按照工具电极的形式及其与工件之间相对运动的特征，可将电火花加工方式分为五类：

(1) 利用成型工具电极，相对工件做简单进给运动的电火花成形加工；

(2) 利用轴向移动的金属丝作工具电极，工件按所需形状和尺寸做轨迹运动，以切割导电材料的电火花线切割加工；

(3) 利用金属丝或成形导电磨轮作工具电极，进行小孔磨削或成形磨削的电火花磨削；

(4) 用于加工螺纹环规、螺纹塞规、齿轮等的电火花共轭回转加工；

(5) 小孔加工、刻印、表面合金化、表面强化等其他种类的加工。

13.2.2 线切割加工

利用轴向移动的金属丝作工具电极，工件按所需形状和尺寸做轨迹运动，以切割导电材料的电火花加工方式称之为电火花线切割加工。

1）线切割加工原理

线切割加工技术是线电极电火花加工技术，是电火花加工技术中的一种类型，简称线切割加工。线切割加工原理如图 13-2-2 所示。

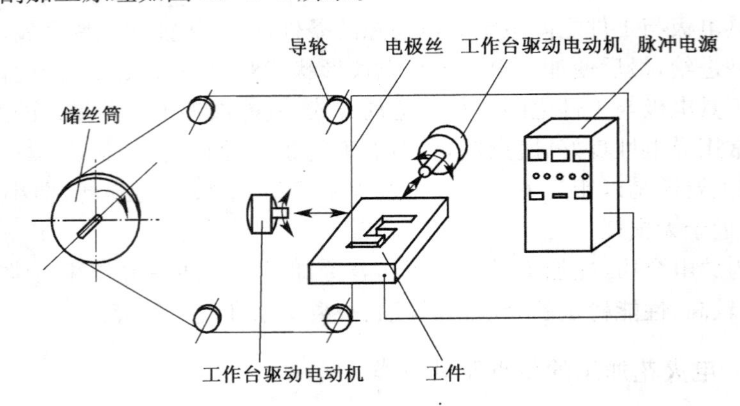

图 13-2-2 线切割加工原理

线切割机床采用钼丝或硬性铜丝（主要用 0.02～0.30 mm 的钼丝）作为电极丝。被切割的工件为工件电极，电极丝为工具电极。脉冲电源发出连续的高频脉冲电压，加到工件电极和工具电极上（电极丝）。在电极丝和工件之间加有足够的、具有一定绝缘性能的工作液。当电极丝和工件之间的距离小到一定程度时，工作液介质被击穿，电极丝和工件之间形成瞬间电火花放电，产生瞬间高温，生成大量热量，使工件表面的金属局部熔化，甚至气化；再加上工件液体介质的冲洗作用，使得金属被腐蚀下来。

工件放在机床坐标工作台上，按数控装置或微机程序控制下的预定轨迹进行加工，最后得到所需要形状的工件。由于储丝筒带动工具电极，即电极丝作正、反向交替的高速运动，所以电极丝基本上不被蚀除，可以较长时间使用。

2）线切割加工工艺特点

（1）主要优点

① 线切割加工可以用于一般切削方法难以加工或者无法加工的形状复杂的工件加工，如冲模、凸轮、样板、外形复杂的精密零件及窄缝等。电极损耗小，提高了加工精度，尺寸精度可达 0.01～0.02 mm，表面粗糙度 Ra 可达 1.25 μm。

② 线切割加工可以用于一般切削方法难以加工或者无法加工的金属材料或者半导体材料的零件进行加工，如淬火钢、硬质合金钢、高硬度金属等，但无法实现对非金属导电材料的加工。

③ 线切割加工直接利用线电极电火花进行加工，可以方便地调整加工参数，如调节脉冲宽度、脉冲间隔、加工电流等，提高线切割加工精度，也可通过调节实现加工过程的自动化控制。

④ 省掉了成型电极，大大降低了工具电极的设计与制造费用，缩短了生产周期，对新品的试制有重要意义。

⑤ 去除量小，对贵重金属的加工有特别意义。

（2）局限性

① 线切割加工效率较低，成本较高。所以，能用金属切削方法加工的零件一般不考虑

使用电加工；不适合加工形状简单的批量零件。

② 被加工的工件只能是金属材料。

③ 加工表面有变质层。如不锈钢和硬质合金表面的变质层对使用有害，需要处理掉。

④ 加工过程必须在工作液中进行，否则会引起异常放电。

13.2.3 数控电火花线切割机床

1）线切割机床分类

电火花线切割机床依运丝速度快慢不同分两大类：一类是高速走丝电火花线切割机床（WEDM－HS），这类型机床的电极丝做高速往复运动，一般速度为 8～10 m/s，这是我国生产和使用的主要机型，也是我国独创的电火花线切割加工模式；另一类是低速走丝电火花线切割机床（WEDM－LS），这类机床的电极丝做低速单向运动，一般速度低于 0.2 m/s，这是国外生产和使用的主要机型。

2）机床型号及其技术参数

我国机床型号的编制是根据 GB/T15375—94《金属切削机床型号编制方法》之规定进行的，机床型号由汉语拼音字母和阿拉伯数字组成，它表示机床类别、特性和基本参数。

数控电火花线切割机床型号 DK7740 的含义如下：

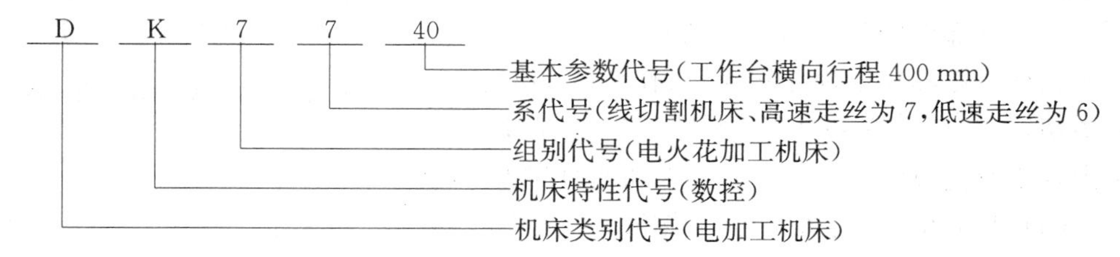

数控电火花线切割机床的主要技术参数包括：工作台行程（纵向行程 x 横向行程）、最大切割厚度、加工表面粗糙度、加工精度、切割速度以及数控系统的控制功能等。DK77 系列数控电火花线切割机床的主要型号及技术参数如表 13-2-1 所示。

表 13-2-1 DK77 系列数控电火花线切割机床的主要型号及技术参数

机床型号	DK7720	DK7725	DK7732	DK7740	DK7750	DK7763
工作台行程/mm	250×200	320×250	500×320	500×400	800×500	800630
最大切割厚度/mm	200	140	300（可调）	400（可调）	300（可调）	150（可调）
加工表面粗糙度 Ra/μm	2.5	2.5	2.5	2.5	2.5	2.5
切割速度/$mm^2 \cdot min^{-1}$	80	80	100	120	120	120
加工锥度	3°～60°各厂家的型号不同					
控制方式	各种型号均有单板（或单片）机或者微机控制					
备注	各厂家机床的切割速度有所不同					

3）机床基本结构

一台数控电火花线切割机床基本由机床主体、脉冲电源、控制系统、工作液及润滑系统、机床附件等组成。其中,机床主体(或者叫做机床本体)由坐标工作台、线架、储丝筒、立柱、运丝机构、工作液循环系统、床身等部分组成,其外形如图 13-2-3 所示:

(1) 床身　安装坐标工作台、线架及运丝装置的基础,要有较好的刚性,以保证机床的加工精度。机床床身既能起支撑和连接坐标工作台、运丝装置和线架等部件的作用,又起安装机床电器、存放工作液的作用。

(2) 坐标工作台　主要由工作台上拖板、中拖板、下拖板、滚珠丝杠等部件组成。工作台传动系统主要是 X 轴和 Y 轴方向传动。

(3) 线架　安装在工作台和储丝筒之间。电极丝运转系统主要是由储丝筒旋转,带动电极丝做正反向交替运动。排丝轮导轮保持电极丝整齐地排列在储丝筒上,经过线架做来回高速移动(线速度为 8～10 m/s 左右),进行切割加工。

(4) 运丝装置　由储丝筒、储丝筒拖板、拖板座及传动系统组成。储丝筒由薄壁管制成,具有重量轻、惯性小、耐腐蚀等优点。运丝装置的传动系统主要是机床行程开关,其作用就是控制储丝筒的正反转向。

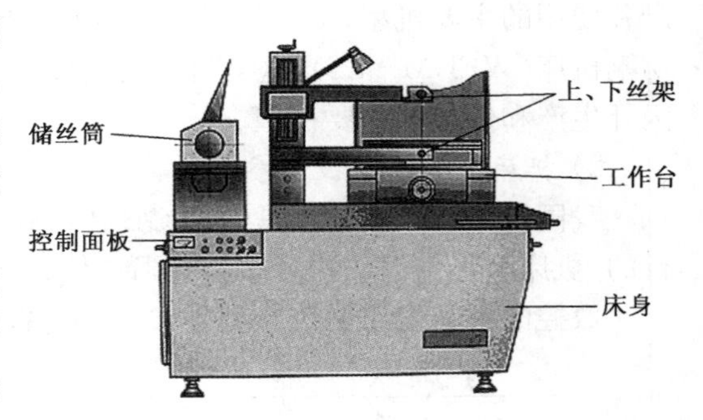

图 13-2-3　线切割机床外形

(5) 机床润滑系统　对线切割机床各个运动副进行润滑,以保证机床各个运动部件灵活可靠。运丝部件各部位的运动副润滑,重点是齿轮、丝杠、螺母和拖板导轨等;工作台各部件的运动副润滑,重点是丝杠(滚珠丝杠)、螺母和齿轮箱及拖板滑道等。一般要求加油时间为每周一次。

(6) 工作液循环系统　由工作液、工作液箱、工作液泵和循环导管组成。工作液起绝缘、排屑、冷却等作用。工作液一般采用 10%的植物性皂化液或 DX－1 油酸钾乳化油水溶液。工作方式由工作液泵供给工作液循环喷注的压力进行工作。

(7) 高频脉冲电源　又称脉冲电源,是进行线电极切割的能源。由于受价格、表面粗糙度和电极丝允许承载电流的限制,线切割加工脉冲电源的脉宽较窄,一般为 2 μs～60 μs。单个脉冲能量、平均电流一般较小,所以线切割加工总是采用正极性加工。脉冲电源的形式很多,如晶体管短形波脉冲电源、高频分组脉冲电源、并联电容性脉冲电源和低损耗电源。

13.2.4　线切割机床控制系统

13.2.4.1　AutoCut 线切割编控系统

1) 系统介绍

AutoCut 线切割编控系统是基于 Windows XP 平台的线切割编控系统,由运行在 Windows 下的系统软件(CAD 软件和控制软件)、基于 PCI 总线的 4 轴运动控制卡和高可靠、节能步进电机驱动主板、0.5 μs 高频主振板、取样板组成,系统组成如图 13-2-4 所示。

用户根据加工图纸绘制加工图形,对 CAD 图形进行线切割工艺处理,生成线切割加工的二维或三维数据,并进行零件加工;在加工过程中,系统能智能加工速度和加工参数,完成

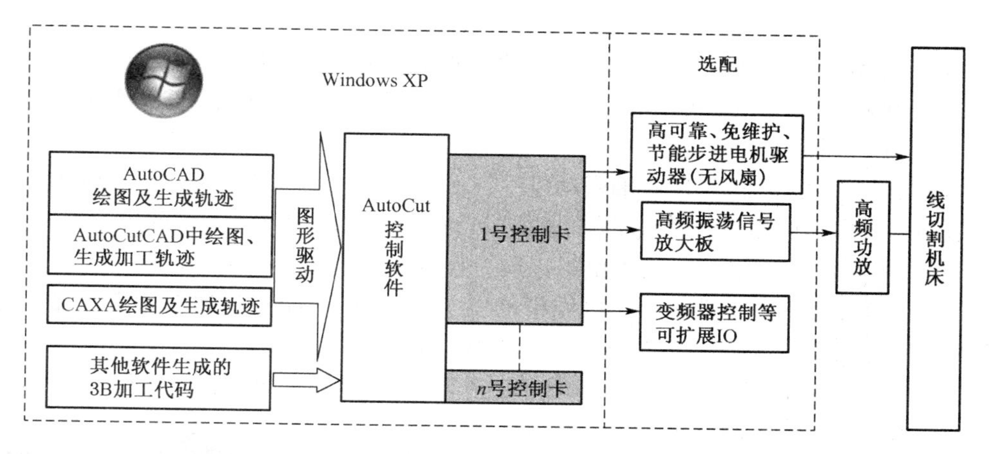

图 13-2-4　AutoCut 线切割编控系统组成

对不同加工要求的加工控制。这种以图形方式进行加工的方法是线切割领域内的 CAD 和 CAM 系统的有机结合。

系统具有切割速度自适应控制、切割进程实时显示、加工预览等操作功能。

2) AutoCut 系统主要功能

(1) 支持图形驱动自动编程，用户无需接触代码，只需要对加工图形设置加工工艺，便可进行加工；同时，支持多种线切割软件生成的 3B 代码、G 代码等加工代码；

(2) 软件可直接嵌入到 AutoCAD、CAXA 等各版本软件中；

(3) 多种加工方式可灵活组合加工(连续、单段、正向、逆向、倒退等加工方式)；

(4) XYUV 4 轴可设置换向，驱动电机可设置为五相十拍、三相六拍等；

(5) 实时监控线切割加工机床的 X、Y、U、V 四轴加工状态；

(6) 加工预览，加工进程实时显示；锥度加工时可进行三维跟踪显示，可放大、缩小观看图形，可从主视图、左视图、顶视图等多角度进行加工情况观察；

(7) 可进行多次切割，带有用户可维护的工艺库功能，使多次加工变得简单、可靠；

(8) 锥度工件的加工，采用四轴联动控制技术，可以方便地进行上下异形面加工，使复杂锥度图形加工变得简单而精确；

(9) 可以驱动 4 轴运动控制卡，工作稳定可靠；

(10) 支持多卡并行工作，一台电脑可以同时控制多台线切割机床；

(11) 具有自动报警功能，在加工完毕或故障时自动报警，报警时间可设置；

(12) 支持清角延时处理，在加工轨迹拐角处进行延时，以改善电极丝弯曲造成的偏差；

(13) 支持齿隙补偿功能，可以对机床的丝杆齿隙误差进行补偿，以提高机床精度；

(14) 支持光栅闭环控制，采用光栅尺对位置误差进行精确的校正，可以显著提高大工件加工时的位置精度；

(15) 支持两种加工模式：普通快走丝模式、中走丝通信输出模式；

(16) 断电时自动保存加工状态、上电恢复加工，短路自动回退等故障处理；

(17) 加工结束自动关闭机床电源。

3) AutoCut 系统主要特点

(1) 采用图形驱动技术，降低了工人的劳动强度，提高了工人的工作效率，减小了误操作机会；

(2) 面向 Windows XP 等各版本用户，软件使用简单，即学即会；

(3) 直接嵌入到 AutoCAD、CAXA 等各版本软件中，实现了 CAD/CAM 一体化，扩大了线切割可加工对象；

(4) 锥度工件的加工，采用四轴联动控制技术；三维设计加工轨迹；并对导轮半径、电极丝直径、单边放电间隙以及大锥度的椭圆误差进行补偿，以消除锥度加工的理论误差；

(5) 采用多卡并行技术，一台电脑可以同时控制多台线切割机床；

(6) 可进行多次切割，带有用户可维护的工艺库功能，智能控制加工速度和加工参数，以提高表面光洁度和尺寸精度，使多次加工变得简单、可靠；

(7) 本软件对超厚工件(1 m 以上)的加工进行了优化，使其跟踪稳定、可靠。

4) AutoCut 系统软件安装

将 AutoCut 光盘中的 AutoCut 目录拷贝到计算机中，其中 AutoCut. exe 为 AutoCut CAD 软件的运行文件，WireCut. exe 为 AutoCut 控制软件的运行文件，对于需要使用 AutoCAD 线切割模块的用户，运行 AutoCAD Setup. exe 会弹出如图 13-2-5 所示的安装界面：

点击不同的 AutoCAD 版本框中的"安装"，即可对已经安装过 AutoCAD 的机器进行线切割模块的安装，安装完毕后会提示"安装成功"的界面。

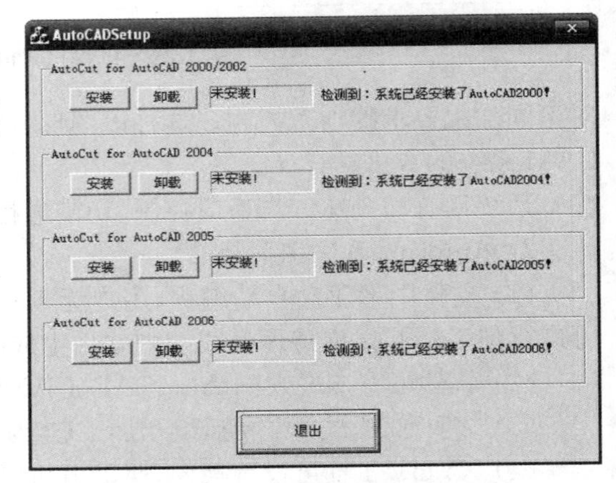

图 13-2-5　AutoCut 系统安装界面

5) AutoCut 系统使用介绍

对已经安装过的 AutoCAD 2006 进行插件安装。安装完毕后，打开 AutoCAD2006 在主界面和菜单中可以看到 AutoCut 的插件菜单和工具条，主界面如图 13-2-6 所示：

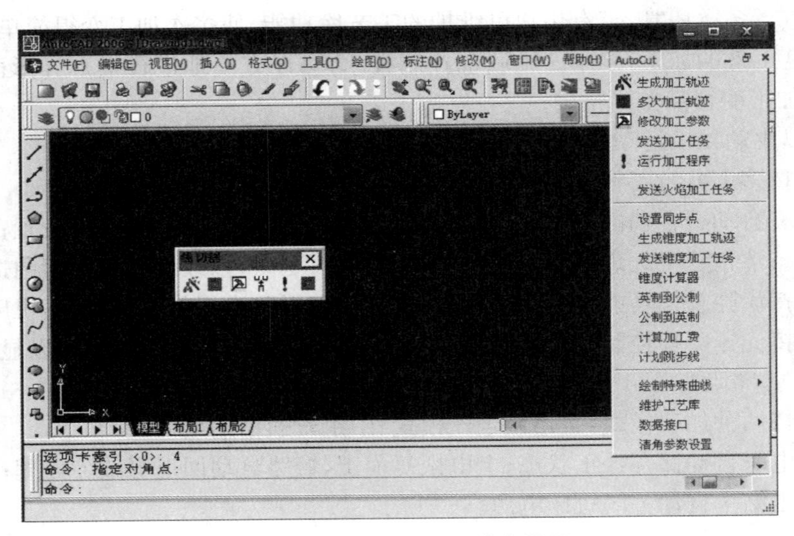

图 13-2-6　AutoCut 系统主界面

AutoCut For AutoCAD 具有良好辅助绘图功能，包括绘制阿基米德螺旋线、抛物线、渐开线、双曲线、摆线、齿轮以及矢量文字等，具体绘图功能不在此赘述。

在 AutoCAD 线切割模块中有三种设计轨迹的方法：生成加工轨迹、生成多次加工轨迹和生成锥度加工轨迹。下面以生成加工轨迹方法为例进行详细介绍。

(1) 加工参数设置

点击菜单栏上的“AutoCut”下拉菜单，选“生成加工轨迹”菜单项，或者点击工具条上相应的按钮，会弹出如图 13-2-7 所示的对话框，这是快走丝线切割机生成加工轨迹时需要设置的参数。具体参数设置请参照图 13-2-12 所示的工艺库相关内容。

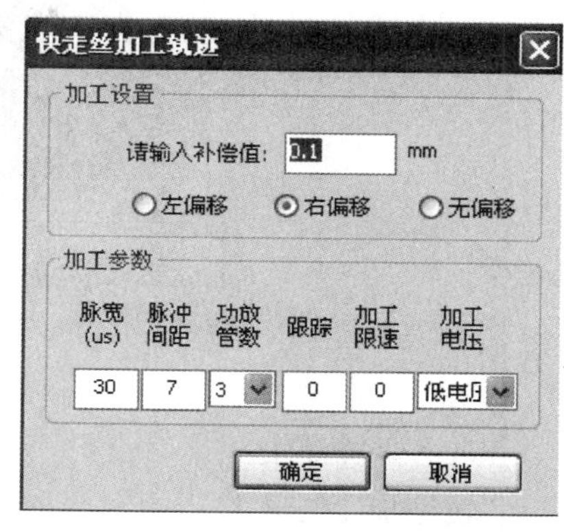

图 13-2-7　加工参数设置界面

设置好【补偿值】、【偏移方向】及【加工参数】后，点击确定。在命令行提示栏中会提示“请输入穿丝点坐标”，可以手动在命令行中用相对坐标或者绝对坐标的形式输入穿丝点坐标，也可以用鼠标在屏幕上点击鼠标左键选择一点作为穿丝点坐标，穿丝点确定后，命令行会提示“请输入切入点坐标”，这里要注意，切入点一定要选在所绘制的图形上，否则是无效的，切入点的坐标可以手工在命令行中输入，也可以用鼠标在图形上选取任意一点作为切入点，切入点选中后，命令行会提示“请选择加工方向<Enter 完成>”，如图 13-2-8 所示。

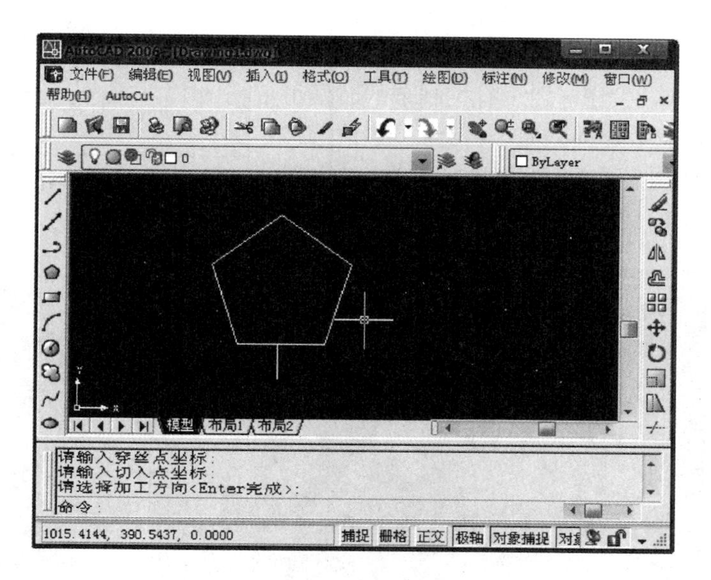

图 13-2-8　轨迹设计界面

对于封闭图形经过上面的过程即可完成轨迹的生成，而对于非封闭图形会稍有不同，在和上面相同的完成加工轨迹的拾取之后，在命令行会提示“请输入退出点坐标<Enter 同穿丝点>”。手工输入或用鼠标在屏幕上拾取一点作为退出点的坐标。注意：如果按<Enter>键，则系统自动完成退出点设置，且与穿丝点重合，如图 13-2-9 所示。

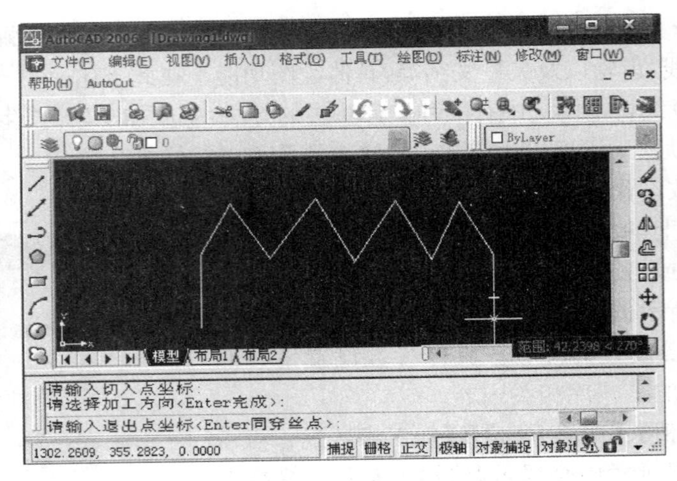

图 13-2-9　退出点设置界面

(2) 轨迹加工

轨迹加工方式常用的有两种,一种是直接通过 AutoCAD 发送加工任务给 AutoCut 控制软件,一种是直接运行 AutoCut 控制软件,并在控制软件中以载入文件的形式完成对工件的加工。下面以发送加工任务为例进行说明。

点击菜单栏上的"AutoCut"下拉菜单,选"发送加工任务"菜单项,或者点击工具条上相应的按钮,会弹出如图 13-2-10 所示的"选卡"对话框。

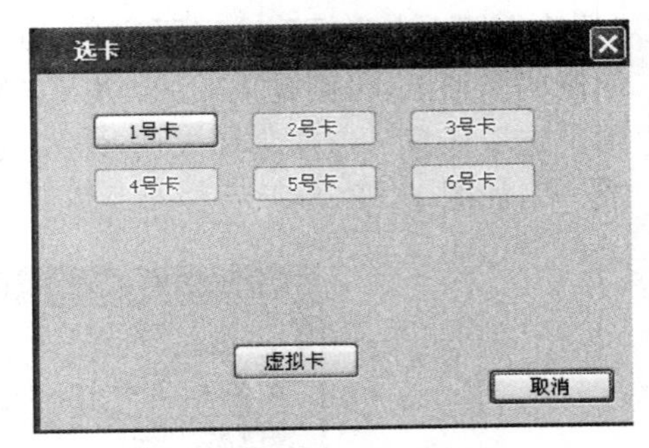

图 13-2-10　选卡界面

点击选中"1 号卡"按钮,(在没有控制卡的时候可以点选"虚拟卡"看演示效果),命令行会提示"请选择对象",用鼠标左键点选图 13-2-9 中的轨迹,点击鼠标右键会进入如图 13-2-11 所示的控制界面。

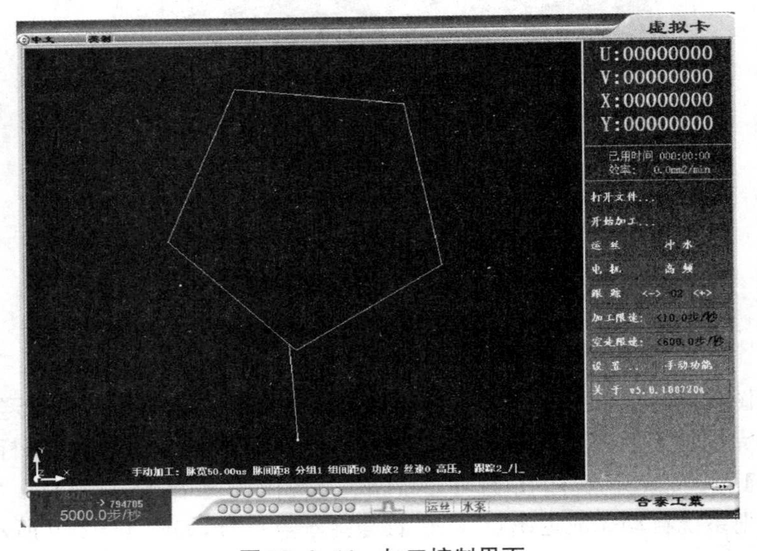

图 13-2-11　加工控制界面

（3）工艺库

点击菜单栏上的【AutoCut】下拉菜单，选【维护工艺库】菜单项，会弹出【工艺库】界面，如图 13-2-12 所示。

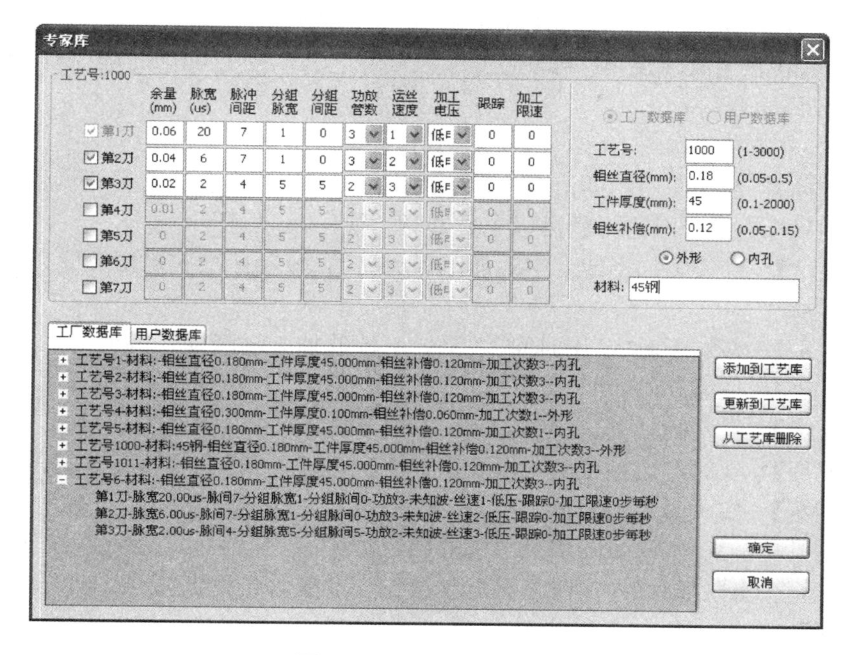

图 13-2-12　工艺库界面

- 余量（mm）：两次切割之间的距离，单位：毫米（mm）；
- 脉宽（μs）：0.5～250 μs；
- 脉冲间距（倍脉宽）：1～30 之间；
- 分组脉宽（个脉冲）：1～30 之间；
- 分组间距（倍）：1～30 之间；
- 功放管数：1～6 之间；
- 运丝速度：0～3 之间；
- 加工电压：高压或低压；
- 跟踪：可以调节跟踪的稳定性；数值越小跟踪越紧；0 为不设置跟踪；
- 加工限速：加工时的最快速度；0 为不设置；
- 工艺号：在数据库中的编号，有效值为 1 到 3000；
- 钼丝直径（0.05～0.5）：当前工艺对应的钼丝直径；单位：mm；
- 工件厚度（0.1～2000）：当前工艺对应的工件厚度；单位：mm；
- 钼丝补偿（0.05～0.15）：当前工艺对应的钼丝补偿；单位：mm；
- 外形、内孔：外形、内孔选项；
- 材料：用于描述当前工艺适合加工的材料；
- 添加到工艺库：是将上面的加工参数添加到工艺库中，供下次加工设置时使用。
- 更新到工艺库：选中已经在工艺库列表中的工艺记录，会看到在加工参数中会显示出来，对其进行相应的修改，然后通过点击该按钮，进行工艺库的更新。

● 从工艺库删除：选中已经在工艺库列表中的工艺记录，点击该按钮，将从工艺库中删除该条记录。

● 工艺库列表：列表中显示的是数据库中工艺参数列表。

6）AutoCut 控制软件使用介绍

（1）主控界面介绍

AutoCut 主控界面如图 13-2-13 所示，其包含如下内容：

【语言选择】 在如图所示的语言选择区用鼠标点击左键，会提示中、英、俄文可切换的界面，只要用鼠标左键进行选择就可以完成即时切换。

【位置显示】 在实际加工或者空走加工时，在位置显示区会实时看到 X、Y、U、V 四轴实际加工的位置。

【时间显示】 在加工时“已用时间”表示该工件的加工已经使用的时间，“剩余时间”表示该工件加工完毕还需要的时间。

【图形显示】 在实际加工、空走加工时，在图形显示区会实时回显当前加工的位置。

【加工波形】 实时显示加工的快慢及稳定性。

【加工参数】 实时显示当前加工参数：脉宽、脉间、分组、分组间距、丝速等。

【步进电机显示】 实时显示步进电机的锁定情况。

【高频、运丝、水泵显示】 实时显示高频、运丝、水泵的开关状态。

【功能区】 功能区包含打开文件、开始加工、电机、高频、间隙、加工限速、空走限速、设置、手动、关于等功能。

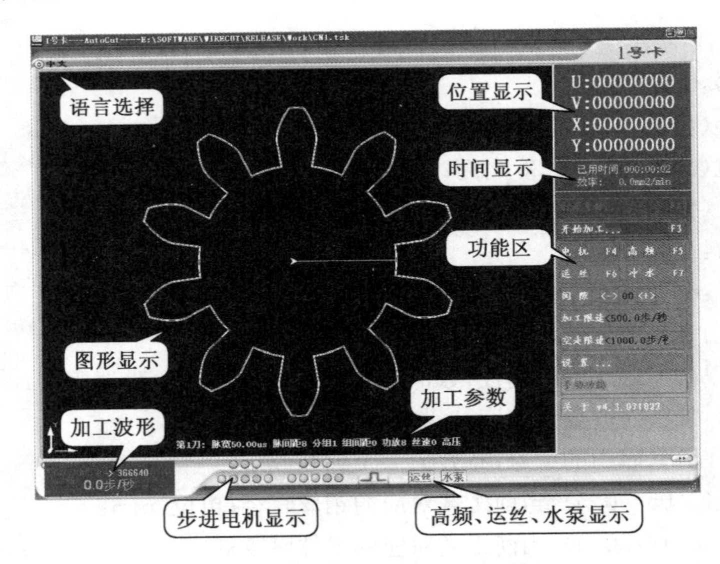

图 13-2-13 AutoCut 控制主界面

（2）文件载入

在 AutoCut 控制主界面中点击【打开文件】按钮或者使用快捷键“F2”或者右键单击【打开文件】，会弹出下拉菜单，选择【打开文件】，弹出【打开】对话框，在“文件类型”可以点选合适的文件类型，然后选择欲加工的文件打开。

（3）模板载入

在 AutoCut 控制主界面中右键单击【打开文件】，会弹出下拉菜单，点击【打开模板】选项，系统会弹出如图 13-2-14 所示模板对话框。

【模板】对话框中包含直线、矩形、圆、蛇形线以及加工点五种基本加工类型。选择不同的加工类型，设置相应的参数即可进行加工。

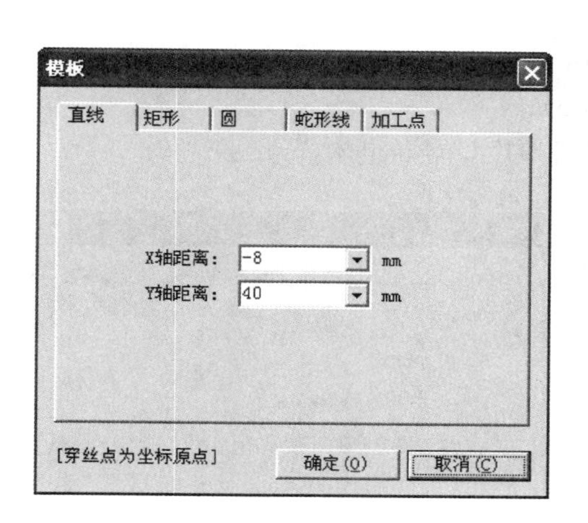

图 13-2-14　模板对话框

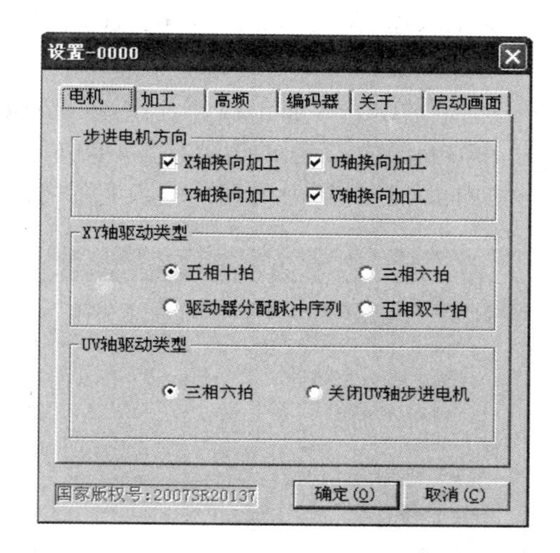

图 13-2-15　设置—电机对话框

（4）设置

在 AutoCut 控制主界面中点击“设置”按钮，系统弹出【设置】对话框。设置界面包含电机设置、加工设置、高频设置、编码器设置、启动画面设置等几项内容，如图 13-2-15 所示。

①【电机】选项卡，如图 13-2-16 所示。

步进电机方向：

X 轴换向加工：选中后 X 轴步进电机走步方向将换向；

Y 轴换向加工：选中后 Y 轴步进电机走步方向将换向；

U 轴换向加工：选中后 U 轴步进电机走步方向将换向；

V 轴换向加工：选中后 V 轴步进电机走步方向将换向。

XY 轴驱动类型：

五相十拍：选中后表示选用五相步进电机以五相十拍的模式工作；

三相六拍：选中后表示选用三相步进电机以三相六拍的模式工作；

驱动器分配脉冲序列：选中后控制卡输出的是脉冲和方向信号，此选项多用于伺服电机。

五相双十拍：选中后表示选用五相步进电机以五相双十拍模式工作。

UV 轴驱动类型：

三相六拍：选中后表示选用三相步进电机以三相六拍的模式工作；

关闭 UV 轴步进电机：选中后表示不使用 UV 轴的步进电机。

②【加工】选项卡，如图 13-2-16 所示。

加工参数：

短路测等时间：在加工时检测短路的时间，单位：秒；

清角延时时间：加工到拐角时，在拐角暂停的时间，单位：秒；

短路自动回退：加工过程中短路，系统自动回退的步数，单位：步。

限速：

空走限速：在机床进行空走时的最大运行速度，单位：步每秒；

加工限速：在实际加工时，电机的最大运行速度，单位：步每秒。

齿隙补偿：

X 轴补偿值：X 轴的齿隙补偿，单位：微米（μm）；

Y 轴补偿值：Y 轴的齿隙补偿，单位：微米（μm）；

加工厚度（计算效率用）：输入实际的加工工件厚度，单位：毫米（mm）。

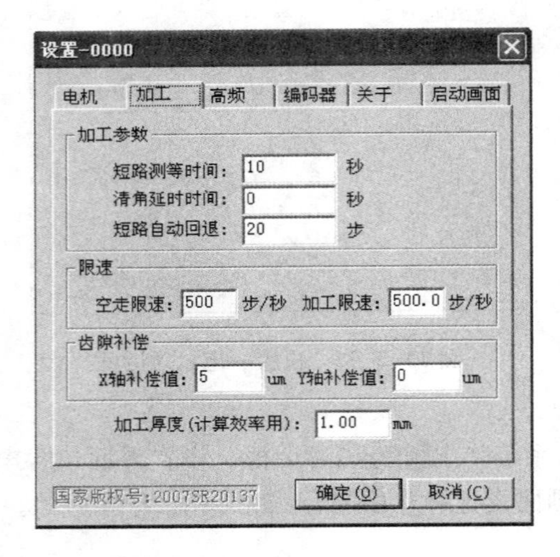

图 13-2-16　设置—加工对话框

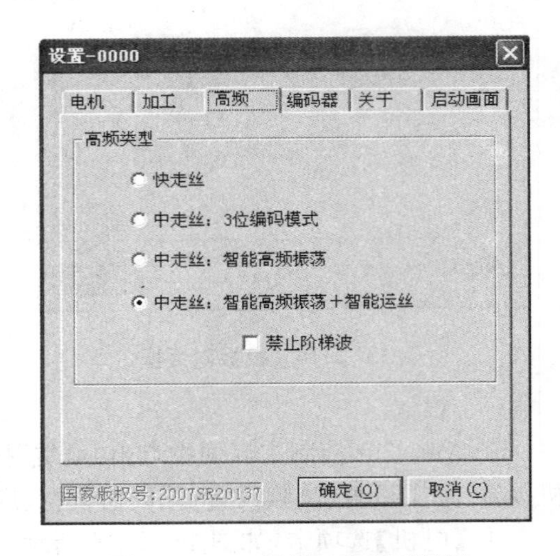

图 13-2-17　设置—高频对话框

③【高频】选项卡，如图 13-2-17 所示。

高频类型：

快走丝：普通快走丝高频；

中走丝（3 位编码模式）：3 位编码中走丝模式；

中走丝（智能高频振荡）：在 AutoCut 控制软件中可以直接设置高频参数和运丝速度及运丝方式等；

中走丝（智能高频振荡＋智能运丝）：在 AutoCut 控制软件中可以直接开关水泵、运丝以及设置高频参数、运丝速度、运丝方式等。

④【编码器】选项卡，如图 13-2-18 所示。

设置：

开启 X 轴和 Y 轴编码器检测：可连接伺服电机的编码器或直线光栅尺；

开启 X 轴和 Y 轴螺距补偿：选中后，能够对丝

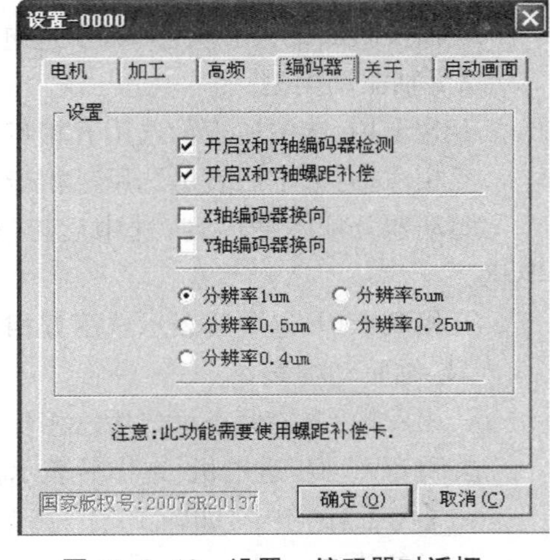

图 13-2-18　设置—编码器对话框

杠的螺距误差进行修正，此功能需要输入螺距补偿表；

X 轴编码器换向：可以改变 X 轴反馈信号的检测方向；

Y 轴编码器换向：可以改变 Y 轴反馈信号的检测方向；

分辨率：能够支持分辨率为 1 μm、5 μm、0.5 μm、0.25 μm、0.4 μm、4 μm 的编码器或直线光栅尺。

注意：此功能必须在机床正常安装了光栅尺或编码器，并与 AutoCut 螺距补偿卡正常连接，才能使用。

⑤ [启动画面]选项卡，如图 13-2-19 所示。

启动画面：控制软件在启动时可以显示经销商指定图片作为启动画面，显示的形式分为：不显示、显示设置时间后自动关闭、一直显示等待手动关闭。

手控盒设置：包括无手控盒、手摇脉冲发生器和手控盒三种。

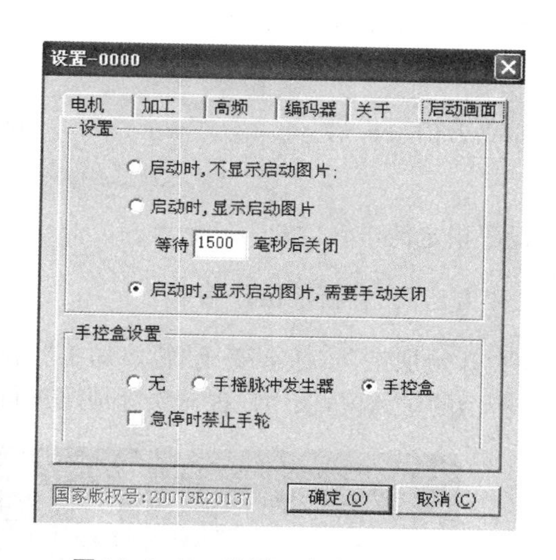

图 13-2-19　设置—启动画面对话框

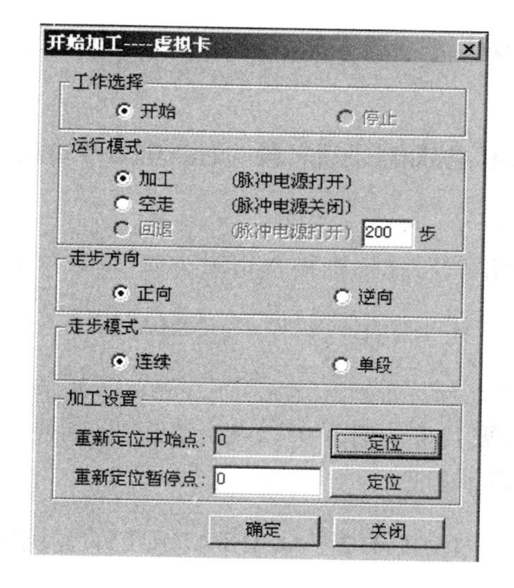

图 13-2-20　开始加工对话框

(5) 开始加工

在 AutoCut 控制主界面中点击“开始加工”按钮或者单击快捷键 F3，系统弹出[开始加工]对话框，如图 13-2-20 所示。在[开始加工]对话框中，有以下几个选择项：

① 工作选择：

开始：开始进行加工；

停止：停止目前的加工工作；

注意：正在进行加工时不能退出程序，必须先停止加工，然后才能退出。

② 运行模式：

加工：打开高频脉冲电源，实际加工；

空走：不开高频脉冲电源，机床按照加工文件空走；

回退：打开高频脉冲电源，回退指定步数(回退的指定步数可以在设置界面中进行设置，并会一直保存直到下一次设置被更改)。

③ 走步方向：

正向：实际加工方向与加工轨迹方向相同；

逆向：实际加工方向与加工轨迹方向相反。

④ 走步模式：

连续：加工时，只有一条加工轨迹加工完才停止；

单段：加工时，一条线段或圆弧加工完时，会进入暂停状态，等待用户处理；

⑤ 加工设置：

● 重新定位开始点："定位"按钮，弹出下拉菜单 开始点为第一段起点 开始点为第N段起点 开始点为最后一段起点 开始点为指定步数 开始点为指定坐标XY ，选择"开始点为第一段起点"即以第一段起点作为开始点；选择"开始点为第 N 段起点"，

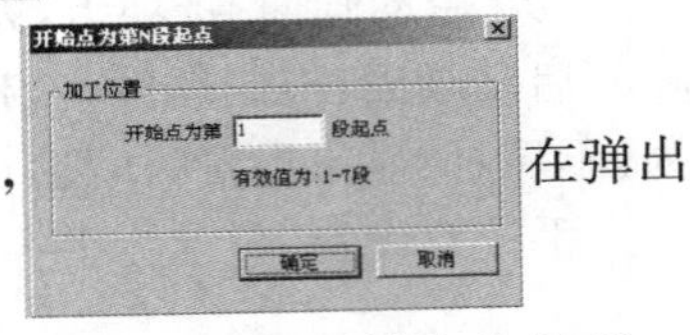

在弹出的对话框中输入数值(在有效值范围内)设置第 N 段起点作为开始点；选择"开始点为最后一段起点"即以最后一段的起点作为开始点；选择"开始点为指定步数"，

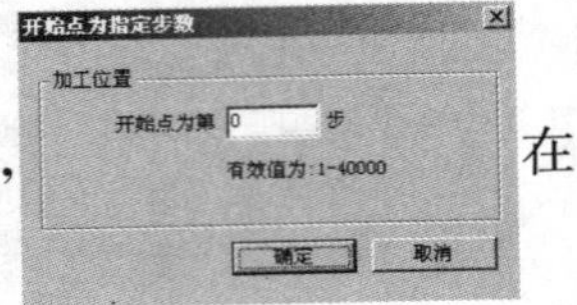

在弹出的对话框中输入指定步数(在有效值范围内)设置指定的步数位置为开始点。

● 重新定位暂停点："定位"按钮， 暂停点为第N段起点 暂停点为最后一段起点 暂停点为指定步数 暂停点为指定坐标XY 使用方法同"重新定位开始点"。

当上面的选择做完后，确定开始加工后，原来的"开始加工"按钮会变成"暂停加工"，在需要暂停的时候可以点击该按钮，同样会弹出上面所示的对话框，供用户根据实际情况进行相应处理。

13.2.4.2 ACTSPARK FW 型机床简介

阿齐夏米尔 ACTSPARK FW 线切割机床是由北京阿齐夏米尔工业电子有限公司所生产的新型高速走丝线切割机床。北京阿齐夏米尔工业电子有限公司是一家中国和瑞士 AGIE Charmilles 集团合资的高新企业，是电加工机床的专业生产厂。ACTSPARK FW2 型线切割机床如图 13-2-21 所示。

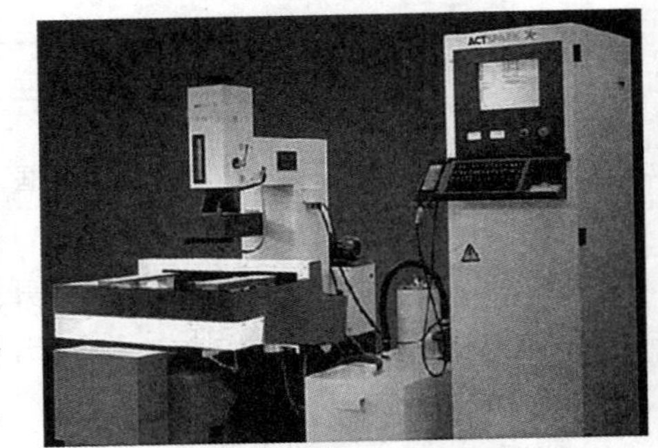

图 13-2-21 FW2 型线切割机床

1) ACTSPARK FW2 型线切割机床主体方面的独特优点

(1) 主机机构采用 C 型布局，增加了 Z 轴及 UV 轴支承刚性，并且造型美观。

(2) 工作台传动系统采用精密直线滚动导轨，滚珠丝杠通过十字滑块联轴节与电机直联，并且具有螺距补偿功能，传动灵活，精度稳定，提高了工作台的承载能力和抗颠覆力矩。

(3) 运丝系统采用创新的对称式同时张紧系统，保证了上下主导轮之间的电极丝在往复运动时张力稳定，从而确保了放电的稳定性和加工件的表面粗糙度。

(4) 独特的喷水结构，能够很好地保证上下喷嘴所喷出的工作液完全包容电极丝，从而

为放电加工提供了可靠的工作液。

(5) 独创的工作液回流装置采用三级过滤,确保工作液的清洁,从而提高了加工效率和加工精度,同时也使工作环境得到了极大的改善。

2) ACTSPARK FW2 型线切割机床软件系统

ACTSPARK FW2 机床软件系统开机界面如图 13-2-22 所示。FW2 型机床的开机界面亦即 SEDM 模块手动功能界面,通过 F1～F10 来选择切换完成置零、找正等相应的操作。

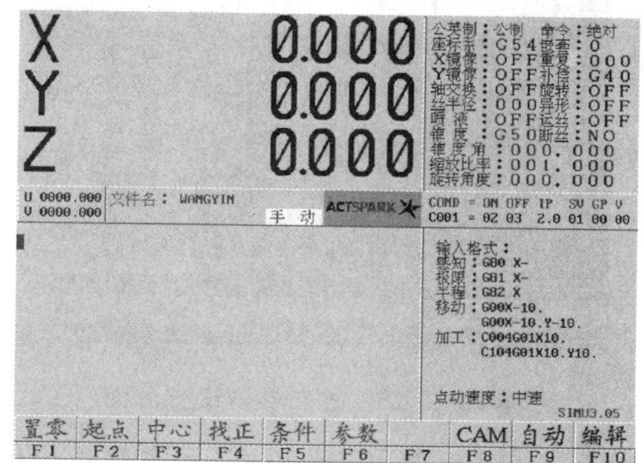

图 13-2-22 FW2 系统开机界面

ACTSPARK FW2 机床软件系统由 SEDM 和 TCAD/SCAM 两部分组成。

SEDM 模块是用 C 语言编写而成,运行于 MS-DOS3.3 以上版本的环境下,CPU8088 以上。是一个顺序执行的单任务软件系统。属于加工控制及人机界面模块,有手动控制、自动控制以及编辑等功能。对于不同的功能模块界面均可通过 F1～F10 来选择切换完成相应的操作。

(1) 手动功能:可以完成各种运动、参数设置及简单的直线加工等功能。

(2) 自动功能:专为执行连续加工程序而设的功能。

(3) 编辑功能:可对程序进行人工编辑,进行一些常用的文件管理方面的操作。还可通过 RS-232C 串行口与外界信息网交换数据。

TCAD 是一个完备的 CAD 软件系统,不仅可以直接在机床上绘图,也可以通过软驱接收外部 DXF 格式的图形文件。SCAM 是 BA 自主版本的 CAM 软件,可将 TCAD 产生的 DXF 格式的图形文件根据要求自动生成加工程序。

3) ACTSPARK FW2 机床操作步骤

(1) CAM 自动编程

在开机界面按 F8(CAM 功能)进入图 13-2-23 所示线切割自动编程系统界面,在此界面按 F1 进入绘图界面,如图 13-2-24 所示。在绘图界面,按加工图纸要求绘制零件图形,在【档案】下拉菜单中选取【存档】保存图形文件,同时在【线切割】下拉菜单中选择【路径】进行加工路径设置。选择【线切割】下拉菜单中【CAM】功能回到图 13-2-23 所示界面。

图 13-2-23 线切割自动编程系统

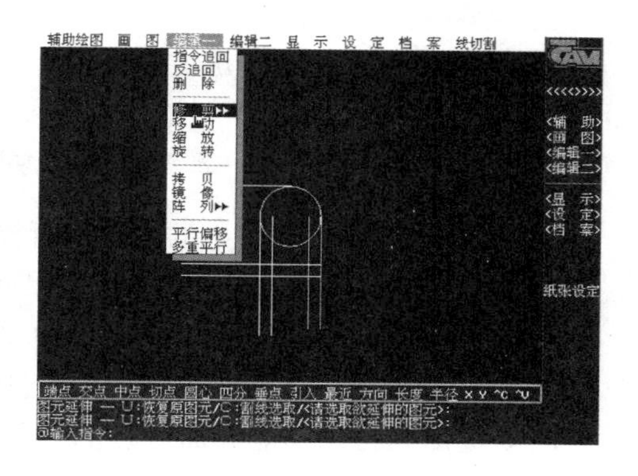

图 13-2-24 CAD 绘图界面

在图 13-2-23 界面中按 F2 进入图 13-2-25 所示的加工参数设置界面。在此界面选择相应的图形文件，进而设置偏置方向、条件号、偏置量。最后按 F1(绘图)进入程序生成界面，如图 13-2-26 所示。

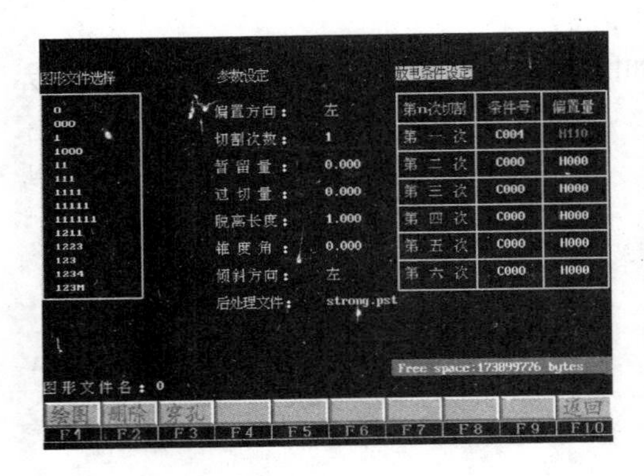

图 13-2-25　加工参数设置界面

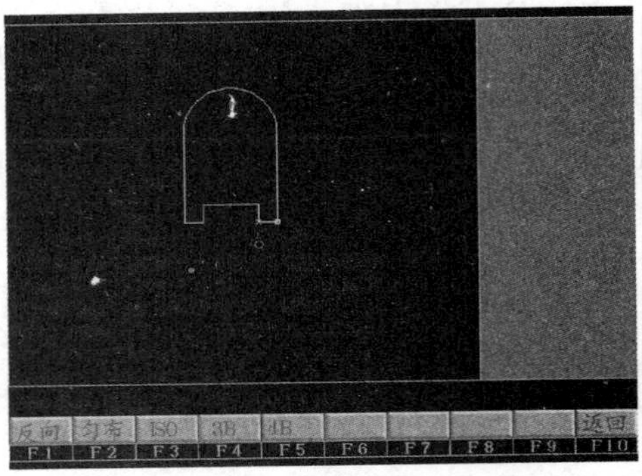

图 13-2-26　程序生成界面

在图 13-2-26 中，按 F3 自动生成 NC 程序，按照系统提示按 F9 键输入程序名，回车保存。此时，连续按 F10 键回到手动功能界面，再按 F10 进入编辑功能界面，如图 13-2-27 所示。

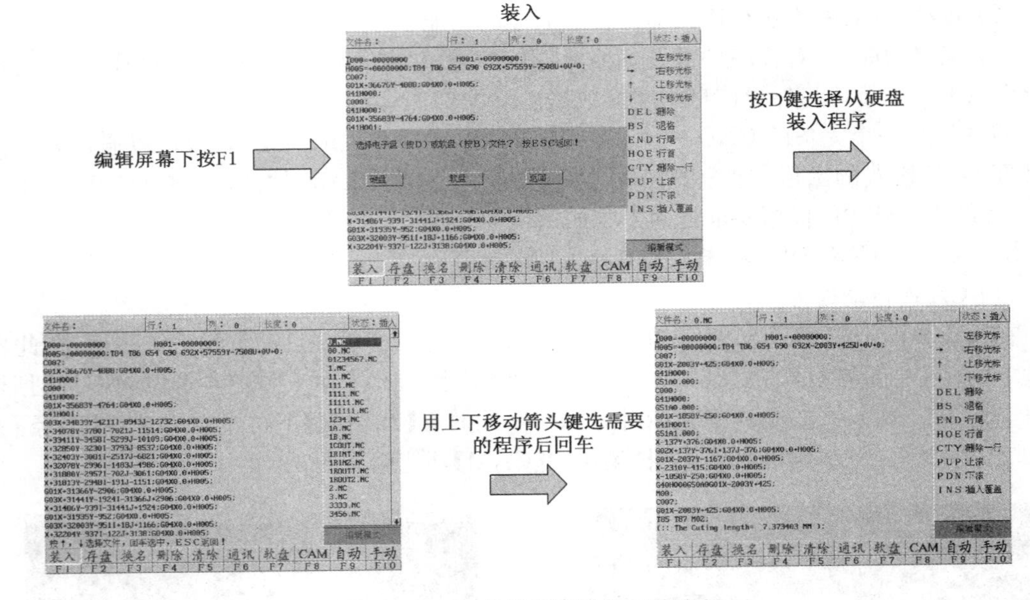

图 13-2-27　编辑界面操作工艺流程

在编辑界面下按照下图中的提示进行操作，装入相应的程序。

按 F9 进入自动功能界面，自动功能界面如图 13-2-28 所示。

在自动功能界面，打开模拟功能，仿真加工一次，确认轨迹正确。

按 F10 进入手动功能界面，通过找正、找中心等操作找到穿丝点。

按 F9 键回到自动功能界面，通过 F3 关闭模拟功能，即 F3 状态为 OFF，回车，启动机床开始切割。

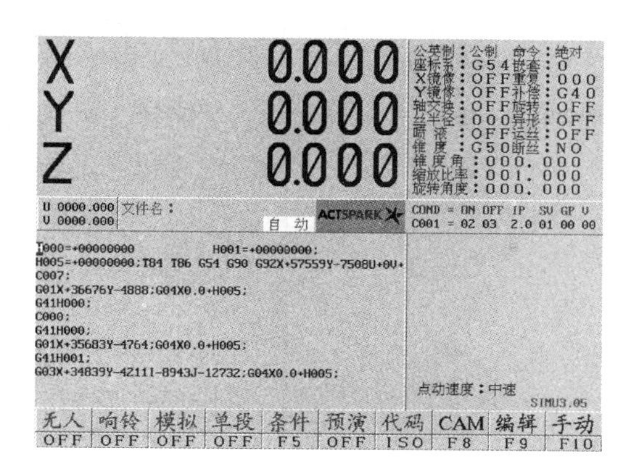

图 13-2-28　自动功能界面

13.2.5　编程指令及程序格式

目前，数控线切割机床主要的程序格式是符合国际标准的 ISO 格式（即 G 代码形式），以及我国自行开发的 3B 和 4B 格式，下面以 G 代码为例进行讲解。

13.2.5.1　编程指令——ISO 代码

ISO 编程方式是一种通用的编程方法，这种编程方式与数控铣床有点类似，使用标准的 G 指令、M 指令等代码。所以下面只简单介绍在数控线切割中有特殊含义的部分代码。

1）G 功能

（1）G92（设置当前点坐标）

说明：设置当前电极丝位置（即穿丝点）的坐标值，G92X___Y___；

（2）G40、G41、G42（电极丝半径补偿，补偿也叫偏置）

G41 左补偿是指加工轨迹以进给的方向为正方向，沿轮廓左侧让出一个给定的偏移量。

G42 右补偿是指加工轨迹以进给的方向为正方向，沿轮廓右侧让出一个给定的偏移量。

G40 取消补偿

G40、G41、G42 使用结果如图 13-2-29 所示。

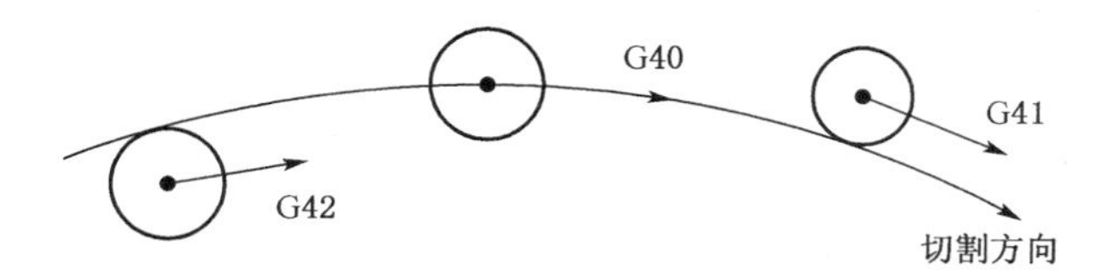

图 13-2-29　半径补偿

2）M 功能

M00 程序暂停：暂停程序的运行，等待操作者的干预，如检验、调整、测量等。干预完毕后，按机床上的启动键即可继续执行暂停指令后面的加工程序。

M02 程序结束：结束整个程序的运行，停止所有的 G 功能及与程序有关的一些运行开关，如冷却液开关、走丝开关等，机床处于原始禁止状态，电极丝处于当前位置。

3）T 功能

T84 水泵开：打开冷却液阀门开关；T85 水泵关：关闭冷却液阀门开关；

T86 丝筒开：控制机床走丝的开启；T87 丝筒关：控制机床走丝的结束。

2. G 代码程序格式

N10 T84 T86 G90 G92X___Y___；

N12 G01 X___Y___；

N14 G02 X___Y___I___J___；

……

N30 G01 X___Y___；

N35 M00；

N40 T85 T87；

N50 M02；

13.2.6 线切割加工工艺流程

鉴于线切割加工的特点及控制系统的特性，进行线切割加工，首先进行 CAD 设计，即对加工对象“数字化”，这是实现自动编程的必要条件，当然对于一些简单零件的加工程序可以采用手工编程的方式，而不必进行 CAD 设计。但所有加工都必须进行必要的工艺分析，通过分析确定切割参数，比如根据图纸要求的加工精度，确定的电极丝半径的补偿方向以及补偿值。然后，根据确定的相关参数进一步确定加工路线。这时，我们就可以编写加工程序了。工艺流程框架如图 13-2-30 所示。

有了加工程序，在加工之前必须进行正确性验证，即进行仿真加工。如果仿真加工正确，则可在机床和工件准备好的前提下进行操作加工。否则，根据模拟加工的失败提示返回上步进行修正，直至合格再进行操作加工。

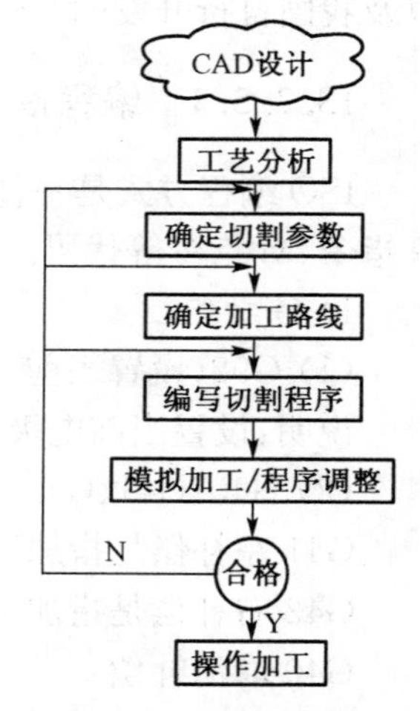

图 13-2-30 线切割工艺流程

13.2.7 线切割加工实例

零件如图 13-2-31 所示，要求按顺时针方向切割，暂不考虑电极丝半径的偏置，穿丝点放在 O 点。

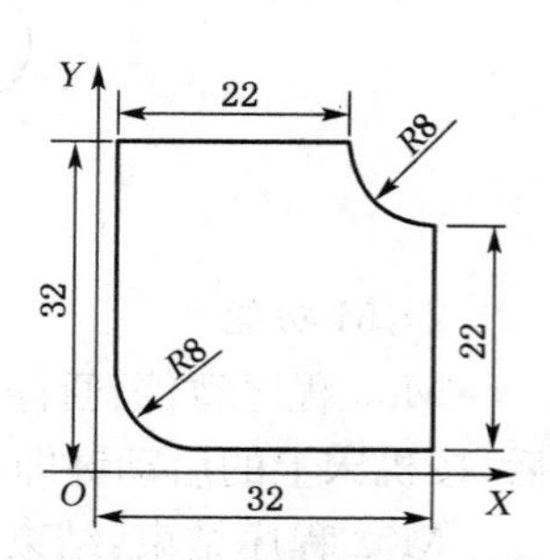

图 13-2-31 零件加工轮廓

13.2.7.1 程序如下

N10 T84 T86 G90 G92X0Y0；　　N12 G01 X0Y15；

N14 G01 X2Y15；　　N16 G01 X2Y32；

N18 G01 X24Y32；　　N20 G03 X32Y24I8J0；

N22 G01 X32Y2；　　N24 G01 X10Y2；

N26 G01 X24Y32；　　　　N28 G02 X2Y10I0J8；
N30 G01 X2Y15；　　　　N35 M00；
N38 G01 X0Y15；　　　　N40 T85 T87 M02；

13.2.7.2 操作步骤

(1) 开机。上电，开启微机。
(2) 检查机床。仔细检查电极丝、工作液是否能正常工作，并检测电极丝的垂直度。
(3) 装夹工件。通过悬臂式支撑或者桥式支撑方式装夹工件，确保整个加工面处于水平静态。
(4) 输入或传输加工代码。自动生成的程序，可通过局域网调用或者 U 盘移动存储。
(5) 启动机床控制系统。
(6) 读取并模拟加工程序。
(7) 设置电参数。调解脉冲电源、脉宽、脉间，电压等参数。
(8) 调整工作台位置，使电极丝处于穿丝点位置，并将工作液挡板放置到位。
(9) 启动“加工”键，进行加工。
(10) 成品零件检测。
(11) 机床清洁维护。

13.3 其他特种加工简介

13.3.1 激光加工

激光加工是一种能束加工方法，具有亮度高、方向性好和单色性好的相干光，因此在理论上可聚焦到尺寸与光的波长相近的小斑点上。焦点处的功率密度可达 $10^7 \sim 10^{11}$ W/cm²，温度可高达万度以上。激光加工就是利用材料在激光聚焦照射下瞬时急剧熔化和气化，并产生很强的冲击波，使被熔化的物质爆炸式地喷溅来实现材料的去除。

激光原理源于 1917 年爱因斯坦发表的光的受激发射理论，20 世纪 50 年代初的量子放大器实现了通过受激发射放大微波的作用，60 年代美国休斯研究所的梅曼应用了红宝石激光首次实现了振荡，取得了光放大的激光，为 70 年代发展激光加工奠定了基础。

产生激光束的器件称为激光器，它的种类很多，按其工作物质的不同可分为固体激光器、气体激光器、液体激光器、半导体激光器和化学激光器等 5 种。激光束的输出方式有脉冲、连续和巨脉冲等 3 种。现以固体激光器为例说明激光加工原理，如图 13-3-1 所示。

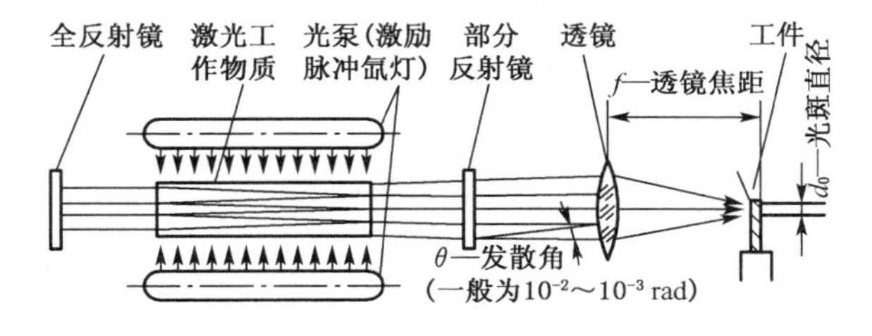

图 13-3-1 固体激光器加工原理示意图

固体激光器由工作物质、光泵、聚光器和谐振腔组成。当工作物质受到光泵的激光后，吸收特定波长的光，在一定条件下形成工作物质中亚稳态粒子数大于低能级粒子数的状态，出现了粒子数反转的现象。此时，一旦有少量激发粒子自发辐射发出光子，即可感应所有其他激发粒子产生受激辐射跃迁，实现光放大，并通过全反射镜和部分反射镜组成的谐振腔的反馈作用产生振荡，由部分反射镜的一端输出激光，通过透镜将激光束聚焦至待加工表面上。其聚焦的光斑直径 $d_0 = 2f\theta$。光斑的功率密度 $p_0 = P/f^2\theta^2$，式中 P 为激光功率。因此通过减小激光器发散角 θ 和缩短焦距 f 可使聚焦点更小，功率密度更强。激光加工具有以下特点：

(1) 几乎对所有金属材料和非金属材料，如钢材、耐热合金、高熔点材料、陶瓷、宝石、玻璃、硬质合金和复合材料等都可加工。

(2) 加工效率高，可实现高速切割和打孔，也易于实现加工自动化和柔性加工。

(3) 加工作用时间短，除加工部位外，几乎不受热影响和不产生热变形。

(4) 非接触加工，工件不受机械切削力，无弹性变形，能加工易变形薄板和橡胶等工件。

(5) 由于激光束易实现空间控制和时间控制，能进行微细的精密图形加工。

(6) 不存在工具磨损和交换问题。

(7) 在大气中无能量损失，故加工系统的外围设备简单，不像电子束加工需要真空室。

(8) 可以通过空气、惰性气体或光学透明介质，故可对隔离室或真空室内工件进行加工。

(9) 加工时不产生振动和机械噪声。

激光加工主要应用于打孔和切割，此外还有激光划线、图形刻划、修边、动平衡校正、热处理、激光焊接和打标志等多种用途。

13.3.2 水喷射加工

水喷射加工(Water Jet Machining)又称水射流加工、水力加工或水刀加工。它是利用超高压水射流及混合于其中的磨料对各种材料进行切割、穿孔和表层材料去除等加工。其加工机理是综合了由超高速液流冲击产生的穿透割裂作用和由悬浮于液流中磨料的游离磨削作用，故称之为磨料水喷射(Abrasive Water Jet)技术，简写为 AWJ 技术。

20 世纪 50 年代在前苏联已出现了利用纯水的高压射流进行煤层开采和隧道开挖的技术，但在机械加工领域直到 70 年代后期解决了高压喷射装置的性能和可靠性后才首先在美国的飞机和汽车行业中成功地应用于复合材料的切割和缸体毛刺的去除。由于水喷射加工具有下列优点，因而自 80 年代末起得到了迅速的发展。

(1)几乎适用于加工所有的材料，除钢铁、铝、铜等金属材料外，还能加工特别硬脆、柔软或因屑尘飞扬的非金属材料加工，如塑料、皮革、纸张、布匹、化纤、木材、胶合板、石棉、水泥制品、玻璃、花岗岩、大理石、陶瓷和复合材料等。

(2) 切口平整、无毛边和飞刺。也可用其去除阀体、燃油装置和医疗器械中的孔缘、沟槽、螺纹、交叉孔和盲孔上的毛刺。

(3) 切削时无火花，对工件不会产生任何热效应，也不会引起其表层组织的变化。这种冷加工很适于对易爆易燃物件的加工。

(4) 加工清洁不产生烟尘或有毒气体,减少空气污染,提高了操作人员的安全性。

(5) 减少了刀具准备、刃磨和设置刀偏量等工作,并能显著缩短安装调整时间。

上世纪90年代通过对水喷射工艺参数优化的研究和控制系统性能的改善,使其能以较高的效率和精度进行加工,其技术经济效果可与等离子和激光加工相媲美。

13.3.3 电解加工(电化学加工)

电解加工ECM(Electrochemical Machining)就是利用金属在外电场作用下的高速局部阳极溶解过程,实现金属成型加工的工艺。其原理如图13-3-2所示。

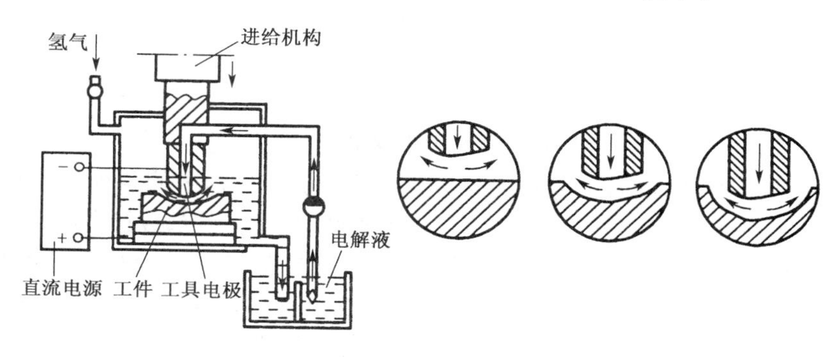

图13-3-2 电解加工原理图

1) 电解加工的特点

(1) 能加工各种硬度与强度的金属材料。

(2) 生产率高,其加工速度约为电火花加工的5～10倍,约为机械切削加工的3～10倍。

(3) 加工中无切削力,不产生残余应力、飞边与毛刺;表面质量高,Ra为1.25 μm～0.2 mm。

(4) 加工过程中工具阴极无损耗。

2) 电解加工的弱点和局限性

(1) 加工稳定性不高,不易达到较高的加工精度。

(2) 电解液过滤、循环装置庞大,占地面积大,电解液对设备有腐蚀作用;

(3) 电解液及电解产物容易污染环境。

复习思考题

1. 简述电火花线切割的加工原理。
2. 简述线切割加工的工艺特点。
3. 试比较电加工与金属切削加工的主要区别。
4. 简述线切割加工中零件装夹特点,并列举常用的装夹方法。

14 计算机辅助设计与制造

计算机辅助设计(Computer Aided Design,简称CAD)是指工程技术人员以计算机为工具,用各自的专业知识,对产品进行总体设计、绘图、分析和编写技术文档等设计活动的总称。一般认为,CAD的功能可归纳为四类:几何建模、工程分析、模拟仿真、自动绘图。一个完整的CAD系统应由科学计算、图形系统和工程数据库等组成。

计算机辅助制造(Computer Aided Manufacturing,简称CAM)目前无统一的定义。一般而言,CAM是指计算机在产品制造领域中有关应用的总称。有广义和狭义之分。广义的CAM一般指利用计算机辅助完成从毛坯到产品制造全过程中的各种直接和间接活动,包括工艺准备(计算机辅助工艺设计、计算机辅助工装设计与制造、数控自动编程、工时定额和材料定额编制等)、生产作业计划、物流过程的运行控制、生产控制、质量控制等。狭义CAM是指计算机辅助机械加工,确切地说是指数控程序的编制,包括刀具路线的规划、刀位文件的生成、刀具轨迹仿真以及后置处理和NC代码生成等。CAM是先进制造技术的重要组成部分,是提高制造业整体水平的重要举措。

14.1 MasterCAM

MasterCAM软件是美国CNC Software公司开发的基于PC平台的CAD/CAM软件,是最经济、最有效率的全方位软件系统,包括美国在内的各工业大国,皆一致采用本系统作为设计、加工制造的标准,是全球销量最好的CAM软件,是工业界及学校广泛采用的CAD/CAM系统。MasterCAM包括CAD、铣削加工(Milling)、车削加工(Turning)、线切割加工(Wire EDM)等主要模块,涵盖了当今金属切削加工领域的主要加工手段。这使得MasterCAM适用于机械设计、制造的各个领域,在加工方面该软件具有下列几个特点:

(1) 提供可靠、精确的刀具路径。

(2) 可以直接在曲面及实体上加工。

(3) 提供多种多样的加工方式。

(4) 提高完整的刀具库及加工参数数据库。

(5) 拥有多种后处理功能,用来生成适用的NC程序。

14.1.1 MasterCAM的环境界面

环境界面是学习任何软件系统必须首先掌握的部分。MasterCAM的环境界面简洁明快,体现了设计者的独具匠心,特别是主菜单区和子菜单区的合理划分。

MasterCAM 的环境界面可分为 5 大区域:绘图区、主菜单区、子菜单区、系统提示区以及最上方的快捷命令图标区,具体位置如图 14-1-1 所示。

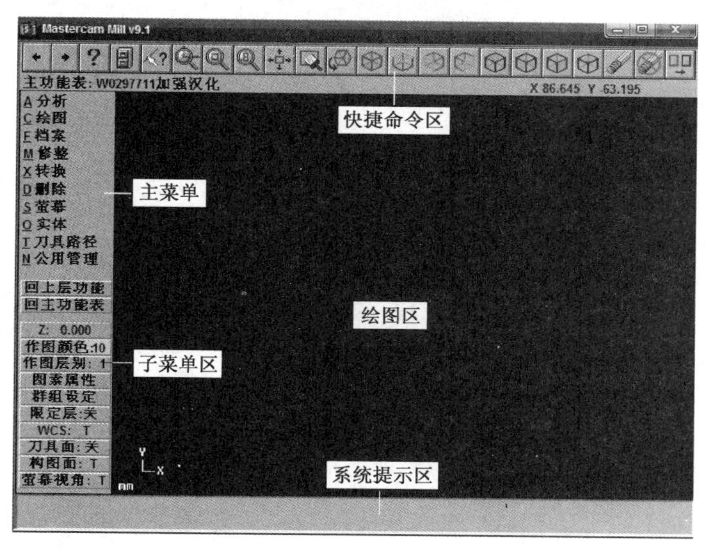

图 14-1-1　子菜单区

1) 绘图区

此区域为最常使用的区域,是设计图形和生成刀具路径所显示的区域,用户从外部导入的图形也会显示在该区域中,显示图形时的绘图区如图 14-1-2 所示。显示加工轨迹时的绘图区如图 14-1-3 所示。

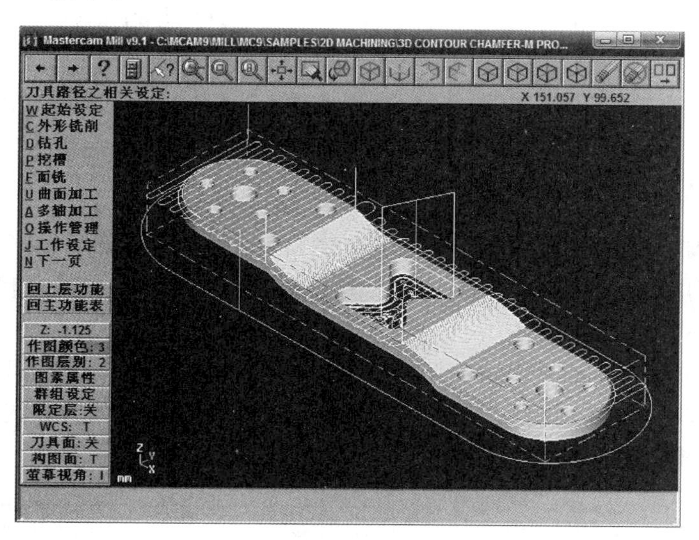

图 14-1-2　图形显示

2) 主菜单区

主菜单区如图 14-1-4 所示,此区域提供了系统所有的基本功能。许多 MasterCAM 命令都是在这个主菜单区里执行的。

Mastercam Mill v9.1 - C:\MCAM9\MILL\MC9\SAMPLES\2D MACHINING\3D CONTOUR CHAMFER-M PRO...
档案之相关设定:
X 206.101 Y 66.445
W 开启新档
E 编辑
G 取档
M 合并档案
L 列出
S 存档
A 部份存档
B 浏览
V 档案转换
N 下一页
回上层功能
回主功能表
Z: -1.125
作图颜色: 3
作图层别: 2
图素属性
群组设定
限定层:关
WCS: T
刀具面:关
构图面: T
萤幕视角: I

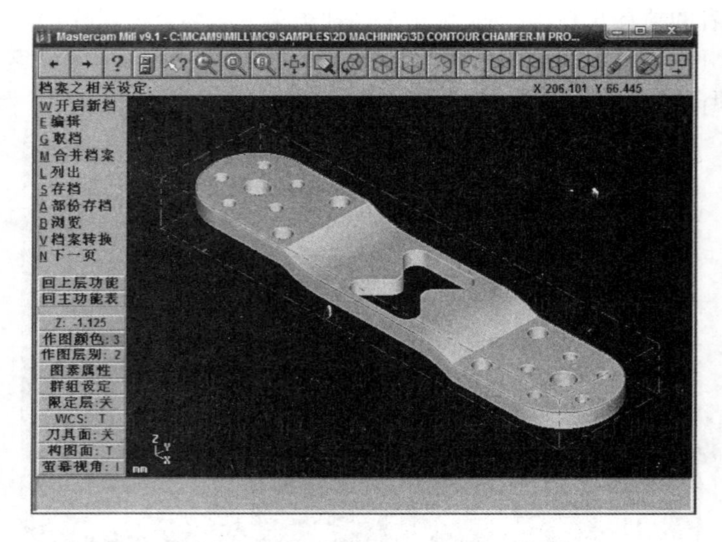

图 14-1-3　显示的加工轨迹

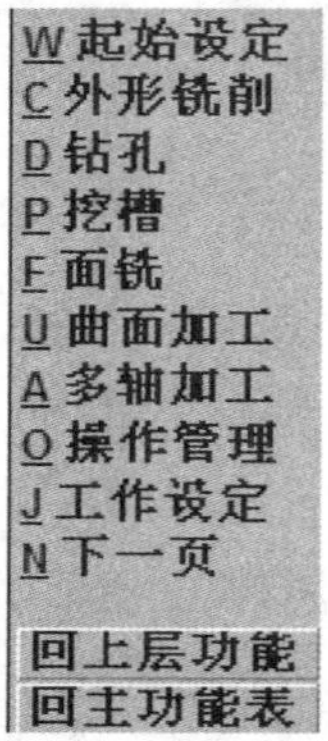

W 起始设定
C 外形铣削
D 钻孔
P 挖槽
F 面铣
U 曲面加工
A 多轴加工
O 操作管理
J 工作设定
N 下一页
回上层功能
回主功能表

图 14-1-4　主菜单区

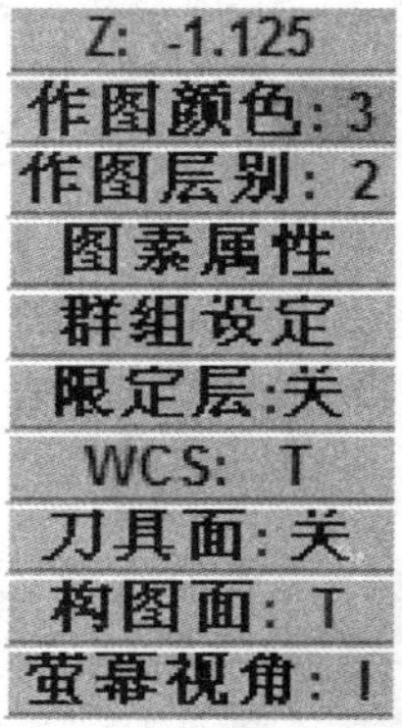

Z: -1.125
作图颜色: 3
作图层别: 2
图素属性
群组设定
限定层:关
WCS: T
刀具面:关
构图面: T
萤幕视角: I

图 14-1-5　子菜单区

3）子菜单区

图 14-1-5 所示的是子菜单区。MasterCAM 的每一个操作都需要子菜单区的菜单命令。该区域主要用于设定构图面、刀具面、设置视角、设定图层和图素的相关属性。

4）系统提示区

图 14-1-6 所示的是系统提示区。在屏幕的最下方有一横条区域，提供了一些系统相应的信息，有时需要利用键盘输入一些相关数据，如点的坐标、圆的直径或者半径等。操作者应养成随时注意该区域提示的习惯。

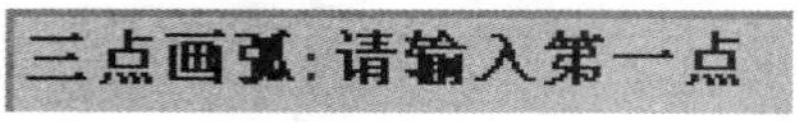

三点画弧:请输入第一点

图 14-1-6　系统提示区

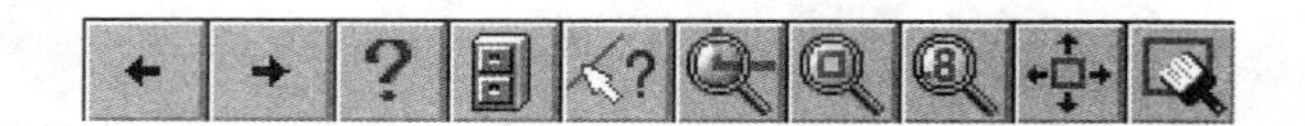

图 14-1-7　快捷命令图标区

5）快捷命令图标区

图 14-1-7 所示的是快捷命令图标区。

此区域将所有常用的 MasterCAM 命令变成图标放置在环境界面的最上方，这样用户就不用在命令菜单的树状结构中找寻了。另外，该区域的最左边有两个箭头可以切换下一页快捷命令按钮，并且提供用户自定义的功能，以扩充用户的需要。如果将光标停留在快捷命令图标上不动，将会有该命令的说明出现，以提示该图标的命令定义，如图 14-1-8 所示。

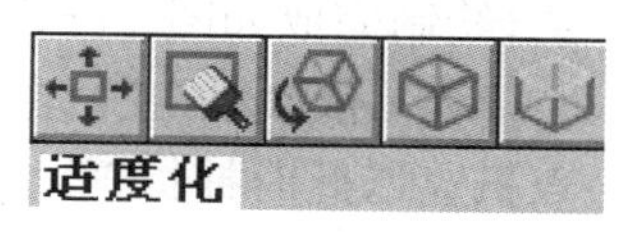

图 14-1-8 命令说明

14.1.2 MasterCAM 运用实例

MasterCAM 系统作为一款集 CAD/CAM 功能于一体的软件，下面通过轮廓类零件的加工对 CAM 功能进行说明。

轮廓类零件加工主要是指对零件的外形铣削，即刀具按照指定的轮廓线进行加工。MasterCAM9.0 系统提供二维外形铣削和三维外形铣削两种形式。二维外形铣削是最常用的轮廓类零件加工方式，在这种加工方式中铣削深度保持不变。下面就以二维外形轮廓铣削为例进行详细说明。

1）调取零件模型

依次单击【回主功能表】、【档案】、【取档】选项，打开取档对话框，如图 14-1-9 所示。正确选取目录和要调入的图形文件，并单击【打开】按钮，系统自动调入零件模型。调入的零件模型如图 14-1-10 所示。

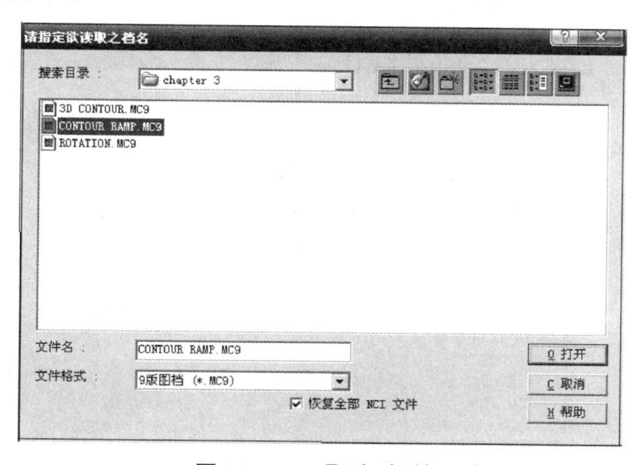

图 14-1-9 取消对话框

2）平移图形

（1）单击 F9 键，观看系统缺省坐标系位置，如图 14-1-11 所示。

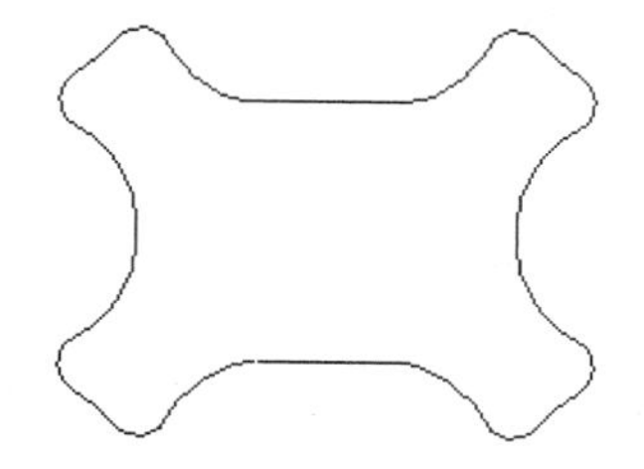

图 14-1-10 调入的零件模型

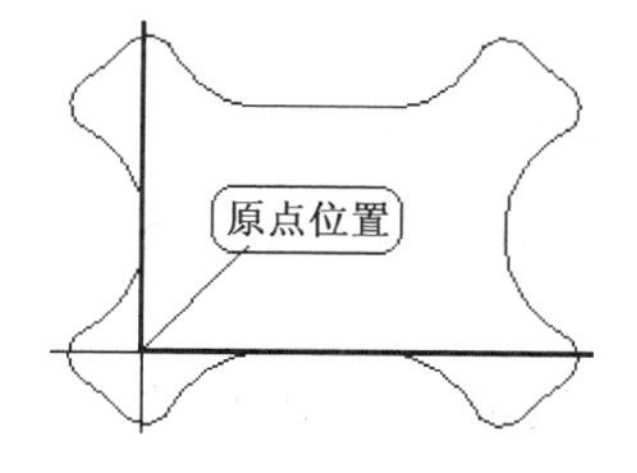

图 14-1-11 缺省的原点位置

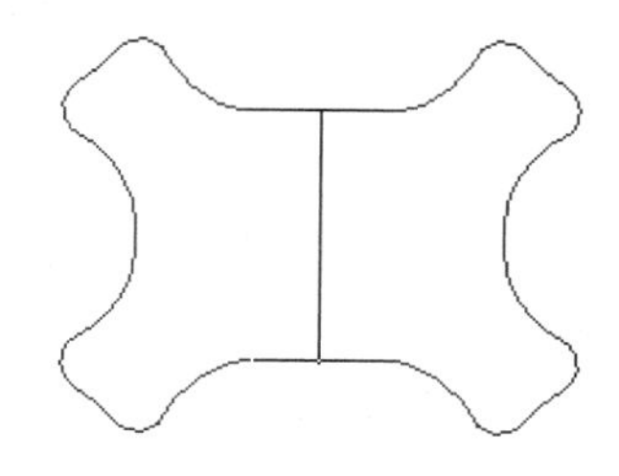

图 14-1-12 绘制的垂直线

(2) 绘制一条辅助线。依次单击【回主功能表】、【绘图】、【直线】、【垂直线】、【中点】选项，绘制完成如图 14-1-12 所示直线。

(3) 依次单击【回主功能表】、【转换】、【平移】、【所有的】、【图素】、【执行】、【两点间】、【中点】选项，此时捕捉辅助直线中点，如图 14-1-13 所示，进而捕捉坐标原点并单击鼠标左键，系统自动弹出图 14-1-14 所示对话框，设置并单击【确定】按钮，结果如图 14-1-15 所示。

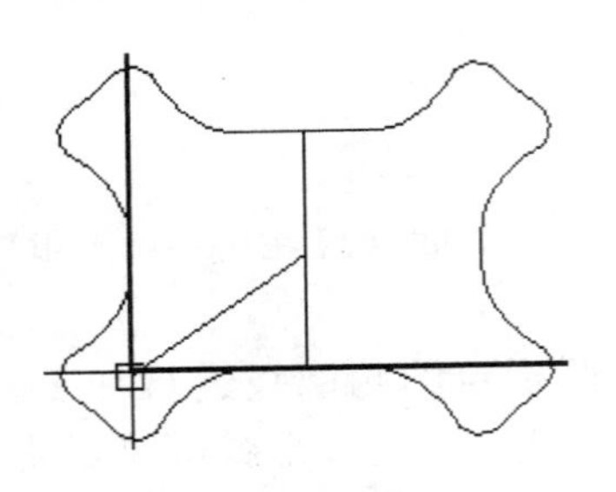

图 14-1-13　选取说明

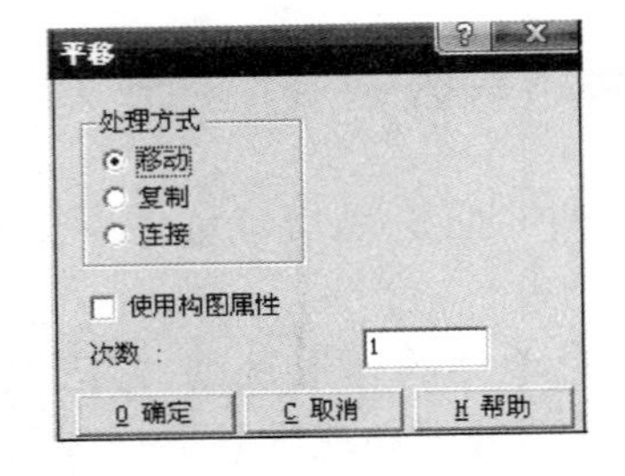

图 14-1-14　设置后的平移对话框

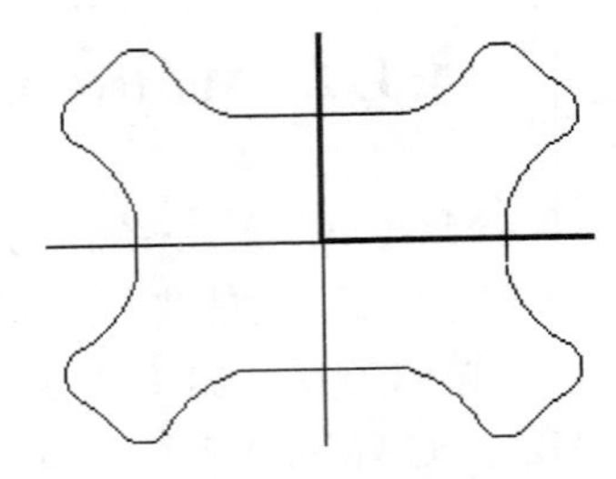

图 14-1-15　平移后的图形

(4) 删除辅助直线。依次单击【回主功能表】、【删除】，然后在系统提示下直接删除辅助直线。

3) 设置毛坯尺寸

(1) 根据零件的外形尺寸设置毛坯尺寸。单击【回上层功能】、【刀具路径】、【工作设定】选项，系统显示图 14-1-16 对话框。

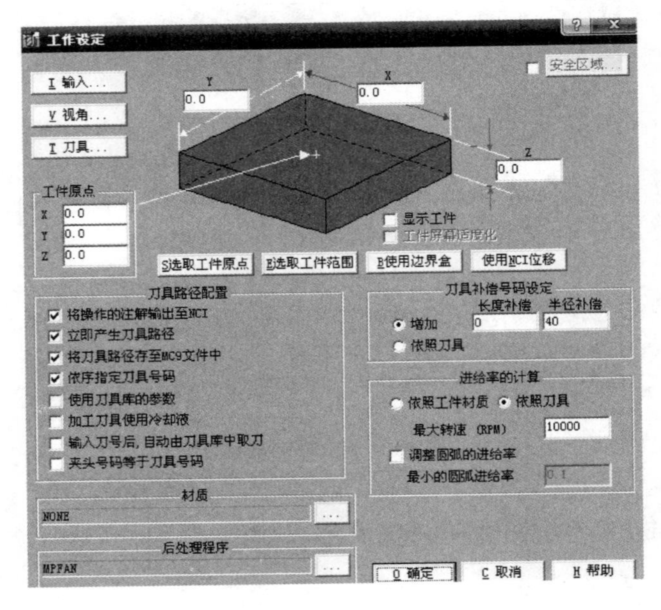

图 14-1-16　工作设定对话框

(2) 单击对话框中【使用边界盒】按钮，系统显示边界盒对话框，设置此对话框，如图 14-1-17 所示。

(3) 单击边界盒对话框【确定】按钮，系统自动创建满足要求的毛坯模型，其尺寸如图 14-1-18 所示。

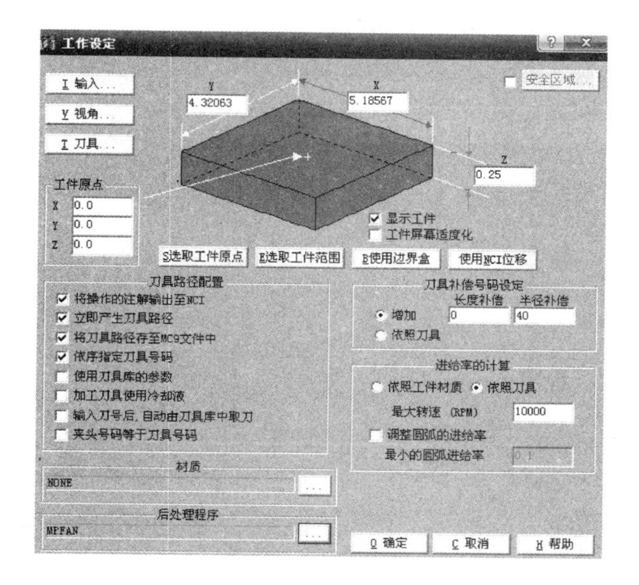

图 14-1-17 边界盒对话框

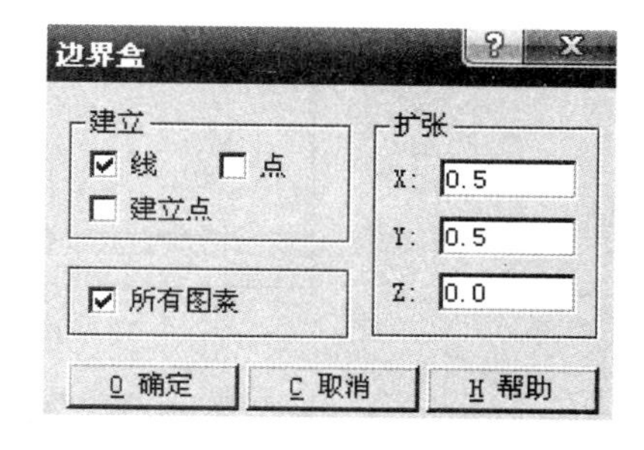

图 14-1-18 毛坯模型尺寸

(4) 单击【确定】按钮,系统自动创建的毛坯模型如图 14-1-19 所示。

4) 加工设置

(1) 依次单击【回主功能表】、【刀具路径】选项,系统显示如图 14-1-20 所示的子菜单。

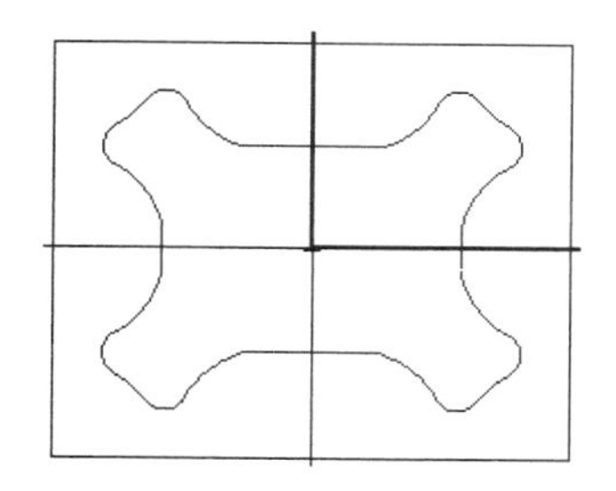

图 14-1-19 创建的毛坯模型

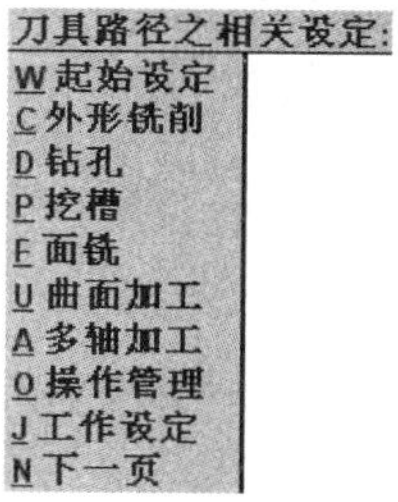

刀具路径之相关设定:
W 起始设定
C 外形铣削
D 钻孔
P 挖槽
F 面铣
U 曲面加工
A 多轴加工
O 操作管理
J 工作设定
N 下一页

图 14-1-20 显示的子菜单

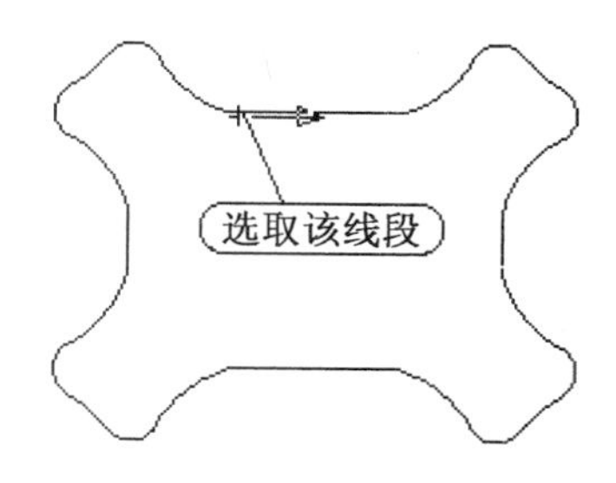

图 14-1-21 选取直线

(2) 单击子菜单中【外形铣削】选项,然后再单击新的子菜单中的【串连】选项,按照系统要求选取如图 14-1-21 所示直线段。在选取时,要注意箭头方向,以便正确进行刀具直径的偏置设置。

(3) 单击子菜单中的【执行】选项,系统显示外形铣削对话框,如图 14-1-22 所示。

(4) 设置加工用刀具。将光标放在对话框的空白处,单击右键,系统显示一个弹出式菜单,如图 14-1-23 所示。

(5) 单击弹出式菜单中的【从刀具库中选取刀具】选项,在系统显示的刀具库列表中选择所需用的刀具,并确定,结果如图 14-1-24 所示。

(6) 设置加工参数。将光标置于图 14-1-24 所示的刀具图标上,单击鼠标右键,系统自动显示定义刀具对话框,单击对话框中【参数】选项卡,设置加工进给速度以及主轴转速参数,如图 14-1-25 所示。单击【确定】按钮完成参数设置。

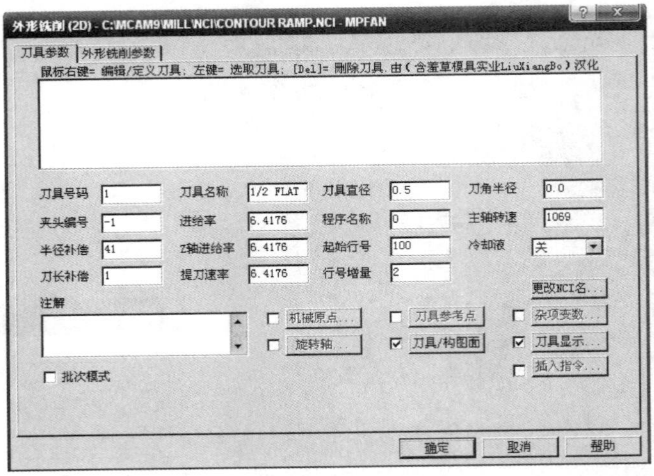

外形铣削 (2D) - C:\MCAM9\MILL\NCI\CONTOUR RAMP.NCI - MPFAN

刀具参数 | 外形铣削参数

鼠标右键= 编辑/定义刀具；左键= 选取刀具；[Del]= 删除刀具. 由（含蓄草模具实业LiuXiangBo）汉化

刀具号码 1　刀具名称 1/2 FLAT　刀具直径 0.5　刀角半径 0.0

夹头编号 -1　进给率 6.4176　程序名称 0　主轴转速 1069

半径补偿 41　Z轴进给率 6.4176　起始行号 100　冷却液 关

刀长补偿 1　提刀速率 6.4176　行号增量 2

更改NCI名...

注解

机械原点...　刀具参考点...　杂项变数...

旋转轴...　刀具/构图面　刀具显示...

插入指令...

批次模式

确定　取消　帮助

图 14-1-22　外形铣削对话框

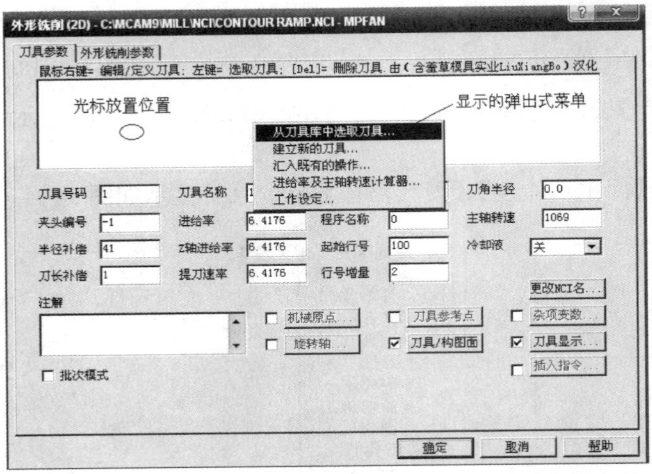

外形铣削 (2D) - C:\MCAM9\MILL\NCI\CONTOUR RAMP.NCI - MPFAN

刀具参数 | 外形铣削参数

鼠标右键= 编辑/定义刀具；左键= 选取刀具；[Del]= 删除刀具. 由（含蓄草模具实业LiuXiangBo）汉化

光标放置位置

显示的弹出式菜单

从刀具库中选取刀具...

建立新的刀具...

汇入既有的操作...

进给率及主轴转速计算器...

工作设定...

刀具号码 1　刀具名称 1　刀角半径 0.0

夹头编号 -1　进给率 6.4176　程序名称 0　主轴转速 1069

半径补偿 41　Z轴进给率 6.4176　起始行号 100　冷却液 关

刀长补偿 1　提刀速率 6.4176　行号增量 2

更改NCI名...

注解

机械原点...　刀具参考点...　杂项变数...

旋转轴...　刀具/构图面　刀具显示...

插入指令...

批次模式

确定　取消　帮助

图 14-1-23　显示的弹出式菜单

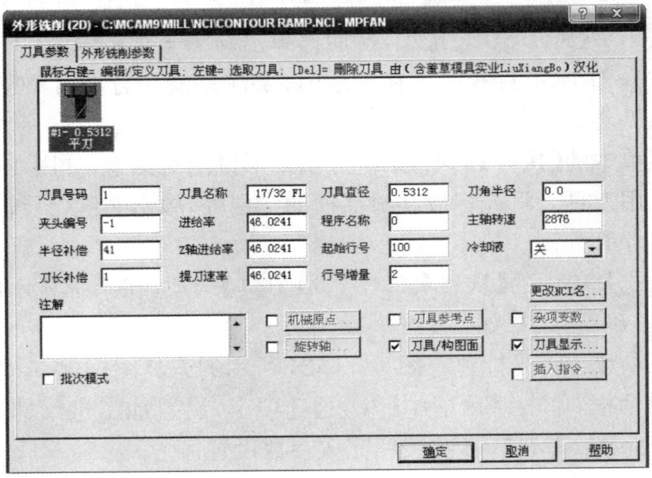

外形铣削 (2D) - C:\MCAM9\MILL\NCI\CONTOUR RAMP.NCI - MPFAN

刀具参数 | 外形铣削参数

鼠标右键= 编辑/定义刀具；左键= 选取刀具；[Del]= 删除刀具. 由（含蓄草模具实业LiuXiangBo）汉化

#1- 0.5312 平刀

刀具号码 1　刀具名称 17/32 FL　刀具直径 0.5312　刀角半径 0.0

夹头编号 -1　进给率 46.0241　程序名称 0　主轴转速 2876

半径补偿 41　Z轴进给率 46.0241　起始行号 100　冷却液 关

刀长补偿 1　提刀速率 46.0241　行号增量 2

更改NCI名...

注解

机械原点...　刀具参考点...　杂项变数...

旋转轴...　刀具/构图面　刀具显示...

插入指令...

批次模式

确定　取消　帮助

图 14-1-24　刀具设置后的对话框

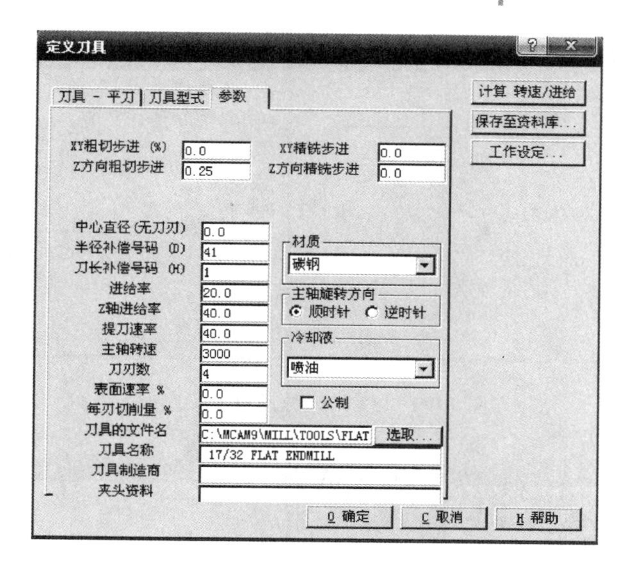

图 14-1-25　定义刀具对话框——参数选项卡

(7) 单击图 14-1-24 所示对话框中【外形铣削参数】选项卡，完成对应的参数设置，结果如图 14-1-26 所示。

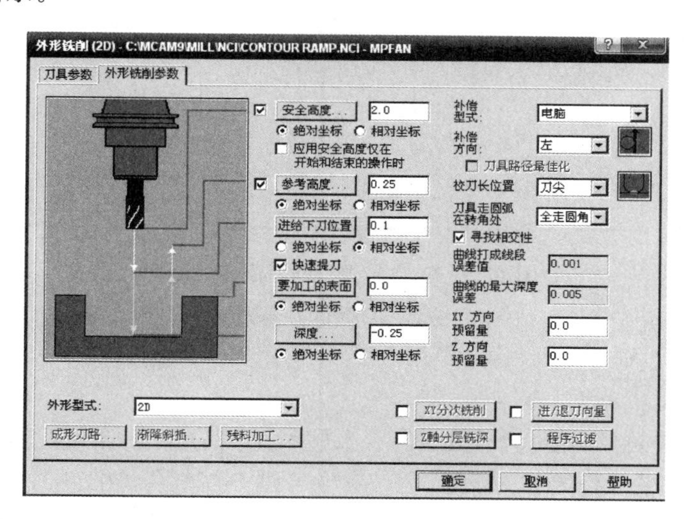

图 14-1-26　外形铣削参数选项卡

(8) 考虑到水平和竖直两方向的去除量较大，需分层铣削。分别点取【XY 分次铣削】和【Z 轴分层铣削】选取框。此时，两选项亮显，可分别单击【XY 分次铣削】按钮和【Z 轴分层铣削】按钮进行参数设置，如图 14-1-27 和图 14-1-28 所示。

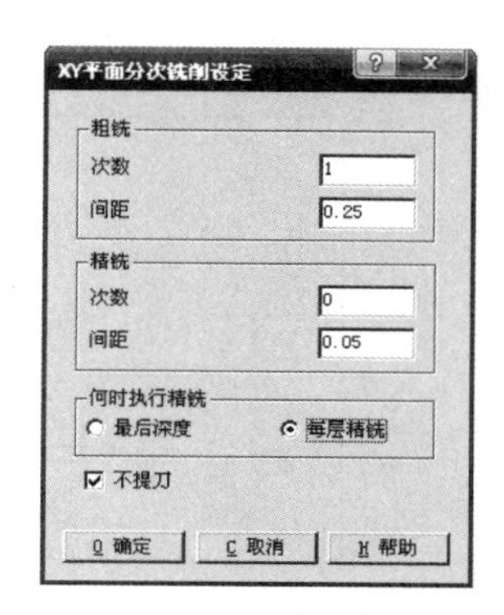

图 14-1-27　XY 分次铣削设定卡

(9) 设置刀具切向切入切出。通过选取【进/退刀向量】选项来设置切入切出，这样就可防止在里间的外形上形成切痕。切入切出向量设置对话框如图 14-1-29 所示。

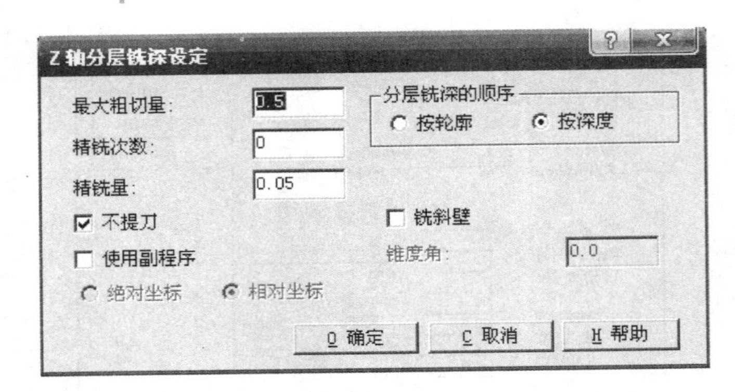

图 14-1-28　Z 轴分层铣削设定卡

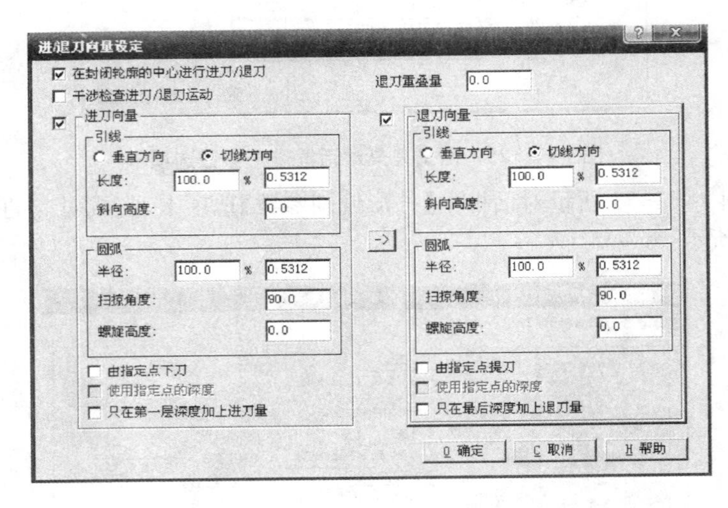

图 14-1-29　进/退刀向量设定对话框

（10）单击图 14-1-26 中【确定】按钮完成加工参数设置，此时系统显示轮廓铣削的走刀轨迹，如图 14-1-30 所示。

5）轮廓铣削模拟加工

（1）依次单击【回主功能表】、【刀具路径】、【操作管理】选项，系统显示图 14-1-31 所示对话框。

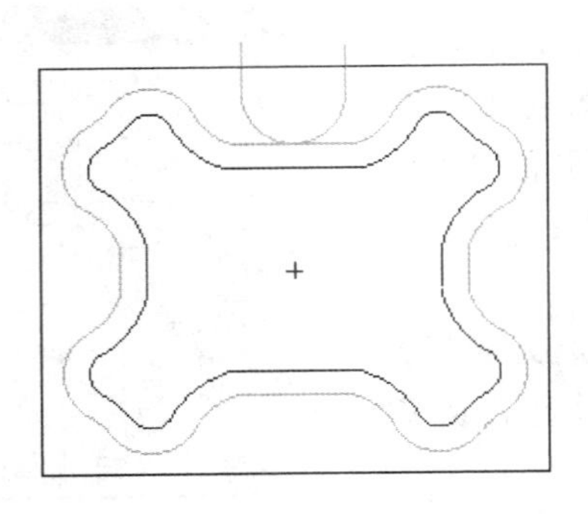

图 14-1-30　走刀轨迹

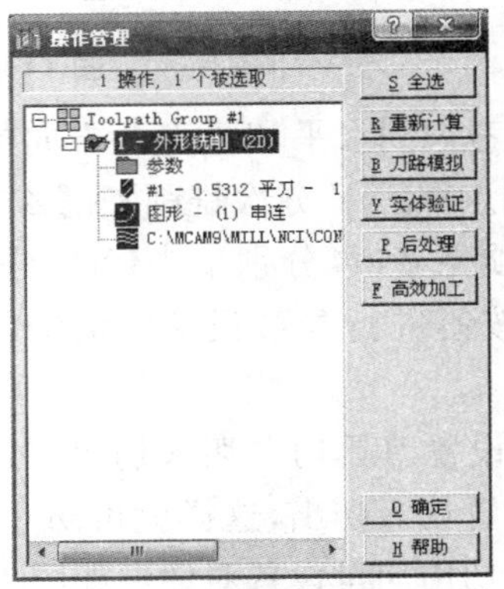

图 14-1-31　操作管理对话框

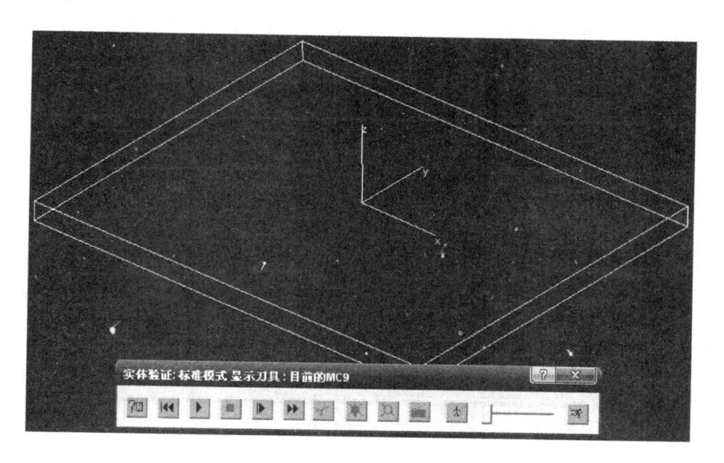

图 14-1-32　模拟加工界面

(2) 依次单击图 14-1-31 中【全选】、【实体验证】选项，此时系统显示毛坯零件和一个控制条，如图 14-1-32 所示。

(3) 单击控制条中的前进按钮，系统以实体加工的方式模拟实际的加工状况，结果如图 14-1-33 所示。

图 14-1-33　模拟加工

6) 后置处理生成 NC 程序。

(1) 单击图 14-1-31 中【后处理】按钮，系统显示后处理程序对话框。设置相应参数后结果如图 14-1-34 所示。注意：系统默认的处理器是 FANAC。如果不是所需处理器，则可单击【更改后处理程序】按钮，在弹出对话框中选择合适的处理器并单击【打开】按钮。

(2) 单击图 14-1-34 中【确定】按钮，系统显示存储对话框，如图 14-1-35 所示。正确设置保存路径和文件名，两次单击【保存】按钮，分别生成并保存刀位文件和 NC 文件。

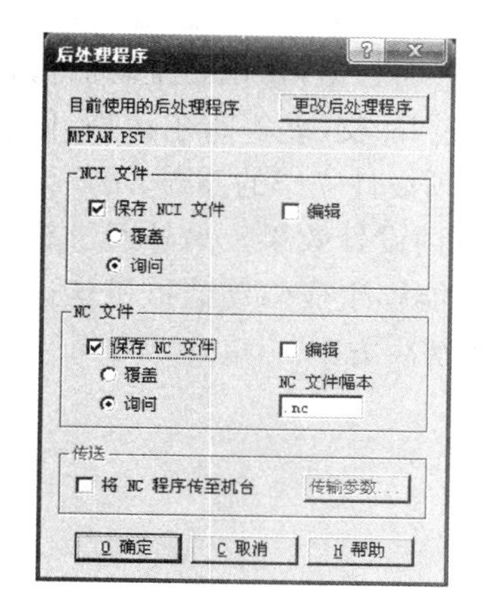

图 14-1-34　后处理程序对话框

图 14-1-35　存储对话框

(3) 在保存目录下找到并用记事本打开生成的 NC 文件，如图 14-1-36 所示。

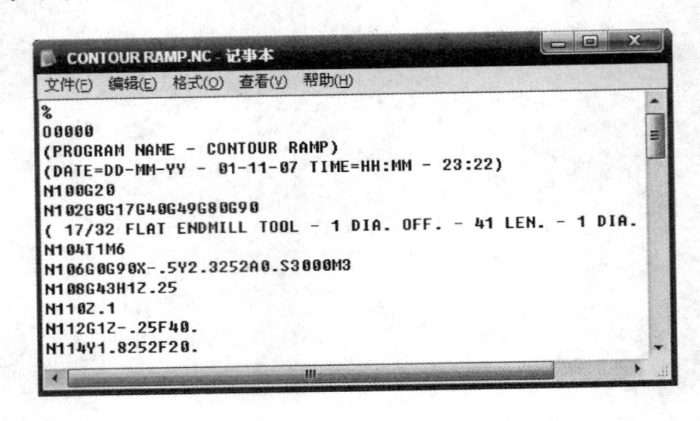

图 14-1-36 生成的 NC 文件

特别注意：生成的 NC 文件一般不能直接传送给数控机床进行加工，需要进行一定的编辑修改，主要是坐标系的设定或者与具体数控机床指令代码不一致的地方。

7) 保存文件

依次单击【回主功能表】、【档案】、【存档】选项，保存文件。

14.2 ArtCAM

ArtCAM 软件产品系列是英国 Delcam 公司出品的独特的 CAD 造型和 CNC、CAM 加工解决方案，是复杂立体三维浮雕设计、珠宝设计和加工的首选。CAD/CAM 软件解决方案，可快速将二维构思转换成三维艺术产品。用户使用该软件能更加方便、快捷、灵活地进行三维浮雕设计和加工，所以 ArtCAM 软件广泛地用于雕刻加工、模具制造、珠宝生产、包装设计、纪念章和硬币制造以及标牌制作等领域。

ArtCAM 包括了丰富的模块，这些模块功能齐备，运行快速，性能可靠，极富创造性。可以把手绘稿件、扫描文件、照片、灰度图、CAD 等文件的一切平面数据，转化为生动而精致的三维浮雕数字模型，利用 ArtCAM 所生成的浮雕模型，可通过并、交、差等布尔运算，任意组合、叠加、拼接等产生出更复杂的浮雕模型，并且可以渲染处理设计完毕的浮雕，用户可以不用花费时间和金钱去制造出真实模型，便可以非常直观地看到设计效果。另外通过软件的刀具路径模块可以生成满足各种加工所需要的刀具路径，并能够生成驱动数控机床运行的代码，对于数控铣床尤其是数控雕铣机提供了非常好的编程解决方案。

14.2.1 ArtCAM 的环境界面(图 14-2-1)

1) 标题栏(图 14-2-2)

标题栏显示了软件名称及当前编辑的文件名称、2D 或 3D 查看模式、当前图层等信息。

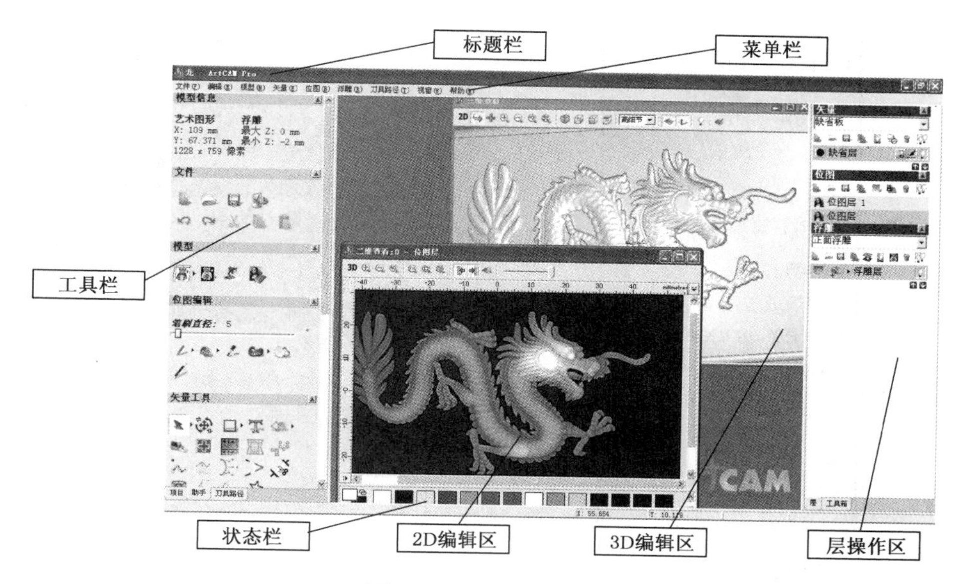

图 14-2-1 环境界面

图 14-2-2 标题栏

2）菜单栏(图 14-2-3)

和 Windows 大多数应用软件一样，ArtCAM 通过菜单栏的下拉菜单可以基本实现大部分操作。

文件(F) 编辑(E) 模型(M) 矢量(E) 位图(B) 浮雕(R) 刀具路径(T) 视窗(W) 帮助(H)

图 14-2-3 菜单栏

3）工具栏(图 14-2-4)

工具栏位于主视窗的左侧，集中了 ArtCAM 的所有主要功能，包含项目、助手和刀具路径三大项，集中了文件操作、模型操作、位图编辑方式、矢量图形编辑方式、浮雕操作以及刀具路径等多项重要功能，通过工具栏的按钮图标，可快速地实现各类工具操作。

4）层操作区(图 14-2-5)

层操作区位于软件主视窗的右侧，可实现矢量图层、位图图层、浮雕图层的功能控制。

5）编辑区

编辑区是 ArtCAM 软件重要的操作区，区别于其他的造型软件，ArtCAM 编辑区分为 2D 和 3D 两种操作窗口模式(图 14-2-6)，2D 编辑窗口和 3D 编辑窗口可并列显示，也可单窗口显示，编辑结果相互关联，非常方便。另外，在 2D 编辑窗的底部有调色板。

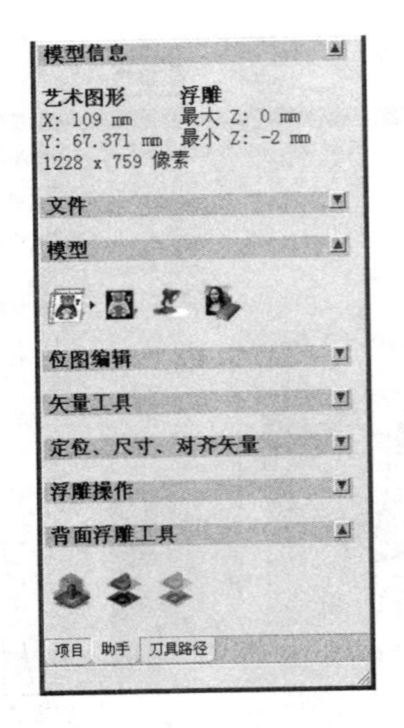

图 14-2-4　工具栏

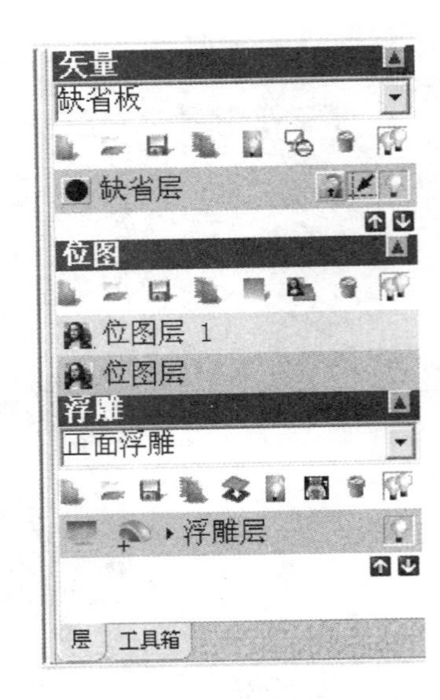

图 14-2-5　层操作区

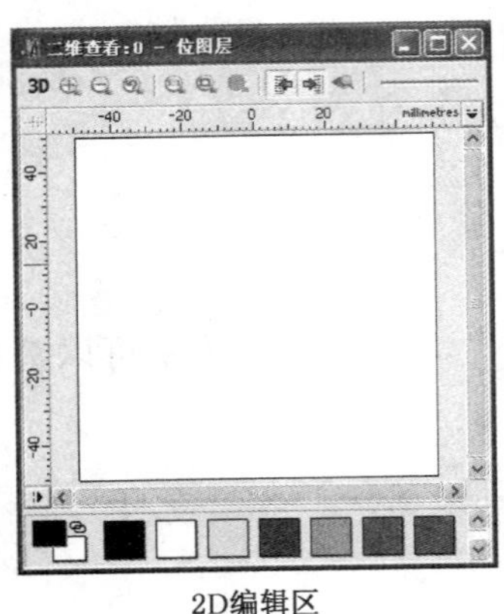

2D编辑区

3D编辑区

图 14-2-6　编辑区

6) 状态栏(图 14-2-7)

状态栏位于主视窗的底部，当在 2D 编辑区或 3D 编辑区中移动光标时，当前光标的 X，Y，Z 坐标位置就会显示在状态栏中。当 2D 编辑区内的选择方框激活时，选择方框的当前宽度和高度也在这里显示。

图 14-2-7　状态栏

14.2.2　雕铣编程应用实例

ArtCAM 功能较强，可实现多种二维刀具路径和三维刀具路径的编程加工功能，本节以三维浮雕加工为例，介绍软件的操作过程。

1）生成浮雕

ArtCAM 提供了多种生成浮雕的操作方式。但无论使用何种方式，都必须建立一个模型空间。

操作步骤：单击菜单栏【文件】、再依次单击【新的】、【模型】即可打开操作对话框（图 14-2-8），按实际加工需要严格设定浮雕件的宽度（X）和高度（Y），同时设定工件坐标系的原点位置。原点位置可设定在模型的左下角、右下角、左上角、右上角以及模型中心这五个位置，通常情况下，可将原点设定为模型中心。操作时，直接用鼠标点击该位置即可。

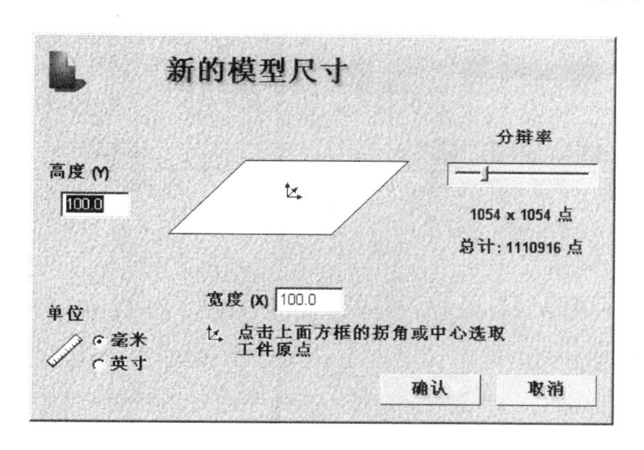

图 14-2-8 模型尺寸

（1）位图生成浮雕方式

使用位图生成浮雕是 ArtCAM 的一个重要特征，在打开的 2D 编辑区里，使用层操作区建立不同的位图图层，再使用工具栏相应的操作工具进行位图编辑（图 14-2-9）。

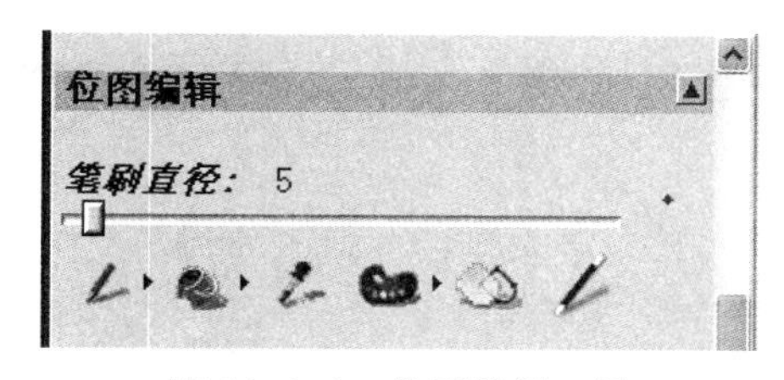

图 14-2-9 位图编辑工具

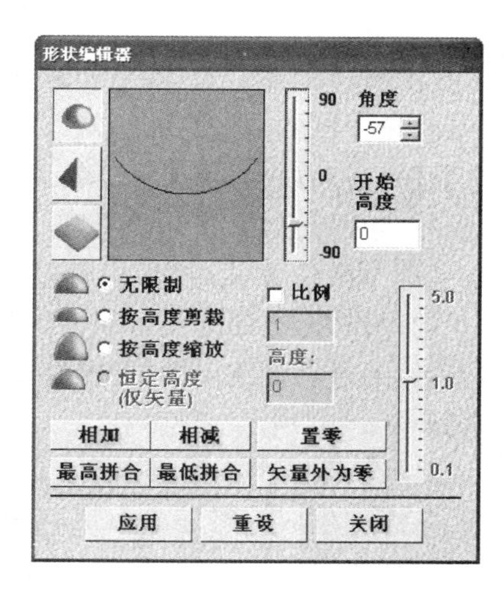

图 14-2-10 形状编辑器

另外也可以直接读入已有的位图文件，操作如下：依次单击菜单栏【文件】，【打开】，选择【文件类型】为位图文件，找到文件即可。

位图生成浮雕的操作如下：双击需要生成浮雕的区域（或双击该区域在调色板上对应的

颜色)，即可打开【形状编辑器】对话框，如图 14-2-10 所示。根据浮雕需要，选择相对应的拉伸形状，设定开始高度和角度，单击【应用】按钮后再单击【相加】；即可在 3D 编辑区查看到生成的浮雕效果(图 14-2-11)。

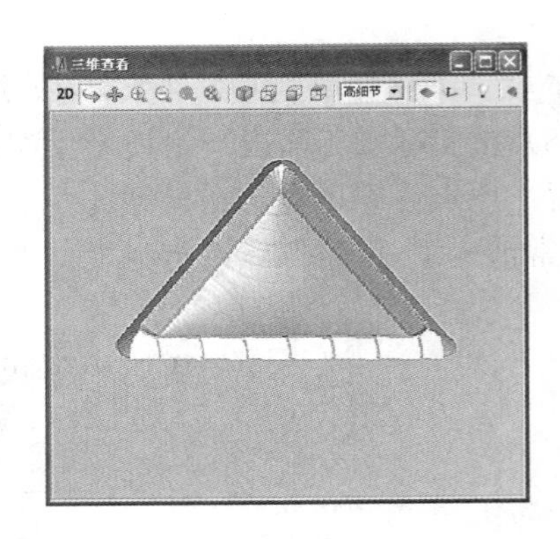

图 14-2-11　位图生成的浮雕

(2) 矢量图生成浮雕方式

通过矢量图生成浮雕是通过各种矢量绘图工具(如图 14-2-12)在 2D 编辑区绘制矢量图形，再通过形状编辑器生成浮雕的方式。区别于位图绘图方式，矢量绘图可实现设计尺寸和位置的精确控制。

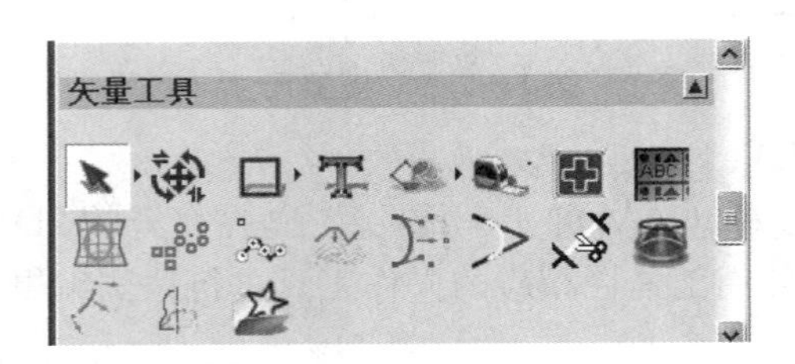

图 14-2-12　矢量工具

对于已经存在的矢量图形(dwg、dxf)图形文件，也可以通过【文件】、【打开】方式直接读入。

矢量图生成浮雕操作步骤如下：框选需生成浮雕的矢量图，使之呈选中操作方式，将光标移至该图附近，使光标呈现图形移动的操作方式(四箭头)，双击即可打开【形状编辑器】，或单击右键，通过右键菜单的【形状编辑】也可打开【形状编辑器】，如图 14-2-13 所示。

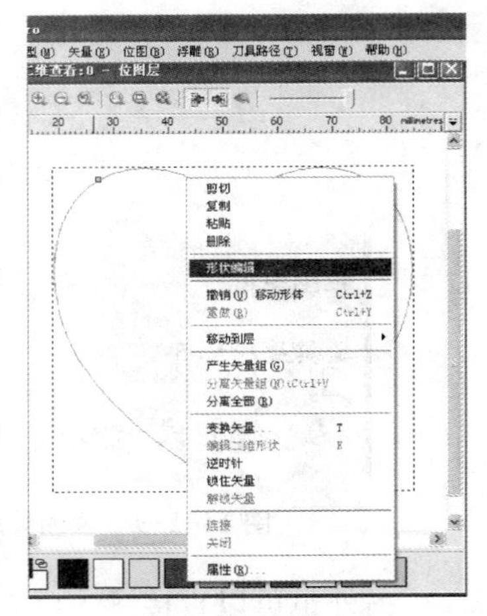

图 14-2-13　矢量生成浮雕

(3) 读入灰度图生成浮雕方式

利用灰度图生成浮雕是 ArtCAM 软件生成复杂浮雕件的一种最为简便快捷的方式，而且生成的浮雕效果好。

利用图片处理软件制作灰度图是整个操作较为重要的步骤，首先将各种图片转换成灰度图，再根据一定的美术知识，将图片的各个不同位置按设计需要，进行灰度(色阶从 0～255)处理，色阶为 0(黑色)为浮雕最低，色阶为 255(白色)即为浮雕最高。图片读入 Art-

CAM 后，软件会根据每个像素点的色阶自动拉升至对应比例高度，这样整幅图片也会立即生成相应浮雕。

操作步骤如下：

● 制作灰度图，保存文件。

● 读入文件：依次单击 ArtCAM 的【文件】、【新的】、【通过图像文件】。

● 设置模型尺寸：选定【图像尺寸】方式，设定浮雕件的宽度(X)和高度(Y)值，选定工件坐标系原点位置，设定浮雕最大高度(Z 方向高度)，如图 14-2-14。

● 通过工具栏的浮雕编辑工具进行浮雕件的再编辑，如【缩放浮雕高度】、【光顺浮雕】等，如图 14-2-15。

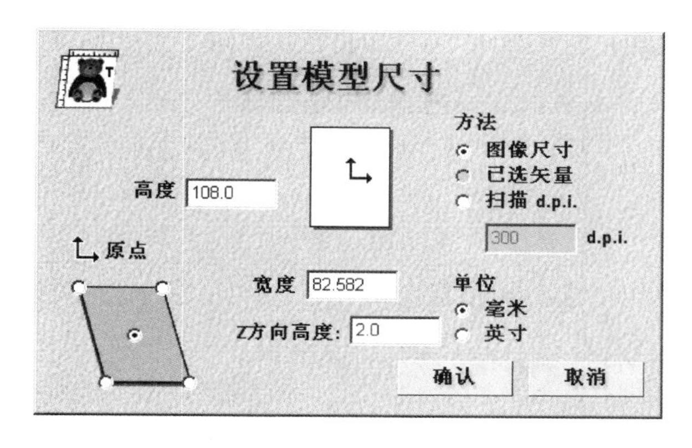

图 14-2-14 设置模型尺寸

图 14-2-15 浮雕编辑工具

2) 设定加工毛坯

设定毛坯是生成刀具路径的必须操作，不同的毛坯将会生成不同的刀具路径，所以毛坯的设定原则应根据实际加工需要设定。操作步骤：

● 依次单击工具栏的【刀具路径】标签、刀具路径操作的【材料设置】按钮，打开材料设置对话框，如图 14-2-16。

● 设定材料厚度值(大于等于浮雕厚度)。

● 设定材料 Z 轴零点位置，一般为顶部偏置，将工件坐标系的 Z0 设定为毛坯上表面。

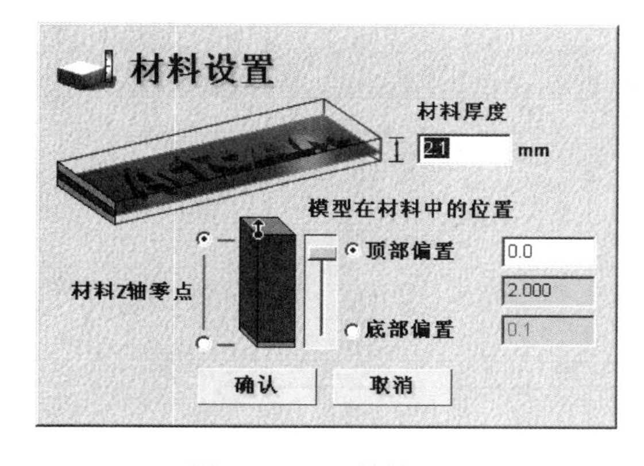

图 14-2-16 材料设置

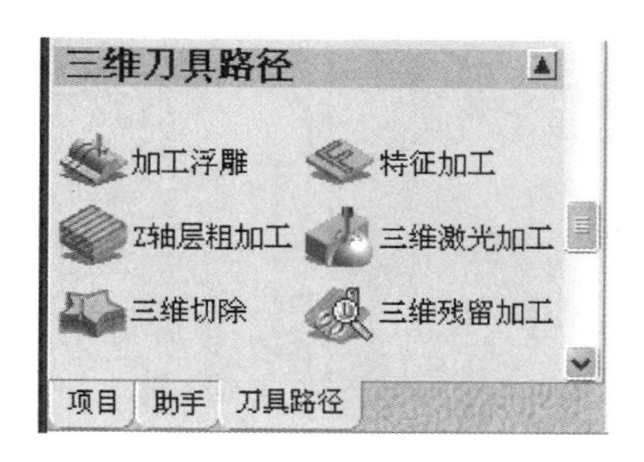

图 14-2-17 三维刀具路径

3）生成粗加工刀具路径

单击工具栏的【刀具路径】标签，选择三维刀具路径的【Z 轴层粗加工】，如图 14-2-17，可在工具栏区域打开 Z 轴层粗加工的操作设定对话框，如图 14-2-18。

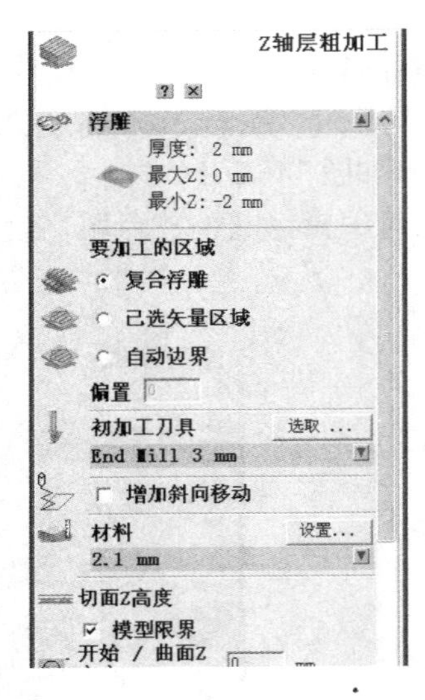

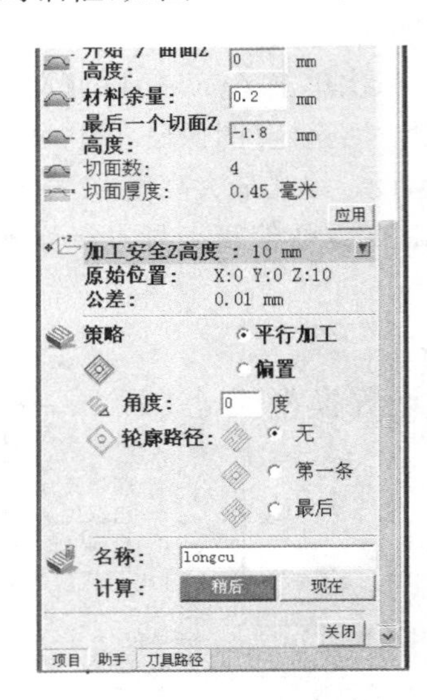

图 14-2-18　Z 轴层加工设置

主要操作步骤及设定内容：

- 根据需要选择要加工的区域。
- 点击【选取】按钮，打开刀具数据库对话框，如图 14-2-19，选择刀具(一般选择平刀)。
- 点击【编辑】按钮，打开编辑刀具对话框，设定当前所选刀具的加工参数(下切步距、行距、主轴转速、进给率、下切速率，刀具单位选择为毫米，速率单位选择为毫米/分)，如图 14-2-20。

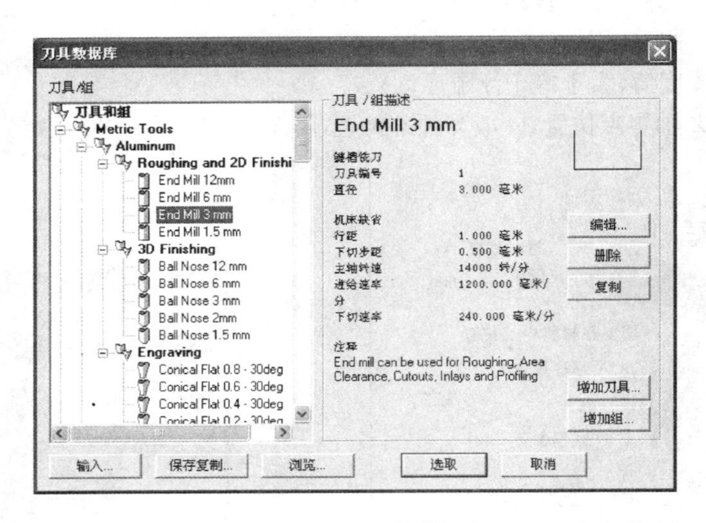

图 14-2-19　刀具数据库

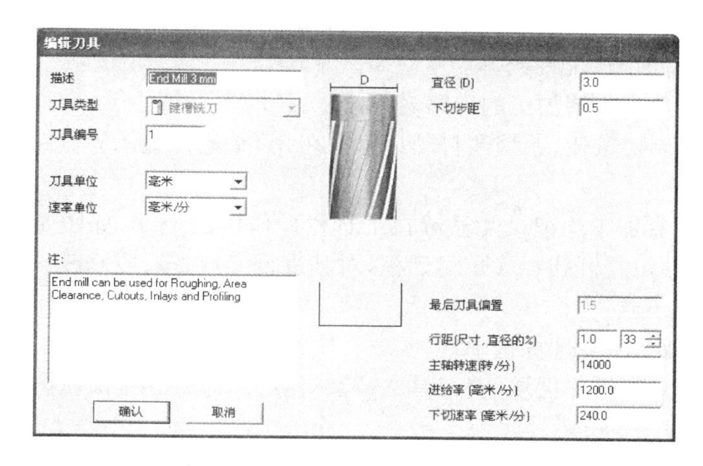

图 14-2-20 编辑刀具参数

● 设定初切材料余量。
● 设定安全高度、原始位置及主轴原始高度。
● 设定粗加工的路径名称。
● 单击【确认】按钮,系统便自动计算并在 3D 编辑区显示刀具路径,如图 14-2-21。

图 14-2-21 粗加工刀具路径

4) 生成半精加工/精加工刀具路径

单击工具栏的【刀具路径】标签,选择三维刀具路径的【加工浮雕】,在工具栏操作区打开【加工浮雕】对话框。

主要操作步骤及设定内容:

● 选择要加工的区域,一般选择【复合浮雕】方式。
● 选择走刀策略及走刀角度,如图 14-2-22。
● 设定加工余量。半精加工设置该值为最后精加工所需的加工量,精加工则须将该数值设为 0。
● 设置安全高度、原始位置及 Z 轴原始高度。
● 选择刀具(操作同上)。进行平滑过渡曲面加工时

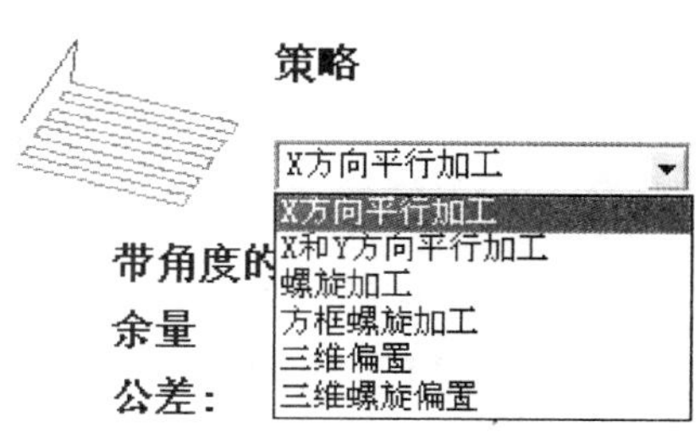

图 14-2-22 走刀策略

一般选择球头刀，极复杂表面还需选择尖刀进行精加工。编辑刀具时根据不同加工需要设定相应的半精加工和精加工参数。

● 设定半精加工或半精加工的刀路名称。

● 最后单击【确认】按钮，系统便自动计算并在3D编辑区显示刀具路径。

5）模拟加工

对浮雕件的所有加工均记录并显示在工具栏操作区的上端，如图14-2-23所示，双击该刀具路径名称，便可打开路径设定对话框，对其进行参数查看或修改。

模拟加工操作步骤：

● 选中该刀具路径（复选框选中）。

● 依次单击工具栏操作区域的【刀具路径】、仿真刀具路径中【快速仿真刀具路径】（或其他方式），如图14-2-24所示。

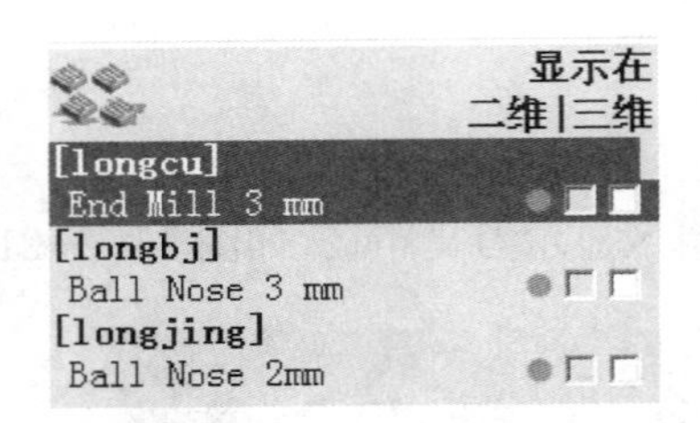

图 14-2-23 刀具路径显示区

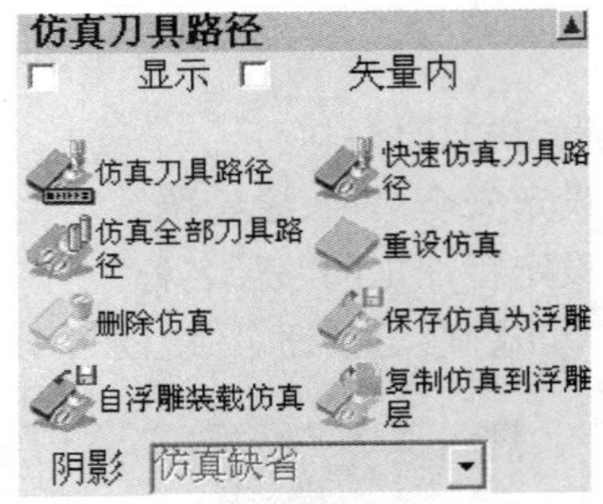

图 14-2-24 仿真方式选择

● 在【刀具路径仿真】对话框单击【仿真刀具路径】按钮，如图14-2-25，进入动态模拟加工状态，并显示加工后的效果，如图14-2-26。

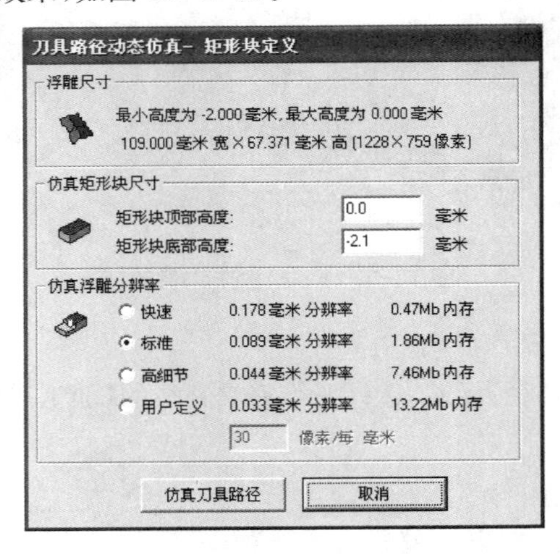

图 14-2-25 仿真参数设定对话框

6）刀具路径操作

检验合格的刀具路径就可以生成最终的NC程序了。操作步骤：

● 依次单击工具栏操作区的【刀具路径】、刀具路径操作的【保存刀具路径】（图14-2-27）打开【保存刀具路径】对话框，如图14-2-28所示。

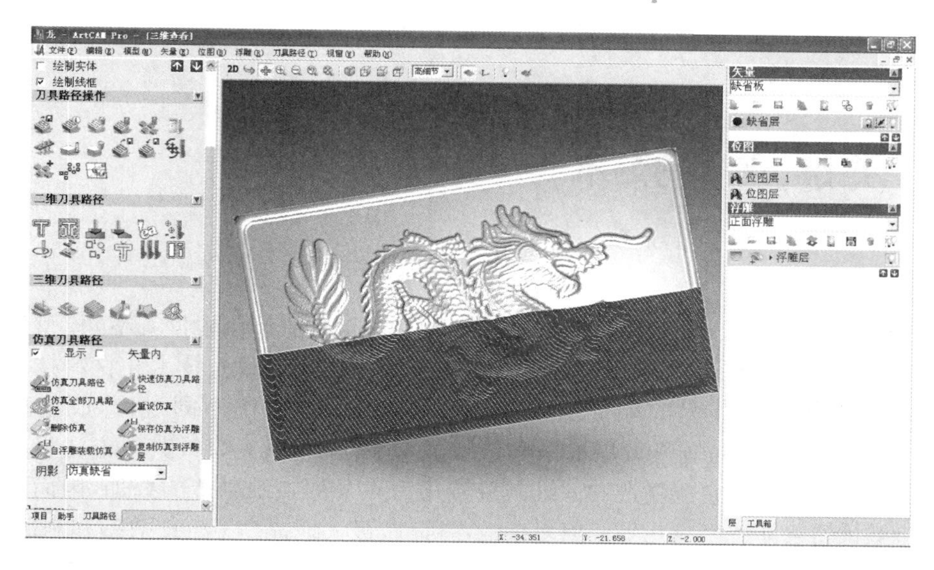

图 14-2-26 仿真加工

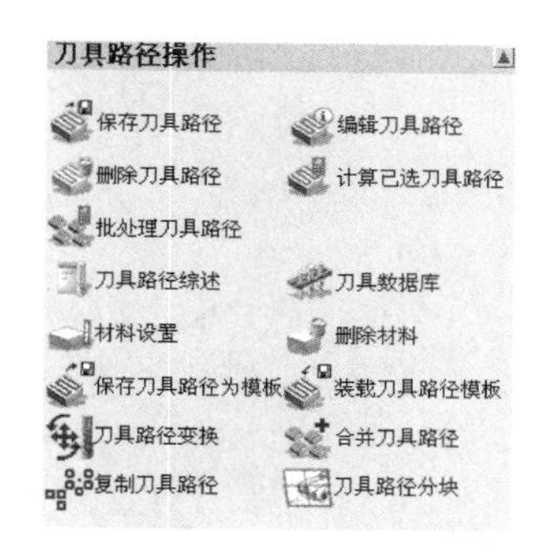

图 14-2-27 刀具路径操作

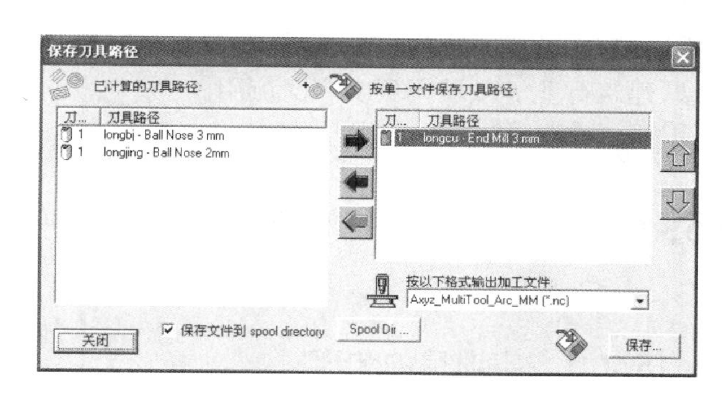

图 14-2-28 保存刀具路径

● 将已计算的刀具路径移到右边(根据实际需要,可单个生成,也可合并生成),选择合适的文件格式(常用为 Axyz_MultiTool_Arc_MM(*.nc)格式),再单击【保存】按钮,设定名称及保存地址后即可生成 NC 程序,如图 14-2-29。

● 按实际操作需要修改程序,并重新保存。

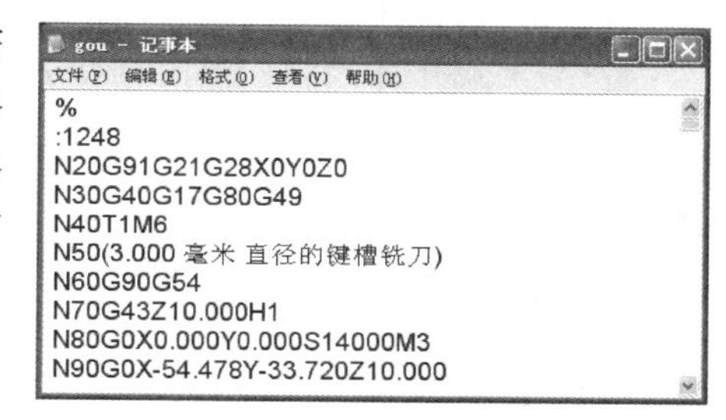

图 14-2-29 程序生成

复习思考题

1. 简述 CAD/CAM 技术发展的趋势。
2. MasterCAM 的环境界面如何划分?
3. 常用的 CAD/CAM 软件有哪些,各自的特点是什么?
4. ArtCAM 软件有几种生成浮雕的方式,各有何特点?
5. ArtCAM 软件较适用于哪类机床的编程。

15 快速成型技术与项目实训

快速成型(Rapid Prototyping)技术是近年来发展起来的直接根据CAD模型快速生产样件或零件的成组技术总称,它集成了CAD技术、数控技术、激光技术和材料技术等现代科技成果,是先进制造技术的重要组成部分。与传统制造方法不同,快速成型从零件的CAD几何模型出发,通过软件分层离散和数控成型系统,用激光束或其他方法将材料堆积而形成实体零件。由于它把复杂的三维制造转化为一系列二维制造的叠加,因而可以在不用模具和工具的条件下生成几乎任何复杂的零部件,极大地提高了生产效率和制造柔性。

快速成型技术问世以来,已实现了相当大的市场,发展非常迅速。人们对材料逐层添加法这种新的制造方法已逐步适应。该技术通过与数控加工、铸造、金属冷喷涂、硅胶模等制造手段结合,已成为现代模型、模具和零件制造的强有力手段,在航空航天、医学、实验分析模型、建筑行业等领域得到了广泛应用。

15.1 快速成型制造项目实训

15.1.1 实训目的和要求

(1) 了解快速成型的基本原理及技术特征。

(2) 了解几种不同快速成型技术的成型方法及特点。

(3) 熟悉熔融沉积法(FDM)的成型原理,掌握ModelWizard及相应成型机的基本操作。

(4) 能基本实现建模—编辑—造型的完整操作实践。

15.1.2 实训设备使用规程及操作安全守则

(1) 操作设备者一定是熟悉设备性能或经过培训后能掌握设备基本操作的人员,初学者要在技术人员的指导下方可操作。

(2) 设备处于正常工作过程中,不得随意触碰设备上的任何按键,不得随意打开设备门,不得随意使用或关闭设备计算机。

(3) 设备运行时,严禁挪动或振动设备,不得随意断开电源。

(4) 设备运行过程中,发现设备有异常声音或出现异味等现象时,应及时报告指导人员或立即停机并切断电源,严禁带故障操作或擅自处理。

（5）在设备初始化过程中检验工作台高度是否正常、喷头初始化时出丝是否正常。

（6）设备工作期间或工作刚结束，禁止用手触摸喷头，防止烫伤。

（7）工作结束时，关闭系统电源，关闭计算机。

15.1.3 项目实训内容

（1）三维实体造型设计，生成STL格式图形文件。

（2）应用ModelWizard，载入STL格式文件，完成一系列三维模型操作，将对应造型实际加工出来。

15.2 快速成型技术的重要特征

先进的RP系统，即是与CAD集成的快速成型制造系统，属于CIMS的目标产品的范畴。由于它直接由计算机数据信息驱动设备进行制造，因此它是一种数字化制造。RP技术迥异于传统的切削成型（如车、铣、刨、磨）、连接成型（如焊接）或受迫成型（如铸、锻，粉末冶金）等加工方法，而是采用材料累加法制造零件原型。

20世纪80年代后期发展起来的快速成形技术，被认为是近20年来制造领域的重大突破，对制造业的影响可与50～60年代数控技术相比，RP技术可以自动、直接、快速、精确地将设计思想转变为具有一定功能原型或直接制造零件，从而可以对产品设计进行快速评估、修改和试验，大大缩短产品研制周期。快速成型技术的重要特征主要有以下几个方面：

（1）高度柔性，可以制造任意复杂形状的三维实体。

（2）可以制成几何形状任意复杂的零件，而不受传统机械加工方法中刀具无法达到某些型面的限制。

（3）不需要传统的刀具或工装等生产准备工作。任意复杂零件加工只需要在一台设备上完成，因而大大缩短了新产品的开发成本和周期，加工效率也远胜于数控加工。

（4）曲面制造过程中，CAD数据的转化（分层）可百分之百的全自动完成。

（5）无须人工干预或较少干预，是一种自动化的成型过程。

（6）成型全过程的快速性，能适应现代激烈的市场竞争对产品更新换代的要求。

（7）技术的高度集成性，既是现代科学技术发展的必然产物，也是对现代科学技术发展的综合应用，带有鲜明的高新技术特征。

15.3 快速成型的基本原理

基于材料累加原理的快速成型操作过程实际上是一层一层地离散制造零件。为了形象化这种操作，可以想象一整条面包的结构是一片面包落在另一片面包之上一层层累积而成的。快速成型有很多种工艺方法，但所有的快速成型工艺方法都是一层一层地制造零件，区别是制造每一层的方法和材料不同而已。

15.3.1　三维模型的构造

在三维 CAD 设计软件（如 Pro/E\UG\SolidWorks\SolidEdge 等）中获得描述该零件的 CAD 文件，如图 15-3-1 中所示的三维零件。目前一般快速成型支持的文件输出格式为 STL 模型，即对实体曲面近似处理。所谓面型化处理，是用平面三角面片近似模型表面。这样处理的优点是大大地简化了 CAD 模型的数据格式，从而便于后续的分层处理。由于它在数据处理上较简单，而且与 CAD 系统无关，所以很快发展为快速成型制造领域中 CAD 系统与快速成型机之间数据交换的标准，每个三角面片用 4 个数据项表示，即 3 个顶点坐标和法向矢量，而整个 CAD 模型就是这样一组矢量的集合。

图 15-3-1 中不同 ch 值时的效果，在三维 CAD 设计软件对 CAD 模型进行面型化处理时，一般软件系统中有输出精度控制参数，通过控制该参数，可减小曲面近似处理误差。如 Pro/E 软件是通过选定弦高值作为逼近的精度参数，如图 15-3-1 为一球体，给定的两种 ch 值所转化的情况，(a) ch＝0.05；(b) ch＝0.2。对于一个模型，软件中给定一个选取范围，一般情况下这个范围可以满足工程要求。但是，如果该值选的太小，要牺牲处理时间及存贮空间，中等复杂的零件都要数兆甚至数十兆左右的存贮空间。并且这种数据在转换过程中会无法避免地产生错误，如某个三角形的顶点在另一三角形边的中间、三角形不封闭等问题是实践中经常遇到的，这给后续数据处理带来麻烦，需要进一步检查修补。

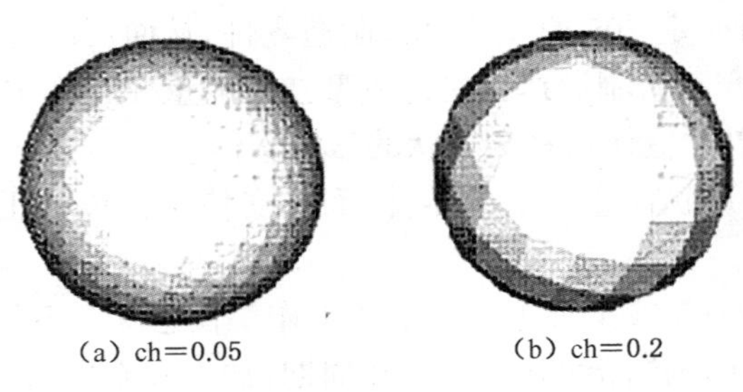

(a) ch=0.05　　(b) ch=0.2

图 15-3-1　不同 ch 值时的效果

15.3.2　三维模型的离散处理

通过专用的分层程序将三维实体模型（一般为 STL 模型）分层，分层切片是在选定了制作（堆积）方向后，需对 CAD 模型进行一维离散，获取每一薄层片截面轮廓及实体信息。通过一簇平行平面沿制作方向与 CAD 模型相截，所得到的截面交线就是薄层的轮廓信息，而实体信息是通过一些判别准则来获取的。平行平面之间的距离就是分层的厚度，也就是成型时堆积的单层厚度。在这一过程中，由于分层，破坏了切片方向 CAD 模型表面的连续性，不可避免地丢失了模型的一些信息，导致零件尺寸及形状误差的产生。切片层的厚度直接影响零件的表面粗糙度和整个零件的型面精度，分层切片后所获得的每一层信息就是该层片上下轮廓信息及实体信息，而轮廓信息由于是用平面与 CAD 模型的 STL 文件（面型化后的 CAD 模型)求交获得的,所以轮廓是由求交后的一系列交点顺序连成的折线段构成,所以,分层后所得到的模型轮廓已经是近似的,而层层之间的轮廓信息已经丢失,层厚大,丢失的信息多,导致在成型过程中产生了型面误差。

15.4 快速成型的工艺方法

目前快速成型主要工艺方法及其分类见图 15-4-1 所示。文章仅介绍目前工业领域较为常用的工艺方法。

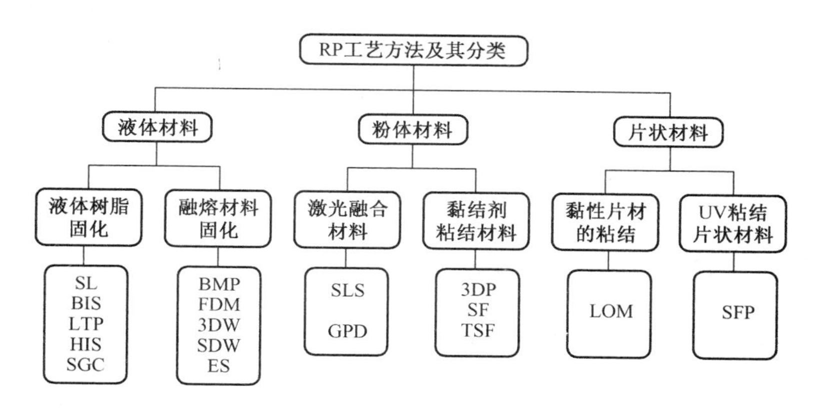

图 15-4-1 目前快速成型主要工艺方法及其分类

15.4.1 熔积成型法(Fused Deposition Modeling)

如图 15-4-2 所示,在熔积成型法(简称 FDM)(也称熔融挤出成型)的工作过程中,龙门架式的机械控制喷头可以在工作台的两个主要方向移动,工作台可以根据需要向上或向下移动。热塑性塑料或蜡制的熔丝从加热小口处挤出。最初的一层是按照预定的轨迹以固定的速率将熔丝挤出在泡沫塑料基体上形成的,当第一层完成后,工作台下降一个层厚并开始叠加制造一层。FDM 工艺的关键是保持半流动成型材料刚好在熔点之上,通常控制在比熔点高 1℃左右。

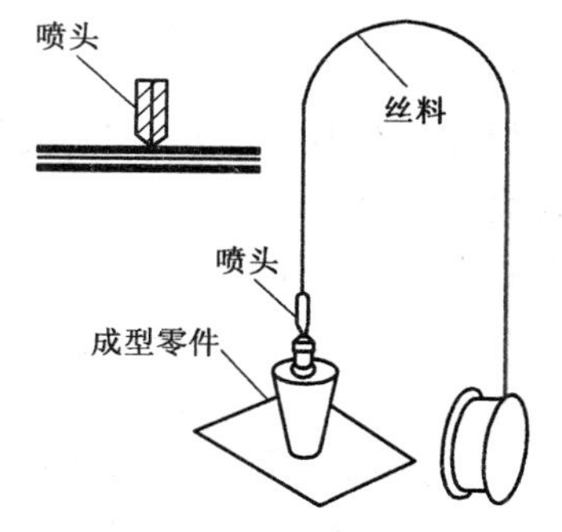

图 15-4-2 熔积成型法示意图

FDM 制作复杂的零件时,必须添加工艺支撑。如图 15-4-3(a)的高度,下一层熔丝将铺在没有材料支撑的空间。解决的方法是独立于模型材料单独挤出一个支撑材料,支撑材料可以用低密度的熔丝,比模型材料强度低,在零件加工完成后可以将它拆除。在 FDM 机器中层的厚度由挤出丝的直径决定,通常是从 0.50 mm 到 0.25 mm(从 0.02in 到 0.01in)这个值代表了在垂直方向所能达到的最好的公差范围。在 $x-y$ 平面,只要熔丝能够挤出到特征上,尺寸的精确度可以达到 0.025 mm(0.001in)。FDM 的优点是材料的利用率高,材料的成本低,可选用的材料种类多,工艺干净、简单、易于操作且对环境的影响小。缺点是精度低,结构复杂的零件不易制造,表面质量差,成型效率低,不适合制造大型零件。该工艺适合于产品的概念建模以及它的形状和功能测试、中等复杂程度的中小成型。由于甲基丙烯酸 ABS 材料具有较好的化学稳定性,可采用伽马射线消毒,特别适于医用。

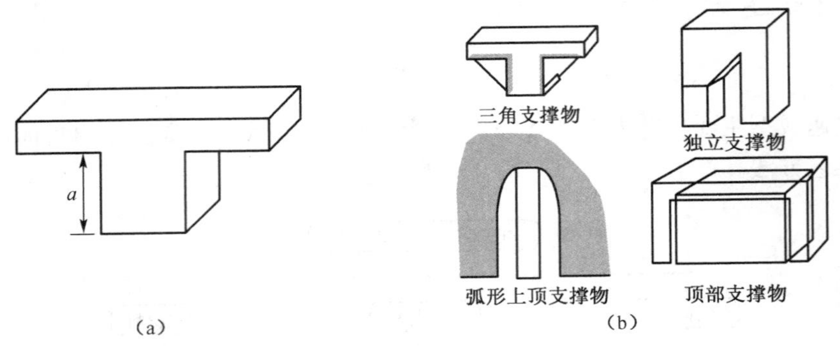

图 15-4-3　快速成型支撑结构图

15.4.2　光固化法(Stereo Lithography)

光固化法是目前应用最为广泛的一种快速成型制造工艺,它实际上比熔积法发展得还早。光固化采用的是将液态光敏树脂固化(硬化)到特定形状的原理。以光敏树脂为原料,在计算机控制下的紫外激光按预定零件各分层截面的轮廓为轨迹对液态树脂逐点扫描,使被扫描区的树脂薄层产生光聚合反应,从而形成零件的一个薄层截面。如图 15-4-4。成型开始时工作台在它的最高位置(深度 a),此时液面高于工作台一个层厚,零件第一层的截面轮廓进行扫描,使扫描区域的液态光敏树脂固化,形成零件第一个截面的固化层。然后工作台下降一个层厚,使先固化好的树脂表面再敷上一层新的液态树脂然后重复扫描固化,与此同时新固化的一层牢固地粘接在前一层上,该过程一直重复操作到达到 b 高度。此时已经产生了一个有固定壁厚的圆柱体环形零件。这时可以注意到工作台在垂直方向下降了距离 ab。到达 b 高度后,光束在 $x-y$ 面的移动范围加大从而在前面成型的零件部分上生成凸缘形状,一般此处应添加类似于 FDM 的支撑。当一定厚度的液体被固化后,该过程重复进行产生出另一个从高度 b 到 c 的圆柱环形截面。但周围的液态树脂仍然是可流动的,因为它并没有在紫外线光束范围内。零件就这样由下及上一层层产生。而没有用到的那部分液态树脂可以在制造别的零件或成型时被再次利用。可以注意到光固化成型也像 FDM 成型法一样需要一个微弱的支撑材料,在光固化成型法中,这种支撑采用的是网状结构。零件制造结束后从工作台上取下,去掉支撑结构,即可获得三维零件。

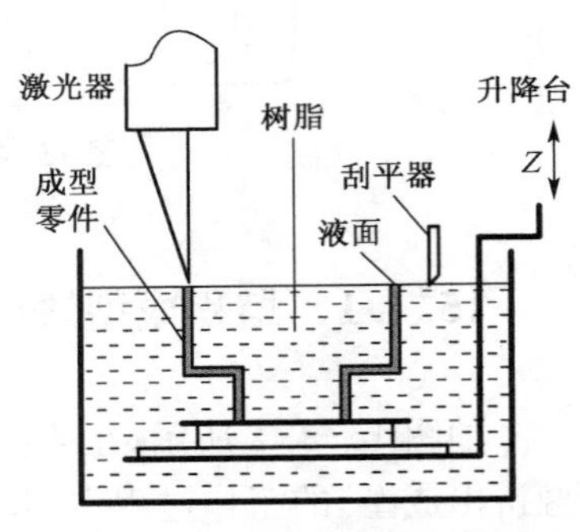

图 15-4-4　光固化法示意图

光固化成型所能达到的最小公差取决于激光的聚焦程度,通常是 0.0125 mm。倾斜的表面也可以有很好的表面质量。光固化法是第一个投入商业应用的快速成型技术。目前全球销售的SL(光固化成型)设备约占RP设备总数的70%左右。SL(光固化成型)工艺优点是精度较高,一般尺寸精度控制在0.1 mm;表面质量好,原材料的利用率接近100%,能制造形状特别复杂、特别精细的零件,设备的市场占有率很高。缺点是需要设计支撑,可以选择的材料种类有限,容易发生翘曲变形,材料价格较贵。该工艺适合成型制造比较复杂的中小件。

15.4.3 激光选区烧结(Selective Laser Sintering)

激光选区烧结(Selective Laser Sintering,简称SLS)是一种将非金属(或普通金属)粉末有选择地烧结成单独物体的工艺。该法采用CO_2激光器作为能源,目前使用的激光烧结技术在加工室的底部装备了两个圆筒:一个是粉末补给筒,它内部的活塞被逐渐地提升通过一个滚动机构给零件造型筒供给粉末;另一个是零件造型筒,它内部的活塞(工作台)被逐渐地降低到熔结部分形成的地方。首先在工作台上均匀铺上一层很薄(100~200 μm)的粉末,激光束在计算机控制下按照零件分层轮廓有选择性地进行烧结,从而使粉末固化成截面形状,一层完成后工作台下降一个层厚,滚动铺粉机构在已烧结的表面再铺上一层粉末进行下一层烧结。未烧结的粉末仍然是松散的保留在原来的位置,支撑着被烧结的部分,它辅助限制变形,无需设计专门的支撑结构。这个过程重复进行直到制造出整个三维模型。全部烧结完后去掉多余的粉末,再进行打磨、烘干等处理后便获得需要的零件,如图15-4-5。

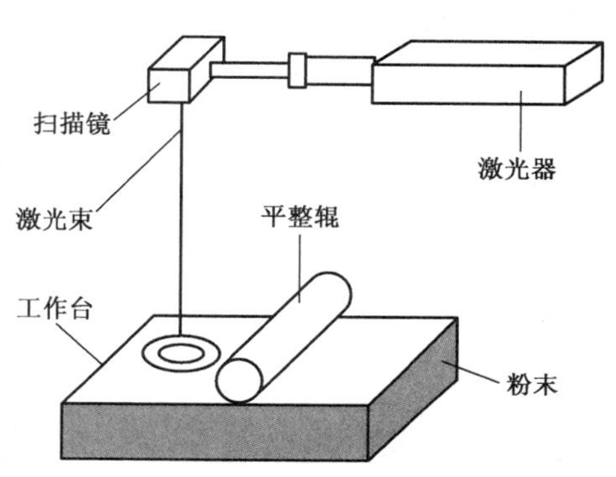

图 15-4-5 激光选区烧结示意图

目前,成熟的工艺材料为蜡粉及塑料粉,用金属粉或陶瓷粉进行直接烧结的工艺正在实验研究阶段。它可以直接制造工程材料的零件,具有诱人的前景。

SLS工艺的优点是原型件的机械性能好,强度高;无须设计和构建支撑;可选用的材料种类多;原材料的利用率接近100%,缺点是原型表面粗糙;原型件疏松多孔,需要进行后处理;能量消耗高;加工前需要对材料预热2 h,成型后需要5~10 h的冷却,生产效率低;成型过程需要不断充氮气,以确保烧结过程的安全性,成本较高;成型过程产生有毒气体,对环境有一定的污染。SLS工艺特别适合制作功能测试零件。由于它可以采用各种不同成分的金属粉末进行烧结,进行渗铜等后处理,因而其制造的原型件可具有与金属零件相近的机械性能,故可用于直接制造金属模具。由于该工艺能够直接烧结蜡粉,与熔模铸造工艺相结合特别适合进行小批量比较复杂的中小零件的生产。

15.4.4 叠层制造(Lamited Object Manufacturing)

LOM(叠层制造)工艺将单面涂有热溶胶的纸片通过加热辊加热粘接在一起,位于上方的激光器按照CAD分层模型所获数据,用激光束将纸切割成所制零件的内外轮廓,然后新的一层纸再叠加在上面，通过热压装置和下面已切割层粘合在一起，激光束再次切割，这样反复逐层切割—粘合—切割，直到整个零件模型制作完成。如图 15-4-6。该法只需切割轮廓，特别适合制造实心零件。一旦零件完成，多余的材料必须手动去除，此过程可以通过用激光在三维零件周围切割一些方格形小孔而简单化。

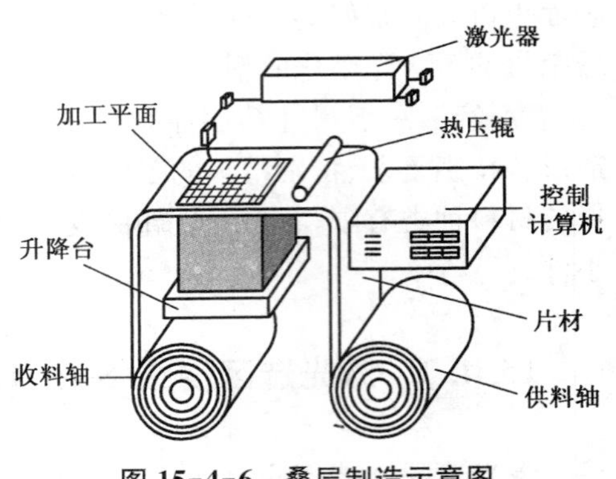

图 15-4-6　叠层制造示意图

LOM 工艺优点是无需设计和构建支撑；激光束只是沿着物体的轮廓扫描，无需填充扫描，成型效率高；成型件的内应力和翘曲变形小；制造成本低。缺点是材料利用率低；表面质量差；后处理难度大，尤其是中空零件的内部；残余废料不易去除；可以选择的材料种类有限，目前常用的主要是纸；对环境有一定的污染。LOM 工艺适合制作大中型成型件，翘曲变形小和形状简单的实体类零件。通常用于产品设计的概念建模和功能测试零件，且由于制成的零件具有木质属性，特别适用于直接制作砂型铸造模。

15.5　快速成型技术的发展方向

目前国内外快速成型的研究、开发的重点是快速成型技术的基本理论、新的快速成型方法、新材料的开发、模具制作技术、金属零件的直接制造、生物技术与工程的开发与应用等。另外，还要追求 RPM(快速成型制造)更快的制造速度、更高的制造精度、更高的可靠性，使 RPM 设备的安装使用外设化，操作智能化；使 RPM 设备的安装和使用变得非常简单，不需专门的操作人员。具体说来，有以下几点：

(1) 采用金属材料和高强度材料直接成型是 RPM 的重要发展方向，采用金属材料和高强度材料直接制成功能零件是 RPM(快速成型制造)的一个重要发展方向。美国 Michigan 大学的 Manzumd 采用大功率激光器进行金属熔焊直接成型钢模具；Stanford 大学的 Print，用逐层累加与五坐标数控加工结合方法，用激光将金属直接烧结成型，可获得与数控加工相近的精度。

(2) 不同制造目标相对独立发展。从制造目标来说 RPM(快速成型制造)主要用于快速概念设计成型制造、快速模具成型制造、快速功能测试成型制造及快速功能零件制造。由于快速概念型制造和快速模具型制造的巨大市场和技术可行性，将来这两个方面将是研究和商品化的重点。由于彼此特点有较大差距，两者将是相对独立发展的态势，快速测试型制造将附属于快速概念型制造。快速功能零件制造将是发展的一个重要方向，但技术难度很大，在今后的很长一段时间内，仍将局限于研究领域。

(3) 向大型制造与微型制造进军。由于大型模具的制造难度和 RPM(快速成型制造)在模具制造方面的优势，可以预测，将来的 RPM 市场将有一定比例为大型原型制造所占据。与此成鲜明对比的将是 RPM(快速成型制造)向微型制造领域的进军。SL 技术的一个重要发展方向是微米印刷(Microlithography),用来制造微米零件(Microseale Parts)。而针对我国的具体国情,快速成型技术今后的主要发展方向有:

(1) 成型工艺、成型设备和成型材料的研发与改进;

(2) 直接快速成型的金属模具制造技术;

(3) 基于因特网的分散化快速原型、快速模具的网络制造技术研究;

(4) 与生物技术相结合;

(5) 进一步完善软件的功能。

15.6 熔融挤出成型实践

本节以北京太尔时代公司生产的快速成型机(图 15-6-1)为主,介绍熔融挤出成型的实践过程。

15.6.1 系统结构

快速成型系统分为主机、电控系统两部分,主要由以下几部分系统构成:

- 系统外壳
- 主框架
- 电控系统
- XY 运动扫描系统
- 升降工作台系统
- 喷头
- 送丝机构
- 成型室

图 15-6-1 快速成型机

控制系统和主要机械部分结构如图 15-6-2 所示。

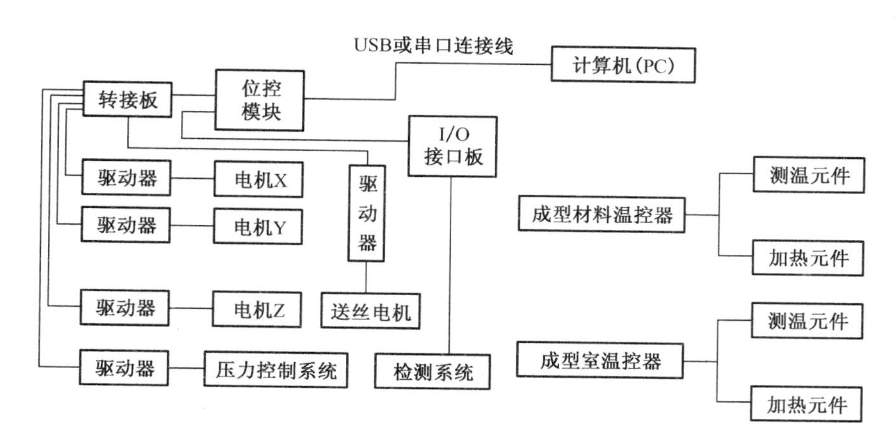

图 15-6-2 控制系统原理图

XY 扫描系统由丝杠、导轨、伺服电机组成(三维打印机由步进电机、导轨、同步齿型带组成)。

升降工作台由步进电机、丝杠、光杆、台架组成。

送丝机构通过丝管和喷头连接,成型材料由料盘(图 15-6-3)送入送丝机构,然后由送丝机构的一对滚轮送入送丝管,最终送入喷头(图 15-6-4)中。

图 15-6-3 料盘

图 15-6-4 喷头

成型室内有加热系统,由加热元件、测温传感器和风扇组成,加热元件和风扇故障都会导致成型室温度过高或过低。

15.6.2 基本操作介绍

1) 软件启动及命令介绍

支持和控制快速成型机工作的应用程序为 ModelWizard。从桌面和开始菜单中的快捷方式都可以启动 ModelWizard(三维打印专家)操作软件,界面如图 15-6-5 所示。

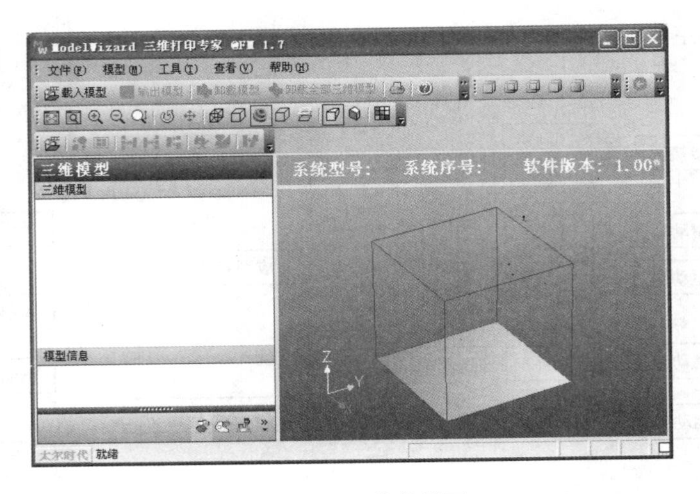

图 15-6-5 软件界面

软件界面由三部分构成，上部为菜单和工具条，左侧为工作区窗口，有三维模型，二维模型，三维打印三个窗口，显示STL模型列表等；右侧为图形窗口，显示三维STL或CLI模型，以及打印信息。

控制三维打印/快速成型的命令包括：连接，初始化，调试，设为默认打印机，打印模型，取消打印，启动打印，自动关机等，如图15-6-6所示。

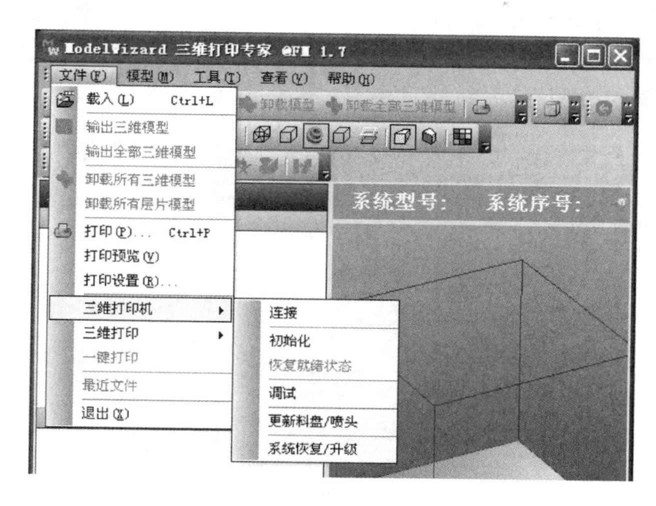

图15-6-6　三维打印机相关命令

各命令功能如下：

连接：连接三维打印机/快速成型系统，读取系统参数。系统每次启动后必须执行连接操作方可控制设备运行。

初始化：三维打印机/快速成型系统执行初始化操作。系统每次启动后必须执行该项操作，初始化执行完毕，喷头和工作台处于机器预设的初始位置。

恢复就绪状态：系统完成模型，或从故障状态(如用户取消打印)恢复后，如果可以继续打印模型，则可以使用命令恢复到就绪状态，继续打印模型。某些状态下，如运动系统错误，不能恢复到就绪状态，必须重新进行初始化。

调试：手动控制三维打印机/快速成型系统。

送进材料：自动送进材料。将材料送入送丝机构后，该命令可以自动送进材料到喷头中，用于自动装入新材料。

撤出材料：自动撤出材料。加热喷头到一定温度后，从喷头中自动撤出，用于更换材料。

更新料盘/喷头：更新料盘和喷头时使用，可帮助用户记录材料和喷头使用信息。

平台调整：按系统预设程序，在三个位置调整平台，使其与打印平面平行。系统会依次在各点停留两次，用户可在喷头停止时调整螺钉，调平工作台。

系统恢复：载入系统出厂时的设定参数，恢复到出厂状态。

打印模型：开始打印模型。打印命令将输出所有已载入的二维层片模型，即一次可以打印多个三维模型。

取消打印：取消打印任务。

启动打印：暂停/恢复打印。

自动关机:打印完成后关闭三维打印机/快速成型系统和计算机。

2) 载入 STL 模型

STL 格式是快速成型领域的数据转换标准,几乎所有的商用 CAD 系统都支持该格式。在 CAD 系统或反求系统中获得零件的三维模型后,就可以将其以 STL 格式输出,供快速成型系统使用。

载入 STL 模型的方式有很多:依次选择菜单【文件】、【载入模型】。选择一个或多个 STL 文件后,系统开始读入 STL 模型,并在最下端的状态条显示已读入的面片数(Facet)和顶点数(Vertex)。读入模型后,系统自动更新,显示 STL 模型,如图 15-6-7 所示。

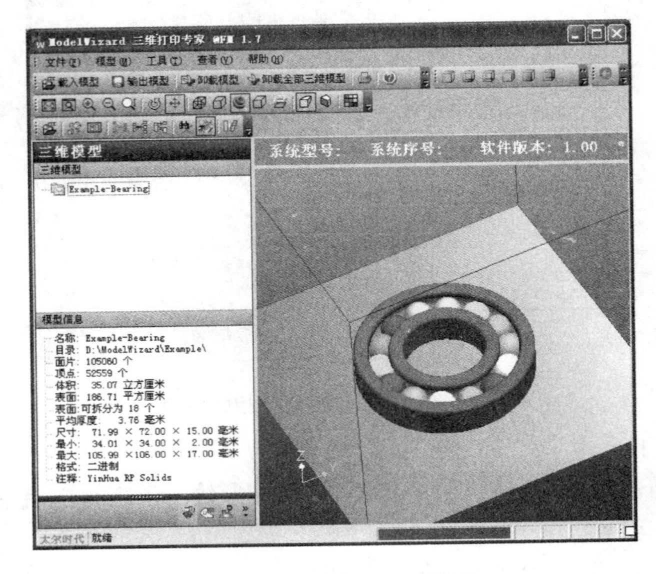

图 15-6-7　载入 STL 模型

模型载入后,通过【自动排放】命令,将模型放置在合适位置,以选择合适的打印/成型方向。选择成型方向有以下几个原则:

—271437861a)不同表面的成型质量不同,上表面好于下表面,水平面好于垂直面,垂直面好于斜面。水平方向精度好于垂直方向的精度,水平面上的圆孔,立柱质量,精度最好,垂直面上的较差。成型方向的选择主要从以上几个方面考虑。

—271437860b)水平方向的强度高于垂直方向的强度。

—271437859c)有平面的模型,以平行和垂直于大部分平面的方向摆放。

—271437858d)选择重要的表面作为上表面(上表面的成型质量比下表面质量高)

—271437857e)减少支撑面积,降低支撑高度。

—271437856f)如果有较小直径(小于 10 mm)的立柱,内孔等特征,尽量选择垂直方向成型。

—271437855g)如果需保证强度,选择强度要求高的方向为水平方向。

—271437854h)避免出现投影面积小,高度高的支撑面出现。

3) 三维模型操作

(1) 坐标变换

坐标变换是对三维模型进行缩放,平移,旋转,镜像等。这些命令将改变模型的几何位置和尺寸。坐标变换命令集中在【模型】、【几何变换】菜单中的【几何变换】对话框内，分别为：移动，移动至，旋转，缩放，镜像这五种，如图 15-6-8 所示。

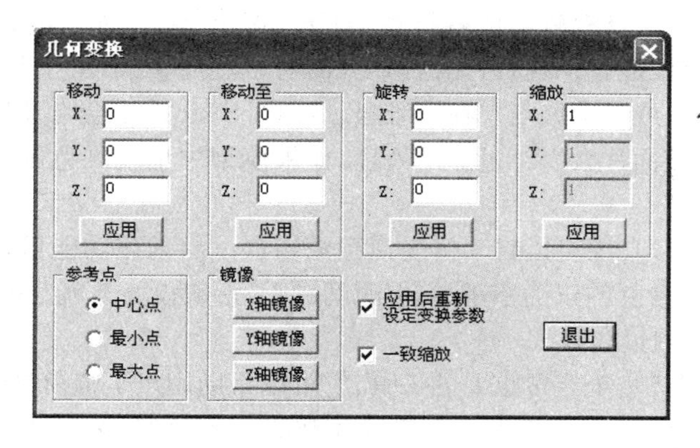

图 15-6-8　几何变换对话框

（2）三维模型合并、分解及分割

为方便多个三维模型处理，可以将多个三维模型合并为一个模型并保存。在三维模型列表窗口中选择零件，然后选择【合并】命令，合并后自动生成一个名为“Merge”的模型。

与合并操作相反的是分解操作，若一个三维模型中包含若干个互不相连的部分，则该命令将其分解为若干各独立的 STL 模型。激活要分解的三维模型，然后选择【分解】命令，该模型将分解为多个模型，并依次在每个模型后添加“序号”进行区别。

与模型分解有一个类似命令——“分割”。该命令将一个三维模型在一个确定的高度分解为两个三维模型。选中要分割的三维模型，然后选择【分割】命令，系统弹出如图 15-6-9 所示对话框。对话框中的移动标尺可以设定模型的分割高度，同时在标尺下面的编辑框中同样可以输入分割位置。当设定新的分割高度或拖动标尺时，图形窗口会实时显示该高度上的截面轮廓。设定分割高度后，图形窗口中的三维模型会在分割位置显示其轮廓。

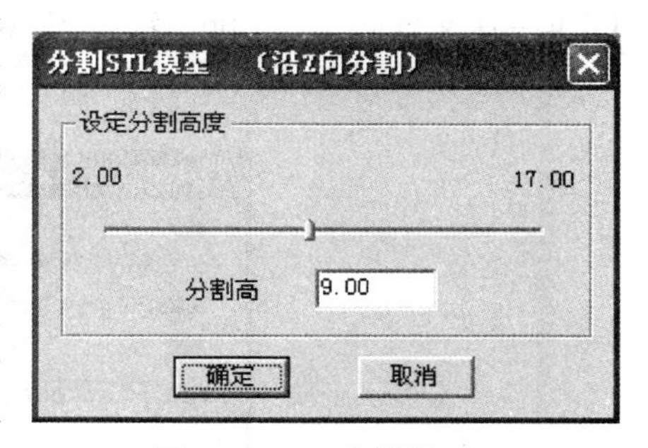

图 15-6-9　分割模型

（3）模型检验和修复

快速成型工艺对 STL 文件的正确性和合理性有较高的要求，主要是要保证 STL 模型无裂缝、空洞、无悬面、重叠面和交叉面，以免造成分层后出现不封闭的环和歧义现象。从 CAD 系统中输出的 STL 模型错误几率较小，而从反求系统中获得的 STL 模型较多。错误原因和自动修复错误的方法一直是快速成型软件领域的重要研究方向。根据分析和实际使用经验，可以总结出 STL 文件的四类基本错误：

① 法向错误。属于中小错误。

② 面片边不相连。有多种情况：裂缝或空洞、悬面、不相接的面片等。

③ 相交或自相交的体或面。

④ 文件不完全或损坏。

STL 文件出现的许多问题往往来源于 CAD 模型中存在的一些问题，对于一些较大的问题(如大空洞,多面片缺失,较大的体自交),最好返回 CAD 系统处理。一些较小的问题,可使用自动修复功能修复,不用回到 CAD 系统重新输出,可节约时间,提高工作效率。本软件 STL 模型处理算法具有较高的容错性,对于一些小错误,如裂缝(几何裂缝和拓扑裂缝),较规则孔洞的空洞能自动缝合,无需修复;而对于法向错误,由于其涉及支撑和表面成型,所以需要进行手工或自动修复。在三维显示窗口,STL 模型会自动以不同的颜色显示,当出现法向错误时,该面片会以红色显示处理,如果模型中出现红色区域,则说明该文件有错误,需要修复。

使用"校验并修复"功能可以自动修复模型的错误。启动该功能后,系统提示用户设定校验点数,点数越多,修复的正确率越高,但时间越长,一般设为 5 就足够了。

(4) 三维模型的测量和修改

模型测量对于用户是个非常重要的工具,它可以帮助用户了解模型的重要尺寸,检验原型的精度,而无需回到 CAD 系统中。首先选择被测量的模型,然后选择菜单【模型】>【测量】,可以进入测量和修改模式。测量是基于三种基本元素进行的:"顶点""边"和"面片"。

当 STL 模型出现错误,自动修复功能不能完全修复后,可以使用修改功能对其进行交互修复。

(5) 分层

分层是三维打印/快速成型操作的重要步骤。本软件自动添加支撑,无需用户添加。一次只能对一个模型分层,如果用户需要同时制作多个模型,可以将其合并为一个三维模型后分层,或者在打印/成型前,载入这几个模型的 CLI 层片文件,一同打印/成型。注意,这些 CLI 层片文件必须是相同层高的模型。

分层参数如图 15-6-10 所示:

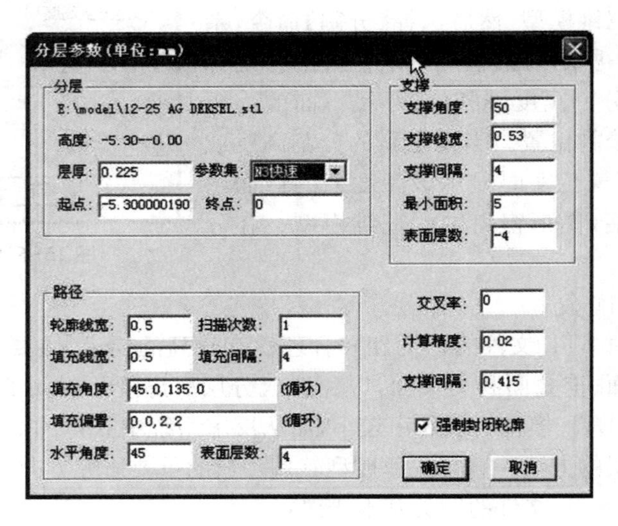

图 15-6-10 分层参数对话框

分层后的层片包括三个部分,分别为原型的轮廓部分,内部填充部分和支撑部分。轮廓部分根据模型层片的边界获得,可以进行多次扫描。内部填充是用单向扫描线填充原型内部非轮廓部分,根据相邻填充线是否有间距,可以分为标准填充(无间隙)和孔隙填充(有间隙)两种模式。标准填充应用于原型的表面,孔隙填充应用于原型内部(该方式可以大大减小材料的用量)。支撑部分是在原型外部,对其进行固定和支撑的辅助结构。

分层参数包括三个部分,分别为分层,路径和支撑。

大部分参数已经固化在三维打印机/快速成型系统中,用户只需根据喷嘴大小和成型要求选择合适的参数集即可,一般无需对这些预设参数进行修改。

分层部分有四个参数:分别为层片厚度、起始高度、终止高度和参数集。层厚为快速成形系统的单层厚度。起点为开始分层的高度,一般应为零;终点为分层结束的高度,一般为被处理模型的最高点。参数集为系统预置的参数集合,包括了路径和支撑部分的大部分参数设定。选择合适的参数集后,一般不需要用户再修改参数值。

路径部分为快速原型系统制造原型部分的轮廓和填充处理参数。

轮廓线宽:层片上轮廓的扫描线宽度,应根据所使用喷嘴的直径来设定,一般为喷嘴直径的1.3～1.6倍之间。实际扫描线宽会受到:喷嘴直径、层片厚度、喷射速度、扫描速度这四个因素的影响,该参数应根据原型的造型质量进行调整。

扫描次数:指层片轮廓的扫描次数,一般该值设为1～2次,后一次扫描轮廓沿前一次轮廓向模型内部偏移一个轮廓线宽。

填充线宽:层片填充线的宽度,与轮廓线宽类似,它也受到喷嘴直径,层片厚度,喷射速度,扫描速度这四个因素的影响,需根据原型的实际情况进行调整。以合适的线宽造型,表面填充线应紧密相接,无缝隙,同时不能发生过堆现象(材料过多)。

填充间隔:对于厚壁原型,为提高成型速度,降低原型应力,可以在其内部采用孔隙填充的方法:相邻填充线间有一定的间隔。该参数为1时,内部填充线无间隔,可制造无孔隙原型。该参数大于1时,相邻填充线间隔 $(n-1)$ 个填充线宽。

填充角度:设定每层填充线的方向,最多可输入六个值,每层角度依次循环。如果该参数为:30,90,120,则模型的第 $3\times N$ 层填充线为30°,第 $3\times N+1$ 层为90°,第 $3\times N+2$ 为120°。

填充偏置:设定每层填充线的偏置数,最多可输入六个值,每层依次循环;当填充间隔为1时,本参数无意义。若该参数为(0,1,2,3),则内部孔隙填充线在第一层平移0个填充线宽,第二层平移1个线宽,第三层平移2个线宽,第四层平移3个线宽,第五层偏移0个线宽,第六层平移1个线宽,依次继续。

水平角度:设定能够进行孔隙填充的表面的最小角度(表面与水平面的最小角度)。当面片与水平面角度大于该值时,可以孔隙填充;小于该值,则必须按照填充线宽进行标准填充(保证表面密实无缝隙)。该值越小,标准填充的面积越小,会在某些表面形成孔隙,影响原型的表面质量。

表面层数:设定水平表面的填充厚度,一般为2～4层。如该值为3,则厚度为3×层厚。即该面片的上面三层都会进行标准填充。

支撑部分参数如下:

支撑角度:设定需要支撑的表面的最大角度(表面与水平面的角度),当表面与水平面的角度小于该值时,必须添加支撑。角度越大,支撑面积越大;角度越小,支撑越小,如果该角度过小,则会造成支撑不稳定,原型表面下塌等问题。

支撑线宽:支撑扫描线的宽度。

支撑间隔:距离原型较远的支撑部分,可采用孔隙填充的方式,减少支撑材料的使用,提高造型速度。该参数和填充间隔的意义类似。

最小面积：需要填充的表面的最小面积，小于该面积的支撑表面可以不进行支撑。

表面层数：靠近原型的支撑部分，为使原型表面质量较高，需采用标准填充，该参数设定进行标准填充的层数，一般为2～4层。

(6) 辅助支撑

辅助支撑是在打印的模型旁边，人为地增加一个辅助结构。打印时，辅助支撑会从第一层开始打印，直到模型的支撑部分打印完成为止。系统提供了4种形式的辅助支撑结构，可以满足不同模型的使用。

辅助支撑的作用如下：

① 主副喷头切换时，切换点在辅助支撑上。如不加辅助支撑，则切换点在模型上，影响模型的质量。

② 加工较小(零件外形尺寸小于喷头尺寸)或是细高的模型时，为防止模型的顶部出现坍塌或局部受热变形，添加辅助支撑。

③ 因辅助支撑与打印的模型之间有一定的距离，所以喷头在加工辅助支撑的时候，可以观察到打印的表面是否正常，以此来检验模型表面。

15.6.3 打印流程

1. 打开三维打印机/快速成型机的开关，使设备上电。
2. 启动 ModelWizard 软件。
3. 启动"初始化"命令，让设备执行初始化操作。
4. 载入三维模型，调整成型方向，分层，待系统分层结束后载入"辅助支撑"。
5. 启动"打印模型"命令。
6. 设定工作台的高度，在一个合适的高度开始成型。
7. 开始打印模型。出现异常时选择取消打印或暂停打印，也可使用"初始化"操作来终止打印。
8. 打印完成，下降工作台，取出模型。

复习思考题

1. RP 技术的特点有哪些？为什么说它有较强的适应性和生命力？
2. RP 技术与传统的切削成型、受迫成型有何不同之处？
3. SL 技术是基于什么原理上工作的，其制造精度如何，制造时是否需要支撑？
4. 叙述 LOM 技术的工作原理，该方法在诸多 RP 技术中是否先进？
5. SLS 是利用什么材料成型的，在制作中是否需要支撑？
6. 你所操作的快速成型机是输入哪种工艺方法？
7. 模型的布局方向对打印质量有何影响？

参考文献

[1] 杨树财. 基础制造技术与项目实训. 北京:机械工业出版社,2012
[2] 周伯伟. 金工实习. 南京:南京大学出版社,2007
[3] 刘亚文. 机械制造实习. 南京:南京大学出版社,2008
[4] 叶玉驹. 机械制图手册(第 5 版). 北京:机械工业出版社,2012
[5] 李维钺. 中外金属材料牌号速查手册. 北京:机械工业出版社,2010
[6] 张益芸. 金属切削手册. 上海:上海科学技术出版社,2011
[7] 藕鲁粤. 机械制造基础(第 3 版). 上海:上海交通大学出版社,2005
[8] 郭永环,姜银方. 金工实习. 北京:北京大学出版社,中国林业出版社,2006
[9] 刘森. 气焊工. 北京:金盾出版社,2003
[10] 中国机械工程协会铸造分会. 铸造手册(第 2 版). 北京:机械工业出版社,2003
[11] 葛友华. CAD/CAM 技术. 北京:机械工业出版社,2004
[12] 田萍. 数控机床加工工艺及设备. 北京:电子工业出版社,2005
[13] 黄志辉. 数控加工编程与操作. 北京:电子工业出版社,2006
[14] 于万成. 数控加工工艺与编程基础. 北京:人民邮电出版社,2006
[15] 左敦稳. 现代加工技术. 北京:北京航空航天大学出版社,2005
[16] 佟锐. 数控电火花加工实用技术. 北京:电子工业出版社,2006
[17] FANUC Series Oi Mate-TC 操作说明书
[18] 胡育辉. 数控铣床加工中心. 沈阳:辽宁科学技术出版社,2005
[19] RP 软件用户手册 & 三维打印机使用手册
[20] AutoCut 线切割编控系统使用说明书